"十二五"职业教育国家规划教材

经全国职业教育教材审定委员会审定

全国高职高专教育土建类专业教学指导委员会规划推荐教材

建筑工程预算

（第六版）

（工程造价与工程管理类专业适用）

袁建新　　　　　　主　编
迟晓明　侯　兰　副主编
田恒久　　　　　　主　审

中国建筑工业出版社

图书在版编目（CIP）数据

建筑工程预算/袁建新主编．—6版．—北京：中国建筑工业出版社，2019.11（2022.7重印）
"十二五"职业教育国家规划教材经全国职业教育教材审定委员会审定．全国高职高专教育土建类专业教学指导委员会规划推荐教材
ISBN 978-7-112-24463-8

Ⅰ．①建⋯ Ⅱ．①袁⋯ Ⅲ．①建筑预算定额-高等职业教育-教材 Ⅳ．①TU723.34

中国版本图书馆CIP数据核字（2019）第234976号

本书按照学习建筑工程预算的认知规律，将全书划分为25个相对独立的学习单元。主要包括：施工图预算编制原理；人工单价、材料单价、机械台班单价编制方法；预算定额应用；建筑面积计算方法；工程量计算方法；直接费计算及工料分析方法；建筑工程费用计算方法；工程索赔；工程结算等内容。还包括了一套完整的建筑工程施工图预算编制实例。

本书内容新颖、结构合理、理论与实践紧密结合，可以作为高等职业教育工程造价、建筑工程管理、建筑经济管理等专业的教材，也可供高等院校相关专业的师生以及在岗工程造价人员学习参考。

为更好地支持相应课程的教学，我们向采用本书作为教材的教师提供教学课件，有需要者可与出版社联系，邮箱：cabpkejian@126.com。

责任编辑：张　晶　王　跃
责任校对：姜小莲

"十二五"职业教育国家规划教材
经全国职业教育教材审定委员会审定
全国高职高专教育土建类专业教学指导委员会规划推荐教材

建筑工程预算
（第六版）
（工程造价与工程管理类专业适用）

袁建新　　主　编
迟晓明　侯　兰　副主编
田恒久　　主　审

*

中国建筑工业出版社出版、发行（北京海淀三里河路9号）
各地新华书店、建筑书店经销
北京红光制版公司制版
天津安泰印刷有限公司印刷

*

开本：787×1092毫米　1/16　印张：23½　字数：587千字
2019年11月第六版　2022年7月第三十八次印刷
定价：58.00元（赠教师课件）
ISBN 978-7-112-24463-8
（34956）

版权所有　翻印必究
如有印装质量问题，可寄本社退换
（邮政编码100037）

修订版教材编审委员会名单

主　任：李　辉

副主任：黄兆康　夏清东

秘　书：袁建新

委　员：（按姓氏笔画排序）

　　　　王艳萍　田恒久　李永光　刘　阳　刘金海

　　　　刘建军　李洪军　李英俊　杨　旗　张小林

　　　　张秀萍　陈润生　胡六星　郭起剑

教材编审委员会名单

主 任：吴 泽

副主任：陈锡宝 范文昭 张怡朋

秘 书：袁建新

委 员：（按姓氏笔画排序）

马纯杰 王武齐 田恒久 任 宏 刘 玲

刘德甫 汤万龙 杨太生 何 辉 但 霞

宋岩丽 迟晓明 张小平 张凌云 陈东佐

项建国 秦永高 耿震岗 贾福根 高 远

蒋国秀 景星蓉

修订版序言

住房和城乡建设部高职高专教育土建类专业教学指导委员会工程管理类专业分委员会（以下简称工程管理类分指委），是受教育部、住房和城乡建设部委托聘任和管理的专家机构。其主要工作职责是在教育部、住房和城乡建设部、全国高职高专教育土建类专业教学指导委员会的领导下，按照培养高端技能型人才的要求，研究和开发高职高专工程管理类专业的人才培养方案，制定工程管理类的工程造价专业、建筑经济管理专业、建筑工程管理专业的教育教学标准，持续开发"工学结合"及理论与实践紧密结合的特色教材。

高职高专工程管理类的工程造价、建筑经济管理、建筑工程管理等专业教材自2001年开发以来，经过"专业评估"、"示范性建设"、"骨干院校建设"等标志性的专业建设历程和普通高等教育"十一五"国家级规划教材、教育部普通高等教育精品教材的建设经历，已经形成了有特色的教材体系。

通过完成住建部课题"工程管理类学生学习效果评价系统"和"工程造价工作内容转换为学习内容研究"任务，为该系列"工学结合"教材的编写提供了方法和理论依据。使工程管理类专业的教材在培养高素质人才过程中更加具有针对性和实用性。形成了"教材的理论知识新颖、实践训练科学、理论与实践结合完美"的特色。

本轮教材的编写体现了"工程管理类专业教学基本要求"的内容，根据2013年版的《建设工程工程量清单计价规范》内容改写了与清单计价和合同管理等方面的内容。根据"计标［2013］44号"的要求，改写了建筑安装工程费用项目组成的内容。总之，本轮教材的编写，继承了管理类分指委一贯坚持的"给学生最新的理论知识、指导学生按最新的方法完成实践任务"的指导思想，让该系列教材为我国的高职工程管理类专业的人才培养贡献我们的智慧和力量。

住房和城乡建设部高职高专教育土建类专业教学指导委员会
工程管理类专业分委员会

第二版序言

高职高专教育土建类专业教学指导委员会（以下简称教指委）是在原"高等学校土建学科教学指导委员会高等职业教育专业委员会"基础上重新组建的，在教育部、建设部的领导下承担对全国土建类高等职业教育进行"研究、咨询、指导、服务"责任的专家机构。

2004年以来教指委精心组织全国土建类高职院校的骨干教师编写了工程造价、建筑工程管理、建筑经济管理、房地产经营与估价、物业管理、城市管理与监察等专业的主干课程教材。这些教材较好地体现了高等职业教育"实用型""能力型"的特色，以其权威性、科学性、先进性、实践性等特点，受到了全国同行和读者的欢迎，被全国高职高专院校相关专业广泛采用。

上述教材中有《建筑经济》《建筑工程预算》《建筑工程项目管理》等11本被评为普通高等教育"十一五"国家级规划教材，另外还有36本教材被评为普通高等教育土建学科专业"十一五"规划教材。

教材建设如何适应教学改革和课程建设发展的需要，一直是我们不断探索的课题。如何将教材编出具有工学结合特色，及时反映行业新规范、新方法、新工艺的内容，也是我们一贯追求的工作目标。我们相信，这套由中国建筑工业出版社陆续修订出版的、反映较新办学理念的规划教材，将会获得更加广泛的使用，进而在推动土建类高等职业教育培养模式和教学模式改革的进程中、在办好国家示范高职学院的工作中，做出应有的贡献。

高职高专教育土建类专业教学指导委员会
2008年3月

第一版序言

全国高职高专教育土建类专业教学指导委员会工程管理类专业指导分委员会（原名高等学校土建学科教学指导委员会高等职业教育专业委员会管理类专业指导小组）是建设部受教育部委托，由建设部聘任和管理的专家机构。其主要工作任务是，研究如何适应建设事业发展的需要设置高等职业教育专业，明确建设类高等职业教育人才的培养标准和规格，构建理论与实践紧密结合的教学内容体系，构筑"校企合作、产学结合"的人才培养模式，为我国建设事业的健康发展提供智力支持。

在建设部人事教育司和全国高职高专教育土建类专业教学指导委员会的领导下，2002年以来，全国高职高专教育土建类专业教学指导委员会工程管理类专业指导分委员会的工作取得了多项成果，编制了工程管理类高职高专教育指导性专业目录；在重点专业的专业定位、人才培养方案、教学内容体系、主干课程内容等方面取得了共识；制定了"工程造价"、"建筑工程管理"、"建筑经济管理"、"物业管理"等专业的教育标准、人才培养方案、主干课程教学大纲；制定了教材编审原则；启动了建设类高等职业教育建筑管理类专业人才培养模式的研究工作。

全国高职高专教育土建类专业教学指导委员会工程管理类专业指导分委员会指导的专业有工程造价、建筑工程管理、建筑经济管理、房地产经营与估价、物业管理及物业设施管理等6个专业。为了满足上述专业的教学需要，我们在调查研究的基础上制定了这些专业的教育标准和培养方案，根据培养方案认真组织了教学与实践经验较丰富的教授和专家编制了主干课程的教学大纲，然后根据教学大纲编审了本套教材。

本套教材是在高等职业教育有关改革精神指导下，以社会需求为导向，以培养实用为主、技能为本的应用型人才为出发点，根据目前各专业毕业生的岗位走向、生源状况等实际情况，由理论知识扎实、实践能力强的双师型教师和专家编写的。因此，本套教材体现了高等职业教育适应性、实用性强的特点，具有内容新、通俗易懂、紧密结合工程实践和工程管理实际、符合高职学生学习规律的特色。我们希望通过这套教材的使用，进一步提高教学质量，更好地为社会培养具有解决工作中实际问题的有用人材打下基础。也为今后推出更多更好的具有高职教育特色的教材探索一条新的路子，使我国的高职教育办的更加规范和有效。

全国高职高专教育土建类专业教学指导委员会
工程管理类专业指导分委员会
2004年5月

第六版前言

建筑工程预算是教育部颁发的高等职业教育工程造价专业教学标准列入的专业核心课程。通过本课程的学习，使学生掌握预算（计价）定额应用；建筑工程量计算；施工图预算编制方法与技能是本课程的主要学习目标。

第六版的教材根据《中华人民共和国增值税暂行条例》的规定以及《住房和城乡建设部办公厅关于做好建筑业营改增建设工程计价依据调整准备工作的通知》（建办标〔2016〕4号）文件要求和建筑业增值税计算办法，增加了第24章"营改增"后工程造价计算方法的内容。

本教材根据中华人民共和国住房和城乡建设部颁发的《房屋建筑与装饰工程消耗量定额》TY 01-31-2015 的内容，全面改写和更新了教材中有关章节的内容。

采用最新的规范与标准编写"建筑工程预算"教材，将最新的内容呈现给广大学员与读者，是我们保证教材的实用性以及理论与实践紧密结合的一贯追求。

本书由四川建筑职业技术学院袁建新教授、迟晓明副教授、侯兰讲师和中国建筑第八工程局有限公司总承包公司高级经济师李大平共同编写。迟晓明修订了第1章、第2章、第3章、第4章的全部内容，侯兰修订了第5章、第6章的全部内容，李大平修订了第13章、第23章的全部内容其余章节由袁建新编写和修订。

本书由山西建筑职业技术学院田恒久主审。书稿修订得到了中国建筑工业出版社给予的大力支持和帮助，为此一并表示衷心的感谢。

由于作者水平有限，书中难免会有不足之处，敬请广大读者批评指正。

2019年8月

第 五 版 前 言

建筑工程预算是全国高职高专教育土建类教学指导委员会颁发《工程造价专业教学基本要求》中的核心课程。

《建筑工程预算》(第五版)根据《建筑安装工程费用项目组成》建标〔2013〕44号文件内容进行了全面改版。

第五版更新了书中"小平房施工图"并重新进行了工程量计算和增加了钢筋工程量计算的内容。书中举例换入了框架结构的"办公楼施工图",根据该施工图和选用了以全国统一建筑工程基础定额为编制依据的某地区预算定额,进行了详细和完整的工程量计算、直接费计算、材料价差调整和工程造价的各项费用计算的实例编写。根据最新的钢筋混凝土设计规范和钢筋混凝土结构平法的要求,增加了钢筋弯钩长度计算和平法钢筋工程量计算方法。增加了"有肋带型混凝土基础接头处"工程量计算方法的内容。

本书由四川建筑职业技术学院袁建新主编,迟晓明副主编,四川建筑职业技术学院侯兰、李剑心、蒋飞、秦利萍、潘桂生、夏一云参加编写。迟晓明编写了第十章、第十一章的内容,侯兰编写了第八章第三节的内容,李剑心、侯兰、蒋飞、秦利萍、潘桂生、夏一云编写了第十九章第二节的内容,其余各章节内容由袁建新编写。

本书由山西建筑职业技术学院田恒久主审。对主审提出的宝贵意见和中国建筑工业出版社的大力支持表示衷心感谢!

由于作者水平有限,书中难免出现不妥之处,敬请广大读者批评指正。

2014 年 1 月

第四版前言

建筑工程预算是国家示范性高职院校建设工程造价重点专业的核心课程。本次改版注重吸收了在教学改革中坚持"行动导向"的教学成果，使教学内容更加贴近工程造价工作岗位的各项工作，更加符合"工学结合"的教学理念，是"螺旋进度教学法"在本课程中应用的最新成果。

本书由四川建筑职业技术学院袁建新教授（注册造价工程师）、四川建筑职业技术学院迟晓明副教授编写。其中第十章、第十一章、第十二章由迟晓明编写，其余由袁建新编写。

本书由刘德甫高级工程师（注册造价工程师）和上海城市管理职业技术学院张凌云副教授（注册造价工程师）主审。

在编写过程中得到了中国建筑工业出版社的大力支持，表示衷心感谢。

由于作者水平有限，书中难免会出现不妥之处，敬请广大读者批评指正。

2009 年 10 月

第 三 版 前 言

建筑工程预算是学习工程造价的核心课程，因为该课程阐述的造价原理，不仅是建筑工程预算的理论基础，同时也是建筑装饰工程预算、安装工程预算、市政工程预算、工程量清单计价课程的理论基础。

教学实践证明，按照螺旋进度法编写的教材内容，非常适合高职工程造价的技能型人才的培养要求。只要牢牢抓住循序渐进、理论与实践交替学习这一特点，就能灵活地安排教学和学习内容，同时还可以根据各地工程造价的实际情况，在原教材的基础上增减内容。

第三版根据建筑工程建筑面积计算规范，对建筑面积的计算内容进行了重写；根据教学内容的需要，增加了一些例题；修正了错字和数据。使该教材的内容更加贴近当前的工程造价实际情况。

本书由四川建筑职业技术学院袁建新、四川建筑职业技术学院迟晓明编写。其中第十章、第十一章、第十二章、第十三章由迟晓明编写，其余由袁建新编写。本书由刘德甫高级工程师（全国造价工程师）和上海城市管理职业技术学院张凌云主审。在编写过程中得到了中国建筑工业出版社的大力支持，表示衷心的感谢。

由于作者水平有限，书中难免会出现不妥之处，敬请广大读者批评指正。

2007 年 1 月

第二版前言

本书是全国建设管理类高等职业教育工程造价、工程管理、建筑经济管理等专业的主干课教材。本书根据全国高职高专教育土建类专业教学指导委员会制定的培养方案及课程教学大纲编写。

建筑工程预算是确定工程造价的一种特定的计价方式。该计价方式还将在工程造价管理的各个阶段长期发挥作用。

本书采用单元式结构编写。即按照学习建筑工程预算的认知规律将全书内容划分为24个相对独立的学习单元。教学时可以按目录顺序编排学习顺序，也可以根据不同要求将这些单元重新组合，编排新的学习顺序。

采用单元式螺旋进度法编排教材内容是本书的重要特色。即学习内容划分为相对独立的单元，全书内容整体连贯，学习进程循序渐进、螺旋上升。按导学法、设问法教学思想编排的教学内容，有利于学员在学习过程中分散难点，掌握重点。

本书按新的工程造价有关文件和相关理论编写，在突出实用性特点的基础上，增加了新的内容。例如，对人工单价、材料单价等的计算方法进行了新的表述；介绍了新的建筑安装工程费用的划分方法和计算方法等等。

本书由四川建筑职业技术学院袁建新、迟晓明编著。由刘德甫高级工程师（注册造价工程师）主审。主审认真审阅了全部书稿，特别是对动手能力的训练提出了许多宝贵的意见和建议。另外，在本书的编写过程中参考了有关文献资料、得到了编者所在单位及中国建筑工业出版社的大力支持，谨此一并致谢。

我国工程造价的理论与实践正处于发展时期，新的内容和问题还会不断出现，加之我们的水平有限，书中难免有不妥之处，敬请广大师生和读者批评指正。

2005 年 1 月

第 一 版 前 言

本书根据高等学校土建学科教学指导委员会高等职业教育专业委员会管理类专业指导小组制定的教学文件编写，是高等职业教育管理类工程造价专业的教学用书。

本书按单元式结构编写，即按照学习建筑工程预算的认知规律将全书内容划分为25个相对独立的单元。

采用单元式螺旋进度法编排教材内容是本书的主要特色。即学习内容按单元划分相对独立，全书内容整体连贯，学习进程循序渐进、螺旋上升。按导学法、设问法的教学思想编排教学内容，能使学员在学习过程中分散难点、轻松学习。

本书紧密结合我国入世后工程造价计价方法改革的实际情况编写，增加了新的内容，例如，对工日单价、材料预算价格作了新的注释，设计了新的计算方法；增加了对工程量清单计价方法的论述等等。

本书由袁建新主编，第 10、11、12、13、14、18、19 单元由迟晓明编写，其余由袁建新编写。

入世后的工程造价管理正发生着一系列的变化，加上我们的水平有限，书中不妥之处敬请广大读者指正。

2003 年 1 月

目 录

绪论 ·· 1
1 建筑工程预算概述 ·· 3
    1.1 建筑工程施工图预算有什么用 ··· 3
    1.2 建设预算大家族 ··· 3
    1.3 施工图预算构成要素 ·· 4
    1.4 怎样计算施工图预算造价 ·· 5
    思考题 ·· 8
2 建筑工程预算定额概述 ··· 9
    2.1 建筑工程预算定额有什么用 ·· 9
    2.2 定额大家族 ··· 9
    2.3 预算定额的构成要素 ··· 10
    2.4 预算定额的编制内容与步骤 ··· 11
    2.5 预算定额编制过程示例 ··· 12
    思考题 ·· 13
3 工程量计算规则概述 ·· 14
    3.1 工程量计算规则有什么用 ·· 14
    3.2 制定工程量计算规则有哪些考虑 ·· 15
    3.3 如何运用好工程量计算规则 ··· 15
    3.4 工程量计算规则的发展趋势 ··· 16
    思考题 ·· 17
4 施工图预算编制原理 ·· 18
    4.1 施工图预算的费用构成 ··· 18
    4.2 建筑产品的特点 ·· 18
    4.3 施工图预算确定工程造价的必要性 ··· 19
    4.4 确定建筑工程造价的基本理论 ··· 19
    4.5 施工图预算编制程序 ·· 23
    思考题 ·· 24
5 建筑工程预算定额 ··· 26
    5.1 编制定额的基本方法 ·· 26
    5.2 预算定额的特性 ·· 27
    5.3 预算定额的编制原则 ·· 28
    5.4 劳动定额编制 ·· 28
    5.5 材料消耗定额编制 ··· 30

    5.6　机械台班定额编制 ·· 34
    5.7　建筑工程预算定额编制 ·· 36
    5.8　预算定额编制实例 ·· 38
    思考题 ·· 41

6　工程单价 ·· 43
    6.1　概述 ·· 43
    6.2　人工单价确定 ·· 43
    6.3　材料单价确定 ·· 45
    6.4　机械台班单价确定 ·· 48
    思考题 ·· 50

7　预算定额的应用 ·· 52
    7.1　预算定额的构成 ·· 52
    7.2　预算定额的使用 ·· 54
    7.3　建筑工程预算定额换算 ·· 55
    7.4　安装工程预算定额换算 ·· 61
    7.5　定额基价换算公式小结 ·· 61
    思考题 ·· 62

8　运用统筹法计算工程量 ·· 63
    8.1　统筹法计算工程量的要点 ·· 63
    8.2　统筹法计算工程量的方法 ·· 63
    8.3　统筹法计算工程量实例 ·· 65
    思考题 ·· 80

9　建筑面积计算 ·· 81
    9.1　建筑面积的概念 ·· 81
    9.2　建筑面积的作用 ·· 81
    9.3　建筑面积计算规则 ·· 82
    9.4　应计算建筑面积的范围 ·· 82
    9.5　不计算建筑面积的范围 ·· 98
    思考题 ·· 100

10　土石方工程 ·· 101
    10.1　土石方工程量计算的有关规定 ···································· 101
    10.2　平整场地 ·· 101
    10.3　挖掘沟槽、基坑土方的有关规定 ·································· 103
    10.4　土方工程量计算 ·· 106
    10.5　井点降水 ·· 115
    思考题 ·· 115

11　桩基及脚手架工程 ·· 116
    11.1　预制钢筋混凝土桩 ·· 116
    11.2　钢板桩 ·· 117

11.3	灌注桩	117
11.4	脚手架工程	117
	思考题	119
12	**砌筑工程**	120
12.1	砖墙的一般规定	120
12.2	砖基础	124
12.3	砖墙	129
12.4	其他砌体	134
12.5	砖烟囱	136
12.6	砖砌水塔	138
12.7	砌体内钢筋加固	139
	思考题	141
13	**混凝土及钢筋混凝土工程**	142
13.1	现浇混凝土及钢筋混凝土模板工程量	142
13.2	预制钢筋混凝土构件模板工程量	143
13.3	构筑物钢筋混凝土模板工程量	143
13.4	钢筋工程量计算	143
13.5	铁件工程量	164
13.6	现浇混凝土工程量	165
13.7	预制混凝土工程量	173
13.8	固定用支架等	175
13.9	构筑物钢筋混凝土工程量	175
13.10	钢筋混凝土构件接头灌缝	176
	思考题	176
14	**门窗及木结构工程**	177
14.1	一般规定	177
14.2	套用定额的规定	179
14.3	铝合金门窗	180
14.4	卷闸门	180
14.5	包门框、安附框	181
14.6	木屋架	181
14.7	檩木	185
14.8	屋面木基层	186
14.9	封檐板	186
14.10	木楼梯	187
	思考题	187
15	**楼地面工程**	188
15.1	垫层	188
15.2	整体面层、找平层	188

  15.3 块料面层 ……………………………………………………………… 189
  15.4 台阶面层 ……………………………………………………………… 190
  15.5 其他 …………………………………………………………………… 190
  思考题 ……………………………………………………………………… 193

16 屋面防水及防腐、保温、隔热工程 …………………………………… 194
  16.1 坡屋面 ………………………………………………………………… 194
  16.2 卷材屋面 ……………………………………………………………… 196
  16.3 屋面排水 ……………………………………………………………… 197
  16.4 防水工程 ……………………………………………………………… 198
  16.5 防腐、保温、隔热工程 ……………………………………………… 198
  思考题 ……………………………………………………………………… 199

17 装饰工程 ……………………………………………………………………… 200
  17.1 内墙抹灰 ……………………………………………………………… 200
  17.2 外墙抹灰 ……………………………………………………………… 201
  17.3 外墙装饰抹灰 ………………………………………………………… 201
  17.4 墙面块料面层 ………………………………………………………… 201
  17.5 隔墙、隔断、幕墙 …………………………………………………… 202
  17.6 独立柱 ………………………………………………………………… 202
  17.7 零星抹灰 ……………………………………………………………… 203
  17.8 顶棚抹灰 ……………………………………………………………… 203
  17.9 顶棚龙骨 ……………………………………………………………… 204
  17.10 顶棚面装饰 ………………………………………………………… 204
  17.11 喷涂、油漆、裱糊 ………………………………………………… 205
  思考题 ……………………………………………………………………… 206

18 金属结构制作、构件运输与安装及其他 …………………………… 207
  18.1 金属结构制作 ………………………………………………………… 207
  18.2 建筑工程垂直运输 …………………………………………………… 208
  18.3 构件运输及安装工程 ………………………………………………… 209
  18.4 建筑物超高增加人工、机械费 ……………………………………… 210
  思考题 ……………………………………………………………………… 213

19 工程量计算实例 ………………………………………………………… 214
  19.1 办公楼工程施工图 …………………………………………………… 214
  19.2 办公楼工程工程量计算 ……………………………………………… 237
  19.3 办公楼钢筋工程量计算(部分) ……………………………………… 297

20 直接费计算、工料分析及材料价差调整 …………………………… 306
  20.1 直接费计算及工料分析 ……………………………………………… 306
  20.2 材料价差调整 ………………………………………………………… 310
  思考题 ……………………………………………………………………… 312

21 分部分项工程、单价措施项目费及材料分析计算实例 …………… 313

  21.1 办公楼工程单价换算 ··· 313
  21.2 办公楼工程分部分项工程、单价措施项目费计算 ······································ 313
  21.3 办公楼工程直接费汇总及材料价差调整 ··· 323
  21.4 办公楼工程材料汇总及价差调整 ·· 323
22 建筑安装工程费用 ··· 325
  22.1 建筑安装工程费用项目内容及构成 ·· 325
  22.2 间接费、利润、税金计算方法及费率 ·· 331
  22.3 建筑安装工程费用计算方法 ·· 332
  22.4 施工企业工程取费级别与费率 ·· 335
  思考题 ·· 337
23 建筑安装工程费用计算实例 ·· 338
  23.1 办公楼工程建筑安装工程费用(造价)计算条件 ······································ 338
  23.2 办公楼工程建筑安装工程费用(造价)计算 ·· 338
24 营改增后施工图预算工程造价计算方法 ··· 340
  24.1 概述 ·· 340
  24.2 营改增后施工图预算工程造价计算方法 ·· 341
  24.3 营改增后施工图预算工程造价计算实例 ·· 344
25 工程结算 ··· 347
  25.1 概述 ·· 347
  25.2 工程结算的内容 ·· 347
  25.3 工程结算编制依据 ·· 348
  25.4 工程结算的编制程序和方法 ·· 348
  25.5 工程结算编制实例 ·· 348
  思考题 ·· 358

绪　　论

建筑工程预算是研究建筑产品生产成果与生产消耗之间的定量关系以及如何合理确定建筑工程造价规律的一门综合性、实践性较强的应用型课程。

一、学习重点

本课程应熟悉建筑工程预算在工程造价管理及建筑工程管理中的地位与作用；全面掌握建筑工程预算定额的使用方法；熟悉施工图预算的编制程序；正确掌握工程量的计算方法；掌握直接费、间接费、利润与税金的计算方法；通过熟练计算工程量，使用预算定额，编制人工单价，材料单价，计算直接费、间接费和计算工程造价的其他各项费用，能准确地编制施工图预算。

二、建筑工程预算与工程量清单计价的关系

建筑工程预算是确定建筑产品价格的一种特殊的定价方式（我们称为定额计价方式）。所谓特殊，是指它不能像其他工业产品一样，可以对同一型号的产品进行统一定价，而只能对每一个建筑产品分别定价。其根本原因是没有完全相同的建筑产品。尽管如此，建筑工程预算确定建筑产品价格的理论也是建立在经济学理论基础之上的。即产品的价值（价格）由 $C+V+m$ 构成。按照现行的价格理论可以将 $C+V+m$ 分解为直接费、间接费、利润和税金，建筑工程预算就是由这四部分费用构成。

工程量清单计价是建设工程招标投标方式下的一种特定的计价方式（我们称为清单计价方式）。尽管构成工程量清单计价的费用划分与建筑工程预算的费用划分不同，但其各项费用也可以归并到由直接费、间接费、利润和税金构成，进而也可以归结到由 $C+V+m$ 构成。

综上所述，清单计价方式和定额计价方式都是建立在 $C+V+m$ 经济理论基础之上的。

必须重申，工程量清单计价是在建设工程招标投标方式下所采用的特定计价方式，而建筑工程预算是在建设项目决策阶段、设计阶段、实施阶段、竣工阶段，乃至于招标投标阶段继续发挥作用的用于确定工程造价的一种定额计价方式。所以，目前还不能以清单计价方式取代定额计价方式。

另外，从我国建筑产品定价的发展历史过程来看，我们可以把清单计价方式看成是在定额计价方式的基础上发展起来的，是在此基础上发展成为适合我国社会主义市场经济条件下的新的建筑产品计价方式。从这个角度来讲，由于定额计价方式的传承性的存在，在掌握了定额计价方法的基础上，再来学习清单计价方法显得较为容易和简单。为此，在掌握定额计价方法的基础上，只要重点介绍企业根据工程量清单如何自主确定消耗量，自主确定工料机价格，自主确定措施项目、其他项目及其有关费用，就可以较快地掌握清单计价方法。

综上所述，认真学好建筑工程预算，掌握好定额计价方法，是今后学好工程量清单计

价的基本要求。

三、建筑工程预算与其他课程的关系

确定建筑工程预算造价，有一套科学的、完整的计价理论与计量方法。如何从理论上掌握建筑工程预算的编制原理，从实践上掌握建筑工程预算的编制方法是本门课程解决的主要问题。

要掌握好建筑工程预算理论，就要学习《政治经济学》《建筑经济》等相关课程的内容；要掌握好工程量计量方法，就要识读施工图，需要了解房屋构造和建筑结构构造，需要熟悉建筑材料的性能与规格，需要熟悉施工过程等等。所以，必须先要学好《房屋构造与识图》《建筑结构基础与识图》《建筑与装饰材料》《建筑施工工艺》《定额原理》等课程，才能学好《建筑工程预算》课程。

1 建筑工程预算概述

1.1 建筑工程施工图预算有什么用

建筑工程施工图预算（以下简称施工图预算）是确定建筑工程造价的经济文件。简而言之，施工图预算是在修建房子之前，预算出房子建成后需要花多少钱的特殊计价方法。因此，施工图预算的主要作用就是确定建筑工程预算造价。

首先应该知道，施工图预算由谁来编制、什么时候编制。

我们把房子产权拥有的单位或个人称为业主；修建房子的施工单位叫承包商。一般情况下，业主在确定承包商时就要谈妥工程承包价。这时，承包商就要按业主的要求将编好的施工图预算报给业主，业主认为价格合理时，就按工程预算造价签订承包合同。所以，施工图预算一般由承包商在签订工程承包合同之前编制。

1.2 建设预算大家族

建设预算是个大家族，施工图预算就是其中的一个重要成员。这个家族的基本成员包括投资估算、设计概算、施工图预算、施工预算、工程结算、竣工决算。

1.2.1 投资估算
投资估算是建设项目在投资决策阶段，根据现有的资料和一定的方法，对建设项目的投资数额进行估计的经济文件。一般由建设项目可行性研究主管部门或咨询单位编制。

1.2.2 设计概算
设计概算是在初步设计阶段或扩大初步设计阶段编制。设计概算是确定单位工程概算造价的经济文件，一般由设计单位编制。

1.2.3 施工图预算
施工图预算是在施工图设计阶段，施工招标投标阶段编制。施工图预算是确定单位工程预算造价的经济文件，一般由施工单位或设计单位编制。

1.2.4 施工预算
施工预算是在施工阶段由施工单位编制。施工预算按照企业定额（施工定额）编制，是体现企业个别成本的劳动消耗量文件。

1.2.5 工程结算
工程结算是在工程竣工验收阶段由施工单位编制。工程结算是施工单位根据施工图预算、施工过程中的工程变更资料、工程签证资料、施工图预算等编制、确定单位工程造价的经济文件。

1.2.6 竣工决算

竣工决算是在工程竣工投产后，由建设单位编制，综合反映竣工项目建设成果和财务情况的经济文件。

1.2.7 建设预算各内容之间的关系

投资估算是设计概算的控制数额；设计概算是施工图预算的控制数额；施工图预算反映行业的社会平均成本；施工预算反映企业的个别成本；工程结算根据施工图预算编制；若干个单位工程的工程结算汇总为一个建设项目竣工决算。建设预算各内容相互关系示意见图1-1。

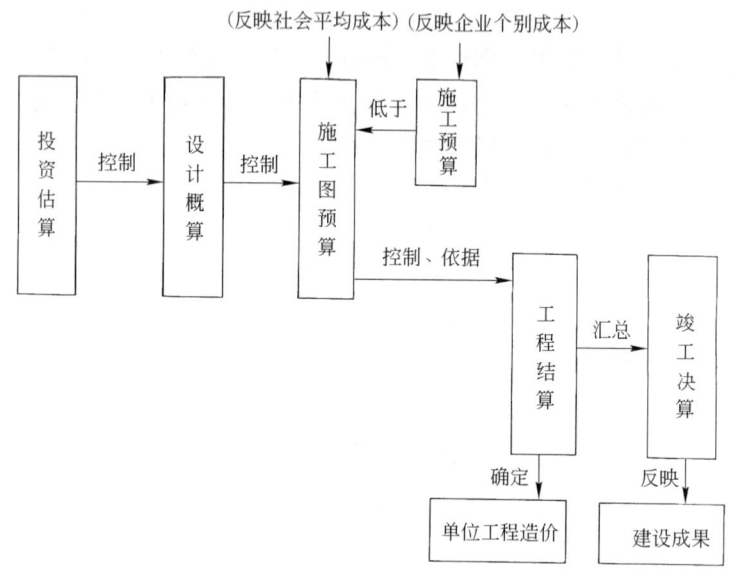

图 1-1　建设预算各内容相互关系示意图

1.3　施工图预算构成要素

施工图预算主要由以下要素构成：工程量、工料机消耗量、直接费、工程费用。

1.3.1　工程量

工程量是根据施工图算出的所建工程的实物数量。例如，该工程有多少立方米混凝土基础，多少立方米砖墙，多少平方米铝合金门，多少平方米水泥砂浆抹墙面等等。

1.3.2　工料机消耗量

人工、材料、机械台班消耗量是根据分项工程工程量与预算定额子目消耗量相乘后，汇总而成的数量。例如修建一幢办公楼需消耗多少个工日，多少吨水泥，多少吨钢筋，多少个塔吊台班等等。

1.3.3　直接费

直接费是工程量乘以定额基价后汇总而成的。直接费是工料机实物消耗量的货币表现。

1.3.4　工程费用

工程费用包括间接费、利润、税金。间接费和利润一般根据直接费（或人工费），分别乘以不同的费率计算。税金是根据直接费、间接费、利润之和，乘以税率计算得出。直接费、间接费、利润、税金之和构成工程预算造价。

1.4 怎样计算施工图预算造价

1.4.1 施工图预算造价的理论费用构成
施工图预算造价从理论上讲，由直接费、间接费、利润和税金构成。
1.4.2 编制施工图预算的步骤
编制施工图预算的主要步骤是：
(1) 根据施工图和预算定额计算工程量；
(2) 根据工程量和预算定额分析工料机消耗量；
(3) 根据工程量和预算定额基价（或用工料机消耗量乘以各自单价）计算直接费；
(4) 根据直接费（或人工费）和间接费费率计算间接费；
(5) 根据直接费（或人工费）和利润率计算利润；
(6) 根据直接费、间接费、利润、税金之和以及税率计算税金；
(7) 将直接费、间接费、利润、税金汇总成工程预算造价。
1.4.3 施工图预算编制示例
根据下面给出的某工程的基础平面图和剖面图（图 1-2），计算其中 C10 混凝土基础垫层和 1:2 水泥砂浆基础防潮层两个项目的预算造价。计算过程如下：
1. 计算工程量
(1) C10 混凝土基础垫层
$V = $ 垫层宽 × 垫层厚 × 垫层长

外墙垫层长 = $\overset{Ⓐ轴}{(3.60+3.30)} + \overset{Ⓒ轴}{(3.60+3.30+2.70)} + \overset{①轴}{(2.0+3.0)} + \overset{③轴}{2.0+3.0} + \overset{④轴}{2.70} \overset{Ⓑ轴}{}$
　　　　　= 29.20m

内墙垫层长 = $\left[\overset{②轴}{2.0+3.0} - \frac{\overset{Ⓐ轴半个垫层宽}{0.80}}{2} - \frac{\overset{Ⓒ轴半个垫层宽}{0.80}}{2} \right]$

$\qquad + \left[\overset{③轴}{3.0} - \frac{\overset{Ⓑ轴半个垫层宽}{0.80}}{2} - \frac{\overset{Ⓒ轴半个垫层宽}{0.80}}{2} \right]$

　　　　= 4.20 + 2.2 = 6.40m

$\qquad V = 0.80 \times 0.20 \times (29.20 + 6.40)$

$\qquad\quad = 5.696 \text{m}^3$

(2) 1:2 水泥砂浆基础防潮层

$S = $ 内外墙长 × 墙厚

外墙长 = 同垫层长 29.20m

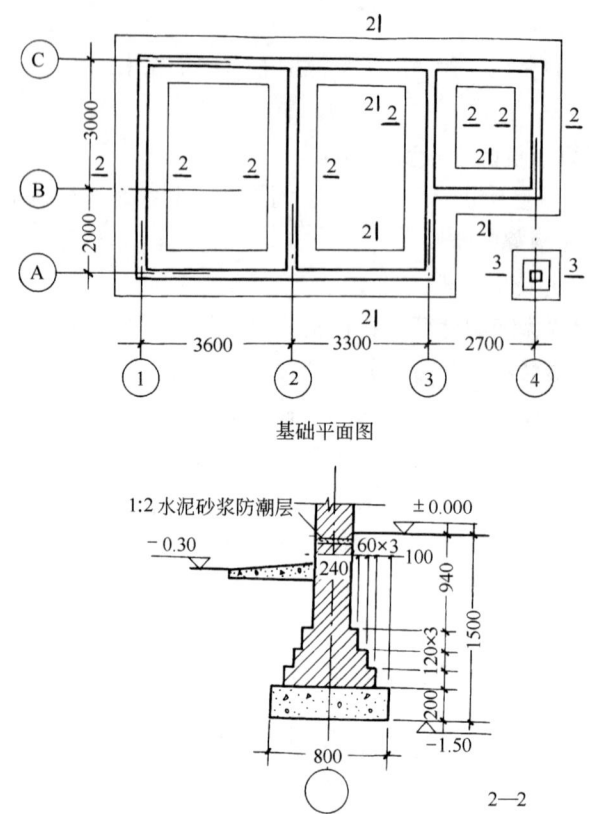

图 1-2 某工程基础平面图、剖面图

$$内墙长 = \left\{ \begin{matrix} ②轴 \\ 2.0+3.0 \end{matrix} - \frac{\overset{Ⓐ轴半个墙厚}{0.24}}{2} - \frac{\overset{Ⓒ轴半个墙厚}{0.24}}{2} \right\}$$

$$+ \left\{ \begin{matrix} ③轴 \\ 3.0 \end{matrix} - \frac{\overset{Ⓑ轴半个墙厚}{0.24}}{2} - \frac{\overset{Ⓒ轴半个墙厚}{0.24}}{2} \right\} = 7.52 \text{m}$$

$$S = (29.20 + 7.52) \times 0.24$$
$$= 36.72 \times 0.24$$
$$= 8.81 \text{m}^2$$

2. 计算直接费

计算直接费的依据除了工程量外,还需要预算定额。计算直接费一般采用两种方法,即单位估价法和实物金额法。单位估价法采用含有基价的预算定额;实物金额法采用不含有基价的预算定额。我们以单位估价法为例来计算直接费。含有基价的预算定额摘录见表 1-1。

预 算 定 额 摘 录

表 1-1

工程内容：略

定 额 编 号		单位	单价（元）	8-16 C10 混凝土基础垫层 每 1m³	9-53 1∶2 水泥砂浆基础防潮层 每 1m²
项 目					
基 价		元		159.73	7.09
其中	人 工 费	元		35.80	1.66
	材 料 费	元		117.36	5.38
	机 械 费	元		6.57	0.05
人 工	综合用工	工日	20.00	1.79	0.083
材 料	1∶2 水泥砂浆	m³	221.60		0.0207
	C10 混凝土	m³	116.20	1.01	
	防 水 粉	kg	1.20		0.664
机 械	400L 混凝土搅拌机	台班	55.24	0.101	
	平板式振动器	台班	12.52	0.079	
	200L 砂浆搅拌机	台班	15.38		0.0035

直接费计算公式如下：

$$直接费 = \sum_{i=1}^{n}(工程量 \times 定额基价)_i$$

也就是说，各项工程量分别乘以定额基价，汇总后即为直接费。例如，上述两个项目的直接费见表 1-2。

直 接 费 计 算 表

表 1-2

序号	定额编号	项 目 名 称	单 位	工程量	基价（元）	合价（元）	备注
1	8-16	C10 混凝土基础垫层	m³	5.696	159.73	909.82	
2	9-53	1∶2 水泥砂浆基础防潮层	m²	8.81	7.09	62.46	
		小计：				972.28	

3. 计算工程费用

按某地区费用定额规定，本工程以直接费为基础计算各项费用，其中，间接费费率为 12%，利润率为 5%，税率为 3.0928%，计算过程见表 1-3。

工程费用（造价）计算表

表 1-3

序 号	费 用 名 称	计 算 式	金额（元）
1	直 接 费	详见计算表	972.28
2	间 接 费	972.28×12%	116.67
3	利 润	972.28×5%	48.61
4	税 金	(972.28+116.67+48.61)×3.0928%	35.18
	工程造价		1172.74

4. 小结

(1) 通过学习施工图预算编制示例,我们了解了什么?是否明白了以下问题:

① 施工图预算的编制依据,主要有施工图、预算定额、费用定额;

② 首先要计算工程量,才能计算出直接费;

③ 计算出直接费后才能计算间接费、利润;

④ 直接费、间接费、利润计算完后才能计算税金;

⑤ 工程预算造价由直接费、间接费、利润、税金构成。

(2) 通过施工图预算编制示例,我们是否感受到:

① 计算工程量很重要,工程量计算错了,后面的计算就全错了;

② 计算工程量要看懂图纸,识读施工图很重要;

③ 预算定额是工程造价主管部门颁发的,它是计算直接费的重要依据;

④ 费用定额也是工程造价主管部门编制颁发的,它是计算各项费用的重要依据;

⑤ 编制施工图预算的思路很清晰,即按图计算工程量,根据预算定额计算直接费后,按费用定额计算其他各项费用,最后汇总为工程预算造价。

思 考 题

1. 建筑工程施工图预算有什么用?
2. 叙述建设预算的组成。
3. 建设预算各内容之间有什么关系?
4. 施工图预算由哪些要素构成?
5. 施工图预算的工料机消耗量是如何确定的?
6. 怎样计算施工图预算造价?
7. 施工图预算由哪些费用构成?

2 建筑工程预算定额概述

2.1 建筑工程预算定额有什么用

建筑工程预算定额（以下简称预算定额）是确定一定计量单位的分项工程的人工、材料、机械台班耗用量（货币量）的数量标准。

关于分项工程的概念后面再叙述，分项工程具体是指如现浇 C30 钢筋混凝土柱；砌 M5 水泥砂浆砖基础等内容。简而言之，预算定额是反映的每立方米现浇构件、预制构件、砌砖基础等项目的人工、材料、机械台班消耗的规定数量和规定的分项工程单价。

预算定额是编制施工图预算不可缺少的依据。工程量确定构成工程实体的实物数量，预算定额确定一个单位的工程量所消耗的人工、材料、机械台班消耗量。可见，没有预算定额，就不可能计算出工程总的人工数量、各种材料消耗量和机械台班总消耗量，当然也算不出工程预算造价。我们想一想，这是为什么？能不能自己确定砌 1 立方米水泥砂浆砌基础的人工、砂浆和砖的消耗量。如果可以，那么同一个工程就会有不同的实物消耗量，就会产生各不相同的预算造价，这不乱套了吗？不过我们还是要问根据什么确定砌 1 立方米砖基础所用标准砖数量是正确的？是根据甲施工企业还是乙施工企业的实际消耗量？我们说，都不是。这就要根据经济学中劳动价值论的基本理论来确定。价值规律告诉我们，商品的价值（价格）是由生产这个商品的社会必要劳动量确定的。所以，工程造价管理部门要通过测算每个项目所需的社会必要劳动消耗量，才能编制出预算定额，颁发后作为编制施工图预算的指导性文件。

2.2 定 额 大 家 族

定额是个大家族，预算定额是其中的主要成员，除此之外，还包括投资估算指标、概算指标、概算定额、施工定额、劳动定额、材料消耗定额、机械台班定额、工期定额等等。

2.2.1 投资估算指标

投资估算指标是以一个建设项目为对象，确定设备、器具购置费用，建筑安装工程费用，工程建设其他费用，流动资金需用量的依据。例如，一个肉食品加工厂的投资估算。

投资估算指标是在建设项目决策阶段，编制投资估算、进行投资预测、投资控制、投资效益分析的重要依据。

2.2.2 概算指标

概算指标是以整个建筑物或构筑物为对象，以"m^3"、"m^2"、"座"等为计量单位，确定人工、材料、机械台班消耗量及费用的标准。

概算指标是在初步设计阶段，编制设计概算的依据。其主要作用是优选设计方案和控制建设投资。例如编制教学大楼概算。

2.2.3 概算定额

概算定额是确定一定计量单位的扩大分项工程的人工、材料、机械台班消耗量的数量标准。概算定额是在扩大初步设计阶段或施工图设计阶段编制设计概算的主要依据。

2.2.4 预算定额

预算定额是规定消耗在单位建筑产品上人工、材料、机械台班的社会必要劳动消耗量的数量标准。

预算定额是在施工图设计阶段及招标投标阶段，控制工程造价，编制标底和标价的重要依据。

2.2.5 施工定额

施工定额是规定消耗在单位建筑产品上的人工、材料、机械台班企业劳动消耗量的数量标准。施工定额主要用于编制施工预算。施工定额是在工程招标投标阶段编制标价，在施工阶段签发施工任务书，限额领料单的重要依据。

2.2.6 劳动定额

劳动定额是在正常施工条件下，某工种某等级工人或工人小组，生产单位合格产品所必须消耗的劳动时间，或是在单位工作时间内生产单位合格产品的数量标准。劳动定额的主要作用是下达施工任务单、核算企业内部用工数，也是编制施工定额、预算定额的依据。例如，砌 $1m^3$ 砖基础的时间定额为 0.956 工日/m^3。

2.2.7 材料消耗定额

材料消耗定额是指在正常施工条件下，节约和合理使用材料的条件下，生产单位合格产品所必须消耗的一定品种规格的材料数量。材料消耗定额的主要作用是下达施工限额领料单，核算企业内部用料数量，也是编制施工定额和预算定额的依据。例如，砌 $1m^3$ 砖基础的标准砖用量为 521 块/m^3。

2.2.8 机械台班使用定额

机械台班使用定额规定了在正常施工条件下，利用某种施工机械，生产单位合格产品所必须消耗的机械工作时间，或者在单位工作时间内机械完成合格产品的数量标准。例如：8t 载重汽车运预制空心板，当运距为 1km 时的产量定额为 65.4t/台班。

2.2.9 工期定额

工期定额是以单项工程或单位工程为对象，在平均建设管理水平，合理施工装备水平和正常施工条件下，按施工图设计条件的要求，按工程结构类型和地区划分要求，从工程开工到竣工验收合格交付使用全过程所需的合理日历天数。

工期定额是编制招标文件的依据，是签订施工合同、处理施工索赔的基础，也是施工企业编制施工组织设计，安排施工进度的依据。例如，北京地区完成高 6 层 $5000m^2$ 建筑面积以内的住宅工程的工期定额为 190 天。

2.3 预算定额的构成要素

预算定额一般由项目名称、单位、人工、材料、机械台班消耗量构成，若反映货币量，还包括项目的定额基价。预算定额示例见表 2-1。

预算定额摘录　　　　　　　　　　　　表 2-1

工程内容：略

定 额 编 号					5-408
项　　目			单　位	单　价	现浇 C20 混凝土圈梁（m³）
基　　价			元		199.05
其 中	人 工 费		元		58.60
	材 料 费		元		137.50
	机 械 费		元		2.95
人　工	综合用工		工日	20.00	2.93
材　料	C20 混凝土		m³	134.50	1.015
	水		m³	0.90	1.087
机　械	混凝土搅拌机 400L		台班	55.24	0.039
	插入式振动器		台班	10.37	0.077

2.3.1 项目名称

预算定额的项目名称也称定额子目名称。定额子目是构成工程实体或有助于构成工程实体的最小组成部分。一般是按工程部位或工种材料划分。一个单位工程预算可由几十个到上百个定额子目构成。

2.3.2 工料机消耗量

工料机消耗量是预算定额的主要内容。这些消耗量是完成单位产品（一个单位定额子目）的规定数量。例如，现浇 1m³ 混凝土圈梁的用工是 2.93 工日（表 2-1），所以，称之为定额。这些消耗量反映了本地区该项目的社会必要劳动消耗量。

2.3.3 定额基价

定额基价也称工程单价，是定额子目中工料机消耗量的货币表现（表 2-1）。

$$定额基价 = 工日数 \times 工日单价 + \sum_{i=1}^{n}(材料用量 \times 材料单价)_i + \sum_{j=1}^{m}(机械台班量 \times 台班单价)_j$$

2.4　预算定额的编制内容与步骤

2.4.1 编制预算定额的准备工作

编制预算定额要完成许多准备工作。首先要确定编几个分部（或编几章），每一分部（或每一章）分几个小节，每个小节需划分为几个子目。

其次要确定定额子目的计量单位，是采用"m³"，还是采用"m²"等等。

再者要合理确定定额水平，要分析哪些企业的劳动消耗量水平能反映社会平均消耗量水平。

2.4.2 测算预算定额子目消耗量

采用一定的技术方法、计算方法、调查研究方法，测算各定额子目的人工、材料、机械台班消耗量。

2.4.3 编排预算定额

根据划分好的项目和取得的定额资料，采用事先确定的表格，计算和编排预算定额，编成供大家使用的预算定额手册。

2.5 预算定额编制过程示例

上述编制预算定额的过程举例如下。

拟完成砌筑分部、砌砖小节、砌灰砂砖墙项目的预算定额编制过程为：

第一步：划分子目，确定计量单位

砌灰砂砖墙拟划分为 5 个子目，其子目名称、计量单位确定如下：

定额子目划分表　　　　　　　　　　　　　　　表 2-2

分部名称：砌筑　　节名称：砌砖　　项目名称：灰砂砖墙

定 额 编 号	定 额 子 目 名 称	计 量 单 位
4-2	1/2 砖厚灰砂砖墙	m³
4-3	3/4 砖厚灰砂砖墙	m³
4-4	1 砖厚灰砂砖墙	m³
4-5	1 砖半厚灰砂砖墙	m³
4-6	2 砖及 2 砖以上厚灰砂砖墙	m³

第二步：确定工料机消耗量

通过现场测定和统计计算资料确定各子目的人工消耗量、材料消耗量、机械台班消耗量如下：

定额子目工料机消耗量取定表　　　　　　　表 2-3

计量单位：m³

定 额 编 号		4-2	4-3	4-4	4-5	4-6
子目名称	单位	混合砂浆砌灰砂砖墙				
		$\frac{1}{2}$ 砖	3/4 砖	1 砖	1 砖半	2 砖及 2 砖以上
综合工日	工日	2.19	2.16	1.89	1.78	1.71
M5 混合砂浆	m³	0.195	0.213	0.225	0.240	0.245
灰砂砖	块	564	551	541	535	531
水	m³	0.113	0.11	0.11	0.11	0.11
200L 灰浆搅拌机	台班	0.33	0.35	0.38	0.40	0.41

第三步：编制预算定额

根据上述计算确定的工料机消耗量和工料机单价，用预算定额表格汇总编制成预算定额手册，过程如下：

1. 将工料机消耗量填入表格内（表 2-4）；

2. 将工料机单价填入表格内（表 2-4）；
3. 计算人工费、材料费、机械费。举例如下：

$\frac{1}{2}$ 砖厚灰砂砖墙人工费、材料费、机械费计算过程为：

$$人工费 = 综合用工 \times 工日单价 = 2.19 \times 20.00 = 43.80 元$$

$$材料费 = \sum_{i=1}^{n} (材料用量 \times 材料单价)_i$$
$$= 0.195 \times 99.00 + 564 \times 0.18 + 0.113 \times 0.90$$
$$= 120.93 元$$

$$机械费 = \sum_{j=1}^{m} (台班数量 \times 台班单价)_j = 0.33 \times 15.38 = 5.08 元$$

4. 将人工费、材料费、机械费汇总为定额基价。例如，4-2 号定额的基价为：

$$基价 = 43.80 + 120.93 + 5.08 = 169.81 元/m^3$$

预算定额手册编制表 表 2-4

工程内容：略 定额单位：m^3

定额编号				4-2
项目		单位	单价	混合砂浆砌 $\frac{1}{2}$ 砖灰砂砖墙
基价		元		169.81
其中	人工费	元		43.80
	材料费	元		120.93
	机械费	元		5.08
用工	综合用工	工日	20.00	2.19
材料	M5 混合砂浆	m^3	99.00	0.195
	灰砂砖	块	0.18	564
	水	m^3	0.90	0.113
机械	200L 灰浆搅拌机	台班	15.38	0.33

思 考 题

1. 建筑工程预算定额有什么用？
2. 概算指标有何用？
3. 施工定额有何用？
4. 劳动定额有何用？
5. 材料消耗定额有何用？
6. 工期定额有何用？
7. 预算定额由哪些要素构成？

3 工程量计算规则概述

3.1 工程量计算规则有什么用

3.1.1 工程量的概念

工程量是指用物理计量单位或自然计量单位表示的分项工程的实物数量。

物理计量单位系指用公制度量表示的"m、m^2、m^3、t、kg"等单位。例如，楼梯扶手以"m"为单位，水泥砂浆抹地面以"m^2"为单位，预应力空心板以"m^3"为单位，钢筋制作安装以"t"为单位等等。

自然计量单位系指个、组、件、套等具有自然属性的单位。例如，砖砌拖布池以"套"为单位，雨水斗以"个"为单位，洗脸盆以"组"为单位，日光灯安装以"套"为单位等等。

3.1.2 工程量计算规则的作用

工程量计算规则是计算分项工程项目工程量时，确定施工图尺寸数据、内容取定、工程量调整系数、工程量计算方法的重要规定。工程量计算规则是具有权威性的规定，是确定工程消耗量的重要依据，主要作用如下：

1. 确定工程量项目的依据

例如，工程量计算规则规定，建筑场地挖填土方厚度在±30cm以内及找平，算人工平整场地项目；超过±30cm就要按挖土方项目计算了。

2. 施工图尺寸数据取定，内容取舍的依据

例如，外墙墙基按外墙中心线长度计算，内墙墙基按内墙净长计算，基础大放脚T形接头处的重叠部分，0.3m^2以内洞口所占面积不予扣除，但靠墙暖气沟的挑檐亦不增加。又如，计算墙体工程量时，应扣除门窗洞口，嵌入墙身的圈梁、过梁体积，不扣除梁头、外墙板头、加固钢筋及每个面积在0.3m^2以内孔洞等所占的体积，突出墙面的窗台虎头砖、压顶线、三皮砖以内的腰线亦不增加。

3. 工程量调整系数

例如，计算规则规定，木百叶门油漆工程量按单面洞口面积乘以系数1.25。

4. 工程量计算方法

例如，计算规则规定，满堂脚手架增加层的计算方法为：

$$满堂脚手架增加层 = \frac{室内净高-5.2（m）}{1.2（m）}$$

3.2 制定工程量计算规则有哪些考虑

我们知道,工程量计算规则是与预算定额配套使用的。当计算规则作出了规定后,那么编制预算定额就要考虑这些规定的各项内容,两者是统一的。工程量计算规则有哪些考虑呢?

3.2.1 力求工程量计算的简化

工程量计算规则制定时,要尽量考虑工程造价人员在编制施工图预算时,简化工程量计算过程。例如,砖墙体积内不扣除梁头板头体积,也不增加突出墙面虎头砖、压顶线的体积的计算规则规定,就符合这一精神。

3.2.2 计算规则与定额消耗量的对应关系

凡是工程量计算规则指出不扣除或不增加的内容,在编制预算定额时都进行了处理。因为在编制预算定额时,都要通过典型工程相关工程量统计分析后,进行了抵扣处理。也就是说,计算规则注明不扣的内容,编制定额时已经扣除;计算规则说不增加的内容,在编制预算定额时已经增加了。所以,定额的消耗量与工程量的计算规则是相对应的。

3.2.3 制定工程量计算规则应考虑定额水平的稳定性

虽然编制预算定额是通过若干个典型工程,测算定额项目的工程实物消耗量。但是,也要考虑制定工程量计算规则变化幅度大小的合理性,使计算规则在编制施工图预算确定工程量时具有一定的稳定性,从而使预算定额水平具有一定的稳定性。

3.3 如何运用好工程量计算规则

工程量计算规则就像体育运动比赛规则一样,具有事先约定的公开性、公平性和权威性。凡是使用预算定额编制施工图预算的,就必须按此规则计算工程量。因为,工程量计算规则与预算定额项目之间有着严格的对应关系。运用好工程量计算规则是保证施工图预算准确性的基本保证。

3.3.1 全面理解计算规则

我们知道,定额消耗量的取舍与工程量计算规则是相对应的,所以,全面理解工程量计算规则是正确计算工程量的基本前提。

工程量计算规则中贯穿着一个规范工程量计算和简化工程量计算的精神。

所谓规范工程量计算,是指不能以个人的理解来运用计算规则,也不能随意改变计算规则。例如,楼梯水泥砂浆面层抹灰,包括休息平台在内,不能认为只算楼梯踏步。

简化工程量计算的原则,包括以下几个方面:

1. 计算较繁琐但数量又较小的内容,计算规则处理为不计算或不扣除。但是在编制定额时都作为扣除或增加处理,这样,计算工程量就简化了。例如,砖墙工程量计算中,规定不扣除梁头、板头所占体积,也不增加挑出墙外窗台线和压顶线的体积等等。

2. 工程量不计算,但定额消耗量已包括。例如,方木屋架的夹板、垫木已包括在相应屋架制作定额项目中,工程量不再计算。此方法,也简化了工程量计算。

3. 精简了定额项目。例如,各种木门油漆的定额消耗量之间有一定的比例关系。于是，预算定额只编制单层木门的油漆项目，双层木门、百叶木门的油漆工程量通过计算规则规定的工程量乘以系数的方法来实现定额的套用。所以，这种方法精简了预算定额项目。

3.3.2 领会精神，灵活处理

领会了制定工程量计算规则的精神后，我们就能较灵活地处理实际工作中的一些问题。

1. 按实际情况分析工程量计算范围

工程量计算规则规定，楼梯面层是按水平投影面积计算。具体做法是，将楼梯段和休息平台综合为投影面积计算，不需要按展开面积计算。这种规定，简化了工程量计算。但是，遇到单元式住宅时，怎样计算楼梯面积，需要具体分析。

例如，某单元式住宅，每层2跑楼梯，包括了一个休息平台和一个楼层平台。这时，楼层平台是否算入楼梯面积，需要判断。通过分析，我们知道，连接楼梯的楼层平台有内走廊、外走廊、大厅和单元式住宅楼等几种形式。显然，单元式住宅的楼层平台是众多楼层平台中的特殊形式，而楼梯面层定额项目是针对各种楼层平台情况编制的。所以，单元式住宅的楼层平台不应算入楼梯面层内。

2. 领会简化计算精神，处理工程量计算过程

领会了工程量计算规则制定的精神，知道了要规范工程量计算，还要领会简化工程量计算的精神。在工程量计算过程中灵活处理一些实际问题，使计算过程既符合一定准确性要求，也达到了简化计算的目的。

例如，计算抗震结构钢筋混凝土构件中钢筋的箍筋用量，可以按正规的计算方法计算，即按规定扣除保护层尺寸，加上弯钩的长度计算。但也可以采用按构件矩形截面的外围周长尺寸确定箍筋的长度。因为，通过分析，我们发现，采用后一种方法计算梁、柱箍筋时，$\phi 6.5$ 的箍筋每个多算了 20mm，$\phi 8$ 箍筋每个少算了 22mm，在一个框架结构的建筑物中，要计算很多 $\phi 6.5$ 的箍筋，也要计算很多 $\phi 8$ 的箍筋。这样，这两种规格在计算过程中不断抵消了多算或少算的数量。而采用后一种方法确定，简化了计算过程，且数量误差又不会太大。

3.4 工程量计算规则的发展趋势

3.4.1 工程量计算规则的制定有利于工程量的自动计算

使用了计算机，人们可以从繁琐的计算工作中解放出来。所以，用计算机计算工程量是一个发展趋势。那么，用计算机计算工程量，计算规则的制定就要符合计算机处理的要求，包括，可以通过建立数学模型来描述工程量计算规则；各计算规则之间的界定要明晰；要总结计算规则的规律性等等。

3.4.2 工程量计算规则宜粗不宜细

工程量计算规则要简化，宜粗不宜细，尽量做到将方便让给使用者。这一思路并不影响工程消耗量的准确性，因为可以通过统计分析的方法，将复杂因素处理在预算定额消耗量内。

思 考 题

1. 工程量计算规则有什么用?
2. 什么是工程量?
3. 制定工程量计算规则有哪些考虑?
4. 如何运用好工程量计算规则?

4 施工图预算编制原理

4.1 施工图预算的费用构成

我们已经知道,施工图预算的主要作用是确定工程预算造价(以下简称工程造价)。如果从产品的角度看,工程造价就是建筑产品的价格。

从理论上讲建筑产品的价格也同其他产品一样,由生产这个产品的社会必要劳动量确定,劳动价值论表达为:C+V+m。现行的建设预算制度,将C+V表达为直接费和间接费,m表达为利润和税金。因此,施工图预算由上述四部分费用构成。

4.1.1 直接费

直接费是与建筑产品生产直接有关的各项费用,包括直接工程费和措施费。

1. 直接工程费

直接工程费是指构成工程实体的各项费用,主要包括人工费、材料费和施工机械使用费。

2. 措施费

措施费是指有助于构成工程实体形成的各项费用,主要包括冬雨季施工增加费、夜间施工增加费、材料二次搬运费、脚手架搭设费、临时设施费等。

4.1.2 间接费

间接费是指费用发生后,不能直接计入某个建筑工程,而只有通过分摊的办法间接计入建筑工程成本的费用,主要包括企业管理费和规费。

4.1.3 利润

利润是劳动者为社会劳动、为企业劳动创造的价值。利润按国家或地方规定的利润率计取。

利润的计取具有竞争性。承包商投标时,可根据本企业的经营管理水平和建筑市场的供求状况,在一定的范围内确定本企业的利润水平。

4.1.4 税金

税金是劳动者为社会劳动创造的价值。与利润的不同点是它具有法令性和强制性。按现行规定,税金主要包括营业税、城市维护建设税和教育费附加。

4.2 建筑产品的特点

建筑产品具有:产品生产的单件性、建设地点的固定性、施工生产的流动性等特点。这些特点是形成建筑产品必须通过编制施工图预算确定工程造价的根本原因。

4.2.1 单件性

建筑产品的单件性是指每个建筑产品都具有特定的功能和用途，即：在建筑物的造型、结构、尺寸、设备配置和内外装修等方面都有不同的具体要求。就是用途完全相同的工程项目，在建筑等级、基础工程等方面都会发生不同的情况。可以这么说，在实践中找不到两个完全相同的建筑产品。因而，建筑产品的单件性使得建筑物在实物形态上千差万别，各不相同。

4.2.2 固定性

固定性是指建筑产品的生产和使用必须固定在某一个地点，不能随意移动。建筑产品固定性的客观事实，使得建筑物的结构和造型受当地自然气候、地质、水文、地形等因素的影响和制约，使得功能相同的建筑物在实物形态上仍有较大的差别，从而使得每个建筑产品的工程造价各不相同。

4.2.3 流动性

建筑产品的固定性是产生施工生产流动性的根本原因。因为建筑物固定了，施工队伍就流动了。流动性是指施工企业必须在不同的建设地点组织施工、建造房屋。

由于每个建设地点离施工单位基地的距离不同、资源条件不同、运输条件不同、工资水平不同等等，都会影响建筑产品的造价。

4.3 施工图预算确定工程造价的必要性

建筑产品的三大特性，决定了其在实物形态上和价格要素上千差万别的特点。这种差别形成了制定统一建筑产品价格的障碍，给建筑产品定价带来了困难，通常工业产品的定价方法已经不适用于建筑产品的定价。

当前，建筑产品价格主要有二种表现形式，一是政府指导价，二是市场竞争价。施工图预算确定的工程造价属于政府指导价；招标投标确定的承包价属于市场竞争价。但是，应该指出，市场竞争价也是以施工图预算为基础确定的。所以，以编制施工图预算确定工程造价的方法必须掌握。

产品定价的基本规律除了价值规律外，还应该有两条，一是通过市场竞争形成价格，二是同类产品的价格水平应该基本一致。

对于建筑产品来说，价格水平一致性的要求和建筑产品单件性的差别特性是一对需要解决的矛盾。因为我们无法做到以一个建筑物为对象来整体定价而达到保持价格水平一致性的要求。通过人们长期实践和探讨，找到了用编制施工图预算确定建筑产品价格的方法较好地解决了这个问题。因此，从这个意义上说，施工图预算是确定建筑产品价格的特殊方法。

4.4 确定建筑工程造价的基本理论

将一个复杂的建筑工程分解为具有共性的基本构造要素——分项工程；编制单位分项工程人工、材料、机械台班消耗量及货币量的预算定额，是确定建筑工程造价基本原理的重要基础。

4.4.1 建设项目的划分

基本建设项目按照合理确定工程造价和基本建设管理工作的要求，划分为建设项目、单项工程、单位工程、分部工程、分项工程五个层次。

1. 建设项目

建设项目一般是指在一个总体设计范围内，由一个或几个工程项目组成，经济上实行独立核算，行政上实行独立管理，并且具有法人资格的建设单位。通常，一个企业、事业单位就是一个建设项目。

2. 单项工程

单项工程又称工程项目，它是建设项目的组成部分，是指具有独立的设计文件，竣工后可以独立发挥生产能力或使用效益的工程。如，一个工厂的生产车间、仓库等，学校的教学楼、图书馆等分别都是一个单项工程。

3. 单位工程

单位工程是单项工程的组成部分。单位工程是指具有独立的设计文件，能单独施工，但建成后不能独立发挥生产能力或使用效益的工程。如，一个生产车间的土建工程、电气照明工程、给排水工程、机械设备安装工程、电气设备安装工程等分别是一个单位工程，它们是生产车间这个单项工程的组成部分。

4. 分部工程

分部工程是单位工程的组成部分。分部工程一般按工种工程来划分。例如土建单位工程划分为：土石方工程、砌筑工程、脚手架工程、钢筋混凝土工程、木结构工程、金属结构工程、装饰工程等等。也可按单位工程的构成部分来划分，例如，基础工程、墙体工程、梁柱工程、楼地面工程、门窗工程、屋面工程等等。一般，建筑工程预算定额综合了上述两种方法来划分分部工程。

5. 分项工程

分项工程是分部工程的组成部分。一般，按照分部工程划分的方法，再将分部工程划分为若干个分项工程。例如，基础工程还可以划分为基槽开挖、基础垫层、基础砌筑、基础防潮层、基槽回填土、土方运输等分项工程。

分项工程是建筑工程的基本构造要素。通常，我们把这一基本构造要素称为"假定建筑产品"。假定建筑产品虽然没有独立存在的意义，但是这一概念在预算编制原理、计划统计、建筑施工及管理、工程成本核算等方面都是十分重要的概念。

建设项目划分示意图见图 4-1。

4.4.2 建筑产品的共同要素——分项工程

建筑产品是结构复杂、体型庞大的工程，要对这样一类完整产品进行统一定价，不太容易办到，这就需要按照一定的规则，将建筑产品进行合理分解，层层分解到构成完整建筑产品的共同要素——分项工程为止，就能实现对建筑产品定价的目的。

从建设项目划分的内容来看，将单位建筑工程按结构构造部位和工程工种来划分，可以分解为若干个分部工程。但是，从对建筑产品定价要求来看，仍然不能满足要求。因为以分部工程为对象定价，其影响因素较多。例如，同样是砖墙，由于它的构造不同，如实砌墙或空花墙；材料不同，标准砖或灰砂砖等，受这些因素影响，其人工、材料消耗的差别较大。所以，还必须按照不同的构造、材料等要求，将分部工程分解为更为简单的组成

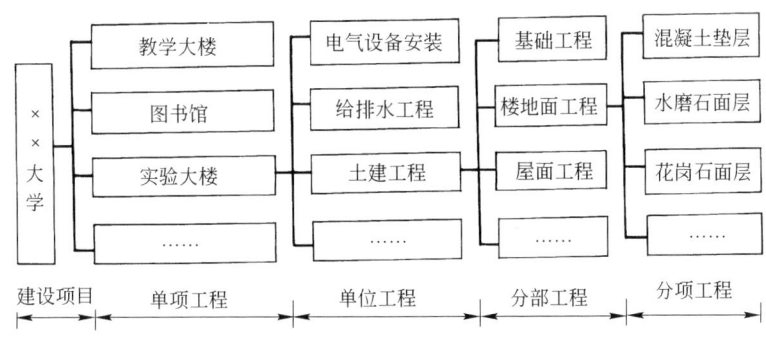

图 4-1 建设项目划分示意图

部分——分项工程，例如，M5 混合砂浆砌 240mm 厚灰砂砖墙，现浇 C20 钢筋混凝土圈梁等等。

分项工程是经过逐步分解，最后得到能够用较为简单的施工过程生产出来的，可以用适当计量单位计算的工程基本构造要素。

4.4.3 单位分项工程的消耗量标准——预算定额

将建筑工程层层分解后，我们就能采用一定的方法，编制出确定单位分项工程的人工、材料、机械台班消耗量标准——预算定额。

虽然不同的建筑工程由不同的分项工程项目和不同的工程量构成，但是有了预算定额后，就可以计算出价格水平基本一致的工程造价。这是因为预算定额确定的每一单位分项工程的人工、材料、机械台班消耗量起到了统一建筑产品劳动消耗水平的作用，从而使我们能够将千差万别的各建筑工程不同的工程数量，计算出符合统一价格水平的工程造价成为现实。

例如，甲工程砖基础工程量为 68.56m^3，乙工程砖基础工程量为 205.66m^3，虽然工程量不同，但使用统一的预算定额后，他们的人工、材料、机械台班消耗量水平是一致的。

如果在预算定额消耗量的基础上再考虑价格因素，用货币量反映定额基价，那么，我们就可以计算出直接费、间接费、利润和税金，就能算出整个建筑产品的工程造价。

必须明确指出，施工图预算以单位工程为对象编制，也就是说，施工图预算确定的是单位工程预算造价。

4.4.4 确定工程造价的数学模型

用编制施工图预算确定工程造价，一般采用下列三种方法，因此也需构建三种数学模型。

1. 单位估价法

单位估价法是编制施工图预算常采用的方法。该方法根据施工图和预算定额，通过计算分项工程量、分项直接工程费，将分项直接工程费汇总成单位工程直接工程费后，再根据措施费费率、间接费费率、利润率、税率分别计算出各项费用和税金，最后汇总成单位工程造价。其数学模型如下：

工程造价＝直接费＋间接费＋利润＋税金

即：

$$\text{以直接费为取费基础的工程造价} = \left[\sum_{i=1}^{n}(\text{分项工程量} \times \text{定额基价})_i \right.$$
$$\left. \times (1+\text{措施费费率}+\text{间接费费率}+\text{利润率})\right]$$
$$\times (1+\text{税率})$$

$$\text{以人工费为取费基础的工程造价} = \left[\sum_{i=1}^{n}(\text{分项工程量} \times \text{定额基价})_i \right.$$
$$+ \sum_{i=1}^{n}(\text{分项工程量} \times \text{定额基价中人工费})_i$$
$$\left. \times (1+\text{措施费费率}+\text{间接费费率}+\text{利润率})\right]$$
$$\times (1+\text{税率})$$

提示：通过 1.4 中的简例来理解上述工程造价数学模型。

2. 实物金额法

当预算定额中只有人工、材料、机械台班消耗量，而没有定额基价的货币量时，我们可以采用实物金额法来计算工程造价。

实物金额法的基本做法是，先算出分项工程的人工、材料、机械台班消耗量，然后汇总成单位工程的人工、材料、机械台班消耗量，再将这些消耗量分别乘以各自的单价，最后汇总成单位工程直接费。后面各项费用的计算同单位估价法。其数学模型如下：

$$\text{工程造价} = \text{直接费} + \text{间接费} + \text{利润} + \text{税金}$$

即：

$$\text{以直接费为取费基础的工程造价} = \left\{\left[\sum_{i=1}^{n}(\text{分项工程量} \times \text{定额用工量})_i \right.\right.$$
$$\times \text{工日单价} + \sum_{j=1}^{m}(\text{分项工程量} \times \text{定额材料用量})_j$$
$$\times \text{材料单价} + \sum_{k=1}^{p}(\text{分项工程量} \times \text{定额机械台班量})_k$$
$$\left.\left. \times \text{台班单价}\right] \times (1+\text{措施费费率}+\text{间接费费率}+\text{利润率})\right\}$$
$$\times (1+\text{税率})$$

$$\text{以人工费为取费基础的工程造价} = \left[\sum_{i=1}^{n}(\text{分项工程量} \times \text{定额用工量})_i \times \text{工日单价}\right.$$
$$\times (1+\text{措施费费率}+\text{间接费费率}+\text{利润率})$$
$$+ \sum_{j=1}^{m}(\text{分项工程量} \times \text{定额材料用量})_j$$
$$\times \text{材料单价} + \sum_{k=1}^{p}(\text{分项工程量} \times \text{定额机械台班量})_k$$
$$\left. \times \text{台班单价}\right] \times (1+\text{税率})$$

3. 分项工程完全单价计算法

分项工程完全单价计算法的特点是，以分项工程为对象计算工程造价，再将分项工程造价汇总成单位工程造价。该方法从形式上类似于工程量清单计价法，但又有本质上的区别。

分项工程完全单价计算法的数学模型为：

$$\text{以直接费为取费基础计算工程造价} = \sum_{i=1}^{n}\Big[(\text{分项工程量} \times \text{定额基价}) \times (1 + \text{措施费费率} + \text{间接费费率} + \text{利润率}) \times (1 + \text{税率})\Big]_i$$

$$\text{以人工费为取费基础计算工程造价} = \sum_{i=1}^{n}\Big\{\big[(\text{分项工程量} \times \text{定额基价}) + (\text{分项工程量} \times \text{定额用工量} \times \text{工日单价}) \times (1 + \text{措施费费率} + \text{间接费费率} + \text{利润率})\big] \times (1 + \text{税率})\Big\}_i$$

注：上述数学模型分二种情况表述的原因是，建筑工程造价一般以直接费为基础计算；装饰工程造价或安装工程造价一般以人工费为基础计算。

4.5 施工图预算编制程序

上述工程造价的数学模型反映了编制施工图预算的本质特征，同时也反映了编制施工图预算的步骤与方法。

所谓施工图预算编制程序是指编制施工图预算时有规律的步骤和顺序，包括施工图预算的编制依据、编制内容和编制程序。

4.5.1 编制依据

1. 施工图

施工图是计算工程量和套用预算定额的依据。广义地讲，施工图除了施工蓝图外，还包括标准施工图、图纸会审纪要和设计变更等资料。

2. 施工组织设计或施工方案

施工组织设计或施工方案是编制施工图预算过程中，计算工程量和套用预算定额时，确定土方类别，基础工作面大小、构件运输距离及运输方式等的依据。

3. 预算定额

预算定额是确定分项工程项目、计量单位，计算分项工程量、分项工程直接费和人工、材料、机械台班消耗量的依据。

4. 地区材料预算价格

地区材料预算价格或材料指导价是计算材料费和调整材料价差的依据。

5. 费用定额和税率

费用定额包括措施费、间接费、利润和税金的计算基础和费率、税率的规定。

6. 施工合同

施工合同是确定收取哪些费用，按多少收取的依据。

4.5.2 施工图预算编制内容

施工图预算编制的主要内容包括：

1. 列出分项工程项目，简称列项；
2. 计算工程量；
3. 套用预算定额及定额基价换算；

4. 工料分析及汇总；

5. 计算直接费；

6. 材料价差调整；

7. 计算间接费；

8. 计算利润；

9. 计算税金；

10. 汇总为工程造价。

4.5.3 施工图预算编制程序

按单位估价法编制施工图预算的程序见图4-2。

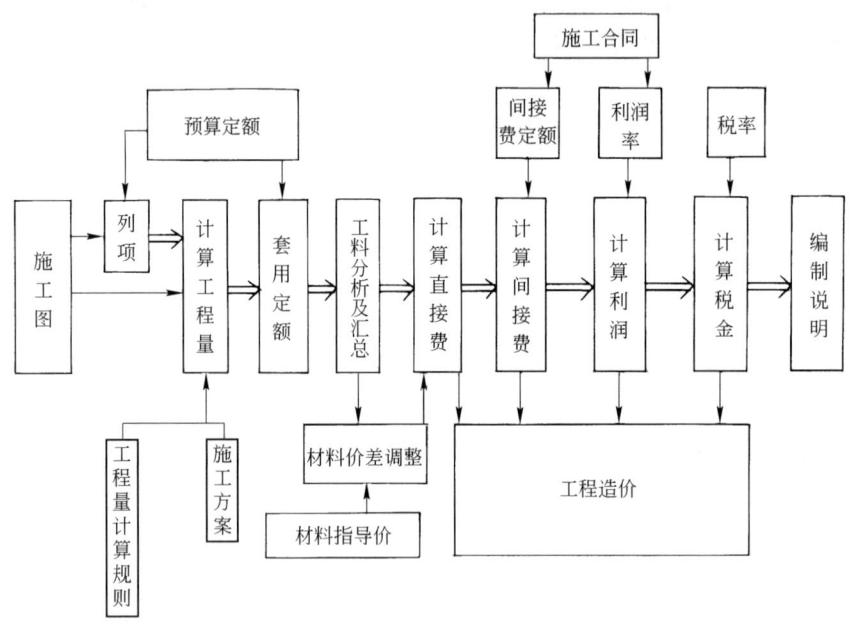

图 4-2 施工图预算编制程序示意图

思 考 题

1. 什么是直接费？
2. 什么是间接费？
3. 什么是利润？
4. 什么是税金？
5. 建筑产品有哪些特点？
6. 为什么要以施工图预算的方式来确定工程造价？
7. 建设项目是如何划分的？
8. 什么是建设项目？
9. 什么是单项工程？
10. 什么是单位工程？
11. 写出确定工程造价的数学模型。

12. 什么是实物金额法?
13. 什么是单位估价法?
14. 什么是分项工程完全单价法?
15. 叙述施工图预算的编制程序。
16. 叙述施工图预算的编制内容。
17. 绘制出施工图预算编制程序示意图。

5 建筑工程预算定额

5.1 编制定额的基本方法

编制定额的常用方法有以下四种。

5.1.1 技术测定法

技术测定法亦称计时观察法,是一种科学的编制定额的方法。该方法通过对施工过程的具体活动进行实地观察,详细记录工人和施工机械的工作时间消耗,测定完成产品的数量和有关影响因素,将观察记录结果进行分析研究,整理出可靠的数据资料,再运用一定的计算方法算出编制定额的基础数据。

1. 技术测定法的主要步骤

(1) 确定拟编定额项目的施工过程,对其组成部分进行必要的划分;

(2) 选择正常的施工条件和合适的观察对象;

(3) 到施工现场对观察对象进行测时观察,记录完成产品的数量、工时消耗及影响工时消耗的有关因素;

(4) 分析整理观察资料。

2. 常用的技术测定方法

(1) 测时法

测时法主要用于观察循环施工过程的定额工时消耗。

测时法的特点:精度高,观察技术较复杂。

(2) 写实记录法

写实记录法是一种研究各种性质工作时间消耗的技术测定法。采用该方法可以获得工作时间消耗的全部资料。

写实记录法的特点:精度较高、观察方法比较简单。观察对象是一个工人或一个工人小组,采用普通表为计时工具。

(3) 工作日写实法

工作日写实法是研究整个工作班内各种损失时间、休息时间和不可避免中断时间的方法。

工作日写实法的特点:技术简便、资料全面。

5.1.2 经验估计法

经验估计法是根据定额员、施工员、内业技术员、老工人的实际工作经验,对生产某一产品或完成某项工作所需的人工、材料、机械台班数量进行分析、讨论、估算,并最终确定消耗量的一种方法。

经验估计法的特点:简单、工作量小、精度差。

5.1.3 统计计算法

统计计算法是运用过去统计资料编制定额的一种方法。

统计计算法编制定额简单可行，只要对过去的统计资料加以分析和整理就可以计算出定额消耗指标。缺点是统计资料不可避免地包含各种不合理因素，这些因素必然会影响定额水平，降低定额质量。

5.1.4 比较类推法

比较类推法也叫典型定额法。该方法是在同类型的定额子目中，选择有代表性的典型子目，用技术测定法确定各种消耗量，然后根据测定的定额用比较类推的方法编制其他相关定额。

比较类推法简单易行，有一定的准确性。缺点是该方法运用了正比例的关系来编制定额，故有一定的局限性。

5.2 预算定额的特性

在社会主义市场经济条件下，定额具有以下三个方面的特性：

5.2.1 科学性

预算定额的科学性是指，定额是采用技术测定法、统计计算法等科学方法，在认真研究施工生产过程中客观规律的基础上，通过长期的观察、测定、统计分析总结生产实践经验以及广泛搜集现场资料的基础上编制的。在编制过程中，对工作时间、现场布置、工具设备改革、工艺过程以及施工生产技术与组织管理等方面，进行科学的分析研究，因而，所编制的预算定额客观地反映了行业的社会平均水平，所以，定额具有科学性。简而言之，用科学的方法编制定额，因而定额具有科学性。

5.2.2 权威性

在计划经济体制下，定额具有法令性，即定额经国家主管机关批准颁发后，具有经济法规的性质，执行定额的所有各方必须严格遵守，不能随意改变定额的内容和水平。

但是，在市场经济条件下，定额的执行过程中允许施工企业根据招标投标的具体情况进行调整，内容和水平也可以变化，使其体现了市场经济竞争性的特点和自主报价的特点，故定额的法令性淡化了。所以具有权威性的预算定额既能起到国家宏观调控建筑市场，又能起到让建筑市场充分发育的作用。这种具有权威性的定额，能使承包商在竞争过程中有根据地改变其定额水平，起到推动社会生产力水平发展和提高建设投资效益的目的。具有权威性的定额符合社会主义市场经济条件下建筑产品的生产规律。

定额的权威性是建立在采用先进科学的编制方法上，能正确反映本行业的生产力水平，符合社会主义市场经济的发展规律。

5.2.3 群众性

定额的群众性是指定额的制定和执行都必须有广泛的群众基础。因为定额的水平高低主要取决于建筑安装工人所创造的劳动生产力水平的高低；其次，工人直接参加定额的测定工作，有利于制定出容易使用和推广的定额；最后，定额的执行要依靠广大职工的生产实践活动才能完成。

5.3 预算定额的编制原则

预算定额的编制原则主要有以下二个：

5.3.1 平均水平原则

平均水平是指编制预算定额时应遵循价值规律的要求，即按生产该产品的社会必要劳动量来确定其人工、材料、机械台班消耗量。这就是说，在正常施工条件下，以平均的劳动强度、平均的技术熟练程度、平均的技术装备条件，完成单位合格建筑产品所需的劳动消耗量来确定预算定额的消耗量水平。这种以社会必要劳动量来确定定额水平的原则，就称为平均水平原则。

5.3.2 简明适用原则

定额的简明与适用是统一体中的一对矛盾，如果只强调简明，适用性就差；如果单纯追求适用，简明性就差。因此，预算定额应在适用的基础上力求简明。

简明适用原则主要体现在以下几个方面：

1. 满足使用各方的需要。例如，满足编制施工图预算、编制竣工结算、编制投标报价、工程成本核算、编制各种计划等的需要，不但要注意项目齐全，而且还要注意补充新结构，新工艺的项目。另外，还要注意每个定额子目的内容划分要恰当。例如，预制构件的制作、运输、安装划分为三个子目较合适，因为在工程施工中，预制构件的制、运、安往往由不同的施工单位来完成。

2. 确定预算定额的计量单位时，要考虑简化工程量的计算。例如，砌墙定额的计量单位采用"m^3"要比用"块"更简便。

3. 预算定额中的各种说明，要简明扼要，通俗易懂。

4. 编制预算定额时要尽量少留活口，因为补充预算定额必然会影响定额水平的一致性。

5.4 劳动定额编制

预算定额是根据劳动定额、材料消耗定额、机械台班定额编制的，在讨论预算定额编制前应该了解上述三种定额的编制方法。

5.4.1 劳动定额的表现形式及相互关系

1. 产量定额

在正常施工条件下某工种工人在单位时间内完成合格产品的数量，叫产量定额。

产量定额的常用单位是：m^2/工日、m^3/工日、t/工日、套/工日、组/工日等等。

例如，砌一砖半厚标准砖基础的产量定额为：$1.08m^3$/工日。

2. 时间定额

在正常施工条件下，某工种工人完成单位合格产品所需的劳动时间，叫时间定额。

时间定额的常用单位是：工日/m^2、工日/m^3、工日/t、工日/组等等。

例如，现浇混凝土过梁的时间定额为：1.99 工日/m^3。

3. 产量定额与时间定额的关系

产量定额和时间定额是劳动定额两种不同的表现形式,它们之间是互为倒数的关系。

$$时间定额 = \frac{1}{产量定额}$$

或:
$$时间定额 \times 产量定额 = 1$$

利用这种倒数关系我们就可以求另外一种表现形式的劳动定额。例如:

$$一砖半厚砖基础的时间定额 = \frac{1}{产量定额} = \frac{1}{1.08} = 0.926 \text{ 工日}/\text{m}^3$$

$$现浇过梁的产量定额 = \frac{1}{时间定额} = \frac{1}{1.99} = 0.503 \text{m}^3/\text{工日}$$

5.4.2 时间定额与产量定额的特点

产量定额以 $\text{m}^2/\text{工日}$、$\text{m}^3/\text{工日}$、$\text{t}/\text{工日}$、套$/\text{工日}$ 等单位表示,数量直观、具体,容易为工人理解和接受,因此,产量定额适用于向工人班组下达生产任务。

时间定额以 $\text{工日}/\text{m}^2$、$\text{工日}/\text{m}^3$、$\text{工日}/\text{t}$、$\text{工日}/\text{组}$ 等为单位,不同的工作内容有共同的时间单位,定额完成量可以相加,因此,时间定额适用于劳动计划的编制和统计完成任务情况。

5.4.3 劳动定额编制方法

在取得现场测定资料后,一般采用下列计算公式编制劳动定额。

$$N = \frac{N_{基} \times 100}{100 - (N_{辅} + N_{准} + N_{息} + N_{断})}$$

式中 N——单位产品时间定额;

$N_{基}$——完成单位产品的基本工作时间;

$N_{辅}$——辅助工作时间占全部定额工作时间的百分比;

$N_{准}$——准备结束时间占全部定额工作时间的百分比;

$N_{息}$——休息时间占全部定额工作时间的百分比;

$N_{断}$——不可避免的中断时间占全部定额工作时间的百分比。

【例 5-1】 根据下列现场测定资料,计算每 100m^2 水泥砂浆抹地面的时间定额和产量定额。

基本工作时间:1450 工分$/50\text{m}^2$

辅助工作时间:占全部工作时间 3%

准备与结束工作时间:占全部工作时间 2%

不可避免中断时间:占全部工作时间 2.5%

休息时间:占全部工作时间 10%

【解】
$$抹 100\text{m}^2 \text{ 水泥砂浆地面的时间定额} = \frac{1450 \times 100}{100 - (3 + 2 + 2.5 + 10)} \div 50 \times 100$$

$$= \frac{145000}{100 - 17.5} \times \frac{100}{50} = \frac{145000}{82.5} \times 2$$

$$= 3515 \text{ 工分} = 58.58 \text{ 工时}$$

$$= 7.32 \text{ 工日}$$

$$抹水泥砂浆地面的时间定额 = 7.32 \text{ 工日}/100\text{m}^2$$

$$抹水泥砂浆地面的产量定额 = \frac{1}{7.32} = 0.137 \ (100\text{m}^2)\ /\text{工日} = 13.7\text{m}^2/\text{工日}$$

5.5 材料消耗定额编制

5.5.1 材料净用量定额和损耗量定额

1. 材料消耗量定额的构成

材料消耗量定额包括：

(1) 直接耗用于建筑安装工程上的构成工程实体的材料；

(2) 不可避免产生的施工废料；

(3) 不可避免的材料施工操作损耗。

2. 材料消耗净用量定额与损耗量定额的划分

直接构成工程实体的材料，称为材料消耗净用量定额。

不可避免的施工废料和施工操作损耗，称为材料损耗量定额。

3. 净用量定额与损耗量定额之间的关系

$$材料消耗定额 = 材料消耗净用量定额 + 材料损耗量定额$$

$$材料损耗率 = \frac{材料损耗量定额}{材料消耗量定额} \times 100\%$$

或：

$$材料损耗率 = \frac{材料损耗量}{材料总消耗量} \times 100\%$$

$$材料消耗定额 = \frac{材料消耗净用量定额}{1 - 材料损耗率}$$

或：

$$总消耗量 = \frac{净用量}{1 - 损耗率}$$

在实际工作中，为了简化上述计算过程，常用下列公式计算总消耗量：

$$总消耗量 = 净用量 \times (1 + 损耗率')$$

其中：

$$损耗率' = \frac{损耗量}{净用量}$$

5.5.2 编制材料消耗定额的基本方法

1. 现场技术测定法

用该方法可以取得编制材料消耗定额的全部资料。

一般，材料消耗定额中的净用量比较容易确定，损耗量较难确定。我们可以通过现场技术测定方法来确定材料的损耗量。

2. 试验法

试验法是在实验室内采用专门的仪器设备，通过实验的方法来确定材料消耗定额的一种方法。用这种方法提供的数据，虽然精确度较高，但容易脱离现场实际情况。

3. 统计法

统计法是通过对现场用料的大量统计资料进行分析计算的一种方法。用该方法可以获得材料消耗定额的数据。

虽然统计法比较简单，但不能准确区分材料消耗的性质，因而不能区分材料净用量和损耗量，只能笼统地确定材料消耗定额。

4. 理论计算法

理论计算法是运用一定的计算公式确定材料消耗定额的方法。该方法较适用于块状、板状、卷材状的材料消耗量计算。

5.5.3 砌体材料用量计算方法

1. 砌体材料用量计算的一般公式

$$\text{每 } 1m^3 \text{ 砌体砌块净用量（块）} = \frac{1m^3 \text{ 砌体}}{\text{墙厚} \times (\text{砌块长}+\text{灰缝}) \times (\text{砌块厚}+\text{灰缝})} \times \text{分母体积中砌块的数量}$$

$$\text{砂浆净用量} = 1m^3 \text{ 砌体} - \text{砌块净数量} \times \text{砌块的单位体积}$$

2. 砖砌体材料用量计算

灰砂砖的尺寸为 240mm×115mm×53mm，其材料用量计算公式为：

$$\text{每 } 1m^3 \text{ 砌体灰砂砖净用量（块）} = \frac{1}{\text{墙厚} \times (\text{砖长}+\text{灰缝}) \times (\text{砖厚}+\text{灰缝})} \times \text{墙厚的砖数} \times 2$$

$$\text{灰砂砖总消耗量} = \frac{\text{净用量}}{1-\text{损耗率}}$$

$$\text{砂浆净用量} = 1m^3 - \text{灰砂砖净用量} \times 0.24 \times 0.115 \times 0.053$$

$$\text{砂浆总消耗量} = \frac{\text{净用量}}{1-\text{损耗率}}$$

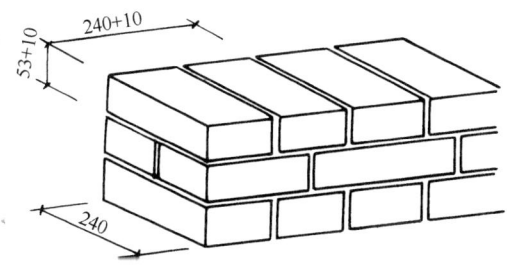

图 5-1 砖砌体计算尺寸示意图

【例 5-2】计算 $1m^3$ 一砖厚灰砂砖墙的砖和砂浆的总消耗量，灰缝 10mm 厚，砖损耗率 1.5%，砂浆损耗率 1.2%。

【解】(1) 灰砂砖净用量

$$\text{每 } 1m^3 \text{ 砖墙灰砂砖净用量} = \frac{1}{0.24 \times (0.24+0.01) \times (0.053+0.01)} \times 1 \times 2$$

$$= \frac{1}{0.24 \times 0.25 \times 0.063} \times 2$$

$$= \frac{1}{0.00378} \times 2$$

$$= 529.1 \text{（块）}$$

(2) 灰砂砖总消耗量

$$\text{每 } 1\text{m}^3 \text{ 砖墙灰砂砖总消耗量} = \frac{529.1}{1-1.5\%} = \frac{529.1}{0.985} = 537.16 \text{（块）}$$

(3) 砂浆净用量

$$\text{每 } 1\text{m}^3 \text{ 砌体砂浆净用量} = 1 - 529.1 \times 0.24 \times 0.115 \times 0.053 = 1 - 0.773967 = 0.226 \text{（m}^3\text{）}$$

(4) 砂浆总消耗量

$$\text{每 } 1\text{m}^3 \text{ 砌体砂浆总消耗量} = \frac{0.226}{1-1.2\%} = \frac{0.226}{0.988} = 0.229 \text{（m}^3\text{）}$$

3. 砌块砌体材料用量计算

【例5-3】计算尺寸为390mm×190mm×190mm的每立方米190mm厚混凝土空心砌块墙的砌块和砂浆总消耗量，灰缝10mm，砌块与砂浆的损耗率均为1.8%。

【解】(1) 空心砌块总消耗量

$$\text{每立方米砌体空心砌块净用量} = \frac{1}{0.19 \times (0.39+0.01) \times (0.19+0.01)} \times 1$$

$$= \frac{1}{0.19 \times 0.40 \times 0.20} = 65.8 \text{（块）}$$

$$\text{每立方米砌体空心砌块总消耗量} = \frac{65.8}{1-1.8\%} = \frac{65.8}{0.982} = 67.0 \text{（块）}$$

(2) 砂浆总消耗量

$$\text{每立方米砌体砂浆净用量} = 1 - 65.8 \times 0.19 \times 0.19 \times 0.39$$

$$= 1 - 0.9264 = 0.074 \text{（m}^3\text{）}$$

$$\text{每立方米砌体砂浆总消耗量} = \frac{0.074}{1-1.8\%}$$

$$= \frac{0.074}{0.982} = 0.075 \text{（m}^3\text{）}$$

5.5.4 块料面层材料用量计算

$$\text{每 } 100\text{m}^2 \text{ 块料面层净用量（块）} = \frac{100}{\text{（块料长+灰缝）} \times \text{（块料宽+灰缝）}}$$

$$\text{每 } 100\text{m}^2 \text{ 块料总消耗量（块）} = \frac{\text{净用量}}{1-\text{损耗率}}$$

$$\text{每 } 100\text{m}^2 \text{ 结合层砂浆净用量} = 100\text{m}^2 \times \text{结合层厚度}$$

$$\text{每 } 100\text{m}^2 \text{ 结合层砂浆总消耗量} = \frac{\text{净用量}}{1-\text{损耗率}}$$

$$\text{每100m}^2 \text{ 块料面层灰缝砂浆净用量} = (100 - \text{块料长} \times \text{块料宽} \times \text{块料净用量}) \times \text{灰缝深}$$

$$\text{每100m}^2 \text{ 块料面层灰缝砂浆总消耗量} = \frac{\text{净用量}}{1-\text{损耗率}}$$

【例 5-4】 用水泥砂浆贴 500mm×500mm×15mm 花岗石板地面,结合层 5mm 厚,灰缝 1mm 宽,花岗石损耗率 2%,砂浆损耗率 1.5%,试计算每 100m² 地面的花岗石和砂浆的总消耗量。

【解】(1) 计算花岗石总消耗量

$$\text{每100m}^2 \text{ 地面花岗石净消耗量} = \frac{100}{(0.5+0.001) \times (0.5+0.001)}$$

$$= \frac{100}{0.501 \times 0.501}$$

$$= 398.4 \text{ (块)}$$

$$\text{每100m}^2 \text{ 地面花岗石总消耗量} = \frac{398.4}{1-2\%} = \frac{398.4}{0.98} = 406.5 \text{ (块)}$$

(2) 计算砂浆总消耗量

$$\text{每100m}^2 \text{ 花岗石地面结合层砂浆净用量} = 100\text{m}^2 \times 0.005 = 0.5 \text{ (m}^3\text{)}$$

$$\text{每100m}^2 \text{ 花岗石地面灰缝砂浆净用量} = (100 - 0.5 \times 0.5 \times 398.4) \times 0.015$$

$$= (100 - 99.6) \times 0.015$$

$$= 0.006 \text{ (m}^3\text{)}$$

$$\text{砂浆总消耗量} = \frac{0.5+0.006}{1-1.5\%} = \frac{0.506}{0.985} = 0.514 \text{ (m}^3\text{)}$$

5.5.5 预制构件模板摊销量计算

预制构件模板摊销量是按多次使用、平均摊销的方法计算的。计算公式如下:

$$\text{模板一次使用量} = \frac{1\text{m}^3 \text{ 构件模板接触面积}}{} \times \text{1m}^2 \text{ 接触面积模板净用量} \times \frac{1}{1-\text{损耗率}}$$

$$\text{模板摊销量} = \frac{\text{一次使用量}}{\text{周转次数}}$$

【例 5-5】 根据选定的预制过梁标准图计算,每 1m³ 构件的模板接触面积为 10.16m²,每 1m² 接触面积的模板净用量 0.095m³,模板损耗率 5%,模板周转 28 次,试计算每 1m³ 预制过梁的模板摊销量。

【解】(1) 模板一次使用量计算

$$\text{模板一次使用量} = 10.16 \times 0.095 \times \frac{1}{1-5\%}$$

$$= \frac{0.9652}{0.95} = 1.016 \text{ (m}^3\text{)}$$

(2) 模板摊销量计算

$$预制过梁模板摊销量 = \frac{1.016}{28} = 0.036 \text{m}^3$$

5.6 机械台班定额编制

施工机械台班定额是施工机械生产率的反映。编制高质量的机械台班定额是合理组织机械施工，有效利用施工机械，进一步提高机械生产率的必备条件。

编制机械台班定额，主要包括以下内容：

5.6.1 拟定正常施工条件

机械操作与人工操作相比，劳动生产率在更大程度上受施工条件的影响，所以需要更好地拟定正常的施工条件。

拟定机械工作正常的施工条件，主要是拟定工作地点的合理组织和拟定合理的工人编制。

5.6.2 确定机械纯工作一小时的正常生产率

确定机械正常生产率必须先确定机械纯工作一小时的正常劳动生产率。因为只有先取得机械纯工作一小时正常生产率，才能根据机械利用系数计算出施工机械台班定额。

机械纯工作时间，就是指机械必须消耗的净工作时间，包括：正常负荷下工作时间、有根据降低负荷下工作时间、不可避免的无负荷工作时间、不可避免的中断时间。

机械纯工作一小时的正常生产率，就是在正常施工条件下，由具备一定技能的技术工人操作施工机械净工作一小时的劳动生产率。

确定机械纯工作一小时正常劳动生产率可分三步进行。

第一步，计算机械循环一次的正常延续时间。它等于本次循环中各组成部分延续时间之和，计算公式为：

$$机械循环一次正常延续时间 = \Sigma \text{循环内各组成部分延续时间}$$

【例 5-6】某轮胎式起重机吊装大型屋面板，每次吊装一块，经过现场计时观察，测得循环一次的各组成部分的平均延续时间如下，试计算机械循环一次的正常延续时间。

挂钩时的停车 30.2s

将屋面板吊至 15m 高 95.6s

将屋面板下落就位 54.3s

解钩时的停车 38.7s

回转悬臂、放下吊绳空回至构件堆放处 51.4s

【解】轮胎式起重机循环一次的正常延续时间 = 30.2 + 95.6 + 54.3 + 38.7 + 51.4
$$= 270.2\text{s}$$

第二步，计算机械纯工作一小时的循环次数，计算公式为：

$$\text{机械纯工作 1 小时循环次数} = \frac{60 \times 60 \text{s}}{\text{一次循环的正常延续时间}}$$

【例 5-7】根据上例计算结果，计算轮胎式起重机纯工作一小时的循环次数。

【解】 $\dfrac{\text{轮胎式起重机纯工作}}{1\text{小时循环次数}} = \dfrac{60 \times 60}{270.2} = 13.32$（次）

第三步，求机械纯工作一小时的正常生产率，计算公式为：

$$\dfrac{\text{机械纯工作1小时}}{\text{正常生产率}} = \dfrac{\text{机械纯工作1小时}}{\text{正常循环次数}} \times \dfrac{\text{一次循环}}{\text{的产品数量}}$$

【例5-8】 根据上例计算结果和每次吊装1块的产品数量，计算轮胎式起重机纯工作1小时的正常生产率。

【解】 $\dfrac{\text{轮胎式起重机纯工作}}{1\text{小时正常生产率}} = 13.32$（次）$\times 1$（块/次）$= 13.32$（块）

5.6.3 确定施工机械的正常利用系数

机械的正常利用系数，是指机械在工作班内工作时间的利用率。

机械正常利用系数与工作班内的工作状况有着密切的关系。

拟定工作班的正常状况，关键是如何保证合理利用工时，因此，要注意下列几个问题：

（1）尽量利用不可避免的中断时间、工作开始前与结束后的时间，进行机械的维护和养护。

（2）尽量利用不可避免的中间时间作为工人的休息时间。

（3）根据机械工作的特点，在担负不同工作时，规定不同的开始与结束时间。

（4）合理组织施工现场，排除由于施工管理不善造成的机械停歇。

确定机械正常利用系数，首先要计算工作班在正常状况下，准备与结束工作，机械开动，机械维护等工作必须消耗的时间，以及有效工作的开始与结束时间，然后再计算机械工作班的纯工作时间，最后确定机械正常利用系数。机械正常利用系数按下列公式计算。

$$\dfrac{\text{机械正常}}{\text{利用系数}} = \dfrac{\text{工作班内机械纯工作时间}}{\text{机械工作班延续时间}}$$

5.6.4 计算机械台班定额

计算机械台班定额是编制机械台班定额的最后一个环节。

在确定了机械正常工作条件、机械一小时纯工作时间正常生产率和机械利用系数后，就可以确定机械台班的定额消耗指标了。计算公式如下：

$$\dfrac{\text{施工机械台}}{\text{班产量定额}} = \dfrac{\text{机械纯工作}}{1\text{小时正常生产率}} \times \dfrac{\text{工作班}}{\text{延续时间}} \times \dfrac{\text{机械正常}}{\text{利用系数}}$$

【例5-9】 轮胎式起重机吊装大型屋面板，机械纯工作一小时的正常生产率为13.32块，工作班8小时内实际工作时间7.2小时，求产量定额和时间定额。

【解】（1）计算机械正常利用系数

$$\text{机械正常利用系数} = \dfrac{7.2}{8} = 0.9$$

（2）计算机械台班产量定额

$$\frac{轮胎式起重机}{台班产量定额} = 13.32 \times 8 \times 0.9 = 96 \text{（块/台班）}$$

（3）求机械台班时间定额

$$\frac{轮胎式起重机}{台班时间定额} = \frac{1}{96} = 0.01 \text{（台班/块）}$$

5.7 建筑工程预算定额编制

5.7.1 预算定额的编制步骤

编制预算定额一般分为以下三个阶段进行。

1. 准备工作阶段

（1）根据工程造价主管部门的要求，组织编制预算定额的领导机构和专业小组。

（2）拟定编制定额的工作方案，提出编制定额的基本要求，确定编制定额的原则、适用范围，确定定额的项目划分以及定额表格形式等。

（3）调查研究，收集各种编制依据和资料。

2. 编制初稿阶段

（1）对调查和收集的资料进行分析研究。

（2）按编制方案中项目划分的要求和选定的典型工程施工图计算工程量。

（3）根据取定的各项消耗指标和有关编制依据，计算分项工程定额中的人工、材料和机械台班消耗量，编制出定额项目表。

（4）测算定额水平。定额初稿编出后，应将新编定额与原定额进行比较，测算新定额的水平。

3. 修改和定稿阶段

组织有关部门和单位讨论新编定额，将征求到的意见交编制专业小组修改定稿，并写出送审报告，交审批机关审定。

5.7.2 确定预算定额消耗量指标

1. 定额项目计量单位的确定

预算定额项目计量单位的选择，与预算定额的准确性、简明适用性有着密切的关系。因此，要首先确定好定额各项目的计量单位。

在确定项目计量单位时，应首先考虑采用该单位能否确切反映单位产品的工、料、机消耗量，保证预算定额的准确性；其次，要有利于减少定额项目数量，提高定额的综合性；最后，要有利于简化工程量计算和预算的编制，保证预算的准确性和及时性。

由于各分项工程的形状不同，定额计量单位应根据分项工程不同的形状特征和变化规律来确定。一般要求如下：

凡物体的长、宽、高三个度量都在变化时，应采用立方米为计量单位。例如，土方、石方、砌筑、混凝土构件等项目。

当物体有一固定的厚度，而长和宽两个度量所决定的面积不固定时，宜采用平方米为计量单位。例如，楼地面面层、屋面防水层、装饰抹灰、木地板等项目。

如果物体截面形状大小固定，但长度不固定时，应以延长米为计量单位。例如，装饰线、栏杆扶手、给排水管道、导线敷设等项目。

有的项目体积、面积变化不大，但重量和价格差异较大，如金属结构制、运、安等，应当以重量单位"t"或"kg"计算。

有的项目还可以"个、组、座、套"等自然计量单位计算。例如，屋面排水用的水斗、水口以及给排水管道中的阀门、水嘴安装等均以"个"为计量单位；电气照明工程中的各种灯具安装则以"套"为计量单位。

定额项目计量单位确定之后，在预算定额项目表中，常用所采单位的"10倍"或"100倍"等倍数的计量单位来计算定额消耗量。

2. 预算定额消耗指标的确定

确定预算定额消耗指标，一般按以下步骤进行。

(1) 按选定的典型工程施工图及有关资料计算工程量

计算工程量的目的是为了综合不同类型工程在本定额项目中实物消耗量的比例数，使定额项目的消耗量更具有广泛性、代表性。

(2) 确定人工消耗指标

预算定额中的人工消耗指标是指完成该分项工程必须消耗的各种用工量。包括基本用工、材料超运距用工、辅助用工和人工幅度差。

① 基本用工。指完成该分项工程的主要用工。例如，砌砖墙中的砌砖、调制砂浆、运砖等的用工。采用劳动定额综合成预算定额项目时，还要增加附墙烟囱、垃圾道砌筑等的用工。

② 材料超运距用工。拟定预算定额项目的材料、半成品平均运距要比劳动定额中确定的平均运距远。因此在编制预算定额时，比劳动定额远的那部分运距，要计算超运距用工。

③ 辅助用工。指施工现场发生的加工材料的用工。例如筛砂子、淋石灰膏的用工。这类用工在劳动定额中是单独的项目，但在编制预算定额时，要综合进去。

④ 人工幅度差。主要指在正常施工条件下，预算定额项目中劳动定额没有包含的用工因素以及预算定额与劳动定额的水平差。例如，各工种交叉作业的停歇时间，工程质量检查和隐蔽工程验收等所占的时间。

预算定额的人工幅度差系数一般在10%~15%之间。人工幅度差的计算公式为：

人工幅度差＝(基本用工＋超运距用工＋辅助用工)×人工幅度差系数

(3) 材料消耗指标的确定

由于预算定额是在劳动定额、材料消耗定额、机械台班定额的基础上综合而成的，所以其材料消耗量也要综合计算。例如，每砌 $10m^3$ 一砖内墙的灰砂砖和砂浆用量的计算过程如下：

① 计算 $10m^3$ 一砖内墙的灰砂砖净用量；
② 根据典型工程的施工图计算每 $10m^3$ 一砖内墙中梁头、板头所占体积；
③ 扣除 $10m^3$ 砖墙体积中梁头、板头所占体积；
④ 计算 $10m^3$ 一砖内墙砌筑砂浆净用量；
⑤ 计算 $10m^3$ 一砖内墙灰砂砖和砂浆的总消耗量。

(4) 机械台班消耗指标的确定

预算定额中配合工人班组施工的施工机械，按工人小组的产量计算台班产量。计算公式为：

$$\text{分项工程定额机械台班使用量} = \frac{\text{分项工程定额计量单位值}}{\text{小组总产量}}$$

5.7.3 编制预算定额项目表

当分项工程的人工、材料、机械台班消耗量指标确定后，就可以着手编制预算定额项目表。根据典型工程计算编制的预算定额项目表，见表5-1。

预算定额项目表　　　　　　　　　　　　　　　表5-1

工程内容：略　　　　　　　　　　　　　　　　　单位：10m³

定额编号		××××	××××
项目	单位	混合砂浆砌砖墙	
		1 砖	3/4 砖
人工　砖工	工日	12.046	
其他用工	工日	2.736	……
小计	工日	14.782	
材料　灰砂砖	千块	5.194	
砂浆	m³	2.218	……
水	m³	2.16	
机械　2t塔吊	台班	0.475	……
200L灰浆搅拌机	台班	0.475	

5.8 预算定额编制实例

5.8.1 典型工程工程量计算

计算一砖厚标准砖内墙及墙内构件体积时选择了六个典型工程，他们是某食品厂加工车间、某单位职工住宅、某中学教学楼、某职业技术学院教学楼、某单位综合楼、某住宅商品房。具体计算过程见表5-2。

标准砖一砖内墙及墙内构件体积工程量计算表　　　　表5-2

分部名称：砖石工程　　　　　　项目：砖内墙
分节名称：砌砖　　　　　　　　子目：一砖厚

序号	工程名称	砖墙体积 (m³)		门窗面积 (m²)		板头体积 (m³)		梁头体积 (m³)		弧形及圆形礅 (m)		附墙烟囱孔 (m)		垃圾道 (m)		抗震柱孔 (m)		墙顶抹灰找平 (m²)		壁橱 (个)	吊柜 (个)
		1	2	3	4	5	6	7	8	9	10	11	12	13	14	15					
		数量	%	数量	%	数量	%	数量	%	数量	%	数量	%	数量	%	数量	%	数量	%	数量	数量
一	加工车间	30.01	2.51	24.50	16.38	0.26	0.87														
二	职工住宅	66.10	5.53	40.00	12.68	2.41	3.65	0.17	0.26	7.18						59.39	8.21				

续表

序号	工程名称	砖墙体积(m³)		门窗面积(m²)		板头体积(m³)		梁头体积(m³)		弧形及圆形礅(m)	附墙烟囱孔(m)	垃圾道(m)	抗震柱孔(m)	墙顶抹灰找平(m²)	壁橱(个)	吊柜(个)
		1	2	3	4	5	6	7	8	9	10	11	12	13	14	15
		数量	%	数量	%	数量	%	数量	%	数量	数量	数量	数量	数量	数量	数量
三	普通中学教学楼	149.13	12.47	47.92	7.16	0.17	0.11	2.00	1.34					10.33		
四	高职教学楼	164.14	13.72	185.09	21.30	5.89	3.59	0.46	0.28							
五	综合楼	432.12	36.12	250.16	12.20	10.01	2.32	3.55	0.82		217.36	19.45	161.31	28.68		
六	住宅商品房	354.73	29.65	191.58	11.47	8.65	2.44				189.36	16.44	138.17	27.54	2	2
	合计	1196.23	100	739.25	81.89	27.39	12.98	6.18	0.52	7.18	406.72	35.89	358.87	74.76	2	2

一砖内墙及墙内构件体积工程量计算表中门窗洞口面积占墙体总面积的百分比计算公式为：

$$\text{门窗洞口面积占墙体总面积百分比} = \frac{\text{门窗面积}}{\text{砖墙体积} \div \text{墙厚} + \text{门窗面积}} \times 100\%$$

例如，加工车间门窗洞口面积占墙体总面积百分比的计算式为：

$$\text{加工车间门窗洞口面积占墙总面积百分比} = \frac{24.50}{30.01 \div 0.24 + 24.50} \times 100\%$$

$$= \frac{24.5}{149.54} \times 100\%$$

$$= 16.38\%$$

通过上述六个典型工程测算，在一砖内墙中，单面清水、双面清水墙各占 20%，混水墙占 60%。

5.8.2 人工消耗指标确定

根据上述计算的工程量有关数据和某劳动定额计算的每 10m³ 一砖内墙的预算定额人工消耗指标见表 5-4。

预算定额砌砖工程材料超运距计算见表 5-3。

预算定额砌砖工程材料超运距计算表 表 5-3

材料名称	预算定额运距	劳动定额运距	超 运 距
砂 子	80m	50m	30m
石灰膏	150m	100m	50m
灰砂砖	170m	50m	120m
砂 浆	180m	50m	130m

注：每砌 10m³ 一砖内墙的砂子定额用量为 2.43m³，石灰膏用量为 0.19m³。

预算定额项目劳动力计算表　　　　　　　　　　　　　　　　　　　表 5-4

子目名称：一砖内墙　　　　　　　　　　　　　　　　　　　　　　　单位：10m³

用工	施工过程名称	工程量	单位	劳动定额编号	工种	时间定额	工日数
	1	2	3	4	5	6	7＝2×6
基本工	单面清水墙	2.0	m³	§4-2-10	砖工	1.16	2.320
	双面清水墙	2.0	m³	§4-2-5	砖工	1.20	2.400
	混水内墙	6.0	m³	§4-2-16	砖工	0.972	5.832
	小　计						10.552
	弧形及圆形碴	0.006	m	§4-2 加工表	砖工	0.03	0.002
	附墙烟囱孔	0.34	m	§4-2 加工表	砖工	0.05	0.170
	垃圾道	0.03	m	§4-2 加工表	砖工	0.06	0.018
	预留抗震柱孔	0.30	m	§4-2 加工表	砖工	0.05	0.150
	墙顶面抹灰找平	0.0625	m²	§4-2 加工表	砖工	0.08	0.050
	壁　柜	0.002	个	§4-2 加工表	砖工	0.30	0.006
	吊　柜	0.002	个	§4-2 加工表	砖工	0.15	0.003
	小　计						0.399
	合　计						10.951
超运距用工	砂子超运 30m	2.43	m³	§4-超运距加工表-192	普工	0.0453	0.110
	石灰膏超运 50m	0.19	m³	§4-超运距加工表-193	普工	0.128	0.024
	标准砖超运 120m	10.00	m³	§4-超运距加工表-178	普工	0.139	1.390
	砂浆超运 130m	10.00	m³	§4-超运距加工表-$\begin{Bmatrix}178\\173\end{Bmatrix}$	普工	$\begin{Bmatrix}0.0516\\0.00816\end{Bmatrix}$	0.598
	合　计						2.122
辅助工	筛砂子	2.43	m³	§1-4-82	普工	0.111	0.270
	淋石灰膏	0.19	m³	§1-4-95	普工	0.50	0.095
	合　计						0.365
共　计	人工幅度差＝（10.951＋2.122＋0.365）×10％＝1.344 工日						
	定额用工＝10.951＋2.122＋0.365＋1.344＝14.782 工日						

5.8.3　材料消耗指标确定

1. 10m³ 一砖内墙灰砂砖净用量

$$\frac{每10m³砌体}{灰砂砖净用量}=\frac{1}{0.24×0.25×0.063}×2 块×10m³$$

$$=529.1×10m³=5291（块/10m³）$$

2. 扣除 10m³ 砌体中梁头板头所占体积

查表 5-2，梁头和板头占墙体积的百分比为：梁头 0.52％＋板头 2.29％＝2.81％。

扣除梁、板头体积后的灰砂砖净用量为：

　　　　灰砂砖净用量＝5291×（1－2.81％）＝5291×0.9719＝5142（块）

3. 10m³ 一砖内墙砌筑砂浆净用量

砂浆净用量＝（1－529.1×0.24×0.115×0.053）×10m³＝2.26（m³）

4. 扣除梁、板头体积后的砂浆净用量

砂浆净用量＝2.26×（1－2.81％）＝2.26×0.9719＝2.196（m³）

5. 材料总消耗量计算

当灰砂砖损耗率为1％，砌筑砂浆损耗率为1％时，计算灰砂砖和砂浆的总消耗量。

$$灰砂砖总消耗量＝\frac{5142}{1-1\%}＝5194（块/10m³）$$

$$砌筑砂浆总消耗量＝\frac{2.196}{1-1\%}＝2.218（m³/10m³）$$

5.8.4 机械台班消耗指标确定

预算定额项目中配合工人班组施工的施工机械台班按小组产量计算。

根据上述六个典型工程的工程量数据和劳动定额规定砌砖工人小组由22人组成的规定，计算每10m³一砖内墙的塔吊和灰浆搅拌机的台班定额。

小组总产量＝22人×（单面清水20％×0.862m³/工日＋双面清水20％×0.833m³/工日＋混水60％×1.029m³/工日）

＝22人×0.9564m³/工日＝21.04m³/工日

$$2t塔吊时间定额＝\frac{分项定额计量单位值}{小组总产量}＝\frac{10}{21.04}$$

＝0.475 台班/10m³

$$200L砂浆搅拌机时间定额＝\frac{10}{21.04}＝0.475 台班/10m³$$

5.8.5 编制预算定额项目表

根据上述计算的人工、材料、机械台班消耗指标编制的一砖厚内墙的预算定额项目表见表5-5。

预算定额项目表 表5-5

工程内容：略 单位：10m³

定额编号		×××	×××	×××
项 目	单位	内 墙		
		1 砖	3/4 砖	1/2 砖
人工 砖 工	工日	12.046		
其他用工	工日	2.736	……	……
小 计	工日	14.782		
材料 灰砂砖	块	5194	……	……
砂 浆	m³	2.218		
机械 塔吊 2t	台班	0.475	……	……
砂浆搅拌机 200L	台班	0.475		

思 考 题

1. 编制定额有哪几种方法？

2. 什么是技术测定法？
3. 什么是测时法？
4. 什么是写实记录法？
5. 什么是工作日写实法？
6. 什么是经验估计法？
7. 什么是统计计算法？
8. 什么是比较类推法？
9. 预算定额有哪些特性？
10. 预算定额有哪些编制原则？
11. 劳动定额有哪几种表现形式？
12. 什么是产量定额？
13. 什么是时间定额？
14. 产量定额和时间定额各有什么特点？
15. 叙述材料消耗定额的构成。
16. 叙述材料损耗率计算公式。
17. 编制材料消耗定额有哪几种方法？
18. 什么是现场技术测定法？
19. 什么是试验法？
20. 什么是统计法？
21. 什么是理论计算法？
22. 如何计算砌体材料用量？
23. 如何计算块料面层材料用量？
24. 如何计算预制构件模板摊销量？
25. 如何编制机械台班定额？
26. 叙述预算定额的编制步骤。
27. 如何确定预算定额消耗量指标？
28. 如何确定人工消耗指标？
29. 如何确定材料消耗指标？

6 工程单价

6.1 概述

原本预算定额只反映工料机消耗量指标。如果要反映货币量指标，就要另行编制单位估价表。但是现行的建筑工程预算定额多数都列出了定额子目的基价，具备了反映货币量指标的要求。因此，凡是含有定额基价的预算定额都具有了单位估价表的功能。为此，本书没有严格区分预算定额和单位估价表的概念。

预算定额基价由人工费、材料费、机械费构成。其计算过程如下：

$$定额基价 = 人工费 + 材料费 + 机械费$$

其中：   人工费 = 定额工日数 × 人工单价

$$材料费 = \sum_{i=1}^{n}（定额材料用量 \times 材料单价）_i$$

$$机械费 = \sum_{i=1}^{n}（定额机械台班用量 \times 机械台班单价）_i$$

6.2 人工单价确定

人工单价一般包括基本工资、工资性补贴及有关保险费等。

传统的基本工资是根据工资标准计算的。现阶段企业的工资标准基本上由企业内部制定。为了从理论上理解基本工资的确定原理，就需要了解原工资标准的计算方法。

6.2.1 工资标准的确定

研究工资标准的主要目的是为了计算非整数等级的基本工资。

1. 工资标准的概念

工资标准是指国家规定的工人在单位时间内（日或月）按照不同的工资等级所取得的工资数额。

2. 工资等级

工资等级是按国家有关规定或企业有关规定，按劳动者的技术水平、熟练程度和工作责任大小等因素所划分的工资级别。

3. 工资等级系数

工资等级系数也称工资级差系数，是某一等级的工资标准与一级工工资标准的比值。例如，国家原规定的建筑工人的工资等级系数 K_n 的计算公式为：

$$K_n = (1.187)^{n-1}$$

式中　n——工资等级；

　　　K_n——n级工工资等级系数；

　1.187——工资等级系数的公比。

4．工资标准的计算方法

计算月工资标准的计算公式为：

$$F_n = F_1 \times K_n$$

式中　F_n——n级工工资标准；

　　　F_1——一级工工资标准；

　　　K_n——n级工工资等级系数。

国家原规定的某类工资区建筑工人工资标准及工资等级系数见表6-1。

建筑工人工资标准表　　　　　　　　　　　表6-1

工资等级 n	一	二	三	四	五	六	七
工资等级系数 K_n	1.000	1.187	1.409	1.672	1.985	2.358	2.800
级差（％）	—	18.7	18.7	18.7	18.7	18.7	18.7
月工资标准 F_n（元/月）	33.66	39.95	47.43	56.28	66.82	79.37	94.25

【例6-1】求建筑工人四级工的工资等级系数。

【解】$K_4 = (1.187)^{4-1} = 1.672$

【例6-2】求建筑工人4.6级工的工资等级系数。

【解】$K_{4.6} = (1.187)^{4.6-1} = 1.854$

【例6-3】已知某地区一级工月工资标准为33.66元，三级工的工资等级系数为1.409，求三级工的月工资标准。

【解】$F_3 = 33.66 \times 1.409 = 47.43$（元/月）

【例6-4】已知某地区一级工的月工资标准为33.66元，求4.8级建筑工人的月工资标准。

【解】（1）求工资等级系数

$$K_{4.8} = (1.187)^{4.8-1} = 1.918$$

（2）求月工资标准

$$F_{4.8} = 33.66 \times 1.918 = 64.56 (元/月)$$

6.2.2　人工单价的计算

预算定额的人工单价包括综合平均工资等级的基本工资、工资性补贴、医疗保险费等。

1．综合平均工资等级系数和工资标准的计算方法

计算工人小组的平均工资或平均工资等级系数，应采用综合平均工资等级系数的计算方法，计算公式如下。

$$小组成员综合平均工资等级系数 = \frac{\sum_{i=1}^{n}(某工资等级系数 \times 同等级工人数)_i}{小组成员总人数}$$

【例6-5】 某砖工小组由10人组成,各等级的工人及工资等级系数如下,求综合平均工资等级系数和工资标准(已知$F_1=33.66$元/月)。

  二级工: 1人 工资等级系数 1.187
  三级工: 2人 工资等级系数 1.409
  四级工: 2人 工资等级系数 1.672
  五级工: 3人 工资等级系数 1.985
  六级工: 1人 工资等级系数 2.358
  七级工: 1人 工资等级系数 2.800

【解】(1)求综合平均工资等级系数

$$\text{砖工小组综合平均工资等级系数} = \frac{1.187 \times 1 + 1.409 \times 2 + 1.672 \times 2 + 1.985 \times 3 + 2.358 \times 1 + 2.800 \times 1}{1+2+2+3+1+1}$$

$$= \frac{18.462}{10} = 1.8462$$

(2)求综合平均工资标准

  砖工小组综合平均工资标准$=33.66 \times 1.8462 = 62.14$(元/月)

2. 人工单价计算方法

预算定额人工单价的计算公式为:

$$\text{人工单价} = \frac{\text{基本工资} + \text{工资性补贴} + \text{保险费}}{\text{月平均工作天数}}$$

式中 基本工资——指规定的月工资标准;
  工资性补贴——包括流动施工补贴、交通费补贴、附加工资等;
   保险费——包括医疗保险,失业保险费等。

月平均工作天数$\dfrac{365-52 \times 2-10}{12 \text{个月}} = 20.92$(天)

【例6-6】 已知砌砖工人小组综合平均月工资标准为291元/月,月工资性补贴为180元/月,月保险费为52元/月,求人工单价。

【解】 人工单价$=\dfrac{291+180+52}{20.92}=\dfrac{523}{20.92}=25.00$(元/日)

6.2.3 预算定额基价的人工费计算

预算定额基价中的人工费按以下公式计算:

    预算定额基价人工费=定额用工量×人工单价

【例6-7】 某预算定额砌$10m^3$砖基础的综合用工为12.18工日,人工单价为25元/工日,求该定额项目的人工费。

【解】 砌$10m^3$砖基础的定额人工费$=12.18 \times 25.00 = 304.50$(元/$10m^3$)

6.3 材料单价确定

材料单价类似于以前的材料预算价格,但是随着工程承包计价的发展,原来材料预算价格的概念已经包含不了更多的含义了。

6.3.1 材料单价的概念

材料单价是指材料从采购时起运到工地仓库或堆放场地后的出库价格。

材料从采购、运输到保管,在使用前所发生的全部费用构成了材料单价。

6.3.2 材料单价的费用构成

按照材料采购和供应方式的不同,其构成材料单价的费用也不同。一般有以下几种:

1. 材料供货到工地现场

当材料供应商将材料送到施工现场时,材料单价由材料原价、采购保管费构成。

2. 到供货地点采购材料

当需要派人到供货地点采购材料时,材料单价由材料原价、运杂费、采购保管费构成。

3. 需二次加工的材料

当某些材料采购回来后,还需要进一步加工的材料,材料单价除了上述费用外还包括二次加工费。

综上所述,材料单价包括材料原价、运杂费、采购及保管费和二次加工费。

6.3.3 材料原价计算

材料原价是指付给材料供应商的材料单价。当某种材料有二个或二个以上的材料供应商供货且材料原价不同时,要计算加权平均原价。

加权平均原价的计算公式为:

$$加权平均材料原价 = \frac{\sum_{i=1}^{n}(材料原价 \times 材料数量)_i}{\sum_{i=1}^{n}(材料数量)_i}$$

注:① 式中 i 是指不同材料供应商;
② 包装费和手续费均已包含在材料原价中。

【例 6-8】某工地所需的墙面面砖由三个材料供应商供货,其数量和原价如下,试计算墙面砖的加权平均原价。

供 应 商	墙面砖数量(m²)	供货单价(元/m²)
甲	250	32.00
乙	680	31.50
丙	900	31.20

【解】墙面砖加权平均原价 $= \dfrac{32.00 \times 250 + 31.50 \times 680 + 31.20 \times 900}{250 + 680 + 900} = \dfrac{57500}{1830}$

$= 31.42 (元/m^2)$

6.3.4 材料运杂费计算

材料运杂费是指在采购材料后运回工地仓库发生的各项费用。包括装卸费、运输费和合理的运输损耗费等。

材料装卸费按行业标准支付。

材料运输费按运输价格计算,若供货来源地不同且供货数量不同时,需要计算加权平均运输费,其计算公式为:

$$加权平均运输费 = \frac{\sum_{i=1}^{n}(运输单价 \times 材料数量)_i}{\sum_{i=1}^{n}(材料数量)_i}$$

材料运输损耗费是指在运输和装卸材料过程中不可避免产生的损耗所发生的费用,一般按下列公式计算:

$$材料运输损耗费 = (材料原价 + 装卸费 + 运输费) \times 运输损耗率$$

【例6-9】上例墙面砖由三个供应地点供货,根据下列资料计算墙面砖运杂费。

供货地点	面砖数量(m²)	运输单价(元/m²)	装卸费(元/m²)	运输损耗率(%)
甲	250	1.20	0.80	1.5
乙	680	1.80	0.95	1.5
丙	900	2.40	0.85	1.5

【解】(1)计算加权平均装卸费

$$墙面砖加权平均装卸费 = \frac{0.80 \times 250 + 0.95 \times 680 + 0.85 \times 900}{250 + 680 + 900} = \frac{1611}{1830}$$

$$= 0.88 (元/m^2)$$

(2)计算加权平均运输费

$$墙面砖加权平均运输费 = \frac{1.20 \times 250 + 1.80 \times 680 + 2.40 \times 900}{250 + 680 + 900} = \frac{3684}{1830}$$

$$= 2.01 (元/m^2)$$

(3)计算运输损耗费

$$墙面砖运输损耗费 = (31.42 + 0.88 + 2.01) \times 1.5\%$$

$$= 34.31 \times 1.5\% = 0.51 (元/m^2)$$

(4)计算运杂费

$$墙面砖运杂费 = 0.88 + 2.01 + 0.51 = 3.40 (元/m^2)$$

6.3.5 材料采购及保管费计算

材料采购及保管费是指施工企业在组织采购材料和保管材料过程中发生的各项费用。包括采购人员的工资、差旅交通费、通讯费、业务费、仓库保管的各项费用等。采购及保管费一般按前面各项费用之和乘以一定的费率计算,通常取2%左右。计算公式为:

$$材料采购及保管费 = (材料原价 + 运杂费) \times 采购及保管费率$$

【例6-10】上述墙面砖的采购保管费率为2%,根据前面计算结果计算墙面砖的采购及保管费。

【解】墙面砖采购及保管费＝（31.42＋3.40）×2％＝34.82×2％＝0.70（元/m²）

6.3.6 材料单价汇总

通过以上分析，我们可以知道，材料单价的计算公式为：

$$材料单价=\left(\begin{array}{c}加权平均\\材料原价\end{array}+\begin{array}{c}加权平均\\材料运杂费\end{array}\right)\times\left(1+\begin{array}{c}采购及保\\管费费率\end{array}\right)$$

【例 6-11】根据已经算出的结果，计算墙面砖的材料单价。

【解】墙面砖材料单价＝（31.42＋3.40）×（1＋2％）＝35.52（元/m²）

或＝31.42＋3.40＋0.70＝35.52（元/m²）

6.4 机械台班单价确定

6.4.1 机械台班单价的概念

机械台班单价亦称施工机械台班单价。它是指在单位工作台班中为使机械正常运转所分摊和支出的各项费用。

6.4.2 机械台班单价的费用构成

按现行的规定，机械台班单价由七项费用构成。这些费用按其性质划分为第一类费用和第二类费用。

1. 第一类费用

第一类费用亦称不变费用，是指属于分摊性质的费用，包括折旧费、大修理费、经常修理费、安拆及场外运输费。

2. 第二类费用

第二类费用亦称可变费用，是指属于支出性质的费用，包括燃料动力费、人工费、养路费及车船使用税。

6.4.3 第一类费用计算

1. 折旧费

折旧费是指机械设备在规定的使用期限内（耐用总台班），陆续收回其原值及支付贷款利息等费用。计算公式为：

$$台班折旧费=\frac{机械预算价格\times（1-残值率）+贷款利息}{耐用总台班}$$

式中 若是国产运输机械，则：

$$机械预算价格=销售价\times（1+购置附加费）+运杂费$$

【例 6-12】6吨载重汽车的销售价为83000元，购置附加费率为10％，运杂费为5000元，残值率为2％，耐用总台班为1900个，贷款利息为4650元，试计算台班折旧费。

【解】（1）求6t载重汽车预算价格

6t载重汽车预算价格＝83000×（1＋10％）＋5000＝96300（元）

（2）求台班折旧费

$$\text{6t 载重汽车台班折旧费} = \frac{96300 \times (1-2\%) + 4650}{1900}$$

$$= \frac{99024}{1900} = 52.12 \text{（元/台班）}$$

2. 大修理费

大修理费是指机械设备按规定的大修理间隔台班进行大修理，以恢复正常使用功能所需支出的费用。计算公式为：

$$\text{台班大修理费} = \frac{\text{一次大修理费} \times (\text{大修理周期} - 1)}{\text{耐用总台班}}$$

【例 6-13】6t 载重汽车一次大修理费为 9900 元，大修理周期为 3 个，耐用总台班为 1900 个，试计算台班大修理费。

【解】 $\text{6t 载重汽车台班大修理费} = \frac{9900 \times (3-1)}{1900} = \frac{19800}{1900} = 10.42 \text{（元/台班）}$

3. 经常修理费

经常修理费是指机械设备除大修理外的各级保养及临时故障所需支出的费用，包括为保障机械正常运转所需替换设备、随机配置的工具、附具的摊销及维护费用，包括机械正常运转及日常保养所需润滑、擦拭材料费用和机械停置期间的维护保养费用等。

台班经常修理费可以用以下简化公式计算：

$$\text{台班经常修理费} = \text{台班大修理费} \times \text{经常修理费系数}$$

【例 6-14】经测算 6t 载重汽车的台班经常修理系数为 5.8，根据上例计算出的台班大修费，计算台班经常修理费。

【解】6t 载重汽车台班经常修理费 $= 10.42 \times 5.8 = 60.44$（元/台班）

4. 安拆费及场外运输费

安拆费是指机械在施工现场进行安装、拆卸所需人工、材料、机械和试运转费用，以及机械辅助设施（如行走轨道、枕木等）的折旧、搭设、拆除等费用。

场外运输费是指机械整体或分体自停置地点运至施工现场或由一工地运至另一工地的运输、装卸、辅助材料以及架线费用。计算公式为：

$$\text{台班安拆及场外运输费} = \text{台班辅助设施摊销费} + \frac{\text{机械一次安拆费} \times \text{年平均安拆次数} + (\text{一次运输装卸费} + \text{辅助材料一次摊销费} + \text{一次架线费}) \times \text{年平均场外运输次数}}{\text{年工作台班}}$$

6.4.4 第二类费用计算

1. 燃料动力费

燃料动力费是指机械设备在运转作业中所耗用的各种燃料、电力、风力、水等的费用。计算公式为：

$$\text{台班燃料动力费} = \text{每台班耗用的燃料或动力数量} \times \text{燃料或动力单价}$$

【例 6-15】6t 载重汽车每台班耗用柴油 32.19kg，每 1kg 单价 2.40 元，求台班燃料费。

【解】6t 汽车台班燃料费 $= 32.19 \times 2.40 = 77.26$（元/台班）

2. 人工费

人工费是指机上司机、司炉和其他操作人员的工作日工资。计算公式为：

$$台班人工费 = \frac{机上操作人员人工工日数}{} \times 工日单价$$

【例6-16】6t载重汽车每个台班的机上操作人工工日数为1.25个，人工工日单价为25元，求台班人工费。

【解】6t载重汽车台班人工费 $= 1.25 \times 25 = 31.25$（元/台班）

3. 养路费及车船使用税

是指按国家规定缴纳的养路费和车船使用税。计算公式为：

$$台班养路费及车船使用税 = \frac{载重量或核定吨位 \times \left\{养路费[元/(t \cdot 月)] \times 12 + 车船使用税[元/(t \cdot 车)]\right\}}{年工作台班} + 保险费及年检费$$

$$保险费及年检费 = \frac{年保险费及年检费}{年工作台班}$$

【例6-17】6t载重汽车每月应缴纳养路费150元/t，车船使用税50元/t，每年工作台班240个，保险费及年检费共计2000元，计算台班养路费及车船使用税。

【解】6t载重汽车养路费及车船使用税 $= \frac{6 \times (150 \times 12 + 50)}{240} + \frac{2000}{240} = \frac{13100}{240} = 54.58$（元/台班）

6.4.5 机械台班单价计算表

将上述6t载重汽车台班单价的计算过程汇总在机械台班单价计算表内的情况见表6-2。

机械台班单价计算表

单位：台班   表6-2

项目		单位	6t载重汽车	
			金额	计算式
台班单价		元	283.07	122.98＋160.09＝283.07
第一类费用	折旧费	元	52.12	$\frac{96300 \times (1-2\%) + 4650}{1900} = 52.12$
	大修理费	元	10.42	$9900 \times (3-1) \div 1900 = 10.42$
	经常修理费	元	60.44	$10.42 \times 5.8^* = 60.44$
	安拆及场外运输费	元	—	—
	小计	元	122.98	
第二类费用	燃料动力费	元	77.26	$32.19 \times 2.40 = 77.26$
	人工费	元	31.25	$1.25 \times 25.00 = 31.25$
	养路费及车船使用税	元	54.58	$\frac{6 \times (150 \times 12 + 50) + 2000}{240} = 54.58$
	小计	元	163.09	

注：带"＊"号为取定值。

思 考 题

1. 什么是工程单价？

2. 预算定额基价由哪些费用构成？
3. 人工单价由哪些费用构成？
4. 什么是工资标准？
5. 什么是工资等级系数？
6. 怎样计算人工单价？
7. 什么是工程材料单价？
8. 叙述工程材料单价的费用构成。
9. 怎样计算加权平均材料原价？
10. 怎样计算加权平均材料运杂费？
11. 材料运杂费包括哪些内容？
12. 什么是材料采购及保管费？如何计算？
13. 什么是机械台班单价？
14. 什么是第一类费用？
15. 什么是第二类费用？
16. 叙述机械台班单价的计算过程。

7 预算定额的应用

7.1 预算定额的构成

预算定额一般由总说明、分部说明、分节说明、建筑面积计算规则、工程量计算规则、分项工程消耗指标、分项工程基价、机械台班预算价格、材料预算价格、砂浆和混凝土配合比表、材料损耗率表等内容构成，见图7-1。

由此可见，预算定额是由文字说明、分项工程项目表和附录三部分内容所构成。其中，分项工程项目表是预算定额的核心内容。例如表7-1为某地区土建部分砌砖项目工程的定额项目表，它反映了砌砖工程某子目项目的预算价值（定额基价）以及人工、材料、机械台班消耗量指标。

需要强调的是，当分项工程项目中的材料项目栏中含有砂浆或混凝土半成品的用量时，其半成品的

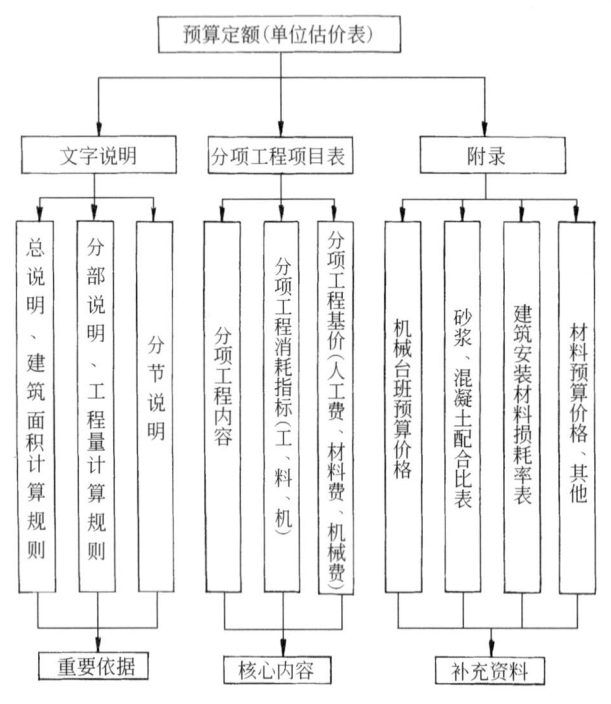

图 7-1 预算定额构成示意图

原材料用量要根据定额附录中的砂浆、混凝土配合比表的材料用量来计算。因此，当定额项目中的配合比与设计配合比不同时，附录半成品配合比表是定额换算的重要依据。

建筑工程预算定额

工程内容：略　　　　　　　　　　　　　　　　　　　　　　　　　　　　　　表 7-1

定 额 编 号				定-1	×××
定 额 单 位				10m³	×××
项 目		单 位	单价（元）	M5混合砂浆砌砖墙	×××
基 价		元		1257.12	×××
其中	人工费	元		145.28	×××
	材料费	元		1023.24	
	机械费	元		88.60	

续表

定 额 编 号			定-1	×××
定 额 单 位			10m³	×××
项 目	单 位	单价（元）	M5 混合砂浆砌砖墙	×××
人工	合计用工	工日	8.18	17.76	×××
材料	标 准 砖 M5 混合砂浆 水 其他材料费	千块 m³ m³ 元	140 127 0.5	5.26 2.24 2.16 1.28	×××
机械	200L 砂浆搅拌机 2t 内塔吊	台班 台班	15.92 170.61	0.475 0.475	×××

【例 7-1】根据表 7-2 的"定-1"号定额和表 7-4 的"附-1"号定额，计算用 M5 水泥砂浆砌 10m³ 砖基础的原材料用量。

建筑工程预算定额（摘录）

工程内容：略

表 7-2

定 额 编 号			定-1	定-2	定-3	定-4
定 额 单 位			10m³	10m³	10m³	100m²
项 目	单位	单价（元）	M5 水泥砂浆砌砖基础	现浇 C20 钢筋混凝土矩形梁	C15 混凝土地面垫层	1∶2 水泥砂浆墙基防潮层
基 价	元		1115.71	6721.44	1673.96	675.29
其中	人工费	元		149.16	879.12	258.72	114.00
	材料费	元		958.99	5684.33	1384.26	557.31
	机械费	元		7.56	157.99	30.98	3.98
人工	基本工	工日	12.00	10.32	52.20	13.46	7.20
	其他工	工日	12.00	2.11	21.06	8.10	2.30
	合 计	工日	12.00	12.43	73.26	21.56	9.5
材料	标准砖	千块	127.00	5.23			
	M5 水泥砂浆	m³	124.32	2.36			
	木 材	m³	700.00		0.138		
	钢模板	kg	4.60		51.53		
	零星卡具	kg	5.40		23.20		
	钢支撑	kg	4.70		11.60		
	φ10 内钢筋	kg	3.10		471		
	φ10 外钢筋	kg	3.00		728		
	C20 混凝土（0.5～4）	m³	146.98		10.15		
	C15 混凝土（0.5～4）	m³	136.02			10.10	
	1∶2 水泥砂浆	m³	230.02				2.07
	防水粉	kg	1.20				66.38
	其他材料费	元			26.83	1.23	1.51
	水	m³	0.60	2.31	13.52	15.38	
机械	200L 砂浆搅拌机	台班	15.92	0.475			0.25
	400L 混凝土搅拌机	台班	81.52		0.63	0.38	
	2t 内塔吊	台班	170.61		0.625		

【解】

32.5级水泥： $2.36m^3/10m^3 \times 270kg/m^3 = 637.20kg/10m^3$

中砂： $2.36m^3/10m^3 \times 1.14m^3/m^3 = 2.690m^3/10m^3$

7.2 预算定额的使用

7.2.1 预算定额的直接套用

当施工图的设计要求与预算定额的项目内容一致时，可直接套用预算定额。

在编制单位工程施工图预算的过程中，大多数项目可以直接套用预算定额。套用时应注意以下几点：

1. 根据施工图、设计说明和做法说明，选择定额项目。
2. 要从工程内容、技术特征和施工方法上仔细核对，才能较准确地确定相对应的定额项目。
3. 分项工程的名称和计量单位要与预算定额相一致。

7.2.2 预算定额的换算

当施工图中的分项工程项目不能直接套用预算定额时，就产生了定额的换算。

1. 换算原则

为了保持定额的水平，在预算定额的说明中规定了有关换算原则，一般包括：

（1）定额的砂浆、混凝土强度等级，如设计与定额不同时，允许按定额附录的砂浆、混凝土配合比表换算，但配合比中的各种材料用量不得调整。

（2）定额中抹灰项目已考虑了常用厚度，各层砂浆的厚度一般不作调整。如果设计有特殊要求时，定额中工、料可以按厚度比例换算。

（3）必须按预算定额中的各项规定换算定额。

2. 预算定额的换算类型

预算定额的换算类型有以下四种：

（1）砂浆换算：即砌筑砂浆换强度等级、抹灰砂浆换配合比及砂浆用量。

（2）混凝土换算：即构件混凝土、楼地面混凝土的强度等级、混凝土类型的换算。

（3）系数换算：按规定对定额中的人工费、材料费、机械费乘以各种系数的换算。

（4）其他换算：除上述三种情况以外的定额换算。

7.2.3 定额换算的基本思路

定额换算的基本思路是：根据选定的预算定额基价，按规定换入增加的费用，换出扣除的费用。

这一思路用下列表达式表述：

$$换算后的定额基价 = 原定额基价 + 换入的费用 - 换出的费用$$

例如，某工程施工图设计用M15水泥砂浆砌砖墙，查预算定额中只有M5、M7.5、M10水泥砂浆砌砖墙的项目，这时就需要选用预算定额中的某个项目，再依据定额附录中M15水泥砂浆的配合比用量和基价进行换算：

$$\begin{aligned}\text{换算后}\\ \text{定额基价}\end{aligned} = \begin{aligned}\text{M5（或 M10）水泥砂}\\ \text{浆砌砖墙定额基价}\end{aligned} + \begin{aligned}\text{定额砂}\\ \text{浆用量}\end{aligned} \times \begin{aligned}\text{M15 水泥}\\ \text{砂浆基价}\end{aligned} - \begin{aligned}\text{定额砂}\\ \text{浆用量}\end{aligned} \times \begin{aligned}\text{M5（或 M10）}\\ \text{水泥砂浆基价}\end{aligned}$$

上述项目的定额基价换算示意见图 7-2。

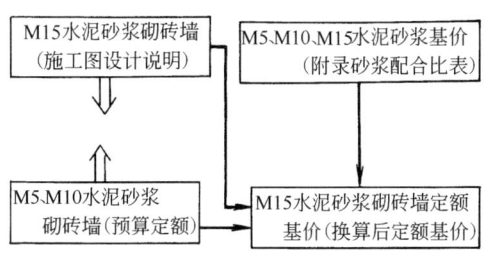

图 7-2 定额基价换算示意图

7.3 建筑工程预算定额换算

7.3.1 砌筑砂浆换算

1. 换算原因

当设计图纸要求的砌筑砂浆强度等级在预算定额中缺项时，就需要调整砂浆强度等级，求出新的定额基价。

2. 换算特点

由于砂浆用量不变，所以人工、机械费不变，因而只换算砂浆强度等级和调整砂浆材料费。

砌筑砂浆换算公式：

$$\begin{aligned}\text{换算后}\\ \text{定额基价}\end{aligned} = \begin{aligned}\text{原定额}\\ \text{基价}\end{aligned} + \begin{aligned}\text{定额砂}\\ \text{浆用量}\end{aligned} \times \left(\begin{aligned}\text{换入砂}\\ \text{浆基价}\end{aligned} - \begin{aligned}\text{换出砂}\\ \text{浆基价}\end{aligned}\right) \tag{7-1}$$

【例 7-2】M7.5 水泥砂浆砌砖基础。

【解】用公式 7-1 换算

换算定额号：定-1（表 7-2）、附-1、附-2（表 7-4）

$$\begin{aligned}\text{换算后定额基价} &= 1115.71 + 2.36 \times (144.10 - 124.32)\\ &= 1115.71 + 2.36 \times 19.78\\ &= 1115.71 + 46.68\\ &= 1162.39\text{（元}/10\text{m}^3)\end{aligned}$$

换算后材料用量（每 10m³ 砌体）：

32.5 级水泥：2.36×341.00=804.76（kg）

中砂：2.36×1.10=2.596（m³）

7.3.2 抹灰砂浆换算

1. 换算原因

当设计图纸要求的抹灰砂浆配合比或抹灰厚度与预算定额的抹灰砂浆配合比或厚度不

同时，就要进行抹灰砂浆换算。

2. 换算特点

第一种情况：当抹灰厚度不变只换算配合比时，人工费、机械费不变，只调整材料费；

第二种情况：当抹灰厚度发生变化时，砂浆用量要改变，因而人工费、材料费、机械费均要换算。

3. 换算公式

第一种情况的换算公式：

$$\genfrac{}{}{}{}{\text{换算后}}{\text{定额基价}} = \genfrac{}{}{}{}{\text{原定额}}{\text{基价}} + \genfrac{}{}{}{}{\text{抹灰砂浆}}{\text{定额用量}} \times \left(\genfrac{}{}{}{}{\text{换入砂}}{\text{浆基价}} - \genfrac{}{}{}{}{\text{换出砂}}{\text{浆基价}} \right) \quad (7\text{-}2)$$

第二种情况换算公式：

$$\genfrac{}{}{}{}{\text{换算后}}{\text{定额基价}} = \genfrac{}{}{}{}{\text{原定额}}{\text{基价}} + \left(\genfrac{}{}{}{}{\text{定额人}}{\text{工费}} + \genfrac{}{}{}{}{\text{定额机}}{\text{械费}} \right) \times (K-1)$$

$$+ \Sigma \left(\genfrac{}{}{}{}{\text{各层换入}}{\text{砂浆用量}} \times \genfrac{}{}{}{}{\text{换入砂}}{\text{浆基价}} - \genfrac{}{}{}{}{\text{各层换出}}{\text{砂浆用量}} \times \genfrac{}{}{}{}{\text{换出砂}}{\text{浆基价}} \right) \quad (7\text{-}3)$$

式中 K——工、机费换算系数，且

$$K = \frac{\text{设计抹灰砂浆总厚}}{\text{定额抹灰砂浆总厚}}$$

$$\genfrac{}{}{}{}{\text{各层换入}}{\text{砂浆用量}} = \genfrac{}{}{}{}{\text{定额砂浆用量}}{\text{定额砂浆厚度}} \times \text{设计厚度}$$

各层换出砂浆用量＝定额砂浆用量

【例7-3】1∶2水泥砂浆底13厚，1∶2水泥砂浆面7厚抹砖墙面。

【解】用公式7-2换算（砂浆总厚不变）。

换算定额号：定-6（表7-3）、附-6、附-7（表7-5）。

建筑工程预算定额（摘录）

表7-3

工程内容：略

定 额 编 号			定-5	定-6
定 额 单 位			100m²	100m²
项 目	单位	单价（元）	C15混凝土地面面层（60厚）	1∶2.5水泥砂浆抹砖墙面（底13厚、面7厚）
基 价		元	1018.38	688.24
其中	人 工 费	元	159.60	184.80
	材 料 费	元	833.51	451.21
	机 械 费	元	25.27	52.23
人工	基 本 工	工日	12.00	9.20	13.40
	其 他 工	工日	12.00	4.10	2.00
	合 计	工日	12.00	13.30	15.40

续表

定额编号			定-5	定-6
定额单位			100m²	100m²
项目		单位	单价(元)	C15混凝土地面面层（60厚）	1:2.5水泥砂浆抹砖墙面（底13厚、面7厚）
材料	C15混凝土（0.5~4）	m³	136.02	6.06	
	1:2.5水泥砂浆	m³	210.72		2.10（底：1.39 面：0.71）
	其他材料费	元			4.50
	水	m³	0.60	15.38	6.99
机械	200L砂浆搅拌机	台班	15.92		0.28
	400L混凝土搅拌机	台班	81.52	0.31	
	塔式起重机	台班	170.61	0.28	

砌筑砂浆配合比表（摘录） 单位：m³ 表7-4

定额编号			附-1	附-2	附-3	附-4
项目		单位	单价(元)	水泥砂浆			
				M5	M7.5	M10	M15
基价		元		124.32	144.10	160.14	189.98
材料	32.5级水泥	kg	0.30	270.00	341.00	397.00	499.00
	中砂	m³	38.00	1.140	1.100	1.080	1.060

$$换算后定额基价=688.24+2.10×(230.02-210.72)$$
$$=688.24+2.10×19.30$$
$$=688.24+40.53$$
$$=728.77（元/100m²）$$

换算后材料用量（每100m²）：

　　32.5级水泥：$2.10×635=1333.50$（kg）

　　中砂：$2.10×1.04=2.184$（m³）

【例7-4】1:3水泥砂浆底15厚，1:2.5水泥砂浆面7厚抹砖墙面。

【解】设计抹灰厚度发生了变化，故用公式7-3换算。换算定额号：定-6（表7-3）、附-7、附-8（表7-5）。

$$\frac{工、机费}{换算系数}=\frac{15+7}{13+7}=\frac{22}{20}=1.10$$

$$1:3水泥砂浆用量=\frac{1.39}{13}×15=1.604（m³）$$

1:2.5水泥砂浆用量不变。

$$\begin{aligned}换算后\\定额基价\end{aligned}=688.24+(184.80+52.23)×(1.10-1)+1.604×182.82-1.39×210.72$$
$$=688.24+237.03×0.10+293.24-292.90$$
$$=688.24+23.70+293.24-292.90$$
$$=712.28（元/100m²）$$

换算后材料用量（每100m²）：

32.5级水泥：1.604×465+0.71×558＝1142.04（kg）

中砂：1.604×1.14+0.71×1.14＝2.638（m³）

【例7-5】1∶2水泥砂浆底14厚，1∶2水泥砂浆面9厚抹砖墙面。

【解】用公式7-3换算。

换算定额号：定-6（表7-3）、附-6、附-7（表7-5）。

抹灰砂浆配合比表（摘录） 单位：m³ 表7-5

定额编号				附-5	附-6	附-7	附-8
项 目		单 位	单价（元）	水 泥 砂 浆			
				1∶1.5	1∶2	1∶2.5	1∶3
基 价		元		254.40	230.02	210.72	182.82
材料	32.5级水泥	kg	0.30	734	635	558	465
	中 砂	m³	38.00	0.90	1.04	1.14	1.14

$$工、机费换算系数 K=\frac{14+9}{13+7}=\frac{23}{20}=1.15$$

$$1∶2水泥砂浆用量=\frac{2.10}{20}×23$$

$$=2.415（m^3）$$

换算后定额基价＝688.24+(184.80+52.23)×(1.15-1)+2.415

×230.02-2.10×210.72

＝688.24+237.03×0.15+555.50-442.51

＝688.24+35.55+555.50-442.51

＝836.78（元/100m²）

换算后材料用量（每100m²）：

32.5级水泥：2.415×635＝1533.53（kg）

中砂：2.415×1.04＝2.512（m³）

7.3.3 构件混凝土换算

1. 换算原因

当设计要求构件采用的混凝土强度等级，在预算定额中没有相符合的项目时，就产生了混凝土强度等级或石子粒径的换算。

2. 换算特点

混凝土用量不变，人工费、机械费不变，只换算混凝土强度等级或石子粒径。

3. 换算公式

$$\begin{matrix}换算后\\定额基价\end{matrix}=\begin{matrix}原定额\\基价\end{matrix}+\begin{matrix}定额混凝\\土用量\end{matrix}×\begin{pmatrix}换入混凝\\土基价\end{pmatrix}-\begin{matrix}换出混凝\\土基价\end{matrix}\end{pmatrix} \quad (7-4)$$

【例7-6】现浇C25钢筋混凝土矩形梁。

【解】用公式7-4换算。

换算定额号：定-2（表7-2）、附-10、附-11（表7-6）。

普通塑性混凝土配合比表（摘录） 单位：m³ 表 7-6

定额编号			附-9	附-10	附-11	附-12	附-13	附-14
项目	单位	单价（元）	最大粒径：40mm					
			C15	C20	C25	C30	C35	C40
基价	元		136.02	146.98	162.63	172.41	181.48	199.18
42.5级水泥	kg	0.30	274	313.00				
52.5级水泥	kg	0.35			313	343	370	
62.5级水泥	kg	0.40						368
中砂	m³	38.00	0.49	0.46	0.46	0.42	0.41	0.41
0.5~4砾石	m³	40.00	0.88	0.89	0.89	0.91	0.91	0.91

换算后定额基价 = 6721.44 + 10.15 × (162.63 − 146.98)

　　　　　　　 = 6721.44 + 10.15 × 15.65

　　　　　　　 = 6721.44 + 158.85

　　　　　　　 = 6880.29（元/10m³）

换算后材料用量（每 10m³）：

　　52.5 级水泥：10.15 × 313 = 3176.95（kg）

　　中砂：10.15 × 0.46 = 4.669（m³）

　　0.5~4 砾石：10.15 × 0.89 = 9.034（m³）

7.3.4 楼地面混凝土换算

1. 换算原因

楼地面混凝土面层的定额单位一般是平方米。因此，当设计厚度与定额厚度不同时，就产生了定额基价的换算。

2. 换算特点

同抹灰砂浆的换算特点。

3. 换算公式

$$\text{换算后定额基价} = \text{原定额基价} + (\text{定额人工费} + \text{定额机械费}) \times (K-1) + \text{换入混凝土用量} \times \text{换入混凝土基价} - \text{换出混凝土用量} \times \text{换出混凝土基价} \quad (7\text{-}5)$$

式中　K——工、机费换算系数，

$$K = \frac{\text{混凝土设计厚度}}{\text{混凝土定额厚度}}$$

$$\text{换入混凝土用量} = \frac{\text{定额混凝土用量}}{\text{定额混凝土厚度}} \times \text{设计混凝土厚度}$$

$$\text{换出混凝土用量} = \text{定额混凝土用量}$$

【例 7-7】 C20 混凝土地面面层 80mm 厚。

【解】 用公式 7-5 换算。

换算定额号：定-5（表 7-3）、附-9、附-10（表 7-6）。

工、机费换算系数 $K = \dfrac{8}{6} = 1.333$

换入混凝土用量 $= \dfrac{6.06}{6} \times 8 = 8.08$（m³）

换算后定额基价 $=1018.38+(159.60+25.27)\times(1.333-1)+$
$\qquad\qquad\qquad 8.08\times146.98-6.06\times136.02$
$\qquad\qquad =1018.38+184.87\times0.333+1187.60-824.28$
$\qquad\qquad =1018.38+61.56+1187.60-824.28$
$\qquad\qquad =1443.26$（元/100m²）

换算后材料用量（每100m²）：

　　42.5级水泥：$8.08\times313=2529.04$（kg）

　　中砂：$8.08\times0.46=3.717$（m³）

　　0.5~4砾石：$8.08\times0.89=7.191$（m³）

7.3.5 乘系数换算

乘系数换算是指在使用某些预算定额项目时，定额的一部分或全部乘以规定的系数。例如，某地区预算定额规定，砌弧形砖墙时，定额人工费乘以 1.10 系数；楼地面垫层用于基础垫层时，定额人工费乘以系数 1.20。

【例 7-8】C15 混凝土基础垫层。

【解】根据题意按某地区预算定额规定，楼地面垫层定额用于基础垫层时，定额人工费乘以 1.20 系数。

换算定额号：定-3（表 7-2）。

换算后定额基价 $=$ 原定额基价 $+$ 定额人工费 $\times$（系数 -1）
$\qquad\qquad =1673.96+258.72\times(1.20-1)$
$\qquad\qquad =1673.96+258.72\times0.20$
$\qquad\qquad =1673.96+51.74$
$\qquad\qquad =1725.7$（元/10m³）

其中：人工费 $=258.72\times1.20=310.46$（元/10m³）

7.3.6 其他换算

其他换算是指不属于上述几种换算情况的定额基价换算。

【例 7-9】1:2 防水砂浆墙基防潮层（加水泥用量 8% 的防水粉）。

【解】根据题意和定额"定-4"（表 7-2）内容应调整防水粉的用量。

换算定额号：定-4（表 7-2）、附-6（表 7-5）。

防水粉用量 $=$ 定额砂浆用量 $\times$ 砂浆配合比中的水泥用量 $\times 8\%$
$\qquad\qquad =2.07\times635\times8\%$
$\qquad\qquad =105.16$（kg）

换算后定额基价 $= \dfrac{原定额}{基价} + \dfrac{防水粉}{单价} \times \left(\dfrac{防水粉}{换入量} - \dfrac{防水粉}{换出量}\right)$
$\qquad\qquad\qquad =675.29+1.20\times(105.16-66.38)$

$$= 675.29 + 1.20 \times 38.78$$
$$= 675.29 + 46.54$$
$$= 721.83 \text{（元}/100\text{m}^2\text{）}$$

材料用量（每100m²）：

32.5级水泥：$2.07 \times 635 = 1314.45$（kg）

中砂：$2.07 \times 1.04 = 2.153$（m³）

防水粉：$2.07 \times 635 \times 8\% = 105.16$（kg）

7.4 安装工程预算定额换算

安装工程预算定额中，一般不包括主要材料的材料费，定额中称之为未计价材料费。因而，安装工程定额基价是不完全工程单价。若要构成完全定额基价，就要通过换算的形式来计算。

7.4.1 完全定额基价的计算

【例7-10】某地区安装工程估价表中，室内DN50镀锌钢管丝接的安装基价为65.16元/10m，未计价材料DN50镀锌钢管用量10.20m，单价23.71元/m，试计算该项目的完全定额基价。

【解】完全定额基价 $= 65.16 + 10.2 \times 23.71$
$$= 307.00 \text{（元}/10\text{m}\text{）}$$

7.4.2 乘系数换算

安装工程预算定额中，有许多项目的人工费、机械费，定额规定需乘系数换算。例如，设置于管道间、管廊内的管道、阀门、法兰、支架的定额项目，人工费乘以系数1.30。

【例7-11】计算安装某宾馆管道间DN25镀锌给水钢管的完全定额基价和定额人工费（DN25镀锌给水钢管基价为45.79元/10m，其中人工费为27.06元/10m，未计价材料镀锌钢管用量10.20m，单价11.43元/m）。

【解】完全定额基价 $= 45.79 + 27.06 \times (1.30 - 1) + 10.20 \times 11.43$
$$= 45.79 + 27.06 \times 0.30 + 116.59$$
$$= 45.79 + 8.12 + 116.59$$
$$= 170.50 \text{（元}/10\text{m}\text{）}$$

其中：定额人工费 $= 27.06 \times 1.30 = 35.18$（元/10m）

7.5 定额基价换算公式小结

7.5.1 定额基价换算总公式

换算后定额基价 = 原定额基价 + 换入费用 − 换出费用

7.5.2 定额基价换算通用公式

$$\text{换算后定额基价} = \text{原定额基价} + (\text{定额人工费} + \text{定额机械费}) \times (K - 1)$$

$$+\sum\left(\begin{matrix}\text{换入半成}\\\text{品用量}\end{matrix}\times\begin{matrix}\text{换入半成}\\\text{品基价}\end{matrix}-\begin{matrix}\text{换出半成}\\\text{品用量}\end{matrix}\times\begin{matrix}\text{换出半成}\\\text{品基价}\end{matrix}\right) \qquad (7\text{-}6)$$

7.5.3 定额基价换算通用公式的变换

在定额基价换算通用公式中：

1. 当半成品为砌筑砂浆时，公式变为：

$$\begin{matrix}\text{换算后}\\\text{定额基价}\end{matrix}=\begin{matrix}\text{原定额}\\\text{基价}\end{matrix}+\begin{matrix}\text{砌筑砂浆}\\\text{定额用量}\end{matrix}\times\left(\begin{matrix}\text{换入砂}\\\text{浆基价}\end{matrix}-\begin{matrix}\text{换出砂}\\\text{浆基价}\end{matrix}\right)$$

说明：砂浆用量不变，工、机费不变，$K=1$；换入半成品用量与换出半成品用量同是定额砂浆用量，提相同的公因式；半成品基价定为砌筑砂浆基价。经过此变换就由公式7-6变化为上述换算公式。

2. 当半成品为抹灰砂浆，砂浆厚度不变，且只有一种砂浆时的换算公式为：

$$\begin{matrix}\text{换算后}\\\text{定额基价}\end{matrix}=\begin{matrix}\text{原定额}\\\text{基价}\end{matrix}+\begin{matrix}\text{抹灰砂浆}\\\text{定额用量}\end{matrix}\times\left(\begin{matrix}\text{换入砂}\\\text{浆基价}\end{matrix}-\begin{matrix}\text{换出砂}\\\text{浆基价}\end{matrix}\right)$$

当抹灰砂浆厚度发生变化，且各层砂浆配合比不同时，用以下公式：

$$\begin{matrix}\text{换算后}\\\text{定额基价}\end{matrix}=\begin{matrix}\text{原定额}\\\text{基价}\end{matrix}+\left(\begin{matrix}\text{定额}\\\text{人工费}\end{matrix}+\begin{matrix}\text{定额}\\\text{机械费}\end{matrix}\right)\times(K-1)$$

$$+\sum\left(\begin{matrix}\text{换入砂}\\\text{浆用量}\end{matrix}\times\begin{matrix}\text{换入砂}\\\text{浆基价}\end{matrix}-\begin{matrix}\text{换出砂}\\\text{浆用量}\end{matrix}\times\begin{matrix}\text{换出砂}\\\text{浆基价}\end{matrix}\right)$$

3. 当半成品为混凝土构件时，公式变为：

$$\begin{matrix}\text{换算后}\\\text{定额基价}\end{matrix}=\begin{matrix}\text{原定额}\\\text{基价}\end{matrix}+\begin{matrix}\text{定额混凝}\\\text{土用量}\end{matrix}\times\left(\begin{matrix}\text{换入混凝}\\\text{土基价}\end{matrix}-\begin{matrix}\text{换出混凝}\\\text{土基价}\end{matrix}\right)$$

4. 当半成品为楼地面混凝土时，公式变为：

$$\begin{matrix}\text{换算后}\\\text{定额基价}\end{matrix}=\begin{matrix}\text{原定额}\\\text{基价}\end{matrix}+\left(\begin{matrix}\text{定额}\\\text{人工费}\end{matrix}+\begin{matrix}\text{定额}\\\text{机械费}\end{matrix}\right)\times(K-1)$$

$$+\begin{matrix}\text{换入混凝}\\\text{土用量}\end{matrix}\times\begin{matrix}\text{换入混凝}\\\text{土基价}\end{matrix}-\begin{matrix}\text{换出混凝}\\\text{土用量}\end{matrix}\times\begin{matrix}\text{换出混凝}\\\text{土基价}\end{matrix}$$

综上所述，只要掌握了定额基价换算的通用公式，就掌握了四种类型的换算方法。除此以外，只要灵活应用定额基价换算的总公式，那么，乘系数的换算、其他换算的方法也是容易掌握的。

思 考 题

1. 叙述预算定额的内容构成。
2. 使用预算定额为什么会产生换算的情况？
3. 预算定额的换算有哪几种类型？
4. 叙述预算定额砂浆换算的过程。
5. 叙述预算定额混凝土换算的过程。
6. 叙述预算定额乘系数换算的过程。
7. 叙述预算定额其他换算的过程。

8 运用统筹法计算工程量

8.1 统筹法计算工程量的要点

施工图预算中工程量计算的特点是，项目多、数据量大、费时间，这与编制预算既快又准的基本要求相悖。如何简化工程量计算，提高计算速度和准确性是人们一直关注的问题。

统筹法是一种用来研究、分析事物内在规律及相互依赖关系，从全局角度出发，明确工作重点，合理安排工作顺序，提高工作质量和效率的科学管理方法。

运用统筹思想对工程量计算过程进行分析后，可以看出，虽然各项工程量计算各有特点，但有些数据存在着内在的联系。例如，外墙地槽、外墙基础垫层、外墙基础可以用同一个长度计算工程量。如果我们抓住这些基本数据，利用它来计算较多工程量的这个主要矛盾，就能达到简化工程量计算的目的。

8.1.1 统筹程序、合理安排

统筹程序、合理安排工程量的计算顺序，是应用统筹法计算工程量的要点，其思想是不按施工顺序或传统的顺序计算工程量，只按计算简便的原则安排工程量计算顺序。如，有关地面项目工程量计算顺序按施工顺序完成是：

$$\underset{长\times宽\times厚}{室内回填土} ① \longrightarrow \underset{长\times宽\times厚}{地面垫层} ② \longrightarrow \underset{长\times宽}{地面面层} ③$$

这一顺序，计算了三次"长×宽"。如果按计算简便的原则安排，上述顺序变为：

$$\underset{长\times宽}{地面面层} ① \longrightarrow \underset{地面面层\times厚}{地面垫层} ② \longrightarrow \underset{地面面层\times厚}{室内回填土} ③$$

显然，第二种顺序只需计算一次"长×宽"，节省了时间，简化了计算，也提高了结果的准确度。

8.1.2 利用基数、连续计算

基数是指在计算工程量的过程中重复使用的一些基本数据。包括 $L_{中}$、$L_{内}$、$L_{外}$、$S_{底}$，简称"三线一面"。

只要事先计算好这些数据，提供给后面工程量计算时使用，就可以提高工程量的计算速度。

运用基数计算工程量是统筹法的重要思想。

8.2 统筹法计算工程量的方法

8.2.1 外墙中线长

外墙中线长用 $L_{中}$ 表示，是指围绕建筑物的外墙中心线长度之和。利用 $L_{中}$，可以计算下列项目的工程量（见表 8-1）：

表 8-1

基 数 名 称	项 目 名 称	计 算 方 法
$L_中$	外墙基槽	$V = L_中 \times$ 基槽断面积
	外墙基础垫层	$V = L_中 \times$ 垫层断面积
	外墙基础	$V = L_中 \times$ 基础断面积
	外墙体积	$V = (L_中 \times$ 墙高 $-$ 门窗面积$) \times$ 墙厚
	外墙圈梁	$V = L_中 \times$ 圈梁断面积
	外墙基防潮层	$S = L_中 \times$ 墙厚

8.2.2 内墙净长

内墙净长用 $L_内$ 表示，是指建筑物内隔墙的长度之和。利用 $L_内$ 可以计算下列项目的工程量（见表 8-2）：

表 8-2

基 数 名 称	项 目 名 称	计 算 方 法
$L_内$	内墙基槽	$V = (L_内 -$ 调整值$) \times$ 基槽断面积
	内墙基础垫层	$V = (L_内 -$ 调整值$) \times$ 垫层断面积
	内墙基础	$V = L_内 \times$ 基础断面积
	内墙体积	$V = (L_内 \times$ 墙高 $-$ 门窗面积$) \times$ 墙厚
	内墙圈梁	$V = L_内 \times$ 圈梁断面积
	内墙基防潮层	$S = L_内 \times$ 墙厚

8.2.3 外墙外边长

外墙外边长用 $L_外$ 表示，是指围绕建筑物外墙外边的长度之和。利用 $L_外$ 可以计算下列项目的工程量（见表 8-3）：

表 8-3

基 数 名 称	项 目 名 称	计 算 方 法
$L_外$	人工平整场地	$S = L_外 \times 2 + 16 + S_底$
	墙脚排水坡	$S = (L_外 + 4 \times$ 散水宽$) \times$ 散水宽
	墙脚明沟（暗沟）	$L = L_外 + 8 \times$ 散水宽 $+ 4 \times$ 明沟（暗沟）宽
	外墙脚手架	$S = L_外 \times$ 墙高
	挑檐	$V = (L_外 + 4 \times$ 挑檐宽$) \times$ 挑檐断面积

8.2.4 建筑底层面积

建筑底层面积用 $S_底$ 表示。利用 $S_底$ 可以计算以下项目的工程量（见表 8-4）：

表 8-4

基 数 名 称	项 目 名 称	计 算 方 法
$S_底$	人工平整场地	$S = S_底 + L_外 \times 2 + 16$
	室内回填土	$V = (S_底 -$ 墙结构面积$) \times$ 厚度
	地面垫层	同 上
	地面面层	$S = S_底 -$ 墙结构面积
	顶棚面抹灰	同 上
	屋面防水卷材	$S = S_底 -$ 女儿墙结构面积 $+$ 四周卷起面积

8.3 统筹法计算工程量实例

8.3.1 小平房工程施工图

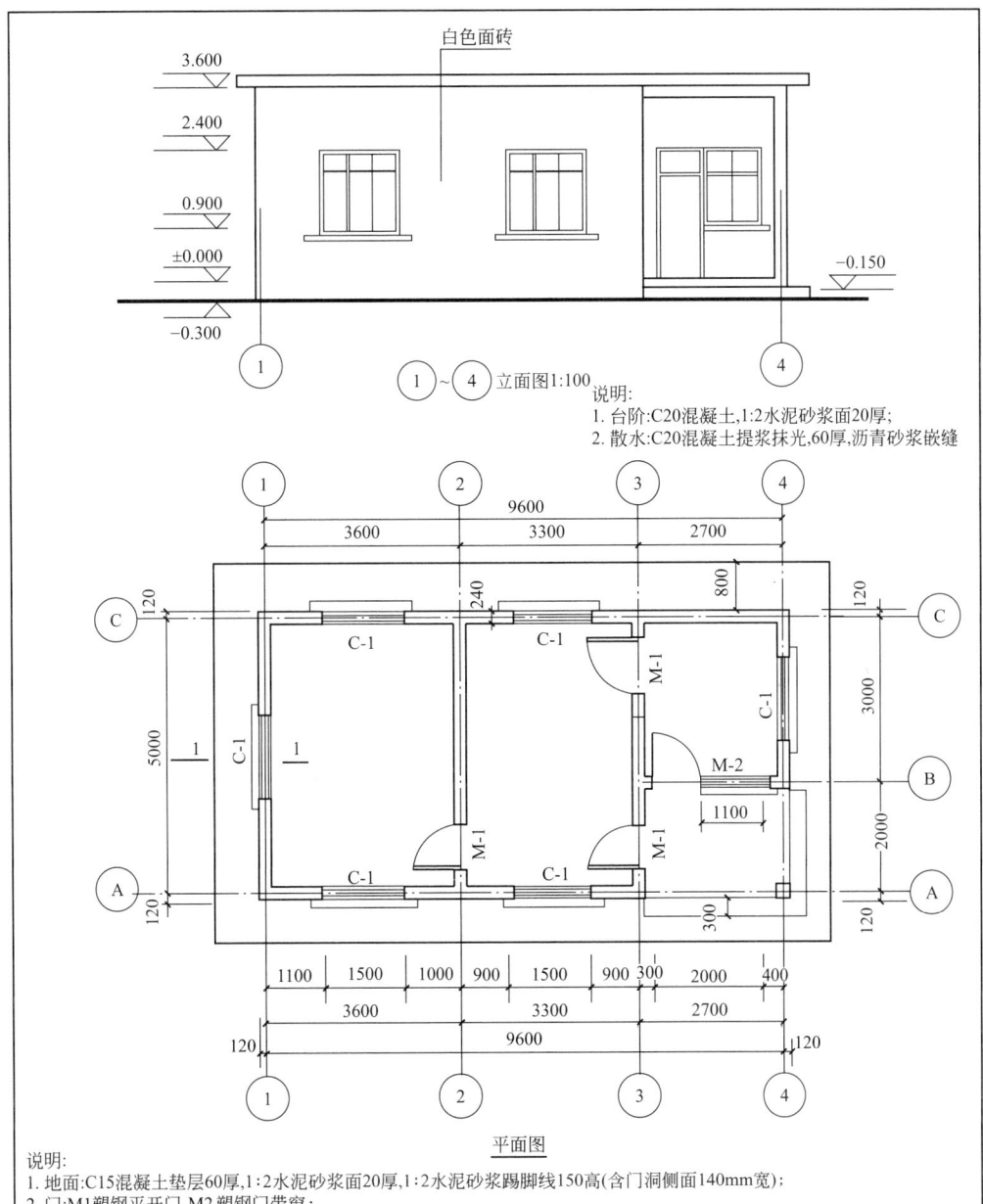

①~④ 立面图1:100

说明:
1. 台阶:C20混凝土,1:2水泥砂浆面20厚;
2. 散水:C20混凝土提浆抹光,60厚,沥青砂浆嵌缝

平面图

说明:
1. 地面:C15混凝土垫层60厚,1:2水泥砂浆面20厚,1:2水泥砂浆踢脚线150高(含门洞侧面140mm宽处);
2. 门:M1塑钢平开门,M2塑钢门带窗;
3. 窗:C1塑钢推拉窗;
4. 屋面:1:6水泥膨胀蛭石找坡i=2%,最薄处60,找坡上1:3水泥砂浆找平层25厚;改性沥青卷材二道,胶粘剂三道,卷材上1:2.5水泥砂浆保护层20厚;
5. 顶棚:檐口、室内顶棚混合砂浆面上满刮腻子二遍、刷乳胶漆二遍;
6. 内墙面:墙面、门侧面和上面140mm宽处,均混合砂浆面上满刮腻子二遍、刷乳胶漆二遍;
7. 外墙:外墙身、挑檐口1:3水泥砂浆底20厚、1:2水泥砂浆5厚贴240×60×5面砖;
8. 其他:窗台线(洞口宽+200)贴面砖,外窗洞口侧面、上面贴140mm宽面砖,做法同外墙面;散水800宽。

建施1

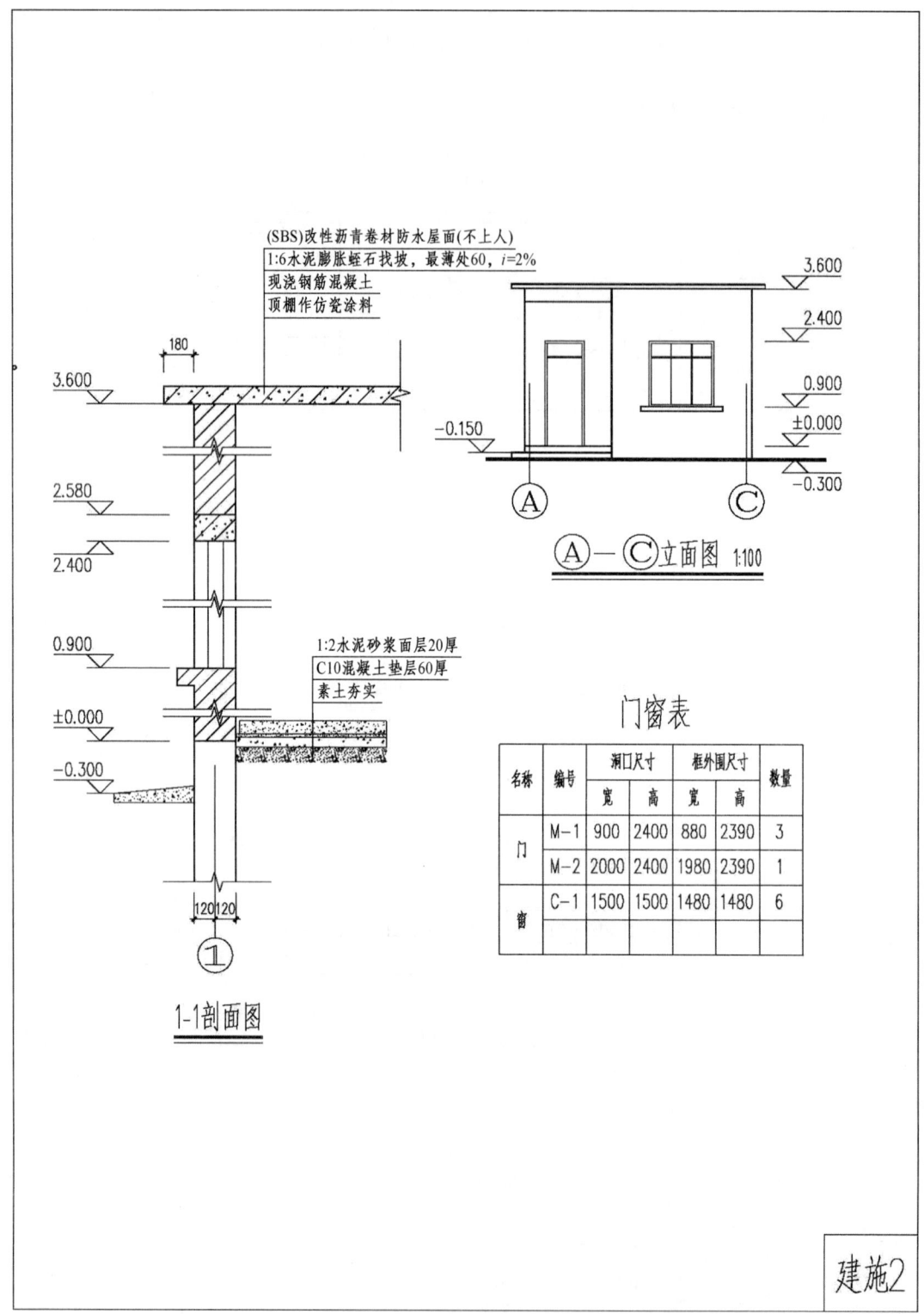

8 运用统筹法计算工程量

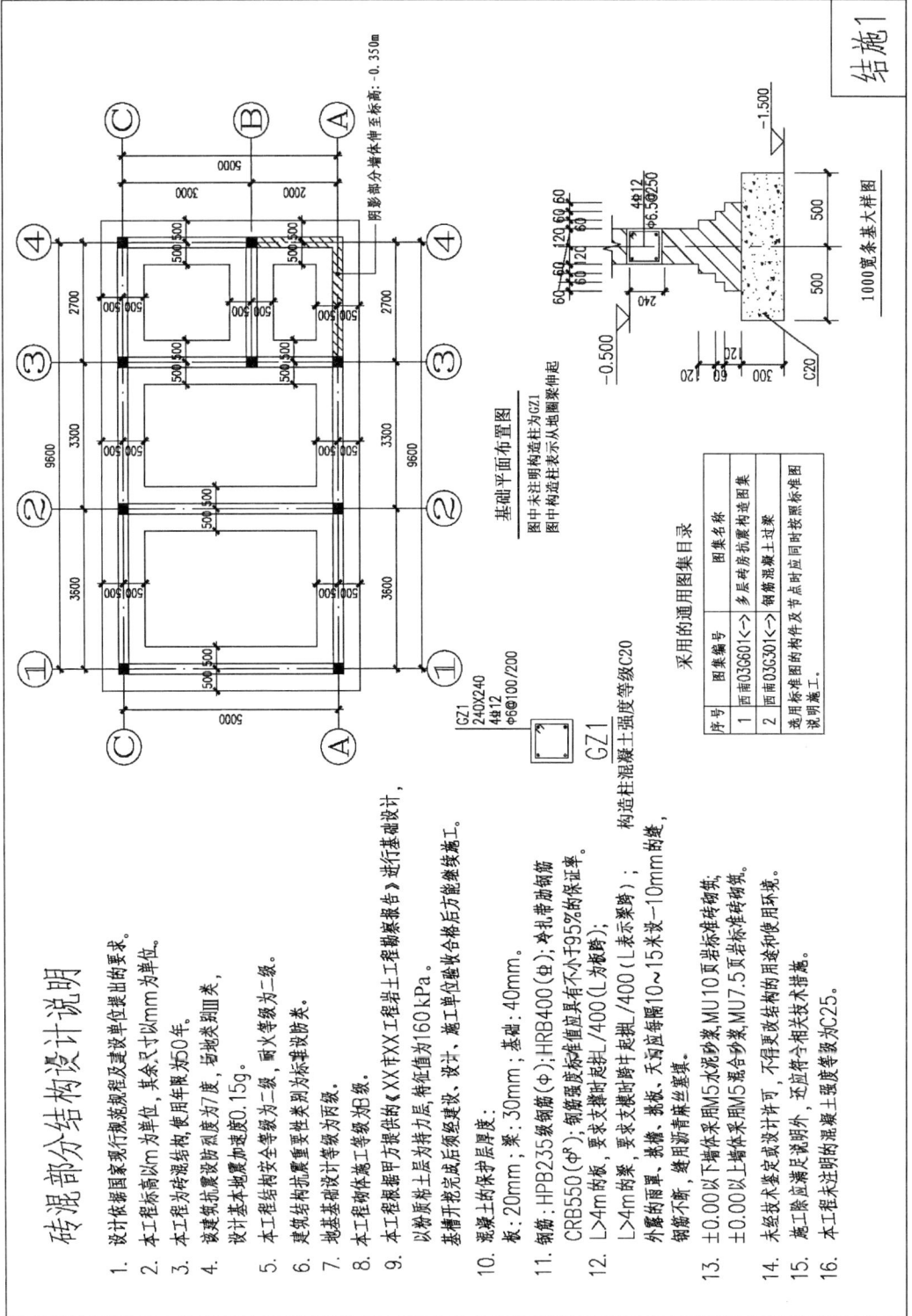

结施1

砖混部分结构设计说明

1. 设计依据国家现行规范规程及建设单位提出的要求。
2. 本工程标高以m为单位,其余尺寸以mm为单位。
3. 本工程为砖混结构,使用年限为50年。
4. 该建筑抗震设防烈度为7度,local类场地,设计基本地震加速度0.15g。
5. 本工程结构安全等级为二级,耐火等级为二级。
6. 建筑结构抗震重要性类别为标准设防类。
7. 地基基础设计等级为丙级。
8. 本工程砌体施工等级为B级。
9. 本工程根据甲方提供的《XX市XX工程岩土工程勘察报告》进行基础设计,以粉质黏土层为持力层,特征值为160kPa。施工单位在基础开挖完成后须经设计、施工监理验收合格后方能继续施工。
10. 混凝土的保护层厚度:
    板:20mm;梁:30mm;基础:40mm。
11. 钢筋:HPB235级钢筋(Φ);HRB400(Φ);冷轧带肋钢筋CRB550(Φʳ),钢筋强度标准值应具有不小于95%的保证率;
    L≤4m的板,要求支模时跨中起拱L/400(L表示跨度);
    L>4m的梁,要求支模时跨中起拱L/400(L为跨度);
    外露的雨篷、装檐、挑板、天沟应每隔10~15米设一10mm的缝,钢筋不断,缝用沥青麻丝塞填。
12. 构造柱混凝土强度等级C20。
13. ±0.00以下墙体采用M5水泥砂浆,MU10页岩标准砖砌筑,
    ±0.00以上墙体采用M5混合砂浆,MU7.5页岩标准砖砌筑。
14. 未经技术鉴定或设计许可,不得更改结构的用途和使用环境。
15. 施工隙盖满足说明外,还应符合相关技术措施。
16. 本工程未注明混凝土强度等级为C25。

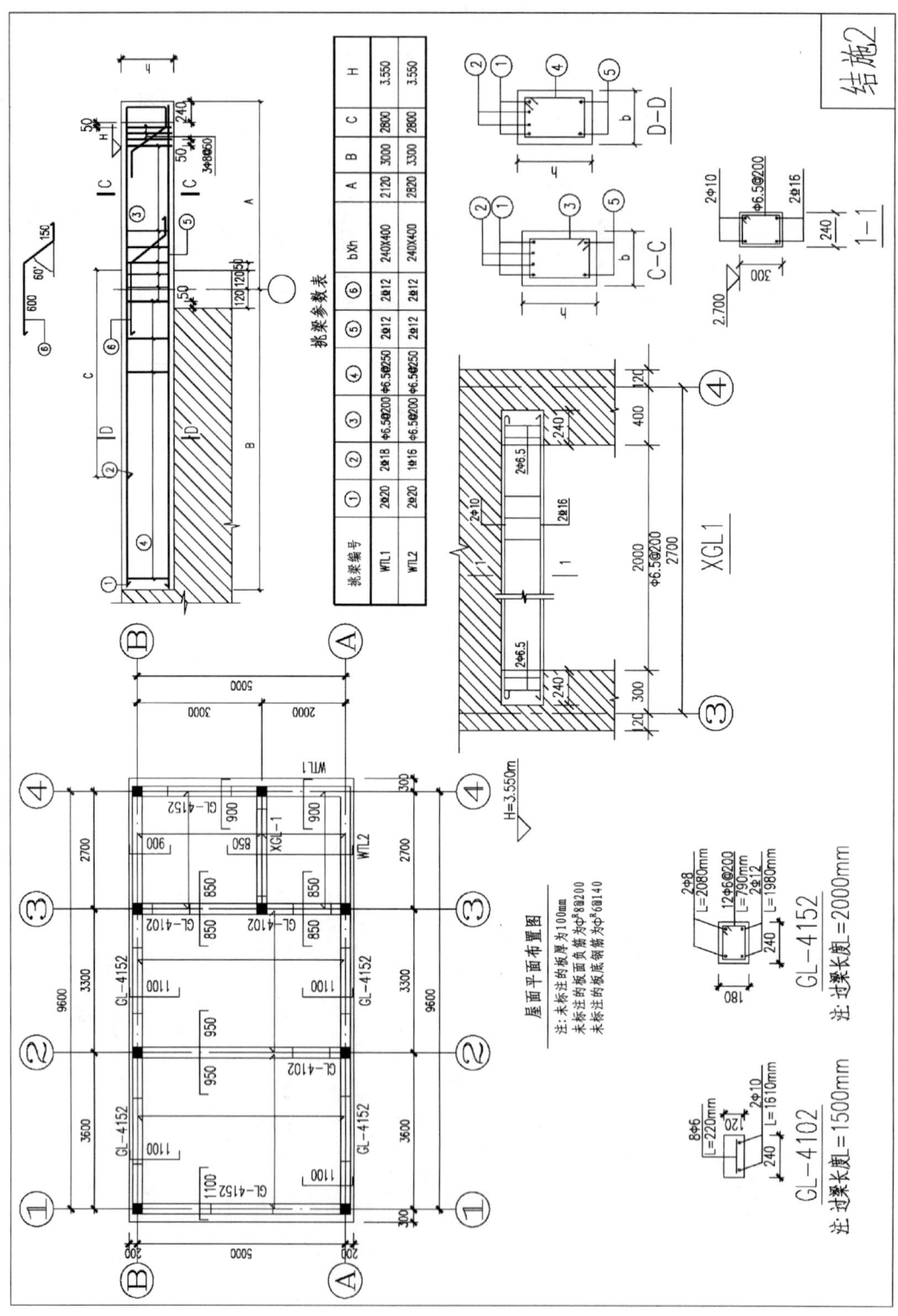

8.3.2 小平房工程列项

小平房工程施工图预算分项工程项目列项见表8-5。

小平房工程施工图预算分项工程项目表　　　表8-5

利用基数	序号	定额编号	项目名称	计量单位
$S_底$、$L_外$	1	A1-39	平整场地	m²
$L_中$、$L_内$	2	A1-11	挖地槽土方	m³
$L_中$、$L_内$	3	B1-2	混凝土基础垫层	m³
$L_中$、$L_内$	4	A12-77	基础垫层模板	m²
$L_中$、$L_内$	5	A4-23	现浇混凝土地圈梁	m³
$L_中$、$L_内$	6	A12-22	地圈梁模板	m²
	7	A4-18	现浇混凝土构造柱	m³
	8	A12-17	构造柱模板	m²
$L_中$、$L_内$	9	A3-1	砖基础	m³
	10	A1-41	地槽回填土	m³
	11	A1-41	室内回填土	m³
	12	A1-153	余土外运	m³
$L_外$	13	A11-1	双排外脚手架	m²
$L_内$	14	A11-20	里脚手架	m²
	15	A4-24	现浇混凝土过梁	m³
	16	A12-23	过梁模板	m²
	17	A4-21	现浇混凝土矩形梁	m³
	18	A12-21	矩形梁模板	m²
	19	B4-128	塑钢平开门	m²
	20	B4-255	塑钢推拉窗	m²
$L_中$、$L_内$	21	A3-3	实心砖墙	m³
$S_底$	22	B1-24	混凝土地面垫层	m³
$S_底$	23	A4-35	现浇混凝土平板	m³
$S_底$	24	A12-32	平板模板	m²
$L_中$	25	A4-61	现浇混凝土散水	m²
$L_中$	26	A12-100	散水模板	m²
	27	A4-66	现浇混凝土台阶	m²
	28	A12-100	台阶模板	m²
	29	A4-330	现浇构件钢筋 HPB235	t
	30	A4-331	现浇构件钢筋 HPB335	t
	31	A4-331	现浇构件钢筋 HRB400	t
	32	A4-330	现浇构件钢筋 CRB550	t
$S_底$	33	A7-50	SBS改性沥青卷材防水	m²

续表

利用基数	序号	定额编号	项目名称	计量单位
$S_底$	34	A8-234	水泥膨胀蛭石保温屋面	m²
$S_底$	34	B1-38	1∶2水泥砂浆地面面层	m²
$S_底$	35	B1-27	屋面1∶3水泥砂浆找平层	m²
$S_底$	36	B1-38	屋面1∶2.5水泥砂浆保护层	m²
	37	B1-199	1∶2水泥砂浆踢脚线150高	m²
	39	B1-361	1∶2水泥砂浆台阶面	m²
$L_中$、$L_内$	40	B2-19	混合砂浆内墙面	m²
	41	B2-79	挑梁混合砂浆抹面	m²
$L_外$	42	B2-153	外墙面砖	m²
$L_外$	43	B2-462	窗台线、挑檐口镶贴面砖	m²
$S_底$	44	B3-7	混合砂浆天棚	m²
$L_内$	45	B5-296	抹灰面油漆（墙面、天棚、梁）	m²
	46	A13-5	垂直运输	m²

8.3.3 小平房工程工程量计算

1. 小平房工程基数计算见表8-6。

小平房工程基数计算表   表8-6

基数名称	代号	图号	墙高(m)	单位	数量	计算式
外墙中线长	$L_中$	建施1	3.60	m	29.20	$L_中=(3.60+3.30+2.70+5.0)\times 2$ $=29.20$m
内墙净长	$L_内$	建施1	3.60	m	7.52	$L_内=5.0-0.24+3.0-0.24=7.52$m 内墙垫层长$=(5.0-1.0)\times 2$ $+2.7-1.0=9.7$m 内墙砖基础长$=5.0\times 2-0.24\times 2$ $+2.70-0.24=11.98$m
外墙外边长	$L_外$	建施1		m	30.16	$L_外=29.20+0.24\times 4=30.16$m
底层面积	$S_底$	建施1		m²	51.56	底面积$=(3.60+3.30+2.70+0.24)$ $\times(5.0+0.24)=51.56$m²

2. 小平房工程分项工程工程量计算见表8-7。

小平房工程分项工程工程量计算表   表8-7

序号	定额编号	项目名称	计量单位	工程量	计算式
1	A1-39	平整场地	m²	48.86	$S=S_底+L_外\times 2+16$ $=51.56+30.16\times 2+16$ $=127.88$m²

续表

序号	定额编号	项目名称	计量单位	工程量	计算式
2	A1-11	挖地槽土方	m³	46.68	不放坡、不加工作面 $V=(L_{中}+内墙垫层长)\times 1.0\times(1.50-0.30)$ $=(29.20+9.70)\times 1.00\times 1.20$ $=38.90\times 1.20$ $=46.68m^3$
3	B1-2	砖基础混凝土垫层	m³	11.67	$V=(L_{中}+内墙垫层长)\times 垫层宽\times 垫层厚$ $=(29.20+9.70)\times 1.00\times 0.3$ $=38.90\times 0.30$ $=11.67m^3$
4	A12-77	基础垫层模板	m²	21.54	$[(9.60+1.00+5.00+1.00)\times 2+(5.0-1.0)\times 4+(3.6-1.0)\times 2+(3.3-1.0)\times 2+(2.7-1.0)\times 4+(3.0-1.0)\times 2+(2.0-1.0)\times 2]\times 0.30=(33.20+16.00+5.20+4.60+6.80+4.00+2.00)\times 0.30=21.54m^2$
5	A4-23	现浇混凝土地圈梁	m³	2.37	$V=(L_{中}+内墙基础长)\times 0.24\times 0.24$ $=(29.20+11.98)\times 0.24\times 0.24$ $=41.18\times 0.0576$ $=2.37m^3$
6	A12-22	地圈梁模板	m²	19.42	$S=[29.20+0.24\times 4+(5.0-0.24)\times 4+(3.6-0.24)\times 2+(3.3-0.24)\times 2+(2.7-0.24)\times 4+(3.0-0.24)\times 2+(2.0-0.24)\times 2]\times 0.24=(30.16+19.04+6.72+6.12+9.84+5.52+3.52)\times 0.24=80.92\times 0.24=19.42m^2$
7	A4-18	现浇混凝土构造柱	m³	2.54	室内地坪以下体积： $V=9根柱\times 0.50\times 0.24\times 0.24=9\times 0.0288=0.26m^3$ 室内地坪以上体积： $V=4根\times 3.60\times 0.24\times(0.24+0.06+0.03)+3根\times 3.60\times 0.24\times(0.24+0.06)+2根\times(3.55-0.40)\times 0.24\times(0.24+0.06)-矩形梁占体积0.24\times 0.24\times 0.40\times 4处=4\times 3.60\times 0.0792+3\times 3.60\times 0.072+2\times 3.15\times 0.072-0.24\times 0.24\times 0.40\times 4处=1.140+0.778+0.454-0.092=2.28m^3$ 小计：$0.26+2.28=2.54m^3$
8	A12-17	构造柱模板	m²	21.60	室内地坪以下：(4角$\times 0.24\times 2+5$个单面$\times 0.24)\times 0.50=1.56m^2$ 室内地坪以上： (5阳角$\times 0.30\times 2+4$直线$\times 0.36+13$阴角$\times 0.12)\times 3.60(矩形梁处没有扣除) $=(3.0+1.44+1.56)\times 3.60$ $=21.60m^2$

续表

序号	定额编号	项目名称	计量单位	工程量	计算式
9	A3-1	砖基础	m³	12.10	$V=(L_{中}+$内墙基础长$)\times($基础墙高$\times 0.24+$放脚增加面积$)-$圈梁体积$-$构造柱体积$-$台阶处350mm高基础体积 $=(29.20+11.98)\times[(1.50-0.30)\times 0.24+0.007875\times 12-2]-2.37-0.26-(2.70+2.0-0.24)\times 0.35\times 0.24=41.18\times(1.20\times 0.24+0.07875)-2.37-0.26-0.375$ $=41.18\times 0.3668-3.005$ $=15.10-3.005$ $=12.10m^3$
10	A1-41	地槽回填土	m³	20.44	$V=$地槽挖土体积$-$砖基础体积$-$垫层体积$-$地圈梁体积$-$室外地坪以下构造柱体积 $=46.68-12.10-11.67-2.37-9$根柱$\times 0.20\times 0.24\times 0.24$ $=20.54-0.104$ $=20.44m^3$
11	A1-41	室内回填土	m³	7.50	$V=($室内外地坪高差$-$垫层厚$-$面层厚$)\times$主墙间净面积 $=(0.30-0.10-0.02)\times[$底面积$-(L_{中}+$内墙基础长$)\times 0.24]$ $=0.18\times[51.56-(29.20+11.98)\times 0.24]$ $=0.18\times(51.56-9.88)$ $=0.18\times 41.68=7.50m^3$
12	A1-153	余土外运	m³	18.74	$V=46.68-20.44-7.50=18.74m^3$
13	A11-1	双排外脚手架	m²	117.62	$S=$搭设高度$\times$外墙外边周长$(L_{外})$ $=(3.60+0.30)\times 30.16$ $=3.90\times 30.16$ $=117.62m^2$
14	A11-20	里脚手架	m²	27.07	$S=$内墙净长$(L_{内})\times$墙高 $=7.52L_{内}\times 3.60$ $=27.07m^2$
15	A4-24	现浇混凝土过梁	m³	0.83	$V=6$根$\times 2.0\times 0.24\times 0.18+3$根$\times 1.50\times 0.24\times 0.12+1$根$(2.0+0.24\times 2)\times 0.24\times 0.3$ $=6\times 0.0864+3\times 0.0432+0.179$ $=0.518+0.130+0.179$ $=0.83m^3$
16	A12-23	过梁模板	m²	10.18	GL-4102：3@（底模0.90×0.24+侧模1.50×2×0.12） $=3\times(0.216+0.36)$ $=3\times 0.576$ $=1.728m^2$ GL-4152：6@（底模1.50×0.24+侧模2.0×0.18×2） $=6\times(0.36+0.72)$ $=6\times 1.08$ $=6.48m^2$ XGL1：底模2.0×0.24+2.48×0.30×2 $=0.48+1.488$ $=1.968m^2$ 小计：$1.728+6.48+1.968=10.18m^2$

续表

序号	定额编号	项目名称	计量单位	工程量	计算式
17	A4-21	现浇混凝土矩形梁	m^3	1.06	$V=长 \times 宽 \times 高$ $=(3.0+2.0+3.30+2.70) \times 0.24 \times 0.40$ $=11.00 \times 0.096$ $=1.06m^3$ 其中在墙内：$(3.0+0.12+3.30+0.12) \times 0.24 \times 0.4=$ $6.54 \times 0.096=0.63m^3$
18	A12-21	矩形梁模板	m^2	9.74	侧模：$[(3.0+3.3+2.12+2.82) \times 2-0.40 \times 2] \times 0.40$ $=8.672m^2$ 底模：$(2.12-0.12+2.82-0.12-0.24) \times 0.24$ $=4.46 \times 0.24$ $=1.070m^2$ 小计：$8.672+1.070=9.74m^2$
19	B4-128	塑钢平开门	m^2	8.64	M1 $S=0.90 \times 2.40 \times 3$ 樘 $=6.48m^2$ M2（门部分） $S=2.40 \times 0.90 \times 1$ 樘 $=2.16m^2$ 小计：$6.48+2.16=8.64m^2$
20	B4-255	塑钢推拉窗	m^2	15.15	C1 $S=1.50 \times 1.50 \times 6$ 樘 $=13.50m^2$ M2 $S=1.50 \times 1.10 \times 1$ 樘 $=1.65m^2$ 小计：$13.50+1.65=15.15m^2$
21	A3-3	实心砖墙	m^3	22.19	$V=[(L_{中}+L_{内}) \times 墙高-门窗面积] \times 墙厚-过梁体积-挑梁体积-构造柱体积$ $=[(29.20+7.52) \times 3.60-(6.48+3.81+13.50)]$ $\times 0.24-0.83-0.63-2.37$ $=(132.19-23.79) \times 0.24-3.83$ $=108.40 \times 0.24-3.83$ $=22.19m^3$
22	B1-24	混凝土地面垫层	m^3	2.49	$V=(序35)41.43 \times 0.06=2.49 m^3$
23	A4-35	现浇混凝土平板	m^3	5.51	$V=$ 现浇屋面板长 $\times$ 宽 $\times$ 厚 $=(9.60+0.30 \times 2) \times (5.0+0.20 \times 2) \times 0.10$ $=10.20 \times 5.40 \times 0.10$ $=5.51m^3$
24	A12-32	平板模板	m^2	47.28	底模=屋面板面积-墙厚（矩形梁）所占面积 $=(9.60+0.30 \times 2) \times (5.0+0.20 \times 2)$ $-(序5)41.18 \times 0.24-(2.70+2.00-0.24) \times 0.24$ $=55.08-9.883-1.070$ $=44.127m^2$ 侧模：（序31）$31.48 \times 0.10=3.148m^2$ 小计：$44.127+3.148=47.28m^2$

续表

序号	定额编号	项目名称	计量单位	工程量	计算式
25	A4-61	现浇混凝土散水	m²	25.19	$S=(L_{中}+4\times0.24+4\times$散水宽$)\times$散水宽$-$台阶面积 $=(29.20+0.96+4\times0.80)\times0.80-(2.70-0.12+0.12+0.30+2.0-0.12+0.12)\times0.30$ $=33.36\times0.80-1.50$ $=25.19m^2$
26	A12-100	散水模板	m²	2.19	散水4周侧模：$(29.20+4\times0.24+8\times0.80)\times0.06=36.56\times0.06=2.19m^2$
27	A4-66	现浇混凝土台阶	m²	2.82	$S=(2.70+2.0)\times0.30\times2$ $=2.82m^2$
28	A12-100	台阶模板	m²	2.82	$S=(2.70+2.0)\times0.30\times2$ $=2.82m^2$
29	A4-330	现浇构件钢筋 HPB235	t	0.099	略
30	A4-331	现浇构件钢筋 HPB335	t	0.021	略
31	A4-331	现浇构件钢筋 HRB400	t	0.399	略
32	A4-330	现浇构件钢筋 CRB550	t	0.386	略
33	A7-50	SBS改性沥青卷材防水	m²	55.08	$S=$平屋面面积 $=(9.60+0.30\times2)\times(5.0+0.20\times2)$ $=10.20\times5.40$ $=55.08m^2$
34	A8-234	水泥膨胀蛭石保温屋面	m²	55.08	$S=$平屋面面积 $=(9.60+0.30\times2)\times(5.0+0.20\times2)$ $=10.20\times5.40$ $=55.08m^2$
35	B1-38	1:2水泥砂浆地面面层	m²	41.43	$S=$地面净面积$-$台阶面积 $=$底面积$-$结构面积$-$台阶$(0.30-0.24)$宽的面积 $=51.56-(29.20+11.98)\times0.24-(2.7-0.24+2.0-0.30)\times(0.30-0.24)$ $=51.56-9.88-0.25$ $=41.43m^2$
36	B1-27	屋面1:2.5水泥砂浆找平层	m²	55.08	$S=$平屋面面积 $=(9.60+0.30\times2)\times(5.0+0.20\times2)$ $=10.20\times5.40$ $=55.08m^2$

续表

序号	定额编号	项目名称	计量单位	工程量	计算式
37	B1-38	屋面1∶2.5水泥砂浆保护层	m²	55.08	计算式同上
38	B1-199	1∶2水泥砂浆踢脚线150高	m²	6.14	$S=$各房间踢脚线长×踢脚线高 $=[(3.60-0.24+5.0-0.24)\times2+(3.30-0.24+5.0-0.24)\times2+(2.70-0.24+3.0-0.24)\times2+$檐廊处$(2.70+2.00)-$门洞$(0.9\times4\times2$面$)+$洞口侧面4樘$\times(0.24-0.10)\times2]\times0.15$ $=(16.24+15.64+10.44+4.70-7.20+1.12)\times0.15=40.94\times0.15=6.14$m²
39	B1-361	1∶2水泥砂浆台阶面	m²	2.82	$S=(2.70+2.0)\times0.30\times2$ $=2.82$m²
40	B2-19	混合砂浆内墙面	m²	147.19	$S=$墙净长×净高－门窗洞口面积 $=[(3.60-0.24+5.0-0.24)\times2+(3.30-0.24+5.0-0.24)\times2+(2.70-0.24+3.0-0.24)\times2+$檐廊处$(2.70+2.00)]\times3.60-(6.48\times2$面$+3.81\times2$面$+13.50)$ $=(16.24+15.64+10.44+4.70)\times3.60-22.08$ $=169.27-22.08$ $=147.19$m²
41	B2-79	挑梁混合砂浆抹面	m²	4.64	$S=$梁长×展开面积 $=(2.70-0.12+2.0-0.12)\times(0.24+0.40\times2)$ $=4.46\times1.04$ $=4.64$m²
42	B2-153	外墙面砖	m²	90.37	$S=$外墙外边长×高－窗洞口面积＋窗侧面贴砖厚度面积＋窗侧面和顶面面积－窗台线侧立面积 $=[L_{中}29.20+0.24\times4+$面砖、砂浆厚$(0.005+0.02+0.005)\times8-2.70-2.00]\times(3.60+0.30)-13.50+$窗侧面贴砖厚度面积$1.5\times4\times6$樘$\times(0.005+0.02+0.005)+1.50\times(0.24-0.10)\times3$边$\times6$樘－窗台线立面$(1.50+0.20)\times0.12\times6$樘 $=25.70\times3.90-13.50+1.08+3.78-1.224$ $=100.23-13.50+1.08+3.78-1.224$ $=90.37$m²
43	B2-462	窗台线、挑檐口镶贴面砖	m²	6.33	$S=$窗台线长×突出墙面展开宽＋窗台线端头面积＋窗台面积＋挑檐口面积 $[1.50\times(0.24-0.10)+(1.50+0.20)\times0.06+$窗台侧面$(1.50+0.20+0.06\times2)\times0.12]\times6$樘$+[9.60+0.30\times2+5.0+0.20\times2+(0.025+0.005+0.005)\times8]\times0.10$ $=(0.21+0.102+0.218)\times6+31.48\times0.10$ $=3.18+3.148$ $=6.33$m²

续表

序号	定额编号	项目名称	计量单位	工程量	计算式
44	B3-7	混合砂浆天棚	m²	45.20	$S=$屋面面积－墙结构面积－挑梁底面面积 $=(9.60+0.30×2)×(5.0+0.20×2)-(29.20+11.98)×0.24$ $=10.20×5.40-9.88$ $=55.08-9.88=45.20m^2$
45	B5-296	抹灰面油漆(墙面、天棚、梁)	m²	197.03	$S=$(序40)147.19m²＋(序41)4.64＋(序44)45.20 $=197.03m^2$
46	A13-5	垂直运输	m²	48.86	$(9.60+0.24)×(5.00+0.24)-2.70×2.00×0.50$ $=51.562-2.70=48.86m^2$

8.3.4 小平房工程钢筋工程量计算

1. 小平房工程钢筋工程量计算

小平房工程钢筋工程量计算见表8-8。

小平房钢筋工程量计算表 表8-8

序号	构件名称	部位	钢筋种类	计算式
1	基础梁	A轴	通长筋 4@Φ12	$(9.60+0.24-0.03×2+15×0.012×2)×4×0.006165×12×12=36.01kg$
			箍筋φ6.5	单根长：$0.24×4-8×0.03+(0.075+1.9×0.0065)×2=894.7mm=0.89m$
				根数：1轴－2轴：$(3.60-0.24-0.05×2)/0.25+1=15$
				2轴－3轴：$(3.30-0.24-0.05×2)/0.25+1=13$
				3轴－4轴：$(2.70-0.24-0.05×2)/0.25+1=11$
				重量$=(15+13+11)×0.89×0.006165×6.5×6.5=9.04kg$
		B轴	通长筋 4@Φ12	$(2.70+0.24-0.03×2+15×0.012×2)×4×0.006165×12×12=11.51kg$
			箍筋φ6.5	单根长：$0.24×4-8×0.03+(0.075+1.9×0.0065)×2=894.7mm=0.89m$
				根数：$(2.7-0.24-0.05×2)/0.25+1=11$
				重量$=11×0.89×0.006165×6.5×6.5=2.55kg$
		C轴		同A轴
		1轴	通长筋 4@Φ12	$(5.00+0.24-0.03×2+0.012×15×2)×4×0.006165×12×12=19.67kg$
			箍筋φ6.5	单根长：$0.24×4-8×0.03+(0.075+1.9×0.0065)×2=0.89m$
				根数：$(5.00-0.24-0.05×2)/0.25+1=20$
				重量：$20×0.89×0.006165×6.5×6.5=4.64kg$
		2轴		同1轴
		3轴	通长筋 4@Φ12	$(5.00+0.24-0.03×2+0.012×15×2)×4×0.006165×12×12=19.67kg$
			箍筋φ6.5	单根长：$0.24×4-8×0.03+(0.075+1.9×0.0065)×2=894.7mm=0.89m$
				根数：$(2.00-0.24-0.05×2)/0.25+1=8$
				$(3.00-0.24-0.05×2)/0.25+1=12$
				重量：$20×0.89×0.006165×6.5×6.5=4.64kg$
		4轴		同3轴
		基础梁小计		φ6.5：$9.04+2.55+9.04+4.64×4=39.19kg$；Φ12：$36.01+11.51+19.67×4=126.20kg$

续表

序号	构件名称	部位	钢筋种类	计算式
2	过梁	GL4152(6)	上部 2@φ8	2.08×2×6×0.006165×8×8=9.85kg
			下部 2@φ12	1.98×2×6×0.006165×12×12=21.09kg
			箍筋 φ6.5	12×0.79×6×0.006165×6.5×6.5=14.82kg
		GL4102(1)	下部 2@φ10	1.61×2×0.006165×10×10=1.99kg
			箍筋 φ6.5	0.22×8×0.006165×6.5×6.5=0.46kg
		XGL1	上部 2@φ10	(2.00+0.48−0.03×2+6.25×0.01×2)×2×0.006165×10×10=3.14kg
			下部 2@φ16	(2.00+0.48−0.03×2+6.25×0.016×2)×2×0.006165×16×16=8.27kg
			箍筋 φ6.5	n：(2.00−0.05×2/0.2)+1+4=15
				L：(0.24+0.3)×2−8×0.03+(0.075+1.9×0.0065)×2=1.01m
				重量：15×1.01×0.006165×6.5×6.5=3.95kg
	过梁小计		φ8：9.85kg	
			φ12：21.09kg	
			φ6.5：14.82+0.46+3.95=19.23kg	
			φ10：1.99+3.14=5.13kg	
			φ16：8.27kg	
3	悬挑梁	WTL1	1号筋：2@φ20	[2.12+3.00+0.4−0.03×2−0.03×2+0.24+0.05−0.03+1.579×(0.4−0.03×2){弯起长}+15×0.02{锚固长}+6.25×0.02]×2×0.006165×20×20=32.66kg
			2号筋：2@φ18	(2.12+3.00−0.03×2+6.25×0.018)×2×0.006165×18×18=20.66kg
			3号筋 φ6.5	根数：(2.12+0.12−0.24−0.15−0.05×2)/0.2+1=10
				长度：(0.24+0.4)×2−0.03×8+(0.075+1.9×0.0065)×2=1.21m
				重量：1.21×10×0.006165×6.5×6.5=3.15kg
			4号筋 φ6.5	长度：1.21m
				根数：(3.00−0.05×2)/0.25+1=13
				重量：1.21×13×0.006165×6.5×6.5=4.10kg
			5号筋 2@φ12	(2.12+3.00−0.03×2+6.25×0.012)×2×0.006165×12×12=9.12kg
			6号筋 2@φ12	[0.60+0.15+1.579×(0.40−0.03×2)+6.25×0.012×2]×0.006165×12×12=1.28kg
			附加箍筋φ8	根数：3
				长度：(0.24+0.40)×2−8×0.03+11.9×0.008×2=1.23m
				重量：3×1.23×0.006165×8×8=1.46kg
		WTL2	1号筋：2@φ20	[2.82+3.30+0.40−0.03×2−0.03×2+0.24+0.05−0.03+1.579×(0.4−0.03×2)+15×0.02+6.25×0.02]×2×0.006165×20×20=37.59kg
			2号筋：1@φ16	(2.82+3.30−0.03×2+6.25×0.018)×0.006165×16×16=9.74kg
			3号筋 φ6.5	根数：(2.82+0.12−0.24−0.15−0.05×2)/0.2+1=14
				长度：(0.24+0.4)×2−0.03×8+(0.075+1.9×0.0065)×2=1.21m
				重量：14×1.21×0.006165×6.5×6.5=4.41kg

续表

序号	构件名称	部位	钢筋种类	计算式
3	悬挑梁		4号筋 φ6.5	根数：(3.30−0.05×2)/0.25+1=14
				长度：(0.24+0.40)×2−0.03×8+(0.075+1.9×0.0065)×2=1.21m
				重量：14×1.21×0.006165×6.5×6.5=4.41kg
			5号筋 2@Φ12	(2.82+3.30−0.03×2+6.25×0.012)×2×0.006165×12×12=10.89kg
			6号筋 2@Φ12	[0.6+0.15+1.579×(0.4−0.03×2)+6.25×0.012×2]×0.006165×12×12=1.28kg
	悬挑梁小计	Φ20：32.66+37.59=70.25kg		
		Φ18：20.66kg		
		Φ16：10.08kg		
		Φ12：9.12+1.28+10.89+1.28=22.57kg		
		φ8：1.46kg		
		φ6.5：3.15+4.10+4.41+4.41=16.07kg		
4	板	面筋1轴/A-B轴	ΦR8	长度：1.10+0.12+0.30−0.02+0.1×2−4×0.02=1.62
				根数：(5.00+0.20×2−0.20)/0.2+1=27
				重量：1.62×27×0.006165×8×8=17.26kg
		面筋2轴/A-B轴	ΦR8	长度：0.95×2+0.24+0.10×2−4×0.02=2.26m
				根数：(5.00+0.20×2−0.2)/0.2+1=27
				重量：2.26×27×0.006165×8×8=24.08kg
		面筋3轴/A-B轴	ΦR8	长度：0.85×2+0.24+0.10×2−4×0.02=2.06m
				根数：(5.00+0.20×2−0.20)/0.2+1=27
				重量：2.06×27×0.006165×8×8=21.95kg
		面筋4轴/A-B轴	ΦR8	长度：0.90+0.12+0.30−0.020+0.10×2−4×0.02=1.42
				根数：(5.00+0.20×2−0.2)/0.2+1=27
				重量：1.42×27×0.006165×8×8=15.13kg
		面筋A轴/1-3轴	ΦR8	长度：1.10+0.12+0.20−0.002+0.10×2−0.04×2=1.52
				根数：(3.60+3.30+0.30−0.20)/0.2+1=36
				重量：1.52×36×0.006165×8×8=21.59kg
		面筋A轴/3-4轴	ΦR8	长度：2.00+0.20+0.12+0.85−0.02+0.10×2−4×0.02=3.27
				根数：(2.70+0.30−0.20)/0.20+1=15
				重量：3.27×15×0.006165×8×8=19.35kg
		面筋B轴/1-3轴	ΦR8	长度：1.10+0.12+0.20−0.02+0.10×2−4×0.02=1.52
				根数：(3.60+3.30+0.30−0.20)/0.20+1=36
				重量：1.52×36×0.006165×8×8=21.59kg
		面筋B轴/3-4轴	ΦR8	长度：0.90+0.12+0.20−0.02+0.10×2−4×0.02=1.32
				根数：(2.70+0.30−0.20)/0.20+1=15
				重量：1.32×15×0.006165×8×8=7.81kg

续表

序号	构件名称	部位	钢筋种类	计算式
4	板	底筋1-2轴/A-B轴	$\Phi^R6.5$，X向	长度：$3.60+6.25\times0.0065\times2=3.68$m
				根数：$(5.00/0.14)+1=37$
				重量：$3.68\times37\times0.006165\times6.5\times6.5=35.47$kg
			$\Phi^R6.5$，Y向	长度：$5.00+6.25\times0.0065\times2=5.08$m
				根数：$(3.60/0.14)+1=27$
				重量：$5.08\times27\times0.006165\times6.5\times6.5=35.73$kg
		底筋2-3轴/A-B轴	$\Phi^R6.5$，X向	长度：$3.30+6.25\times0.0065\times2=3.38$m
				根数：$(5.00/0.14)+1=37$
				重量：$3.38\times37\times0.006165\times6.5\times6.5=32.57$kg
			$\Phi^R6.5$，Y向	长度：$5.00+6.25\times0.0065\times2=5.08$m
				根数：$3.30/0.14-1=23$
				重量：$5.08\times23\times0.006165\times6.5\times6.5=30.43$kg
		底筋3-4轴/A-B轴	$\Phi^R6.5$，X向	长度：$2.70+6.25\times0.0065\times2=2.78$
				根数：$(5.00/0.14)+1=37$
				重量：$2.78\times37\times0.006165\times6.5\times6.5=26.79$kg
			$\Phi^R6.5$，Y向	长度：$5.00+6.25\times0.0065\times2=5.08$m
				根数：$(2.70/0.14)+1=21$
				重量：$5.08\times21\times0.006165\times6.5\times6.5=27.79$kg
		负筋分布筋1-2轴/A-B轴图中标注长至墙内侧	$\Phi^R6.5@300$，X向	长度：$3.60+0.10\times2-0.02\times4=3.72$m
				根数：$4\times2=8$
			$\Phi^R6.5@300$，Y向	长度：$5.00+0.10\times2-0.02\times4=5.12$m
				根数：$4+3=7$
				重量：$(3.72\times8+5.12\times7)\times0.006165\times6.5\times6.5=17.09$kg
		负筋分布筋2-3轴/A-B轴图中标注长至墙内侧	$\Phi^R6.5@300$，X向	长度：$3.30+0.10\times2-0.02\times4=3.42$m
				根数：$4\times2=8$
			$\Phi^R6.5@300$，Y向	长度：$5.00+0.10\times2-0.02\times4=5.12$m
				根数：$3+3=6$
				重量：$(3.42\times8+5.12\times6)\times0.006165\times6.5\times6.5=15.13$kg
		负筋分布筋3-4轴/A-B轴图中标注长至墙内侧	$\Phi^R6.5@300$，X向	长度：$2.70+0.10\times2-0.02\times4=2.82$m
				根数：$3+3=6$
			$\Phi^R6.5@300$，Y向	长度：$3.00+0.10\times2-0.02\times4=3.12$m
				根数：$3+3=6$
				重量：$(2.82\times6+3.12\times6)\times0.006165\times6.5\times6.5=9.28$kg
		负筋分布筋3-4轴/B-C轴图中标注长至墙内侧	$\Phi^R6.5@300$，X向	长度：$2.70+0.10\times2-0.02\times4=2.82$m
				根数：$(2.00-0.24/0.30)-1=5$
			$\Phi^R6.5@300$，Y向	长度：$2.00+0.10\times2-0.02\times4=2.12$m
				根数：$3+3=6$
				重量：$(2.82\times5+2.12\times6)\times0.006165\times6.5\times6.5=6.99$kg

续表

序号	构件名称	部位	钢筋种类	计算式
4	板筋小计		φ8：	17.26＋24.08＋21.95＋15.13＋21.59＋19.35＋21.59＋7.81＝148.76kg
			φ6.5：	35.47＋35.73＋32.57＋30.43＋26.79＋27.79＋17.09＋15.13＋9.28＋6.99＝237.27kg
5	构造柱	纵筋 4@Φ12(9)		（3.55＋0.50＋0.24＋0.15－0.02）×4×0.006165×12×12×9 ＝141.26kg
		箍筋φ6.5	长度：	0.24×4－8×0.02＋(0.075＋1.9×0.006)×2＝0.97m
			根数：	插筋部位(0.50－0.05)/0.10＋1＝6
			根数：	[(3.45/3＋3.45/6－0.05×2)/0.10]＋1＋[(3.45－3.45/3 －3.45/6)/0.20]－1＝25
			重量：	0.97×32×0.006165×6.5×6.5＝8.09kg
	构筑柱小计		φ6.5： 8.09kg	
			Φ12： 141.26kg	

2. 钢筋汇总表

小平房工程钢筋汇总表见表 8-9。

钢筋汇总表　　　　表 8-9

序号	钢筋种类	重量（kg）
1	HPB235	99.02
2	HRB335	21.09
3	HPB400	398.95
4	CRB500	386.03

思 考 题

1. 叙述用统筹法计算工程量的要点。
2. 外墙中线长怎样计算？
3. 内墙净长线怎样计算？
4. 外墙外边周长如何计算？
5. 底层建筑面积如何计算？
6. 利用 $L_{外}$ 可以计算哪些工程量？
7. 利用 $L_{中}$ 可以计算哪些工程量？
8. 利用 $L_{内}$ 可以计算哪些工程量？
9. 利用 $S_{底}$ 可以计算哪些工程量？

9 建筑面积计算

9.1 建筑面积的概念

建筑面积亦称建筑展开面积，是建筑物各层面积的总和。建筑面积包括附属于建筑物的室外阳台、雨篷、檐廊、室外走廊、室外楼梯等。

建筑面积包括使用面积、辅助面积和结构面积三部分。

9.1.1 使用面积

使用面积是指建筑物各层平面中直接为生产或生活使用的净面积之和。例如，住宅建筑中的居室、客厅、书房、卫生间、厨房等。

9.1.2 辅助面积

辅助面积是指建筑物各层平面中为辅助生产或辅助生活所占的净面积之和。例如，住宅建筑中的楼梯、走道等。使用面积与辅助面积之和称有效面积。

9.1.3 结构面积

结构面积是指建筑物各层平面中的墙、柱等结构所占的面积之和。

9.2 建筑面积的作用

9.2.1 重要管理指标

建筑面积是建设投资、建设项目可行性研究、建设项目勘察设计、建设项目评估、建设项目招标投标、建筑工程施工和竣工验收、建设工程造价管理、建筑工程造价控制等一系列管理工作的重要指标。

9.2.2 重要技术指标

建筑面积是计算开工面积、竣工面积、优良工程率、建筑装饰规模等重要的技术指标。

9.2.3 重要经济指标

建筑面积是计算建筑、装饰等单位工程或单项工程的单位面积工程造价、人工消耗指标、机械台班消耗指标、工程量消耗指标的重要经济指标。

各经济指标的计算公式如下：

$$每平方米工程造价 = \frac{工程造价}{建筑面积} （元/m^2）$$

$$每平方米人工消耗 = \frac{单位工程用工量}{建筑面积} （工日/m^2）$$

$$每平方米材料消耗 = \frac{单位工程某材料用量}{建筑面积} \quad (kg/m^2、m^3/m^2 \ 等)$$

$$每平方米机械台班消耗 = \frac{单位工程某机械台班用量}{建筑面积} \quad (台班/m^2 \ 等)$$

$$每平方米工程量 = \frac{单位工程某项工程量}{建筑面积} \quad (m^2/m^2、m/m^2 \ 等)$$

9.2.4 重要计算依据

建筑面积是计算有关工程量的重要依据。例如,装饰用满堂脚手架工程量等。

综上所述,建筑面积是重要的技术经济指标,在全面控制建筑、装饰工程造价和建设过程中起着重要作用。

9.3 建筑面积计算规则

由于建筑面积是计算各种技术经济指标的重要依据,这些指标又起着衡量和评价建设规模、投资效益、工程成本等方面重要尺度的作用。因此,中华人民共和国住房和城乡建设部颁发了《建筑工程建筑面积计算规范》GB/T 50353—2013,规定了建筑面积的计算方法。

《建筑工程建筑面积计算规范》主要规定了三个方面的内容:
(1) 计算全部建筑面积的范围和规定;
(2) 计算部分建筑面积的范围和规定;
(3) 不计算建筑面积的范围和规定。

这些规定主要基于以下几个方面的考虑。

① 尽可能准确地反映建筑物各组成部分的价值量。例如,有柱雨篷应按其结构板水平投影面积的1/2计算建筑面积;建筑物间有围护结构的走廊(增加了围护结构的工料消耗)应按其围护结构外围水平面积计算全面积。又如,多层建筑坡屋顶内和场馆看台下的建筑空间,结构净高在2.10m及以上的部位应计算全面积;结构净高在1.20m及以上至2.10m以下的部位应计算1/2面积;结构净高在1.20m以下的部位不应计算建筑面积。

② 通过建筑面积计算规范的规定,简化建筑面积的计算过程。例如,附墙柱、垛等不计算建筑面积。

9.4 应计算建筑面积的范围

9.4.1 建筑物建筑面积计算

1. 计算规定

建筑物的建筑面积应按自然层外墙结构外围水平面积之和计算。结构层高在2.20m及以上的,应计算全面积;结构层高在2.20m以下的,应计算1/2面积。

2. 计算规定解读

(1) 建筑物可以是民用建筑、公共建筑,也可以是工业厂房。

(2) 建筑面积只包括外墙的结构面积，不包括外墙抹灰厚度、装饰材料厚度所占的面积。如图 9-1 所示，其建筑面积为

$S=a\times b$（外墙外边尺寸，不含勒脚厚度）。

(3) 当外墙结构本身在一个层高范围内不等厚时，以楼地面结构标高处的外围水平面积计算。

9.4.2 局部楼层建筑面积计算

1. 计算规定

建筑物内设有局部楼层时，对于局部楼层的二层及以上楼层，有围护结构的应按其围护结构外围水平面积计算，无围护结构的应按其底板水平面积计算，且结构层高在 2.20m 及以上的，应计算全面积；结构层高在 2.20m 以下的，应计算 1/2 面积。

2. 计算规定解读

(1) 单层建筑物内设有部分楼层的例子见图 9-2。这时，局部楼层的围护结构墙厚应包括在楼层面积内。

(2) 本规定没有说不算建筑面积的部位，我们可以理解为局部楼层层高一般不会低于 1.20m。

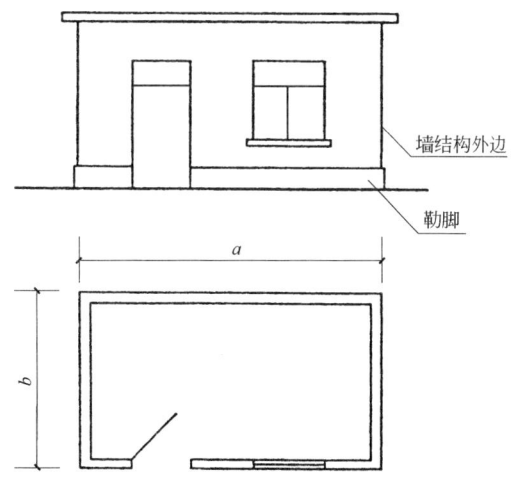

图 9-1 建筑面积计算示意图

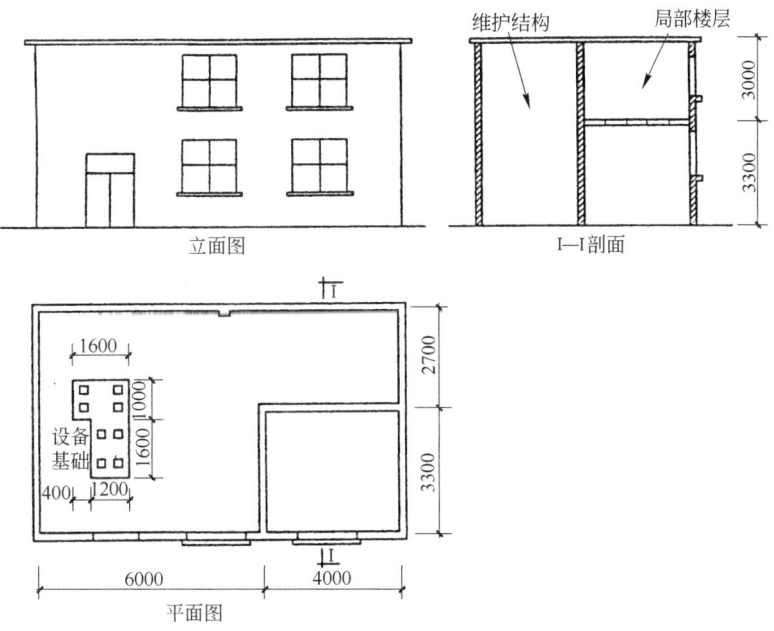

图 9-2 建筑物局部楼层示意图

【例 9-1】根据图 9-2 计算该建筑物的建筑面积（墙厚均为 240mm）

【解】底层建筑面积＝(6.0＋4.0＋0.24)×(3.30＋2.70＋0.24)

$$=10.24×6.24$$
$$=63.90 (m^2)$$

楼隔层建筑面积＝(4.0＋0.24)×(3.30＋0.24)

$$=4.24×3.54$$
$$=15.01(m^2)$$

全部建筑面积＝69.30＋15.01＝78.91（m^2）

9.4.3 坡屋顶建筑面积计算

1. 计算规定

对于形成建筑空间的坡屋顶，结构净高在 2.10m 及以上的部位应计算全面积；结构净高在 1.20m 及以上至 2.10m 以下的部位应计算 1/2 面积；结构净高在 1.20m 以下的部位不应计算建筑面积。

2. 计算规定解读

多层建筑坡屋顶内和场馆看台下的空间应视为坡屋顶内的空间，设计加以利用时，应按其结构净高确定其建筑面积的计算；设计不利用的空间，不应计算建筑面积，其示意图见图 9-3。

【例 9-2】根据图 9-3 中所示尺寸，计算坡屋顶内的建筑面积。

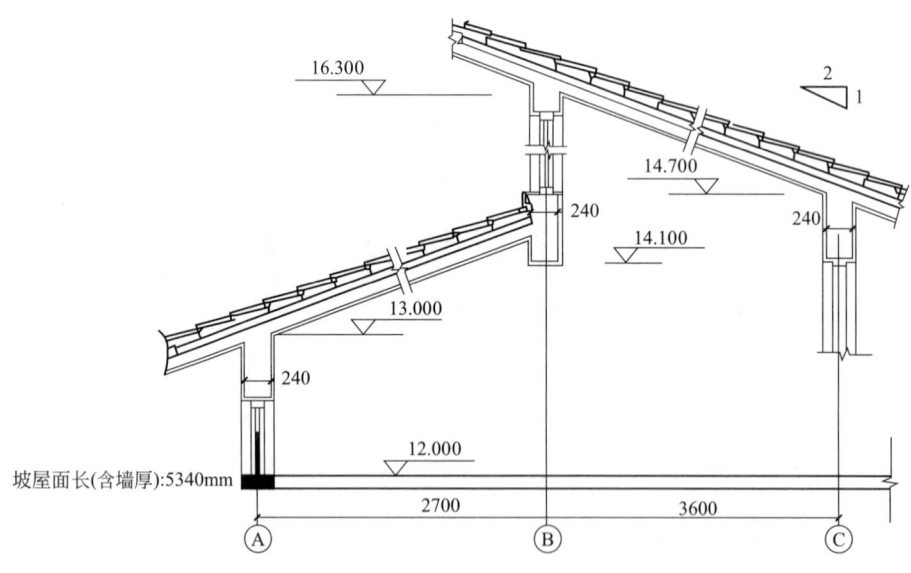

图 9-3 利用坡屋顶空间应计算建筑面积示意图

【解】应计算 1/2 面积：($A_{轴}$～$B_{轴}$)

$$S_1 = (2.70 - 0.40) \times 5.34 \times 0.50 = 6.15 \text{ (m}^2\text{)}$$

（其中 2.70−0.40 为符合1.2m高的宽，5.34 为坡屋面长）

应计算全部面积：($B_{轴} \sim C_{轴}$)

$$S_2 = 3.60 \times 5.34 = 19.22 \text{ (m}^2\text{)}$$

小计：$S_1 + S_2 = 6.15 + 19.22 = 25.37$ （m²）

9.4.4 看台下的建筑空间悬挑看台建筑面积计算

1. 计算规定

对于场馆看台下的建筑空间，结构净高在 2.10m 及以上的部位应计算全面积；结构净高在 1.20m 及以上至 2.10m 以下的部位应计算 1/2 面积；结构净高在 1.20m 以下的部位不应计算建筑面积。室内单独设置的有围护设施的悬挑看台，应按看台结构底板水平投影面积计算建筑面积。有顶盖无围护结构的场馆看台应按其顶盖水平投影面积的 1/2 计算面积。

2. 计算规定解读

场馆看台下的建筑空间因其上部结构多为斜（或曲线）板，所以采用净高的尺寸划定建筑面积的计算范围和对应规则，其示意图见图 9-4。

室内单独设置的有围护设施的悬挑看台，因其看台上部设有顶盖且可供人使用，所以按看台板的结构底板水平投影计算建筑面积。这一规定与建筑物内阳台的建筑面积计算规定是一致的。

室内单独设置的有围护设施的悬挑看台，应按看台结构底板水平投影面积计算建筑面积。

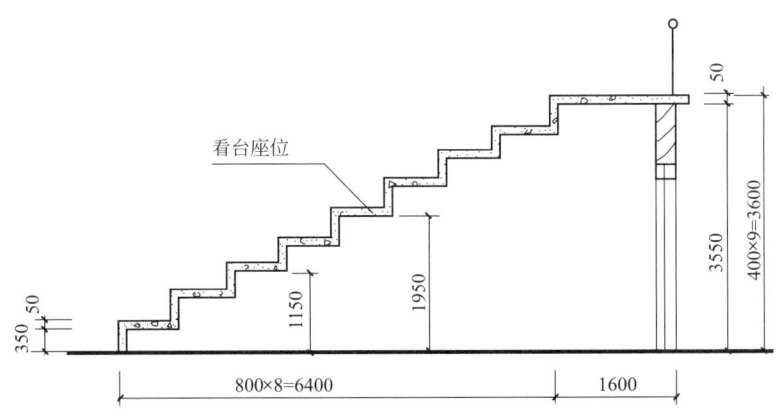

图 9-4 看台下空间（场馆看台剖面图）计算建筑面积示意图

9.4.5 地下室、半地下室及出入口的建筑面积计算

1. 计算规定

地下室、半地下室应按其结构外围水平面积计算。结构层高在 2.20m 及以上的，应计算全面积；结构层高在 2.20m 以下的，应计算 1/2 面积。

出入口外墙外侧坡道有顶盖的部位，应按其外墙结构外围水平面积的 1/2 计算面积。

2. 计算规定解读

(1) 地下室采光井是为了满足地下室的采光和通风要求设置的。一般在地下室围护墙上口开设一个矩形或其他形状的竖井,井的上口一般设有铁栅,井的一个侧面安装采光和通风用的窗子。见图9-5。

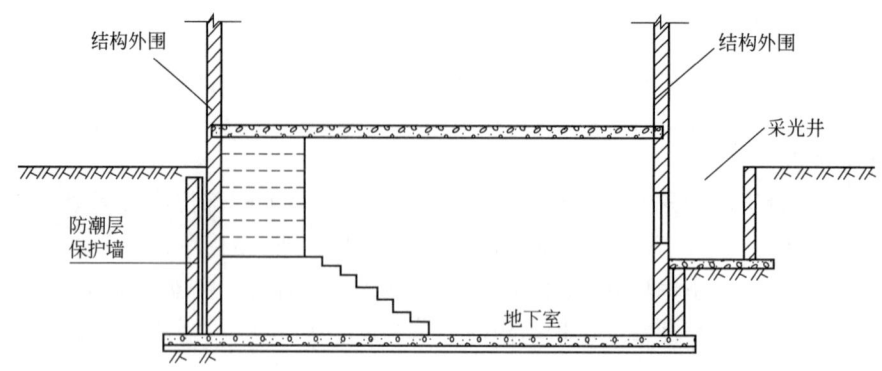

图9-5　地下室建筑面积计算示意图

(2) 以前的计算规则规定:按地下室、半地下室上口外墙外围水平面积计算,文字上不甚严密,"上口外墙"容易被理解成为地下室、半地下室的上一层建筑的外墙。因为通常情况下,上一层建筑外墙与地下室墙的中心线不一定完全重叠,多数情况是凹进或凸出地下室外墙中心线。所以要明确规定地下室、半地下室应以其结构外围水平面积计算建筑面积。

(3) 出入口坡道分有顶盖出入口坡道和无顶盖出入口坡道,出入口坡道顶盖的挑出长度,为顶盖结构外边线至外墙结构外边线的长度;顶盖以设计图纸为准,对后增加及建设单位自行增加的顶盖等,不计算建筑面积。顶盖不分材料种类(如钢筋混凝土顶盖、彩钢板顶盖、阳光板顶盖等)。地下室出入口示意图见图9-6。

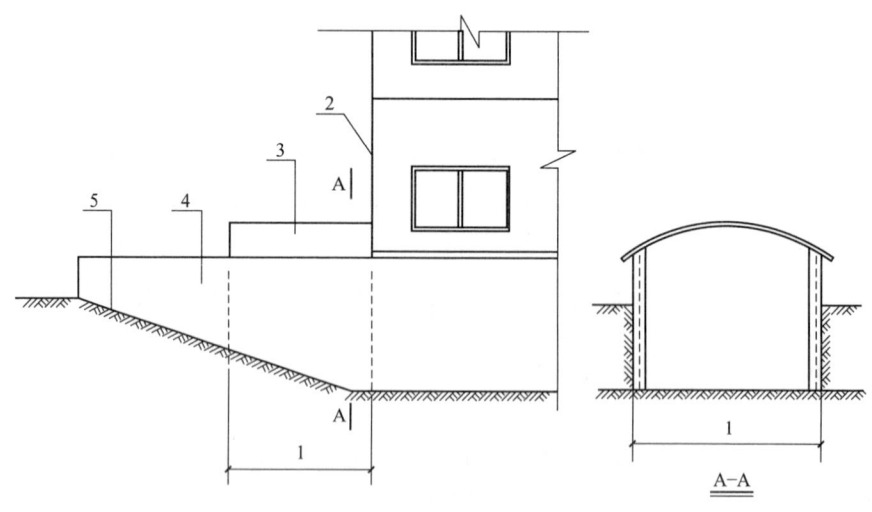

图9-6　地下室出入口
1—计算1/2投影面积部位;2—主体建筑;3—出入口顶盖;4—封闭出入口侧墙;5—出入口坡道

9.4.6 建筑物架空层及坡地建筑物吊脚架空层建筑面积计算

1. 计算规定

建筑物架空层及坡地建筑物吊脚架空层,应按其顶板水平投影计算建筑面积。结构层高在2.20m及以上的,应计算全面积;结构层高在2.20m以下的,应计算1/2面积。

2. 计算规定解读

(1) 建于坡地的建筑物吊脚架空层示意见图9-7。

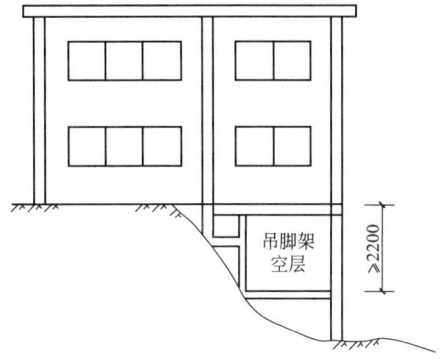

(2) 本规定既适用于建筑物吊脚架空层、深基础架空层建筑面积的计算,也适用于目前部分住宅、学校教学楼等工程在底层架空或在二楼或以上某个甚至多个楼层架空,作为公共活

图 9-7 坡地建筑物吊脚架空层示意图

动、停车、绿化等空间的建筑面积的计算。架空层中有围护结构的建筑空间按相关规定计算。

9.4.7 门厅、大厅及设置的走廊建筑面积计算

1. 计算规定

建筑物的门厅、大厅应按一层计算建筑面积,门厅、大厅内设置的走廊应按走廊结构底板水平投影面积计算建筑面积。结构层高在2.20m及以上的,应计算全面积;结构层高在2.20m以下的,应计算1/2面积。

2. 计算规定解读

(1) "门厅、大厅内设置的走廊",是指建筑物大厅、门厅的上部(一般该大厅、门厅占两个或两个以上建筑物层高)四周向大厅、门厅、中间挑出的走廊。见图9-8。

(2) 宾馆、大会堂、教学楼等大楼内的门厅或大厅,往往要占建筑物的二层或二层以上的层高,这时也只能计算一层面积。

(3) "结构层高在2.20m以下的,应计算1/2面积"应该指门厅、大厅内设置的走廊结构层高可能出现的情况。

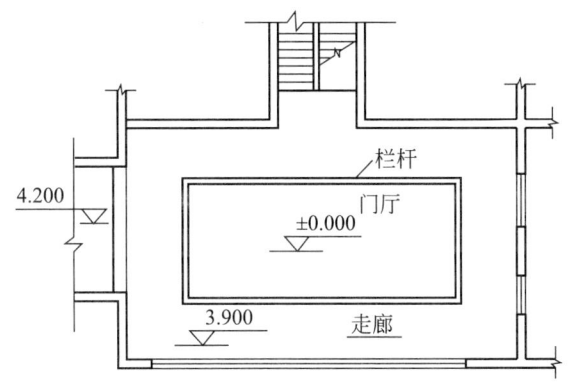

图 9-8 大厅、门厅内设置走廊示意图

9.4.8 建筑物间的架空走廊建筑面积计算

1. 计算规定

对于建筑物间的架空走廊，有顶盖和围护设施的，应按其围护结构外围水平面积计算全面积；无围护结构、有围护设施的，应按其结构底板水平投影面积计算1/2面积。

2. 计算规定解读

架空走廊是指建筑物与建筑物之间，在二层或二层以上专门为水平交通设置的走廊。无维护结构架空走廊示意图见图9-9。有维护结构架空走廊示意图见图9-10。

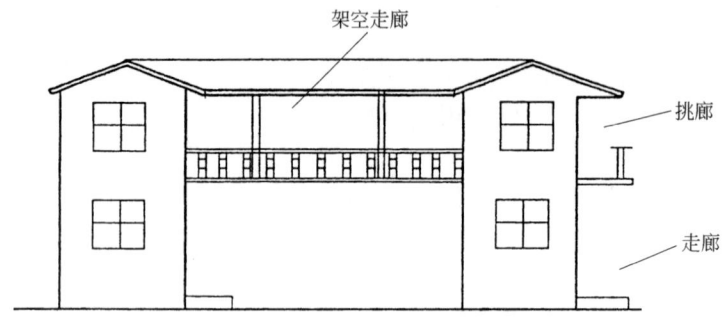

图 9-9　有永久性顶盖架空走廊示意图

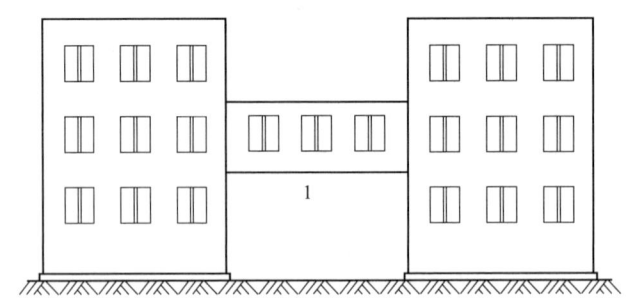

图 9-10　有围护结构的架空走廊
1—架空走廊

9.4.9 建筑物内门厅、大厅的建筑面积计算

计算规定

建筑物的门厅、大厅按一层计算建筑面积。门厅、大厅内设有回廊时，应按其结构底板水平面积计算。结构层高在2.20m及以上的应计算全面积；结构层高在2.20m以下的应计算1/2面积。

9.4.10 立体书库、立体仓库、立体车库建筑面积计算

1. 计算规定

对于立体书库、立体仓库、立体车库，有围护结构的，应按其围护结构外围水平面积计算建筑面积；无围护结构、有围护设施的，应按其结构底板水平投影面积计算建筑面积。无结构层的应按一层计算，有结构层的应按其结构层面积分别计算结构层高在2.20m及以上的，应计算全面积；结构层高在2.20m以下的，应计算1/2面积。

2. 计算规定解读

（1）本条主要规定了图书馆中的立体书库、仓储中心的立体仓库、大型停车场的立体车库等建筑的建筑面积计算规定。起局部分隔、存储等作用的书架层、货架层或可升降的立体钢结构停车层均不属于结构层，故该部分隔层不计算建筑面积。

（2）立体书库建筑面积计算（按图9-11计算）如下：

底层建筑面积＝(2.82＋4.62)×(2.82＋9.12)＋3.0×1.20　（楼梯）

$\qquad$ ＝7.44×11.94＋3.60

$\qquad$ ＝92.43（m²）

结构层建筑面积＝(4.62＋2.82＋9.12)×2.82×0.50（层高2m）

$\qquad$ ＝16.56×2.82×0.50

$\qquad$ ＝23.35（m²）

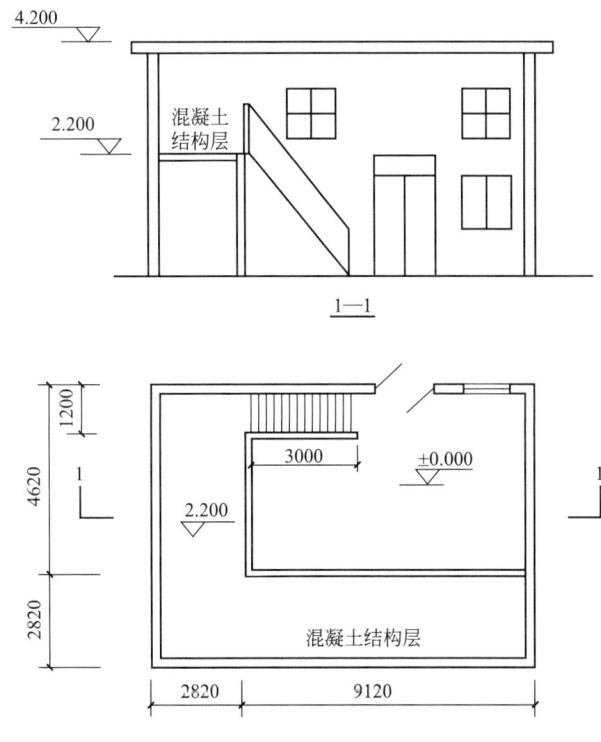

图 9-11　立体书库建筑面积计算示意图

9.4.11　舞台灯光控制室的建筑面积计算

1. 计算规定

有围护结构的舞台灯光控制室，应按其围护结构外围水平面积计算。结构层高在2.20m及以上的，应计算全面积；结构层高在2.20m以下的，应计算1/2面积。

2. 计算规定解读

如果舞台灯光控制室有围护结构且只有一层，那么就不能另外计算面积。因为整个舞台的面积计算已经包含了该灯光控制室的面积。

9.4.12 落地橱窗建筑面积计算

1. 计算规定

附属在建筑物外墙的落地橱窗，应按其围护结构外围水平面积计算。结构层高在2.20m及以上的，应计算全面积；结构层高在2.20m以下的，应计算1/2面积。

2. 计算规定解读

落地橱窗是指突出外墙面，根基落地的橱窗。

9.4.13 飘窗建筑面积计算

1. 计算规定

窗台与室内楼地面高差在0.45m以下且结构净高在2.10m及以上的凸（飘）窗，应按其围护结构外围水平面积计算1/2面积。

2. 计算规定解读

飘窗是突出建筑物外墙四周有维护结构的采光窗（见图9-12）。2005年建筑面积计算规范是不计算建筑面积的。由于实际飘窗的结构净高可能要超过2.10m，体现了建筑物的价值量。所以规定了"窗台与室内楼地面高差在0.45m以下且结构净高在2.10m及以上的凸（飘）窗"应按其围护结构外围水平面积计算1/2面积。

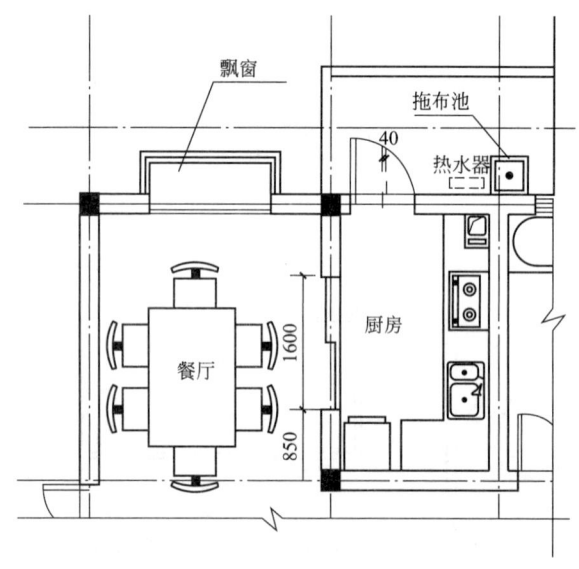

图9-12 飘窗示意图

9.4.14 走廊（挑廊）建筑面积计算

1. 计算规定

有围护设施的室外走廊（挑廊），应按其结构底板水平投影面积计算1/2面积；有围护设施（或柱）的檐廊，应按其围护设施（或柱）外围水平面积计算1/2面积。

2. 计算规定解读

（1）走廊是指建筑物底层的水平交通空间，见图9-14。

（2）挑廊是指挑出建筑物外墙的水平交通空间，见图9-13。

（3）檐廊是指设置在建筑物底层檐下的水平交通空间，见图9-14。

9 建筑面积计算

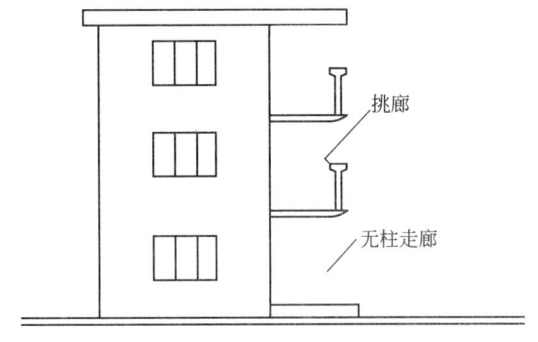

图 9-13 挑廊、无柱走廊示意图

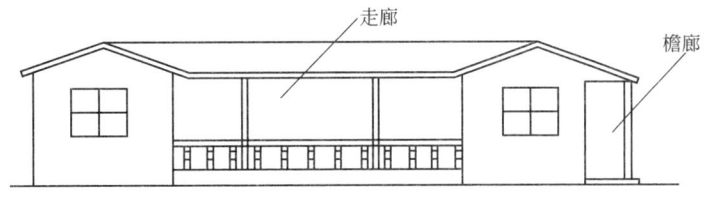

图 9-14 走廊、檐廊示意图

9.4.15 门斗建筑面积计算

1. 计算规定

门斗应按其围护结构外围水平面积计算建筑面积,且结构层高在 2.20m 及以上的,应计算全面积;结构层高在 2.20m 以下的,应计算 1/2 面积。

2. 计算规定解读

门斗是指建筑物入口处两道门之间的空间,在建筑物出入口设置的起分隔、挡风、御寒等作用的建筑过渡空间。保温门斗一般有围护结构,见图 9-15。

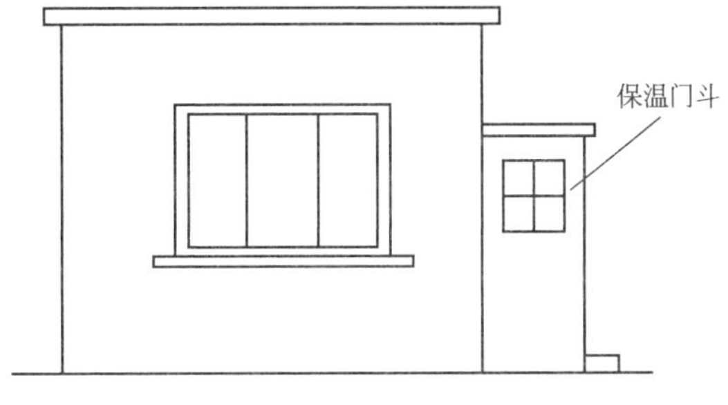

图 9-15 有围护结构门斗示意图

9.4.16 门廊、雨篷建筑面积计算

1. 计算规定

门廊应按其顶板的水平投影面积的 1/2 计算建筑面积;有柱雨篷应按其结构板水平投影面积的 1/2 计算建筑面积;无柱雨篷的结构外边线至外墙结构外边线的宽度在 2.10m 及以上的,应按雨篷结构板的水平投影面积的 1/2 计算建筑面积。

2. 计算规定解读

(1) 门廊是在建筑物出入口,三面或二面有墙,上部有板(或借用上部楼板)围护的部位。见图 9-16。

(2) 雨篷分为有柱雨篷和无柱雨篷。有柱雨篷,没有出挑宽度的限制,也不受跨越层数的限制,均计算建筑面积。无柱雨篷,其结构板不能跨层,并受出挑宽度的限制,设计出挑宽度大于或等于 2.10m 时才计算建筑面积。出挑宽度,系指雨篷结构外边线至外墙结构外边线的宽度,弧形或异形时,取最大宽度。

91

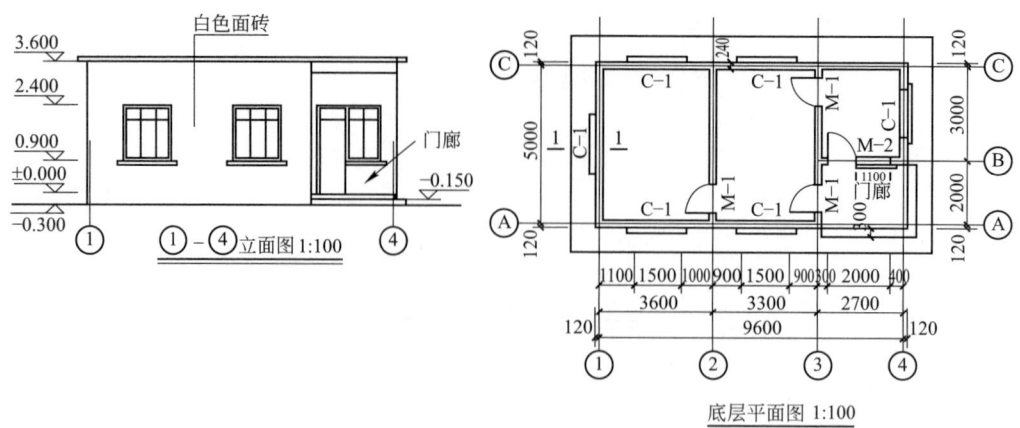

图 9-16 门廊示意图

有柱的雨篷、无柱的雨篷见图 9-17、图 9-18。

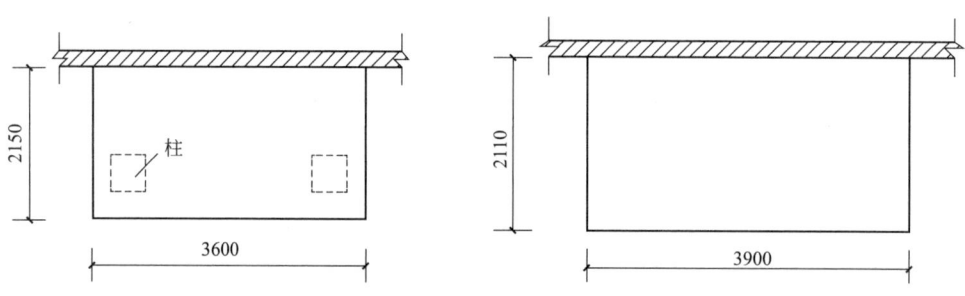

图 9-17 有柱雨篷示意图（计算 1/2 面积）　　图 9-18 无柱雨篷示意图（计算 1/2 面积）

9.4.17 楼梯间、水箱间、电梯机房建筑面积计算

1. 计算规定

设在建筑物顶部的、有围护结构的楼梯间、水箱间、电梯机房等，结构层高在 2.20m 及以上的应计算全面积；结构层高在 2.20m 以下的，应计算 1/2 面积。

2. 计算规定解读

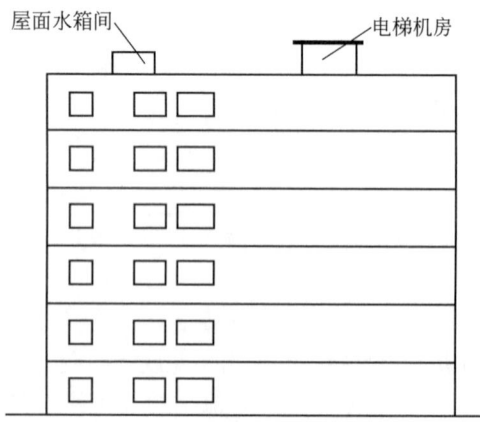

图 9-19 屋面水箱间、电梯机房示意图

（1）如遇建筑物屋顶的楼梯间是坡屋顶时，应按坡屋顶的相关规定计算面积。

（2）单独放在建筑物屋顶上的混凝土水箱或钢板水箱，不计算面积。

（3）建筑物屋顶水箱间、电梯机房见示意图 9-19。

9.4.18 围护结构不垂直于水平面楼层建筑物建筑面积计算

1. 计算规定

围护结构不垂直于水平面的楼层，应按其底板面的外墙外围水平面积计算。结构净高在 2.10m 及以上的部位，应计算全面积；结构净高在 1.20m 及以上至 2.10m 以下的部位，应计算 1/2 面积；结构净高在 1.20m 以下的部位，不应计算建筑面积。

2. 计算规定解读

设有围护结构不垂直于水平面而超出底板外沿的建筑物，是指向外倾斜的墙体超出地板外沿的建筑物（见图 9-20）。若遇有向建筑物内倾斜的墙体，应视为坡屋面，应按坡屋顶的有关规定计算面积。

9.4.19 室内楼梯、电梯井、提物井、管道井等建筑面积计算

1. 计算规定

建筑物的室内楼梯、电梯井、提物井、管道井、通风排气竖井、烟道，应并入建筑物的自然层计算建筑面积。有顶盖的采光井应按一层计算面积，且结构净高在 2.10m 及以上的，应计算全面积；结构净高在 2.10m 以下的，应计算 1/2 面积。

图 9-20 不垂直于水平面

2. 计算规定解读

（1）室内楼梯间的面积计算，应按楼梯依附的建筑物的自然层数计算，合并在建筑物面积内。若遇跃层建筑，其共用的室内楼梯应按自然层计算面积；上下两错层户室共用的室内楼梯，应选上一层的自然层计算面积，见图 9-21。

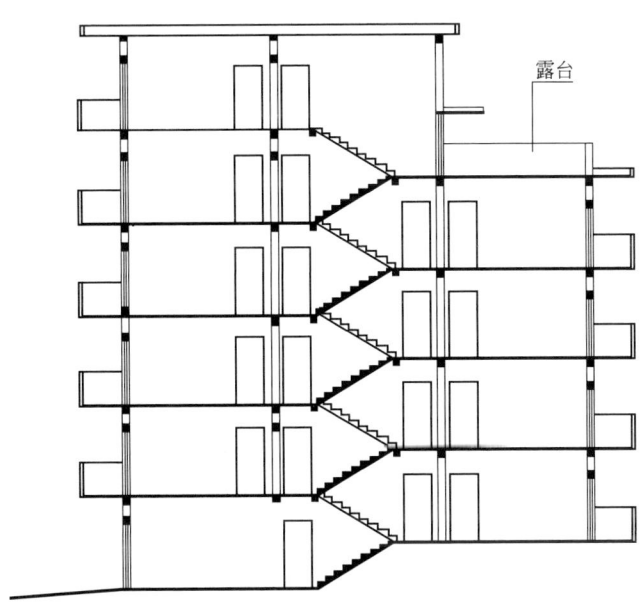

图 9-21 户室错层剖面示意图

（2）电梯井是指安装电梯用的垂直通道，见图 9-22。

【例 9-3】 某建筑物共 12 层，电梯井尺寸（含壁厚）如图 9-16，求电梯井面积。

【解】 $S = 2.80 \times 3.40 \times 12\text{ 层} = 114.24\ (\text{m}^2)$

(3) 有顶盖的采光井包括建筑物中的采光井和地下室采光井（见图 9-23）。

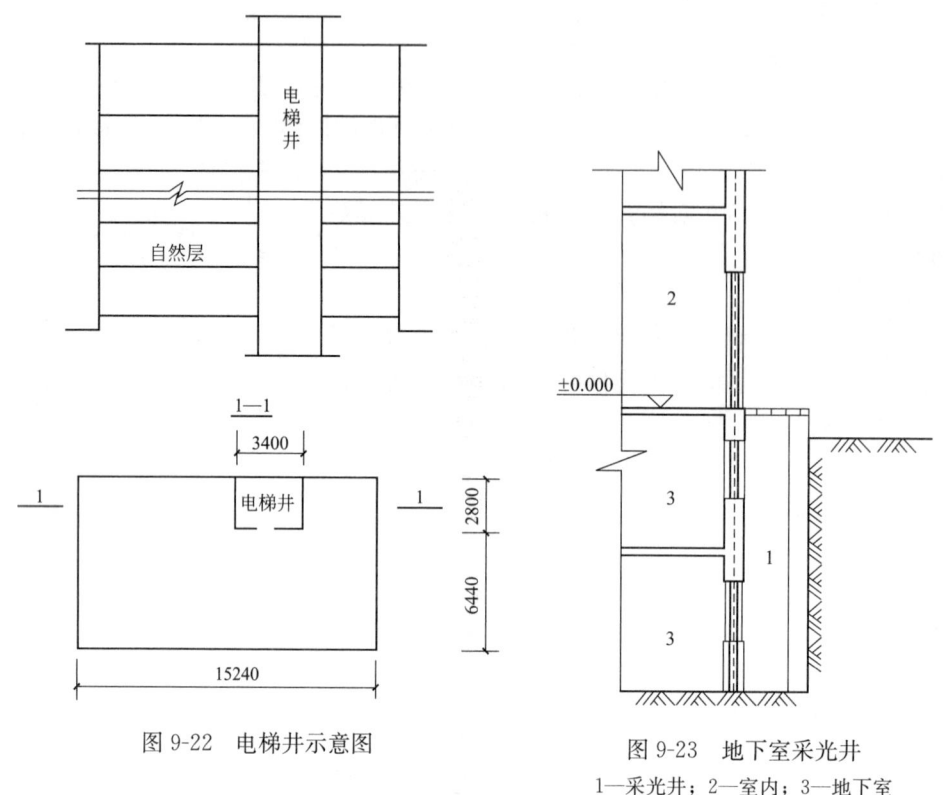

图 9-22 电梯井示意图

图 9-23 地下室采光井
1—采光井；2—室内；3—地下室

(4) 提物井是指图书馆提升书籍、酒店提升食物的垂直通道。
(5) 垃圾道是指写字楼等大楼内，每层设垃圾倾倒口的垂直通道。
(6) 管道井是指宾馆或写字楼内集中安装给排水、采暖、消防、电线管道用的垂直通道。

9.4.20 室外楼梯建筑面积计算

1. 计算规定

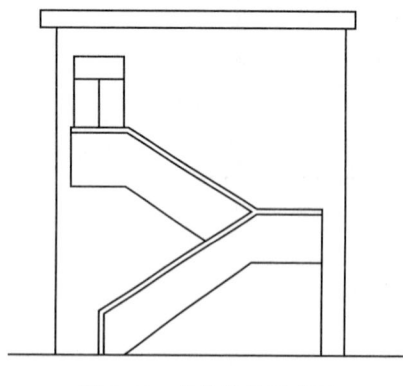

图 9-24 室外楼梯示意图

室外楼梯应并入所依附建筑物自然层，并应按其水平投影面积的 1/2 计算建筑面积。

2. 计算规定解读

(1) 室外楼梯作为连接该建筑物层与层之间交通不可缺少的基本部件，无论从其功能、还是工程计价的要求来说，均需计算建筑面积。层数为室外楼梯所依附的楼层数，即梯段部分投影到建筑物范围的层数。利用室外楼梯下部的建筑空间不得重复计算建筑面积；利用地势砌筑的为室外踏步，不计算建筑面积。

(2) 室外楼梯示意见图 9-24。

9.4.21 阳台建筑面积计算

1. 计算规定

在主体结构内的阳台,应按其结构外围水平面积计算全面积;在主体结构外的阳台,应按其结构底板水平投影面积计算1/2面积。

2. 计算规定解读

(1) 建筑物的阳台,不论是凹阳台、挑阳台、封闭阳台均按其是否在主体结构内外来划分,在主体结构外的阳台才能按其结构底板水平投影面积计算1/2建筑面积。

(2) 主体结构外阳台、主体结构内阳台示意图见图9-25、图9-26。

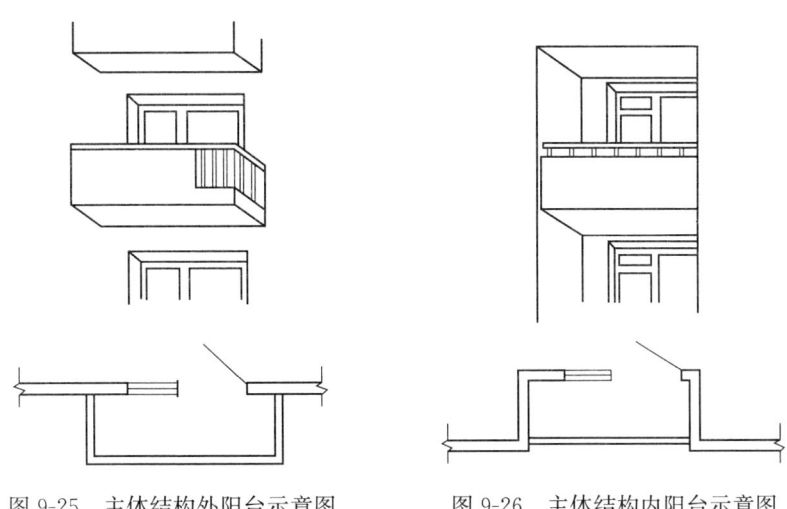

图9-25 主体结构外阳台示意图　　图9-26 主体结构内阳台示意图

9.4.22 车棚、货棚、站台、加油站等建筑面积计算

1. 计算规定

有顶盖无围护结构的车棚、货棚、站台、加油站、收费站等,应按其顶盖水平投影面积的1/2计算建筑面积。

2. 计算规定解读

(1) 车棚、货棚、站台、加油站、收费站等的面积计算,由于建筑技术的发展,出现许多新型结构,如柱不再是单纯的直立柱,而出现正V形、倒V形等不同类型的柱,给面积计算带来许多争议。为此,我们不以柱来确定面积,而依据顶盖的水平投影面积计算面积。

(2) 在车棚、货棚、站台、加油站、收费站内设有带围护结构的管理房间、休息室等,应另按有关规定计算面积。

(3) 站台示意图见图9-27,其面积为:
$$S=2.0\times5.50\times0.5=5.50（m^2）$$

9.4.23 幕墙作为围护结构的建筑面积计算

1. 计算规定

以幕墙作为围护结构的建筑物,应按幕墙外边线计算建筑面积。

2. 计算规定解读

(1) 幕墙以其在建筑物中所起的作用和功能来区分,直接作为外墙起围护作用的幕墙,按其外边线计算建筑面积。

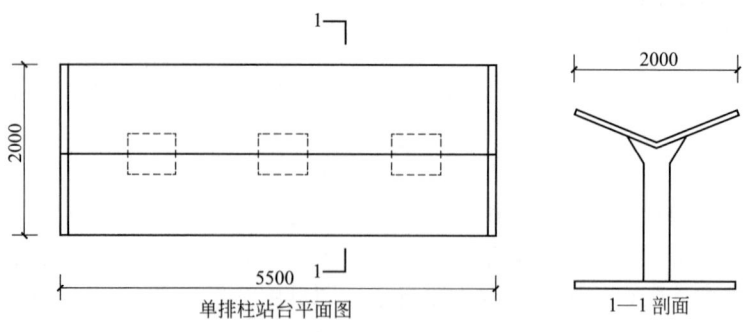

图 9-27　单排柱站台示意图

（2）设置在建筑物墙体外起装饰作用的幕墙，不计算建筑面积。

9.4.24　建筑物的外墙外保温层建筑面积计算

1. 计算规定

建筑物的外墙外保温层，应按其保温材料的水平截面积计算，并计入自然层建筑面积。

2. 计算规定解读

建筑物外墙外侧有保温隔热层的，保温隔热层以保温材料的净厚度乘以外墙结构外边线长度按建筑物的自然层计算建筑面积，其外墙外边线长度不扣除门窗和建筑物外已计算建筑面积构件（如阳台、室外走廊、门斗、落地橱窗等部件）所占长度。

当建筑物外已计算建筑面积的构件（如阳台、室外走廊、门斗、落地橱窗等部件）有保温隔热层时，其保温隔热层也不再计算建筑面积。外墙是斜面的按楼面楼板处的外墙外边线长度乘以保温材料的净厚度计算。外墙外保温以沿高度方向满铺为准，某层外墙外保温铺设高度未达到全部高度时（不包括阳台、室外走廊、门斗、落地橱窗、雨篷、飘窗等），不计算建筑面积。保温隔热层的建筑面积是以保温隔热材料的厚度来计算的，不包含抹灰层、防潮层、保护层（墙）的厚度。建筑外墙外保温见图 9-28。

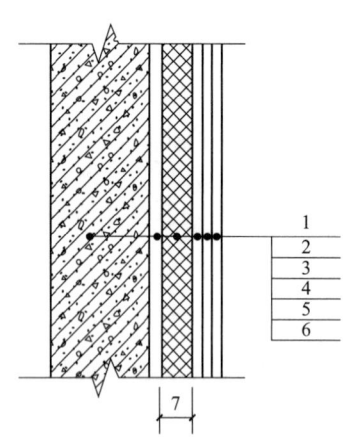

图 9-28　建筑外墙外保温

1—墙体；2—黏结胶浆；3—保温材料；
4—标准网；5—加强网；6—抹面胶浆；
7—计算建筑面积部位

9.4.25　变形缝建筑面积计算

1. 计算规定

与室内相通的变形缝，应按其自然层合并在建筑物建筑面积内计算。对于高低联跨的建筑物，当高低跨内部连通时，其变形缝应计算在低跨面积内。

2. 计算规定解读

（1）变形缝是指在建筑物因温差、不均匀沉降以及地震而可能引起结构破坏变形的敏感部位或其他必要的部位，预先设缝将建筑物断开，令断开后建筑物的各部分成为独立的单元，或者是划分为简单、规则的段，并令各段之间的缝达到一定的宽度，以能够适应变形的需要。根据外界破坏因素的不同，变形缝一般分为伸缩缝、沉降缝、抗震缝三种。

(2) 本条规定所指建筑物内的变形缝是与建筑物相联通的变形缝，即暴露在建筑物内，可以看得见的变形缝。

(3) 室内看得见的变形缝如示意图 9-29 所示。

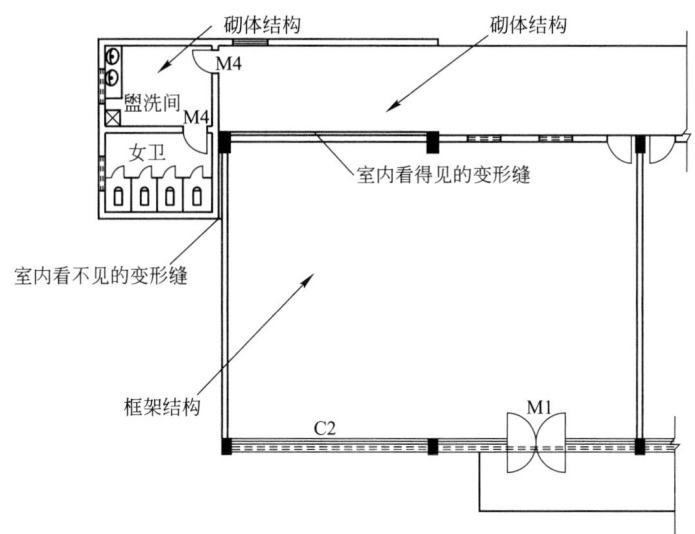

图 9-29 室内看得见的变形缝示意图

(4) 高低联跨建筑物示意图见图 9-30。

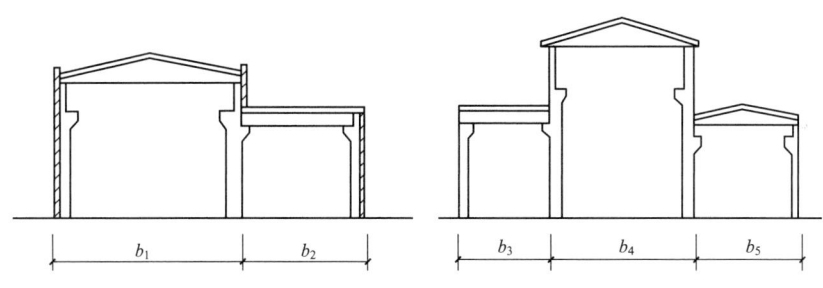

图 9-30 高低跨单层建筑物建筑面积计算示意图

(5) 建筑面积计算示例。

【例 9-4】图 9-30 当建筑物长为 L 时，其建筑面积分别为：

【解】$S_{高1}=b_1 \times L$

$S_{高2}=b_4 \times L$

$S_{低1}=b_2 \times L$

$S_{低2}=(b_3+b_5) \times L$

9.4.26 建筑物内的设备层、管道层、避难层等建筑面积计算

1. 计算规定

对于建筑物内的设备层、管道层、避难层等有结构层的楼层，结构层高在 2.20m 及以上的，应计算全面积；结构层高在 2.20m 以下的，应计算 1/2 面积。

2. 计算规定解读

(1) 高层建筑的宾馆、写字楼等，通常在建筑物高度的中间部位分设置管道、设备层等，主要用于集中放置水、暖、电、通风管道及设备。这一设备管道层应计算建筑面积，

如图 9-31 所示。

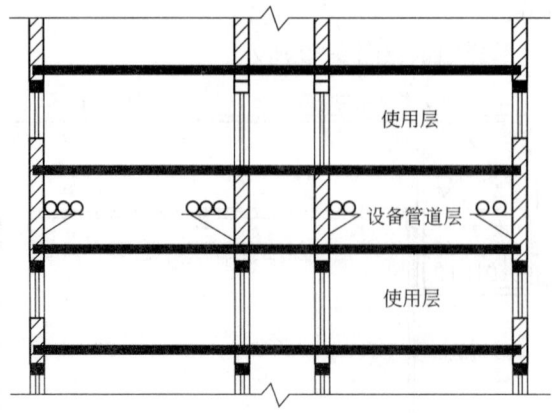

图 9-31　设备管道层示意图

（2）设备层、管道层虽然其具体功能与普通楼层不同，但在结构上及施工消耗上并无本质区别，且本规范定义自然层为"按楼地面结构分层的楼层"，因此设备、管道楼层归为自然层，其计算规则与普通楼层相同。在吊顶空间内设置管道的，则吊顶空间部分不能被视为设备层、管道层。

9.5　不计算建筑面积的范围

9.5.1　与建筑物不相连的建筑部件不计算建筑面积

指的是依附于建筑物外墙外不与户室开门连通，起装饰作用的敞开式挑台（廊）、平台，以及不与阳台相通的空调室外机搁板（箱）等设备平台部件。

9.5.2　建筑物的通道不计算建筑面积

1. 计算规定

骑楼、过街楼底层的开放公共空间和建筑物通道，不应计算建筑面积。

2. 计算规定解读

（1）骑楼是指楼层部分跨在人行道上的临街楼房，见图 9-32。

（2）过街楼是指有道路穿过建筑空间的楼房，见图 9-33。

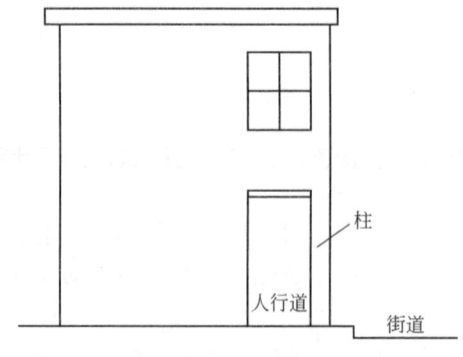

图 9-32　骑楼示意图

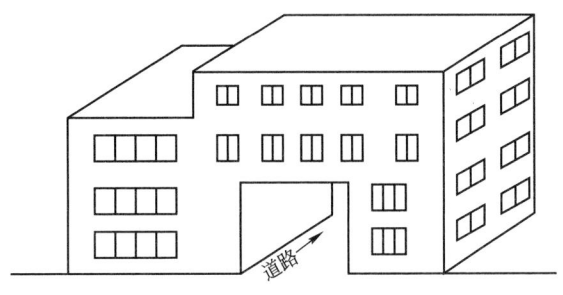

图 9-33 过街楼示意图

9.5.3 舞台及后台悬挂幕布和布景的天桥、挑台等不计算建筑面积

指的是影剧院的舞台及为舞台服务的可供上人维修、悬挂幕布、布置灯光及布景等搭设的天桥和挑台等构件设施。

9.5.4 露台、露天游泳池、花架、屋顶的水箱及装饰性结构构件不计算建筑面积

9.5.5 建筑物内的操作平台、上料平台、安装箱和罐体的平台不计算建筑面积

建筑物内不构成结构层的操作平台、上料平台（包括：工业厂房、搅拌站和料仓等建筑中的设备操作控制平台、上料平台等），其主要作用为室内构筑物或设备服务的独立上人设施，因此不计算建筑面积。建筑物内操作平台示意见图 9-34。

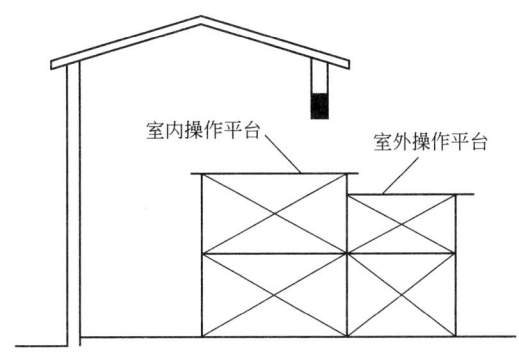

图 9-34 建筑物内操作平台示意图

9.5.6 勒脚、附墙柱、垛等

勒脚、附墙柱、垛、台阶、墙面抹灰、装饰面、镶贴块料面层、装饰性幕墙，主体结构外的空调室外机搁板（箱）、构件、配件，挑出宽度在 2.10m 以下的无柱雨篷和顶盖高度达到或超过两个楼层的无柱雨篷不计算建筑面积。附墙柱、垛示意图见图 9-35。

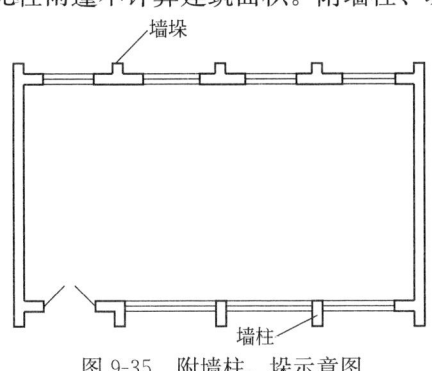

图 9-35 附墙柱、垛示意图

9.5.7 窗台与室内地面高差在 0.45m 以下且结构净高在 2.10m 以下的凸（飘）窗，窗台与室内地面高差在 0.45m 及以上的凸（飘）窗不计算建筑面积

9.5.8 室外爬梯、室外专用消防钢楼梯不计算建筑面积

室外钢楼梯需要区分具体用途，如专用于消防楼梯，则不计算建筑面积，如果是建筑物唯一通道，兼用于消防，则需要按建筑面积计算规范的规定计算建筑面积。室外消防钢梯示意图见图9-36。

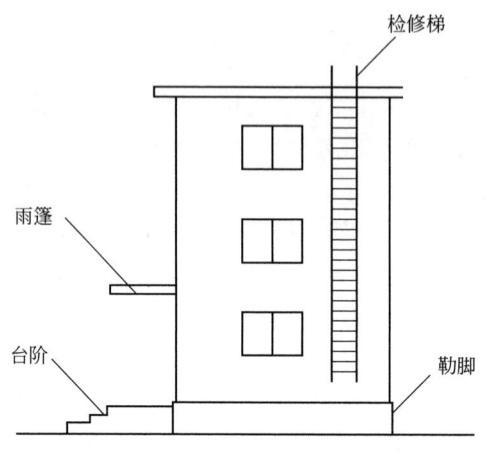

图 9-36 室外消防钢梯示意图

9.5.9 无围护结构的观光电梯不计算建筑面积

9.5.10 建筑物以外的地下人防通道，独立的烟囱、烟道、地沟、油（水）罐、气柜、水塔、贮油（水）池、贮仓、栈桥等构筑物不计算建筑面积

思 考 题

1. 什么是建筑面积？
2. 建筑面积有何用？
3. 计算建筑面积的计算规则有哪些？
4. 哪些内容不计入建筑面积？

10 土石方工程

土石方工程主要包括平整场地，挖掘沟槽、基坑，挖土，回填土，运土和井点降水等内容。

10.1 土石方工程量计算的有关规定

计算土石方工程量前，应确定下列各项资料：
1. 土壤及岩石类别的确定。
土石方工程土壤及岩石类别的划分，依工程勘察资料与《土壤及岩石分类表》对照后确定（该表在建筑工程预算定额中）。
2. 地下水位标高及排（降）水方法。
3. 土方、沟槽、基坑挖（填）土起止标高、施工方法及运距。
4. 岩石开凿、爆破方法、石渣清运方法及运距。
5. 其他有关资料。

土方体积，均以挖掘前的天然密实体积为准计算。如遇有必须以天然密实体积折算时，可按表 10-1 所列数值换算。

土石方体积换算系数表　　　　　　　　　　表 10-1

名　称	虚方	松填	天然密实	夯填
土方	1.00 1.20 1.30 1.50	0.83 1.00 1.08 1.25	0.77 0.92 1.00 1.15	0.67 0.80 0.87 1.00
石方	1.00 1.18 1.54	0.85 1.00 1.31	0.65 0.76 1.00	— — —
块石	1.75	1.43	1.00	（码方）1.67
砂夹石	1.07	0.94	1.00	

【例 10-1】查表方法实例：已知挖天然密实 $4m^3$ 土方，求虚方体积 V。
【解】
$$V=4.0\times1.30=5.20m^3$$

挖土一律以设计室外地坪标高为准计算。

10.2 平整场地

人工平整场地，是指建筑场地挖、填土方厚度在 $\pm30cm$ 以内及找平（见图 10-1）。挖、填土方厚度超过 $\pm30cm$ 以外时，按场地土方平衡竖向布置图另行计算。

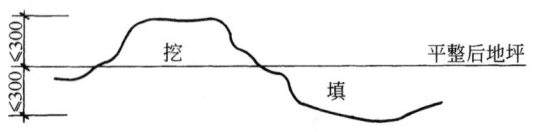

图 10-1 平整场地示意图

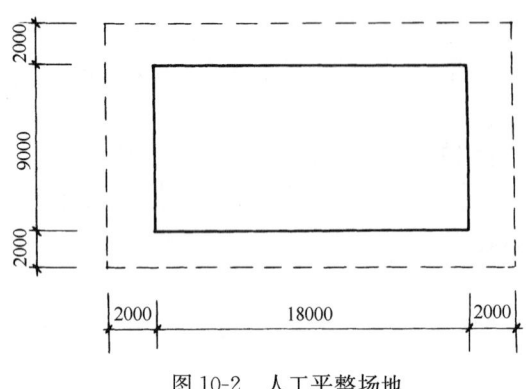

图 10-2 人工平整场地

说明:

1. 人工平整场地示意图见图 10-2，超过 ±30cm 的按挖、填土方计算工程量。

2. 场地土方平衡竖向布置，是将原有地形划分成 20m×20m 或 10m×10m 若干个方格网，将设计标高和自然地形标高分别标注在方格点的右上角和左下角，再根据这些标高数据计算出零线位置，然后确定挖方区和填方区的精度较高的土方工程量计算方法。

平整场地工程量按建筑物外墙外边线（用 $L_{外}$ 表示）每边各加 2m，以平方米计算。

【例 10-2】根据图 10-2 计算人工平整场地工程量。

【解】$S_{平}=(9.0+2.0\times2)\times(18.0+2.0\times2)=286(m^2)$

平整场地工程量计算公式

根据例 1 可以整理出平整场地工程量计算公式：

$$S_{平}=(9.0+2.0\times2)\times(18.0+2.0\times2)$$
$$=9.0\times18.0+9.0\times2.0\times2+2.0\times2\times18+2.0\times2\times2.0\times2$$
$$=9.0\times18.0+(9.0\times2+18.0\times2)\times2.0+2.0\times2.0\times4个角$$
$$=162+54\times2.0+16$$
$$=286(m^2)$$

上式中，9.0×18.0 为底面积，用 $S_{底}$ 表示；54 为外墙外边周长，用 $L_{外}$ 表示；故可以归纳为：

$$S_{平}=S_{底}+L_{外}\times2+16$$

上述公式示意图见图 10-3。

【例 10-3】根据图 10-4 计算人工平整场地工程量。

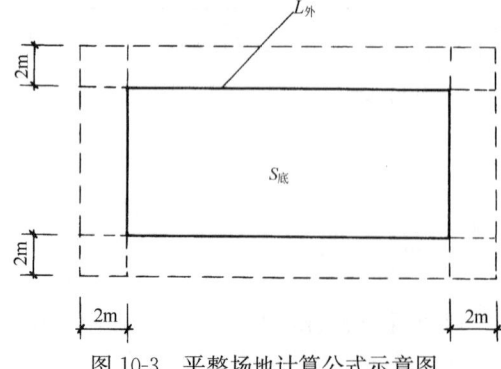

图 10-3 平整场地计算公式示意图

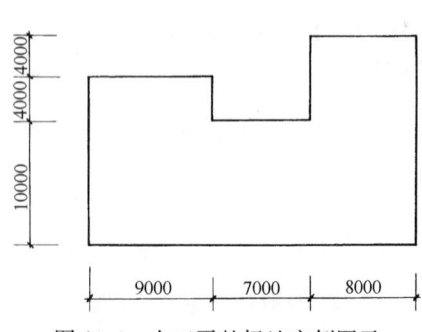

图 10-4 人工平整场地实例图示

【解】 $S_{底}=(10.0+4.0)×9.0+10.0×7.0+18.0×8.0=340(m^2)$
$L_{外}=(18+24+4)×2=92(m)$
$S_{平}=340+92×2+16=540(m^2)$

注：上述平整场地工程量计算公式只适合于由矩形组成的建筑物平面布置的场地平整工程量计算，如遇其他形状，还需按有关方法计算。

10.3 挖掘沟槽、基坑土方的有关规定

10.3.1 沟槽、基坑划分

1. 凡图示沟槽底宽在7m以内，且沟槽长大于槽宽三倍以上的，为沟槽，见图10-5。

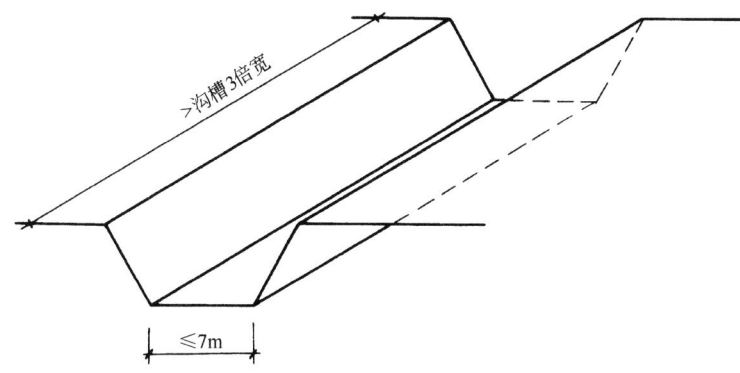

图 10-5 沟槽示意图

2. 凡图示基坑底面积在150m² 以内为基坑，见图10-6。

3. 凡图示沟槽底宽7m以外，坑底面积150m² 以外，平整场地挖土方厚度在30cm以外，均按挖土方计算。

说明：

（1）图示沟槽底宽和基坑底面积的长、宽均不含两边工作面的宽度。

（2）根据施工图判断沟槽、基坑、挖土方的顺序是：先根据尺寸判断沟槽是否成立，若不成立再判断是否属于基坑，若还不成立，就一定是挖土方项目。

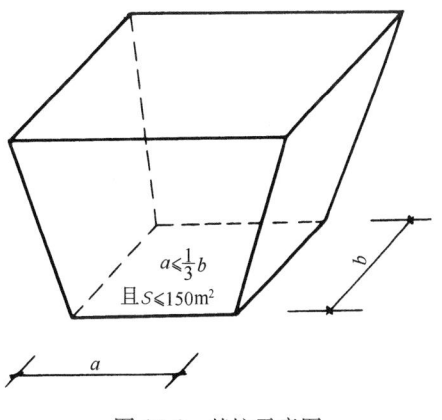

图 10-6 基坑示意图

【例10-4】根据表10-2中各段挖方的长宽尺寸，分别确定挖土项目。

表 10-2

位 置	长（m）	宽（m）	挖土项目	位 置	长（m）	宽（m）	挖土项目
A段	3.0	0.8	沟槽	D段	30.0	7.00	挖土方
B段	3.0	1.0	基坑	E段	6.1	2.0	沟槽
C段	20.0	3.0	沟槽	F段	21.00	7.00	基坑

10.3.2 放坡系数

计算挖沟槽、基坑、土方工程量需放坡时,放坡系数按表 10-3 规定计算。

土方放坡起点深度和放坡坡度表　　　　　表 10-3

土壤类别	起点深度（m）	放坡坡度			
		人工挖土	机械挖土		
			基坑内作业	基坑上作业	沟槽上作业
一、二类土	1.20	1∶0.5	1∶0.33	1∶0.75	1∶0.50
三类土	1.50	1∶0.33	1∶0.25	1∶0.67	1∶0.33
四类土	2.00	1∶0.25	1∶0.10	1∶0.33	1∶0.25

注：1. 沟槽、基坑中土壤类别不同时，分别按其放坡起点、放坡系数，依不同土壤厚度加权平均计算。
　　2. 计算放坡时，在交接处的重复工程量不予扣除，原槽、坑作基础垫层时，放坡从垫层上表面开始计算。

说明：

(1) 放坡起点深是指，挖土方时，各类土超过表中的放坡起点深时，才能按表中的系数计算放坡工程量。例如，图 10-7 中若是三类土时，$H \geqslant 1.50$m 才能计算放坡。

(2) 表 10-3 中，人工挖四类土超过 2m 深时，放坡系数为 1∶0.25，含义是每挖深 1m，放坡宽度 b 就增加 0.25m。

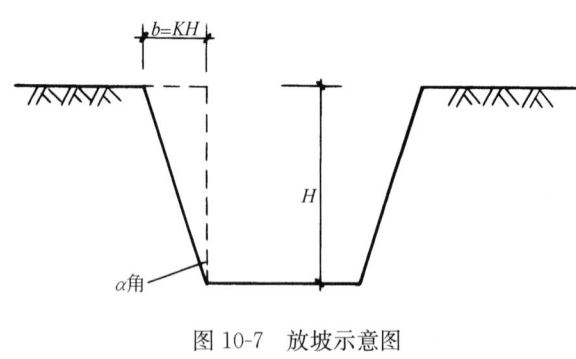

图 10-7　放坡示意图

(3) 从图 10-7 中可以看出，放坡宽度 b 与深度 H 和放坡角度 α 之间的关系是正切函数关系，即 $\tan\alpha = \dfrac{b}{H}$，不同的土壤类别取不同的 α 角度值，所以不难看出，放坡系数就是根据 $\tan\alpha$ 来确定的。例如，三类土的 $\tan\alpha = \dfrac{b}{H} = 0.33$。我们用 $\tan\alpha = K$ 来表示放坡系数，故放坡宽度 $b = KH$。

(4) 沟槽放坡时，交接处重复工程量不予扣除，示意图见图 10-8。

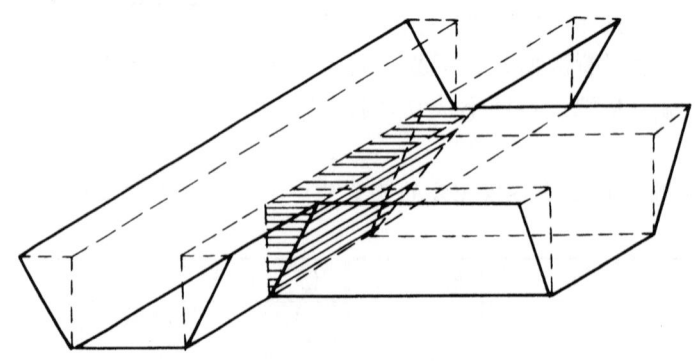

图 10-8　沟槽放坡时，交接处重复工程量示意图

（5）原槽、坑作基础垫层时，放坡自垫层上表面开始，示意图见图10-9。

10.3.3 支挡土板

挖沟槽、基坑需支挡土板时，其挖土宽度按图10-10所示沟槽、基坑底宽，单面加10cm，双面加20cm计算。挡土板面积，按槽、坑垂直支撑面积计算。支挡土板后，不得再计算放坡。

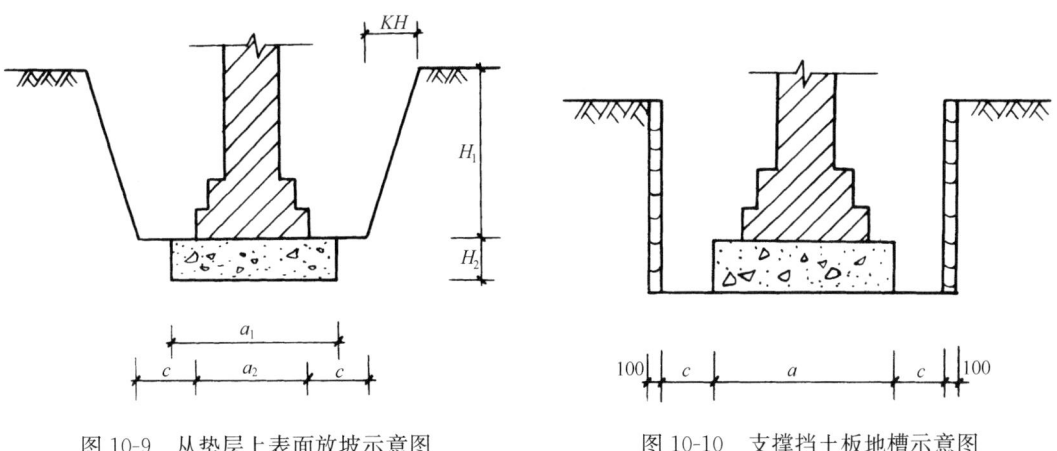

图10-9 从垫层上表面放坡示意图　　　图10-10 支撑挡土板地槽示意图

10.3.4 基础施工所需工作面，按表10-4规定计算

基础施工单面工作面宽度计算表　　　　　　　　　　　表10-4

基 础 材 料	每面增加工作面宽度（mm）
砖基础	200
毛石、方整石基础	250
混凝土基础（支模板）	400
混凝土基础垫层（支模板）	150
基础垂直面做砂浆防潮层	400（自防潮层面）
基础垂直面做防水层或防腐层	1000（自防水层或防腐层面）
支挡土板	100（另加）

10.3.5 沟槽长度

挖沟槽长度，外墙按图示中心线长度计算；内墙按图示基础底面之间净长线长度计算；内外突出部分（垛、附墙烟囱等）体积并入沟槽土方工程量内计算。

【例10-5】根据图10-11计算地槽长度。

【解】外墙地槽长（宽1.0m）=(12+6+8+12)×2=76m

内墙地槽长（宽0.9m）= $6+12-\dfrac{1.0}{2}\times 2=17$m

内墙地槽长（宽0.8m）= $8-\dfrac{1.0}{2}-\dfrac{0.9}{2}=7.05$m

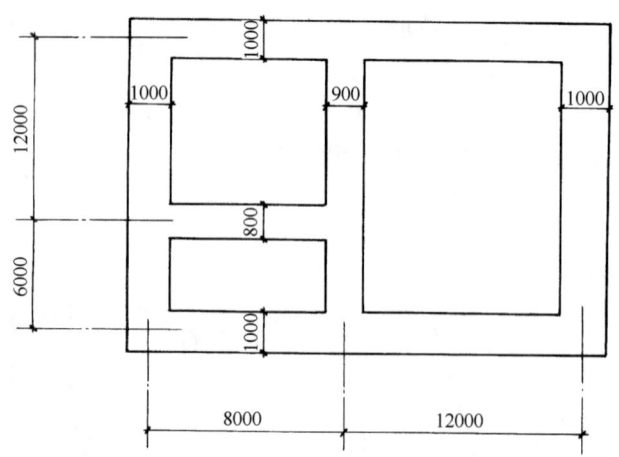

图 10-11 地槽及槽底宽平面图

10.3.6 人工挖土方深度超过 1.5m 时，按表 10-5 的规定增加工日

人工挖土方超深增加工日表　　　　单位：100m³　　表 10-5

深 2m 以内	深 4m 以内	深 6m 以内
5.55 工日	17.60 工日	26.16 工日

10.3.7 挖管道沟槽土方

挖管道沟槽按图示中心线长度计算；沟底宽度，设计有规定的，按设计规定尺寸计算，设计无规定时，可按表 10-6 规定的宽度计算。

管道施工单面工作面宽度计算表　　　　表 10-6

管道材质	管道基础外沿宽度（无基础时管道外径）(mm)			
	≤500	≤1000	≤2500	≥2500
混凝土管、水泥管	400	500	600	700
其他管道	300	400	500	600

10.3.8 沟槽、基坑深度，按图示槽、坑底面至室外地坪深度计算；管道地沟按图示沟底至室外地坪深度计算

10.4　土方工程量计算

10.4.1　地槽（沟）土方

1. 有放坡地槽（见图 10-12）

计算公式：

$$V = (a + 2c + KH)HL$$

式中　a——基础垫层宽度；
　　　c——工作面宽度；
　　　H——地槽深度；
　　　K——放坡系数；
　　　L——地槽长度。

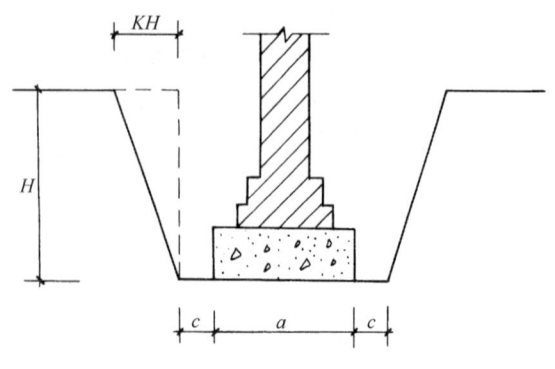

图 10-12 有放坡地槽示意图

【例 10-6】某地槽长 15.50m，槽深 1.60m，混凝土基础垫层宽 0.90m，有工作面，三类土，计算人工挖地槽工程量。

【解】已知：$a=0.90$m

$c=0.30$m（查表 10-4）

$H=1.60$m

$L=15.50$m

$K=0.33$（查表 10-3）

故：$V=(a+2c+KH)HL$

$=(0.90+2\times0.30+0.33\times1.60)\times1.60\times15.50$

$=2.028\times1.60\times15.50=50.29$（m³）

2. 支撑挡土板地槽

计算公式： $V=(a+2c+2\times0.10)HL$

式中变量含义同上。

3. 有工作面不放坡地槽（见图 10-13）

计算公式：

$V=(a+2c)HL$

4. 无工作面不放坡地槽（见图 10-14）

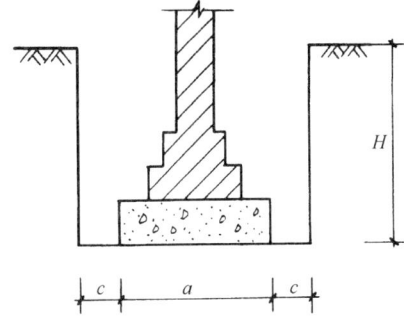

图 10-13 有工作面不放坡地槽示意图

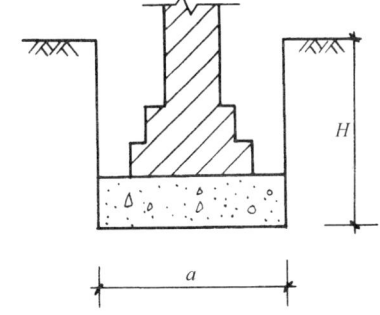

图 10-14 无工作面不放坡地槽示意图

计算公式：

$V=aHL$

5. 自垫层上表面放坡地槽（见图 10-15）

计算公式：

$V=[a_1H_2+(a_2+2c+KH_1)H_1]L$

【例 10-7】根据图 10-15 和已知条件计算 12.8m 长地槽的土方工程量（三类土）。

已知：$a_1=0.90$m

$a_2=0.63$m

$c=0.30$m

$H_1=1.55$m

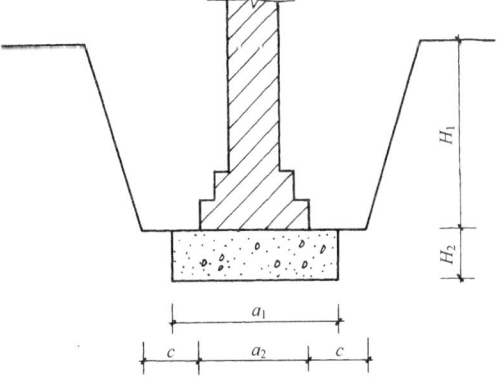

图 10-15 自垫层上表面放坡示意图

$H_2=0.30\text{m}$

$K=0.33$（查表10-3）

【解】$V=[0.9\times0.30+(0.63+2\times0.30+0.33\times1.55)\times1.55]\times12.8$

$=(0.27+2.70)\times12.80=2.97\times12.80=38.02\ (\text{m}^3)$

10.4.2 地坑土方

1. 矩形不加工作面、不放坡地坑

计算公式：

$$V=abH$$

2. 矩形有工作面有放坡地坑（见图10-16）

计算公式：

$V=(a+2c+KH)(b+2c+KH)H+\dfrac{1}{3}K^2H^3$

式中 a——基础垫层宽度；

b——基础垫层长度；

c——工作面宽度；

H——地坑深度；

K——放坡系数。

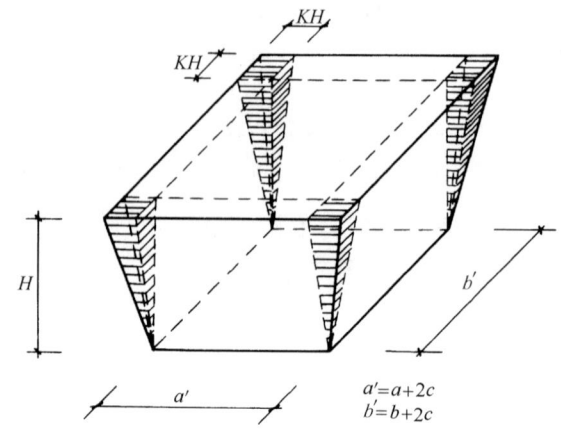

图10-16 放坡地坑示意图

【例10-8】已知某基础土壤为四类土，混凝土基础垫层长、宽为1.50m和1.20m，深度2.20m，有工作面，计算该基础工程土方工程量。

【解】已知：$a=1.20$m

$b=1.50$m

$H=2.20$m

$K=0.25$（查表10-3）

$c=0.30$（查表10-4）

故：$V=(1.20+2\times0.30+0.25\times2.20)\times(1.50+2\times0.30+0.25\times2.20)$

$\times2.20+\dfrac{1}{3}\times(0.25)^2\times(2.20)^3$

$=2.35\times2.65\times2.20+0.22=13.92\text{m}^3$

3. 圆形不放坡地坑

计算公式：

$$V=\pi r^2 H$$

4. 圆形放坡地坑（见图10-17）

计算公式：$V=\dfrac{1}{3}\pi H[r^2+(r+KH)^2+r(r+KH)]$

式中 r——坑底半径（含工作面）；

H——坑深度；

K——放坡系数。

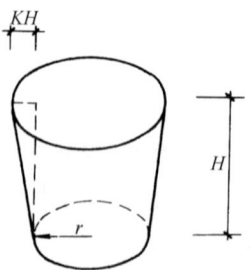

图10-17 圆形放坡地坑示意图

【例 10-9】 已知一圆形放坡地坑，混凝土基础垫层半径 0.40m，坑深 1.65m，二类土，有工作面，计算其土方工程量。

【解】 已知：$c=0.30$m（查表 10-4）

$r=0.40+0.30=0.70$m

$H=1.65$

$K=0.50$（查表 10-3）

故：$V = \frac{1}{3} \times 3.1416 \times 1.65 \times [0.70^2 + (0.70+0.50\times1.65)^2$

$+ 0.70 \times (0.70+0.50\times1.65)]$

$= 1.728 \times (0.49+2.326+1.068) = 1.728 \times 3.884 = 6.71 \text{m}^3$

10.4.3 挖孔桩土方

人工挖孔桩土方应按图示桩断面积乘以设计桩孔中心线深度计算。

挖孔桩的底部一般是球冠体（见图 10-18）。

球冠体的体积计算公式为：

$$V = \pi h^2 \left(R - \frac{h}{3}\right)$$

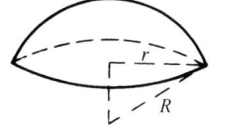

图 10-18 球冠示意图

由于施工图中一般只标注 r 的尺寸，无 R 尺寸，所以需变换一下求 R 的公式：

已知：$r^2 = R^2 - (R-h)^2$

故：$r^2 = 2Rh - h^2$

∴ $R = \dfrac{r^2 + h^2}{2h}$

【例 10-10】 根据图 10-19 中的有关数据和上述计算公式，计算挖孔桩土方工程量。

【解】（1）桩身部分

$$V = 3.1416 \times \left(\frac{1.15}{2}\right)^2 \times 10.90 = 11.32 \text{m}^3$$

（2）圆台部分

$$V = \frac{1}{3}\pi h \ (r^2 + R^2 + rR)$$

$$= \frac{1}{3} \times 3.1416 \times 1.0 \times \left[\left(\frac{0.80}{2}\right)^2 + \left(\frac{1.20}{2}\right)^2 + \frac{0.80}{2} \times \frac{1.20}{2}\right]$$

$$= 1.047 \times (0.16 + 0.36 + 0.24)$$

$$= 1.047 \times 0.76 = 0.80 \text{m}^3$$

（3）球冠部分

$$R = \frac{\left(\frac{1.20}{2}\right)^2 + (0.2)^2}{2 \times 0.2} = \frac{0.40}{0.4} = 1.0 \text{m}$$

$$V = \pi h^2 \left(R - \frac{h}{3}\right) = 3.1416 \times (0.20)^2 \times \left(1.0 - \frac{0.20}{3}\right) = 0.12 \text{m}^3$$

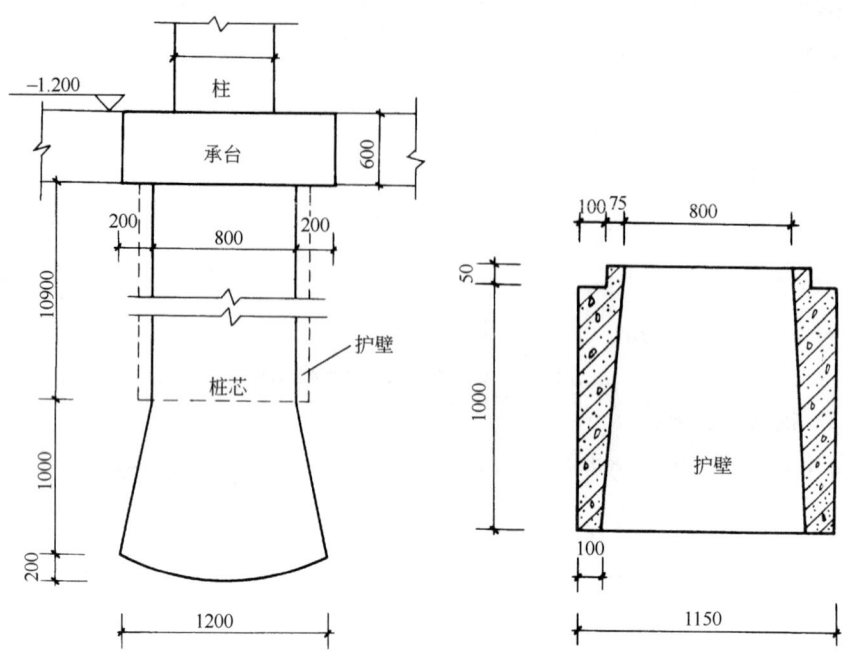

图 10-19 挖孔桩示意图

∴ 挖孔桩体积＝11.32＋0.80＋0.12＝12.24m³

10.4.4 挖土方

挖土方是指不属于沟槽、基坑和平整场地厚度超过±30cm 按土方平衡竖向布置图的挖方。

建筑工程中竖向布置平整场地，常有大规模土方工程。所谓大规模土方工程系指一个单位工程的挖方或填方工程分别在 2000m³ 以上的及无砌筑管道沟的挖土方。其土方量计算，常用的方法有横截面计算法和方格网计算法两种。

（1）横截面计算法

常用不同截面及其计算公式

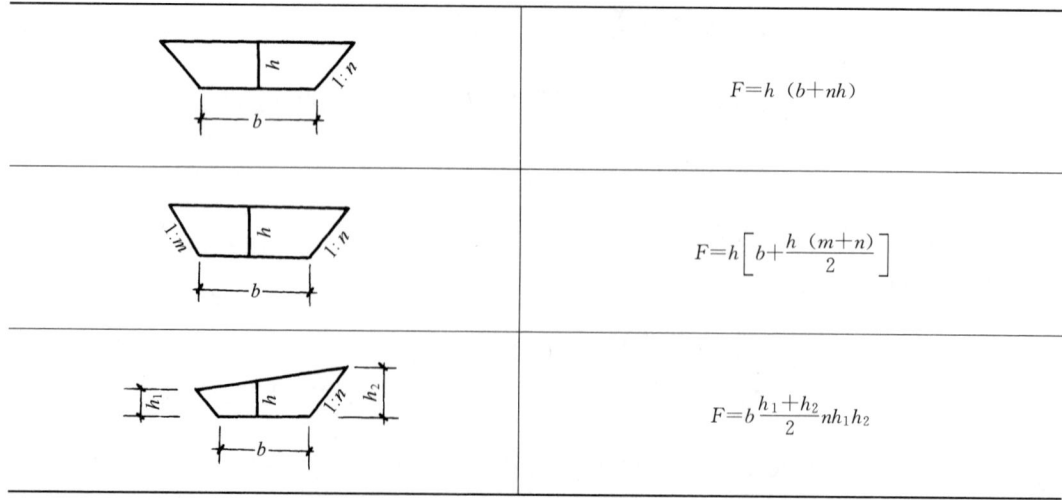

续表

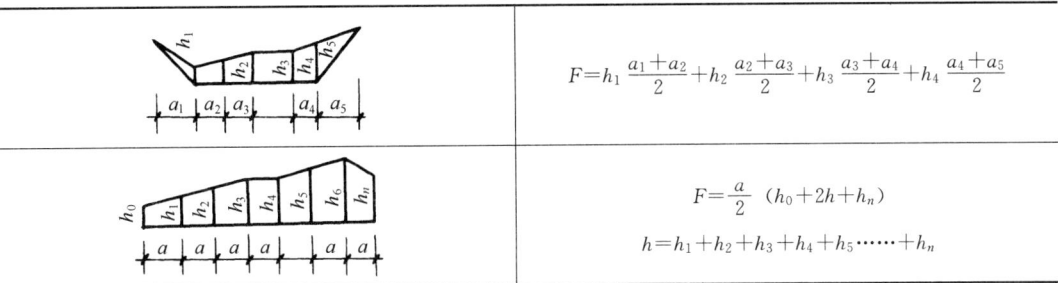

(figure with h_1, h_2, h_3, h_4, h_5 and a_1, a_2, a_3, a_4, a_5)	$F=h_1\dfrac{a_1+a_2}{2}+h_2\dfrac{a_2+a_3}{2}+h_3\dfrac{a_3+a_4}{2}+h_4\dfrac{a_4+a_5}{2}$
(figure with $h_0, h_1, h_2, h_3, h_4, h_5, h_6, h_n$ with equal spacing a)	$F=\dfrac{a}{2}(h_0+2h+h_n)$ $h=h_1+h_2+h_3+h_4+h_5\cdots\cdots+h_n$

计算土方量，按照计算的各截面积，根据相邻两截面间距离，计算出土方量，其计算公式如下：

$$V=\dfrac{F_1+F_2}{2}\times L$$

式中　V——相邻两截面间土方量（m³）；

F_1、F_2——相邻两截面的填、挖方截面（m²）；

L——相邻两截面的距离（m）。

（2）方格网计算法

在一个方格网内同时有挖土和填土时（挖土地段冠以"＋"号，填土地段冠以"－"号），应求出零点（即不填不挖点），零点相连就是划分挖土和填土的零界线（见图10-20）。计算零点可采用以下公式：

$$x=\dfrac{h_1}{h_1+h_4}\times a$$

式中　x——施工标高至零界点的距离（m）；

h_1、h_4——挖土和填土的施工标高（m）；

a——方格网的每边长度（m）。

方格网内的土方工程量计算，有下列几个公式：①四点均为填土或挖土（见图10-21）。

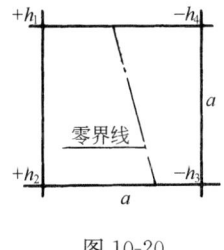

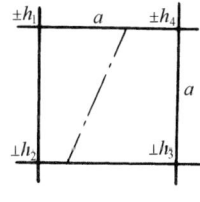

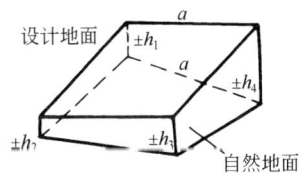

图10-20　　　　　　　　　图10-21

公式为：
$$\pm V=\dfrac{h_1+h_2+h_3+h_4}{4}\times a^2$$

式中　$\pm V$——为填土或挖土的工程量（m³）；

h_1、h_2、h_3、h_4——施工标高（m）；

a——方格网的每边长度（m）。

② 二点为挖土和二点为填土（见图10-22）。

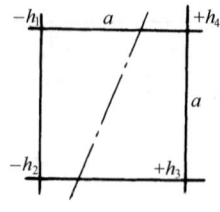
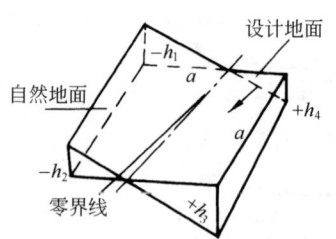

图 10-22

公式为：

$$+V = \frac{(h_1+h_2)^2}{4(h_1+h_2+h_3+h_4)} \times a^2$$

$$-V = \frac{(h_3+h_4)^2}{4(h_1+h_2+h_3+h_4)} \times a^2$$

③ 三点挖土和一点填土或三点填土一点挖土（见图10-23）。

公式为：$+V = \dfrac{h_2{}^3}{6(h_1+h_2)(h_2+h_3)} \times a^2$

$$-V = +V + \frac{a^2}{b}(2h_1+2h_2+h_4-h_3)$$

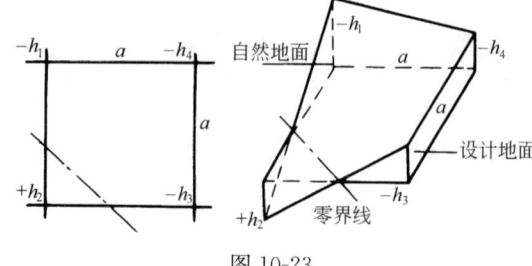

图 10-23

④ 二点挖土和二点填土成对角形（见图10-24）。

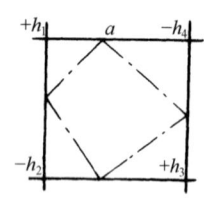
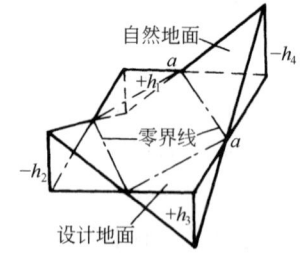

图 10-24

中间一块即四周为零界线，就不挖不填，所以只要计算四个三角锥体，公式为：

$$\pm V = \frac{1}{6} \times 底面积 \times 施工标高$$

以上土方工程量计算公式，是假设在自然地面和设计地面都是平面的条件，但自然地面很少符合实际情况的，因此计算出来的土方工程量会有误差，为了提高计算的精确度，应检查一下计算的精确程度，用 K 值表示：

$$K = \frac{h_2+h_4}{h_1+h_3}$$

上式即方格网的二对角点的施工标高总和的比例。当 $K=0.75\sim1.35$ 时，计算精确度为5%；$K=0.80\sim1.20$ 时，计算精确度为3%；一般土方工程量计算的精确度为5%。

【例 10-11】某建设工程场地大型土方方格网图（见图10-25），计算土方工程量。

$a=30$m，括号内为设计标高，无括号为地面实测标高，单位均为 m。

【解】a. 施工标高：

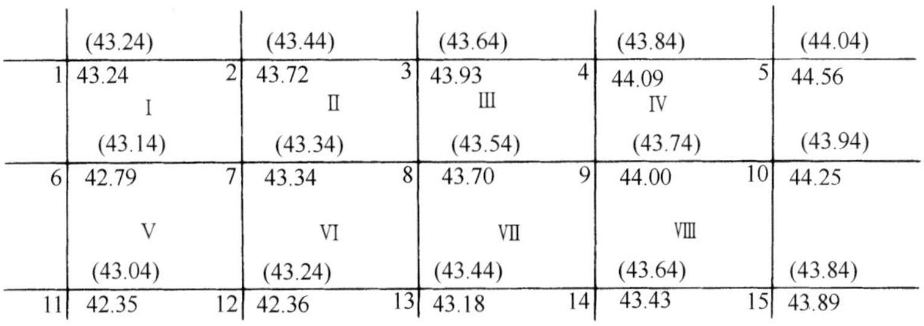

(43.24)
(43.44)
(43.64)
(43.84)
(44.04)
1 43.24
2 43.72
3 43.93
4 44.09
5 44.56
Ⅰ
Ⅱ
Ⅲ
Ⅳ
(43.14)
(43.34)
(43.54)
(43.74)
(43.94)
6 42.79
7 43.34
8 43.70
9 44.00
10 44.25
Ⅴ
Ⅵ
Ⅶ
Ⅷ
(43.04)
(43.24)
(43.44)
(43.64)
(43.84)
11 42.35
12 42.36
13 43.18
14 43.43
15 43.89

图 10-25

施工标高＝地面实测标高－设计标高（见图 10-26）

b. 零线：

先求零点，图中已知 1 和 7 为零点，尚需求 8～13；9～14，14～15 线上的零点，如 8～13 线上的零点为：

$$x=\frac{ah_1}{h_1+h_2}=\frac{30\times0.16}{0.26+0.16}=11.4$$

另一段为 $a-x=30-11.4=18.6$

求出零点后，连接各零点即为零线，图上折线为零线，以上为挖方区，以下为填方区。

0
+0.28
+0.29
+0.25
+0.52
0
2
3
4
5
Ⅰ
Ⅱ
Ⅲ
Ⅳ
−0.35
0
+0.16
+0.26
+0.31
6
7
8
9
10
11.4
16.6
Ⅴ
Ⅵ
Ⅶ
Ⅷ
18.6
3.4
−0.69
−0.88
−0.26
−0.21
+0.05
11
12
13
14
15
24.2
5.8

图 10-26

c. 土方量：计算见表 10-7。

土方工程量计算表　　单位：m³　　**表 10-7**

方格编号	挖方（＋）	填方（－）
Ⅰ	$\frac{1}{2}\times30\times30\times\frac{0.28}{3}=42$	$\frac{1}{2}\times30\times30\ \frac{0.35}{3}=52.5$
Ⅱ	$30\times30\times\frac{0.29+0.16+0.28}{4}=164.25$	
Ⅲ	$30\times30\times\frac{0.25+0.26+0.16+0.29}{4}=216$	
Ⅳ	$30\times30\times\frac{0.52+0.31+0.26+0.25}{4}=301.5$	
Ⅴ		$30\times30\times\frac{0.88+0.69+0.35}{4}=432$
Ⅵ	$\frac{1}{2}\times30\times11.4\times\frac{0.16}{3}=9.12$	$\frac{1}{2}\ (30+18.6)\ \times30\times\frac{0.88+0.26}{4}=207.77$
Ⅶ	$\frac{1}{2}\times(11.4+16.6)\ \times30\times\frac{0.16+0.26}{4}=44.10$	$\frac{1}{2}\ (13.4+18.6)\ \times30\times\frac{0.21+0.26}{4}=56.40$
Ⅷ	$\left[30\times30-\frac{(30-5.8)\ (30-16.6)}{2}\right]\times\frac{0.26+0.31+0.05}{5}=91.49$	$\frac{1}{2}\times13.4\times24.2\times\frac{0.21}{3}=11.35$
合　计	868.46	760.02

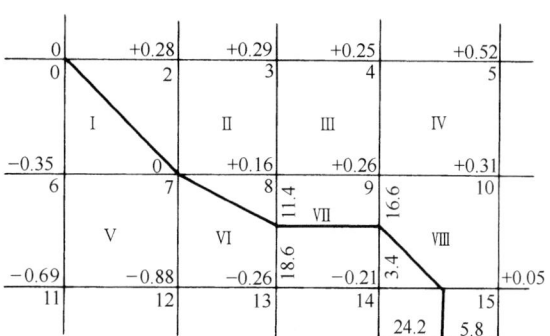

10.4.5 回填土

回填土分夯填和松填,按图示尺寸和下列规定计算:

1. 沟槽、基坑回填土

沟槽、基坑回填土体积以挖方体积减去设计室外地坪以下埋设砌筑物(包括:基础垫层、基础等)体积计算,见图10-27。

计算公式:$V=$挖方体积$-$设计室外地坪以下埋设砌筑物

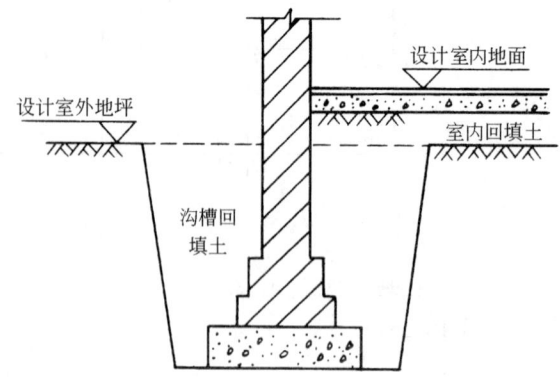

图10-27 沟槽及室内回填土示意图

说明:如图10-27所示,在减去沟槽内砌筑的基础时,不能直接减去砖基础的工程量,因为砖基础与砖墙的分界线在设计室内地面,而回填土的分界线在设计室外地坪,所以要注意调整两个分界线之间相差的工程量。

即:回填土体积=挖方体积-基础垫层体积-砖基础体积+高出设计室外地坪部分砖基础的体积

2. 房心回填土

房心回填土即室内回填土,按主墙之间的面积乘以回填土厚度计算,见图10-27。

计算公式:$V=$室内净面积$\times$(设计室内地坪标高-设计室外地坪标高-地面面层厚-地面垫层厚)

$\qquad=$室内净面积$\times$回填土厚

3. 管道沟槽回填土

管道沟槽回填土,以挖方体积减去管道基础和表10-8管道折合回填土计算。

管道折合回填体积表 (m³/m) 表10-8

管 道	公称直径(mm 以内)					
	500	600	800	1000	1200	1500
混凝土管及钢筋混凝土管道	—	0.33	0.60	0.92	1.15	1.45
其他材质管道	—	0.32	0.46	0.74	—	—

10.4.6 运土

运土包括余土外运和取土。当回填土方量小于挖方量时,需余土外运,反之,需取土。

各地区的预算定额规定,土方的挖、填、运工程量均按自然密实体积计算,不换算为虚方体积。

计算公式:运土体积=总挖方量-总回填量

式中计算结果为正值时,为余土外运体积;负值时,为取土体积。

土方运距按下列规定计算:

推土机运距:按挖方区重心至回填区重心之间的直线距离计算。

铲运机运土距离：按挖方区重心至卸土区重心加转向距离 45m 计算。

自卸汽车运距：按挖方区重心至填土区（或堆放地点）重心的最短距离计算。

10.5 井 点 降 水

井点降水分别以轻型井点、喷射井点、大口径井点、电渗井点、水平井点，按不同井管深度的安装、拆除，以根为单位计算，使用按套、天计算。

井点套组成：

轻型井点：50 根为一套；

喷射井点：30 根为一套；

大口径井点：45 根为一套；

电渗井点阳极：30 根为一套；

水平井点：10 根为一套。

井管间距应根据地质条件和施工降水要求，依施工组织设计确定。施工组织设计没有规定时，可按轻型井点管距 0.8~1.6m，喷射井点管距 2~3m 确定。

使用天应以每昼夜 24h 为一天，使用天数应按施工组织设计规定的天数计算。

思 考 题

1. 土方工程量计算包括哪些内容？
2. 什么是平整场地？
3. 叙述平整场地计算公式"$S_{平}=S_{底}+L_{外}×2+16$"的含义。
4. 怎样区分沟槽与地坑？
5. 放坡系数 K 值与槽坑深度有什么关系？
6. 怎样确定槽坑挖土是否放坡？
7. 怎样确定沟槽长度？
8. 叙述矩形放坡地坑工程量计算公式的含义。
9. 怎样计算人工挖孔桩土方？
10. 怎样计算竖向布置挖土方工程量？
11. 列出方格网计算法的计算公式。
12. 叙述方格网计算法计算土方工程量的步骤。
13. 怎样计算沟槽、基坑回填土？
14. 怎样计算房心回填土？
15. 怎样计算运土工程量？

11 桩基及脚手架工程

11.1 预制钢筋混凝土桩

11.1.1 打桩

打、压预制钢筋混凝土桩按设计桩长（包括桩尖）乘以桩截面面积，以体积计算。预制桩、桩靴示意图见图11-1。

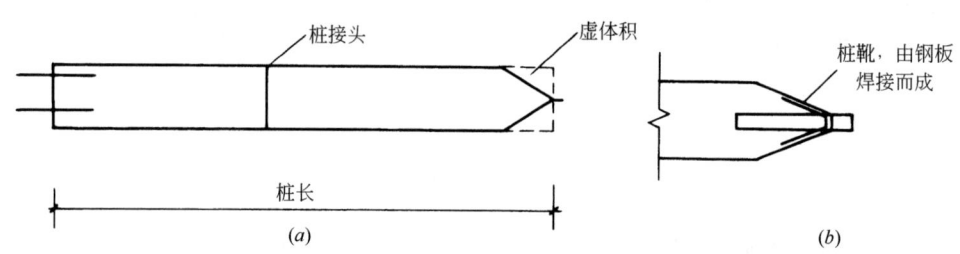

图 11-1 预制桩、桩靴示意图
（a）预制桩示意图；（b）桩靴示意图

11.1.2 接桩

预制混凝土桩、钢管桩、电焊接桩按设计接头，以个计算（见图11-2）；硫磺胶泥接桩按桩断面积以平方米计算（见图11-3）。

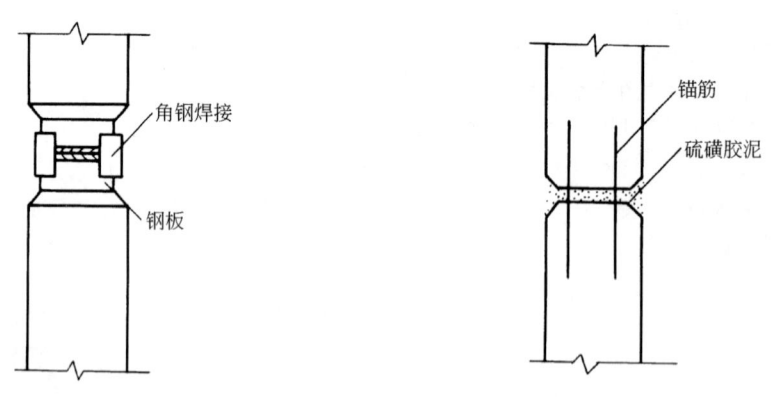

图 11-2 电焊接桩示意图　　图 11-3 硫磺胶泥接桩示意图

11.1.3 送桩

送桩按桩截面面积乘以送桩长度（即打桩架底至桩顶面高度或自桩顶面至自然地坪面

另加 0.5m) 计算。

11.2 钢板桩

打拔钢板桩按钢板桩重量以吨计算。

11.3 灌注桩

1. 钻孔桩、旋挖桩成孔工程量按打桩前自然地坪高至设计桩底标高的成孔长度乘以设计桩径截面积，以体积计算。

2. 钻孔桩、旋挖桩、冲孔桩灌注混凝土工程量按设计桩径截面积乘以设计桩长（包括桩尖）另加加灌长度，以体积计算。加灌长度无规定者，按 0.5m 计算。

11.4 脚手架工程

建筑工程施工中所需搭设的脚手架，应计算工程量。

目前，脚手架工程量有两种计算方法，即综合脚手架和单项脚手架。具体采用哪种方法计算，应按本地区预算定额的规定执行。

11.4.1 综合脚手架

为了简化脚手架工程量的计算，按设计图示尺寸以建筑面积计算综合脚手架的工程量。

综合脚手架不管搭设方式，一般综合了砌筑、浇筑、吊装、抹灰等所需脚手架材料的摊销量；综合了木制、竹制、钢管脚手架等，但不包括浇灌满堂基础等脚手架的项目。

综合脚手架一般按单层建筑物或多层建筑物分不同檐口高度来计算工程量，若是高层建筑还须计算高层建筑超高增加费。

11.4.2 单项脚手架

1. 外脚手架、整体提升架按外墙外边线长度（含墙垛及附墙井墙）乘以外墙高度以面积计算。

2. 计算内、外墙脚手架时，均不扣除门、窗、洞口、空圈等所占面积。同一建筑物不同高度时，应按不同高度分别计算（见例 11-1）。

3. 里脚手架按墙面垂直投影面积计算。

4. 独立柱按设计图示尺寸，以结构外围周长另加 3.60m 乘以高度以面积计算。执行双排外脚手架定额项目乘以系数。

5. 现浇钢筋混凝土梁按梁顶面至地面（或楼面）间的高度乘以梁长以面积计算。执行双排外脚手架定额项目乘以系数。

6. 满堂脚手架按室内净面积计算，其高度在 3.6～5.2m 之间时计算基本层，5.2m 以外，每增加 1.2m 计算一个增加层，不足 0.6m 按一个增加层乘以系数 0.5 计算（见例 11-2）。计算公式如下：满堂脚手架增加层＝（室内净高－5.2）/1.2。

7. 挑脚手架按搭设长度乘以层数以长度计算。
8. 悬空脚手架按搭设水平投影面积计算。
9. 吊篮脚手架按外墙垂直投影面积计算,不扣除门窗洞口所占面积。
10. 内墙面粉饰脚手架按内墙面垂直投影面积计算,不扣除门窗洞口所占面积。
11. 立挂式安全网按架网部分的实挂长度乘以实挂高度以面积计算。
12. 挑出式安全网按挑出的水平投影面积计算。

11.4.3 其他脚手架

电梯井架按单孔以"座"计算。

【例 11-1】根据图 11-4 图示尺寸,计算建筑物外墙脚手架工程量。

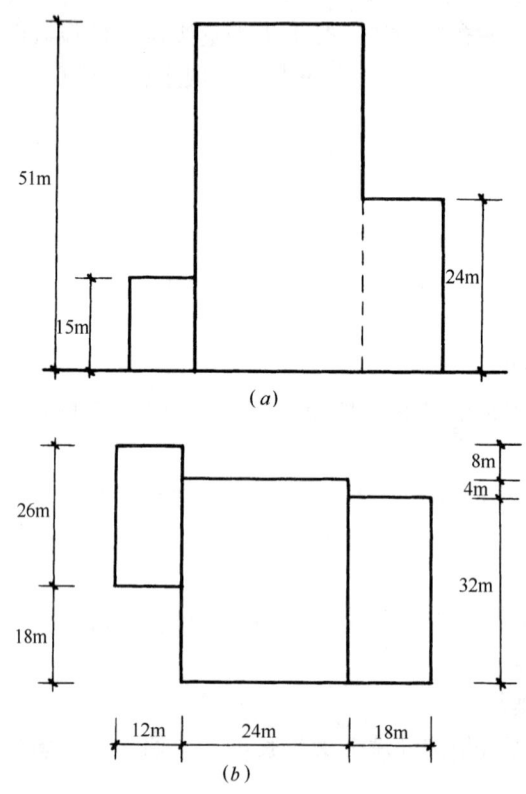

图 11-4 计算外墙脚手架工程量示意图
(a) 建筑物立面;(b) 建筑物平面

【解】单排脚手架(15m 高)=(26+12×2+8)×15=870m²
  双排脚手架(24m 高)=(18×2+32)×24=1632m²
  双排脚手架(27m 高)=32×27=864m²
  双排脚手架(36m 高)=(26-8)×36=648m²
  双排脚手架(51m 高)=(18+24×2+4)×51=3570m²

【例 11-2】某大厅室内净高 9.50m,试计算满堂脚手架增加层数。

【解】 满堂脚手架增加层 $=\dfrac{9.50-5.2}{1.2}=3$ 层余 $0.7\text{m}=4$ 层

思 考 题

1. 怎样计算打预制混凝土桩的工程量？
2. 怎样计算灌注桩工程量？
3. 综合脚手架综合了哪些内容？
4. 叙述单项脚手架的搭设方式。
5. 什么是立挂式安全网？

12 砌 筑 工 程

12.1 砖墙的一般规定

12.1.1 计算墙体的规定

1. 计算墙体时,应扣除门窗洞口、过人洞、空圈、嵌入墙身的钢筋混凝土柱、梁(包括过梁、圈梁及埋入墙内的挑梁)、砖平碹(图 12-1)、平砌砖过梁和暖气包壁龛(图 12-2)及内墙板头(图 12-3)的体积,不扣除梁头、外墙板头(图 12-4)、檩头、垫木、木楞头、沿椽木、木砖、门窗框(图 12-5)走头、砖墙内的加固钢筋、木筋、铁件、钢管及每个面积在 0.3m² 以下的孔洞等所占的体积,突出墙面的窗台虎头砖(图 12-6)、压顶线(图 12-7)、山墙泛水(图 12-11)、烟囱根(图 12-8、图 12-9)、门窗套(图 12-12)及三皮砖(图 12-10)以内的腰线和挑檐等体积亦不增加。

图 12-1 砖平碹示意图

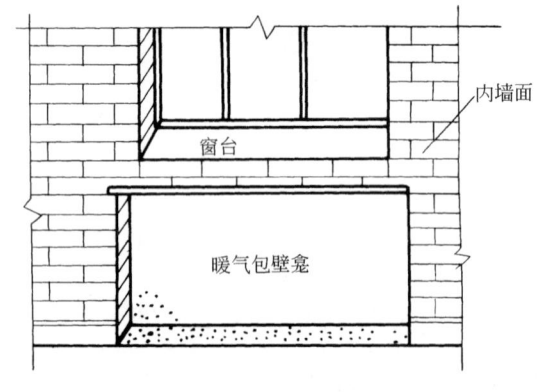

图 12-2 暖气包壁龛示意图

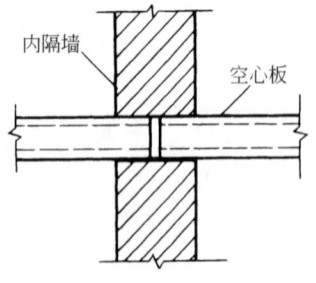

图 12-3 内墙板头示意图

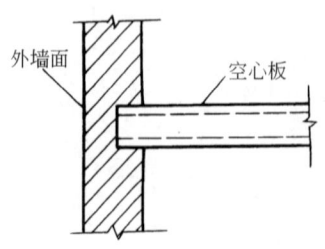

图 12-4 外墙板头示意图

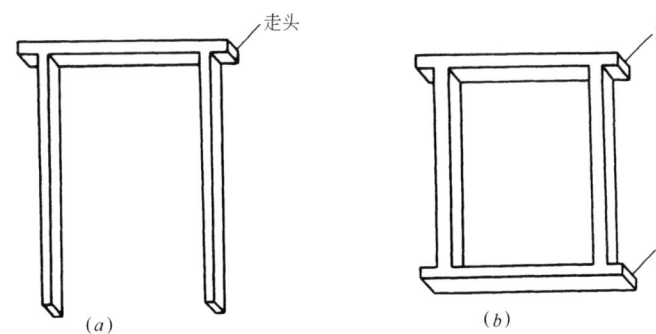

图 12-5 木门窗走头示意图
（a）木门框走头示意图；（b）木窗框走头示意图

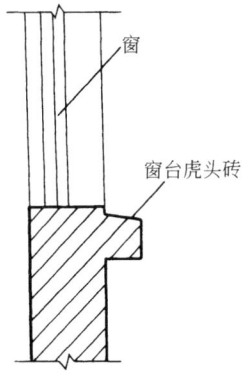

图 12-6 突出墙面的窗台虎头砖示意图

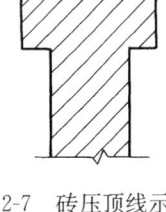

图 12-7 砖压顶线示意图

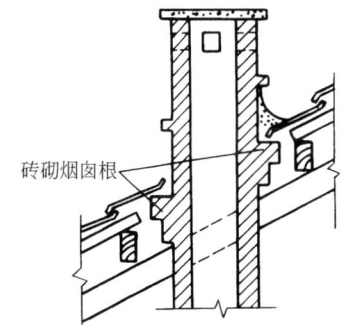

图 12-8 砖烟囱剖面图（平瓦坡屋面）

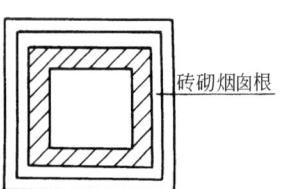

图 12-9 砖烟囱平面图

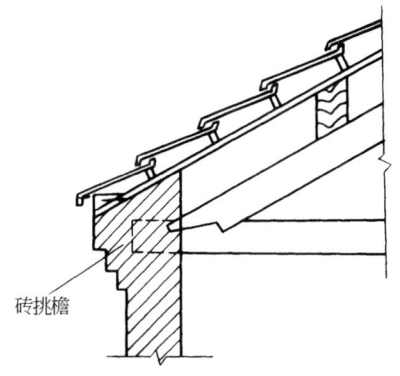

图 12-10 坡屋面砖挑檐示意图

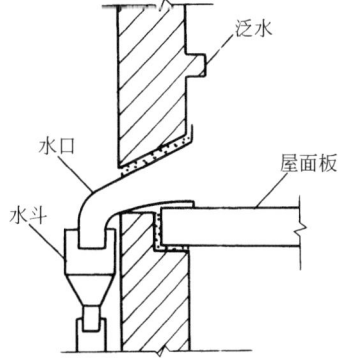

图 12-11 山墙泛水、排水示意图

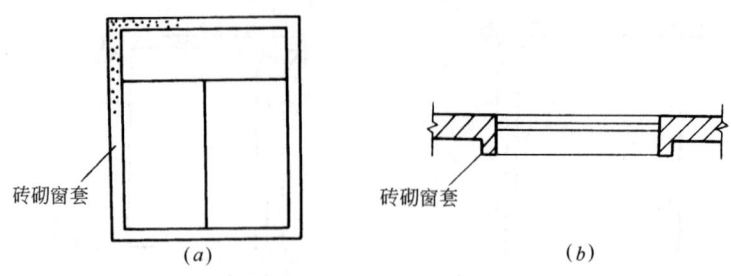

图 12-12 窗套示意图
(a) 窗套立面图；(b) 窗套剖面图

2. 砖垛、三皮砖以上的腰线和挑檐等体积，并入墙身体积内计算（图 12-13）。

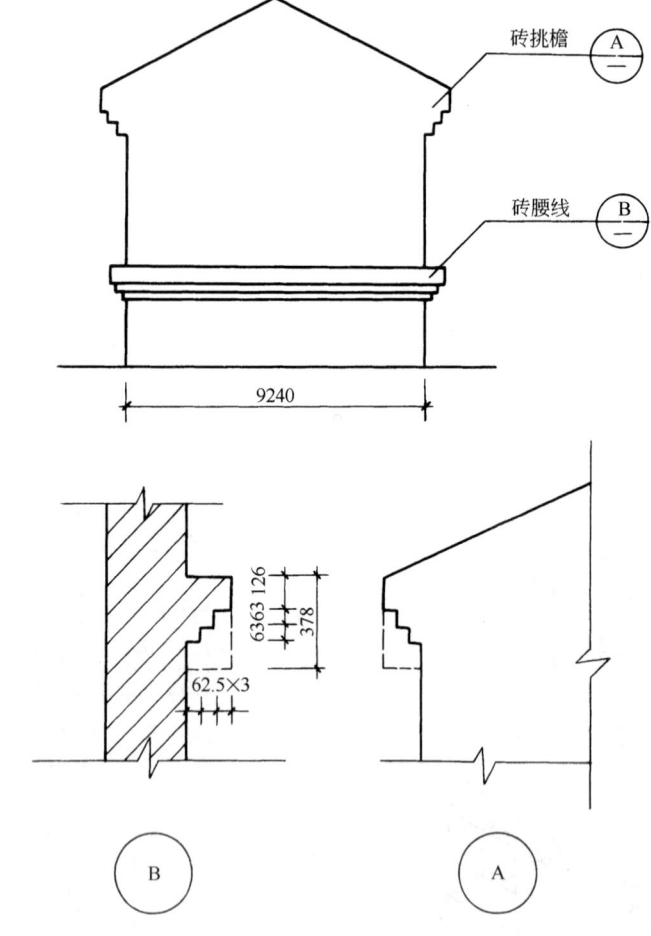

图 12-13 砖挑檐、腰线示意

3. 附墙烟囱（包括附墙通风道、垃圾道）按其外形体积计算，并入所依附的墙体内，不扣除每一个孔洞横截面在 $0.1m^2$ 以下的体积，但孔洞内的抹灰工程量亦不增加。

4. 女儿墙（图 12-14）高度，自外墙顶面至图示女儿墙顶面高度，不同墙厚分别并入外墙计算。

5. 砖平碹、平砌砖过梁按图示尺寸以立方米计算。如设计无规定时，砖平碹按门窗洞口宽度两端共加 100mm，乘以高度计算（门窗洞口宽小于 1500mm 时，高度为 240mm；大于 1500mm 时，高度为 365mm）；平砌砖过梁按门窗洞口宽度两端共加 500mm，高度按 440mm 计算。

12.1.2 砌体厚度的规定

1. 标准砖尺寸以 240mm×115mm×53mm 为准，其砌体（图 12-15）计算厚度按表 12-1 计算。

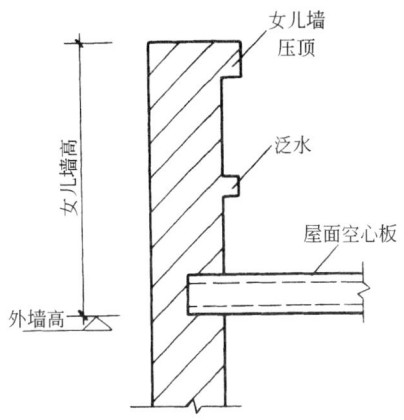

图 12-14 女儿墙示意图

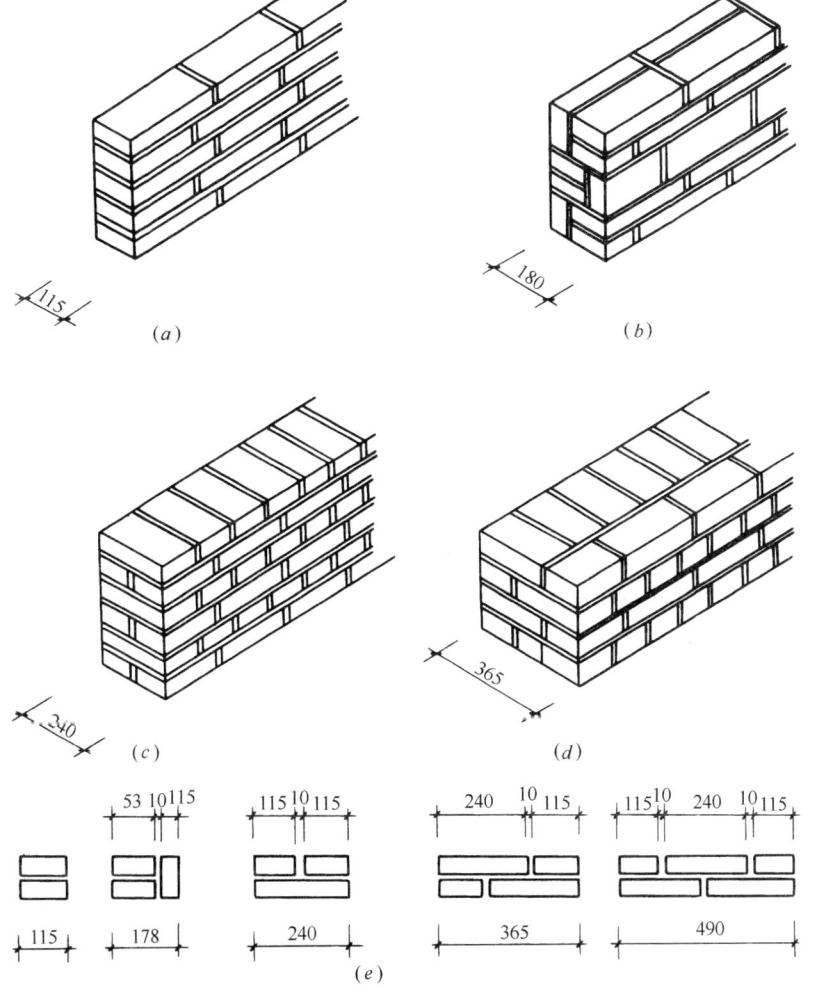

图 12-15 墙厚与标准砖规格的关系

(a) 1/2 砖砖墙示意图；(b) 3/4 砖砖墙示意图；(c) 1 砖砖墙示意图；(d) 1½ 砖砖墙示意图；(e) 墙厚示意图

标准砖砌体计算厚度表　　　　　　　　　表 12-1

砖数（厚度）	1/4	1/2	3/4	1	1.5	2	2.5	3
计算厚度（mm）	53	115	180	240	365	490	615	740

2. 使用非标准砖时，其砌体厚度应按砖实际规格和设计厚度计算。

12.2 砖 基 础

12.2.1 基础与墙身（柱身）的划分

1. 基础与墙（柱）身（图 12-16）使用同一种材料时，以设计室内地面为界；有地下室者，以地下室室内设计地面为界（图 12-17），以下为基础，以上为墙（柱）身。

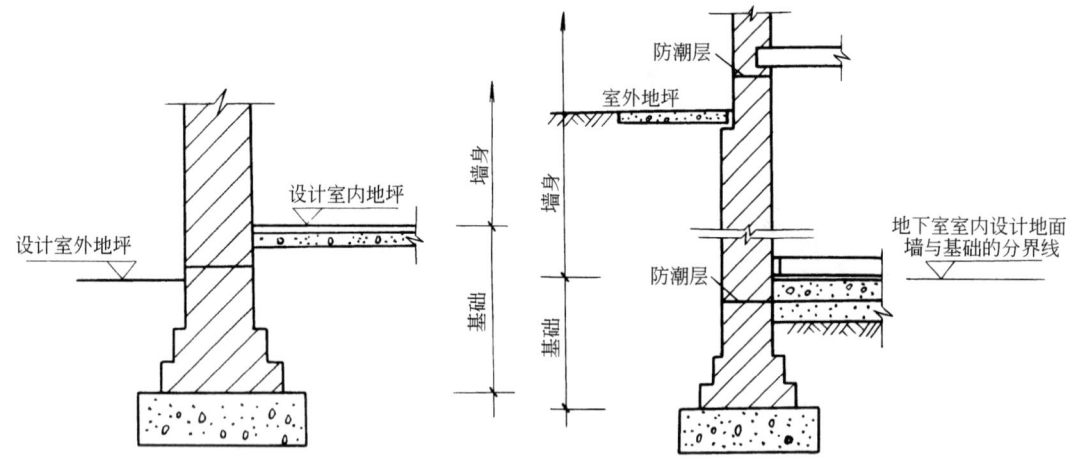

图 12-16　基础与墙身划分示意图　　　图 12-17　地下室的基础与墙身划分示意图

2. 基础与墙身使用不同材料时，位于设计室内地面±300mm 以内时，以不同材料为分界线；超过±300mm 时，以设计室内地面为分界线。

3. 砖、石围墙，以设计室外地坪为界线，以下为基础，以上为墙身。

12.2.2 基础长度

外墙墙基按外墙中心线长度计算；内墙墙基按内墙基净长计算。基础大放脚 T 形接头处的重叠部分以及嵌入基础的钢筋、铁件、管道、基础防潮层及单个面积在 $0.3m^2$ 以内孔洞所占体积不予扣除，但靠墙暖气沟的挑檐亦不增加。附墙垛基础宽出部分体积应并入基础工程量内。

砖砌挖孔桩护壁工程量按实砌体积计算。

【例 12-1】根据图 12-18 基础施工图的尺寸，计算砖基础的长度（基础墙均为 240 厚）。

【解】（1）外墙砖基础长（$l_{中}$）

$$l_{中}=[(4.5+2.4+5.7)+(3.9+6.9+6.3)]\times 2$$
$$=(12.6+17.1)\times 2=59.40m$$

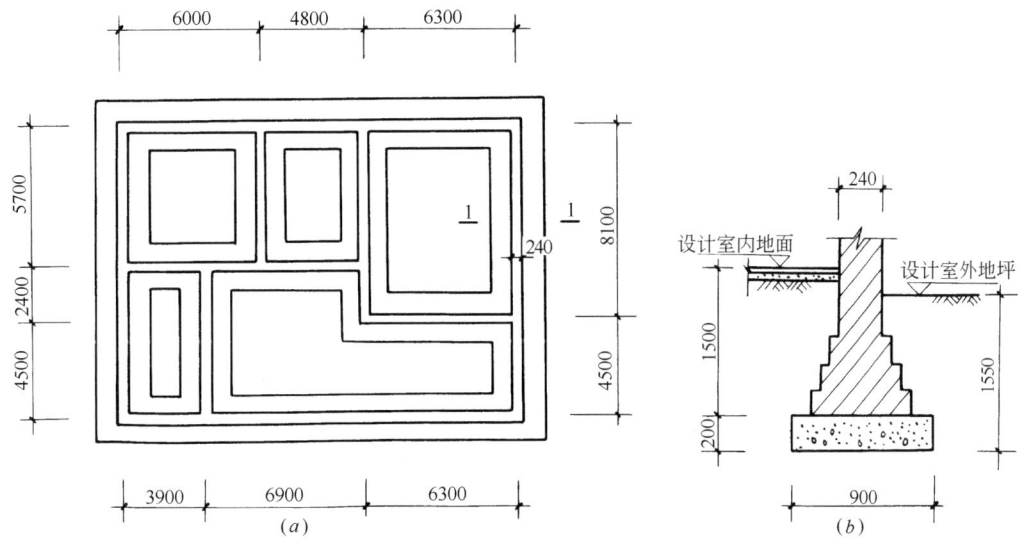

图 12-18 砖基础施工图
(a) 基础平面图；(b) 1—1 剖面图

(2) 内墙砖基础净长 ($l_{内}$)

$l_{内} = (5.7-0.24)+(8.1-0.24)+(4.5+2.4-0.24)+(6.0+4.8-0.24)+6.3$

$= 5.46+7.86+6.66+10.56+6.30$

$= 36.84\text{m}$

12.2.3 有放脚砖墙基础

1. 等高式放脚砖基础（见图 12-20（a））

计算公式：

$$V_{基} = （基础墙厚 \times 基础墙高 + 放脚增加面积） \times 基础长$$

$$= (d \times h + \Delta S) \times l$$

$$= [dh + 0.126 \times 0.0625n(n+1)]l$$

$$= [dh + 0.007875n(n+1)]l$$

式中　0.007875——一个放脚标准块面积；
　　　$0.007875n(n+1)$——全部放脚增加面积；
　　　　　　　　n——放脚层数；
　　　　　　　　d——基础墙厚；
　　　　　　　　h——基础墙高；
　　　　　　　　l——基础长。

【例 12-2】某工程砌筑的等高式标准砖放脚基础如图 12-20（a）所示，当基础墙高 $h=1.4$m，基础长 $l=25.65$m 时，计算砖基础工程量。

【解】已知：$d=0.365$，$h=1.4$m，$l=25.65$m，$n=3$

$$V_{砖基} = (0.365 \times 1.40 + 0.007875 \times 3 \times 4) \times 25.65$$
$$= 0.6055 \times 25.65 = 15.53 \text{m}^3$$

2. 不等高式放脚砖基础（见图 12-20 (b)）

计算公式：
$$V_{基} = \{dh + 0.007875[n(n+1) - \Sigma \text{半层放脚层数值}]\} \times l$$

式中：半层放脚层数值——指半层放脚（0.063m 高）所在放脚层的值。如图 12-20 (b) 中为 1+3=4。

其余字母含义同上公式。

3. 基础放脚 T 形接头重复部分（见图 12-19）

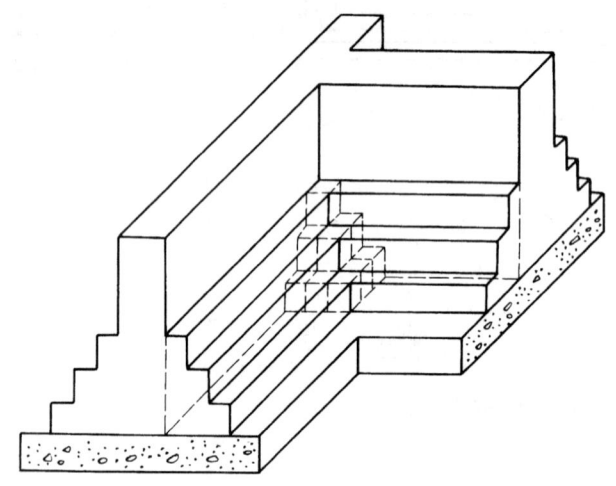

图 12-19 基础放脚 T 形接头重复部分示意图

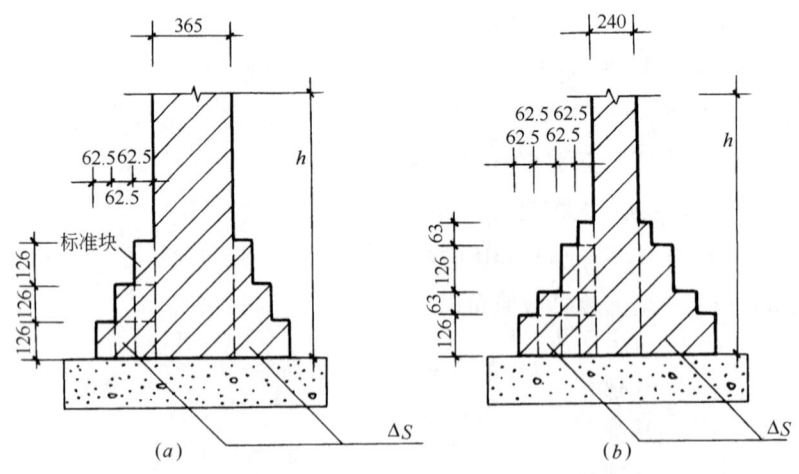

图 12-20 大放脚砖基础示意图
(a) 等高式大放脚砖基础；(b) 不等高式大放脚砖基础

【例 12-3】某工程大放脚砖基础的尺寸见图 12-20（b），当 $h=1.56\text{m}$，基础长 $l=18.5\text{m}$ 时，计算砖基础工程量。

【解】已知：$d=0.24\text{m}$，$h=1.56\text{m}$，$l=18.5\text{m}$，$n=4$

$V_{砖基}=\{0.24\times1.56+0.007875\times[4\times5-(1+3)]\}\times18.5$

$=(0.3744+0.007875\times16)\times18.5$

$=0.5004\times18.5$

$=9.26\text{m}^3$

标准砖大放脚基础，放脚面积 ΔS 见表 12-2。

砖墙基础大放脚面积增加表　　　　　表 12-2

放脚层数（n）	增加断面积 ΔS（m^2）		放脚层数（n）	增加断面积 ΔS（m^2）	
	等　高	不等高（奇数层为半层）		等　高	不等高（奇数层为半层）
一	0.01575	0.0079	十	0.8663	0.6694
二	0.04725	0.0394	十一	1.0395	0.7560
三	0.0945	0.0630	十二	1.2285	0.9450
四	0.1575	0.1260	十三	1.4333	1.0474
五	0.2363	0.1654	十四	1.6538	1.2679
六	0.3308	0.2599	十五	1.8900	1.3860
七	0.4410	0.3150	十六	2.1420	1.6380
八	0.5670	0.4410	十七	2.4098	1.7719
九	0.7088	0.5119	十八	2.6933	2.0554

注：1. 等高式 $\Delta S=0.007875n(n+1)$；

2. 不等高式 $\Delta S=0.007875[n(n+1)-\Sigma 半层层数值]$。

12.2.4 毛条石、条石基础

毛条石基础断面见图 12-21；毛石基础断面见图 12-22。

12.2.5 有放脚砖柱基础

有放脚砖柱基础工程量计算分为二部分，一是将柱的体积算至基础底；二是将柱四周放脚体积算出（见图 12-23、图 12-24）。

计算公式：

$V_{柱基}=abh+\Delta V$

$=abh+n(n+1)[0.007875(a+b)$

$+0.000328125(2n+1)]$

式中　a——柱断面长；

b——柱断面宽；

h——柱基高；

n——放脚层数；

ΔV——砖柱四周放脚体积。

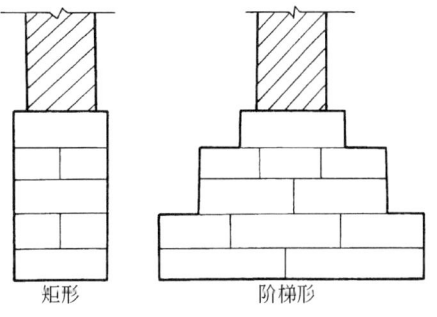

图 12-21　毛条石基础断面形状

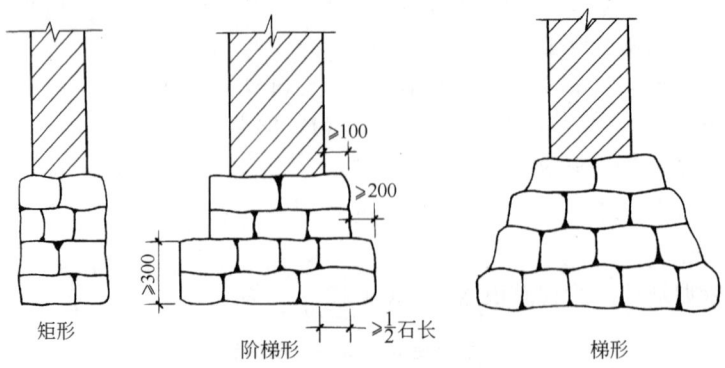

图 12-22 毛石基础断面形状

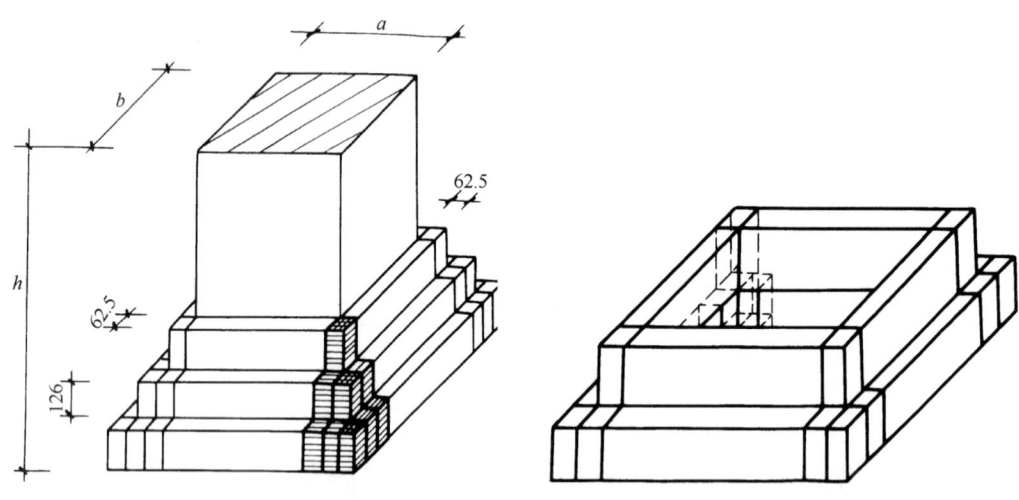

图 12-23 砖柱四周放脚示意图　　图 12-24 砖柱基四周放脚体积 ΔV 示意图

【例 12-4】某工程有 5 个等高式放脚砖柱基础，根据下列条件计算砖基础工程量：

柱断面　0.365m×0.365m

柱基高　1.85m

放脚层数　5 层

【解】已知 $a=0.365$m，$b=0.365$m，$h=1.85$m，$n=5$

$$
\begin{aligned}
V_{柱基} &= 5 \text{ 根柱基} \times \{0.365 \times 0.365 \times 1.85 + 5 \times 6 \times [0.007875 \times (0.365+0.365) \\
&\quad + 0.000328125 \times (2 \times 5 + 1)]\} \\
&= 5 \times (0.246 + 0.281) \\
&= 5 \times 0.527 \\
&= 2.64 \text{m}^3
\end{aligned}
$$

砖柱基四周放脚体积见表 12-3。

砖柱基四周放脚体积表（m³） 表 12-3

$a \times b$ 放脚层数	0.24×0.24	0.24×0.365	0.365×0.365 0.24×0.49	0.365×0.49 0.24×0.615	0.49×0.49 0.365×0.615	0.49×0.615 0.365×0.74	0.365×0.865 0.615×0.615	0.615×0.74 0.49×0.865	0.74×0.74 0.615×0.865
一	0.010	0.011	0.013	0.015	0.017	0.019	0.021	0.024	0.025
二	0.033	0.038	0.045	0.050	0.056	0.062	0.068	0.074	0.080
三	0.073	0.085	0.097	0.108	0.120	0.132	0.144	0.156	0.167
四	0.135	0.154	0.174	0.194	0.213	0.233	0.253	0.272	0.292
五	0.221	0.251	0.281	0.310	0.340	0.369	0.400	0.428	0.458
六	0.337	0.379	0.421	0.462	0.503	0.545	0.586	0.627	0.669
七	0.487	0.543	0.597	0.653	0.708	0.763	0.818	0.873	0.928
八	0.674	0.745	0.816	0.887	0.957	1.028	1.095	1.170	1.241
九	0.910	0.990	1.078	1.167	1.256	1.344	1.433	1.521	1.61
十	1.173	1.282	1.390	1.498	1.607	1.715	1.823	1.931	2.04

12.3 砖　　墙

12.3.1 墙的长度

外墙长度按外墙中心线长度计算，内墙长度按内墙净长线计算。

墙长计算方法如下：

1. 墙长在转角处的计算

墙体在 90°转角时，用中轴线尺寸计算墙长，就能算准墙体的体积。例如，图 12-25 的Ⓐ图中，按箭头方向的尺寸算至两轴线的交点时，墙厚方向的水平断面重复计算的矩形部分正好等于没有计算到的矩形面积。因而，凡是 90°转角的墙，算到中轴线交叉点时，就算够了墙长。

2. T 形接头的墙长计算

当墙体处于 T 形接头时，T 形上部水平墙拉通算完长度后，垂直部分的墙只能从墙内边算净长。例如，图 12-25 中的Ⓑ图，当③轴上的墙算完长度后，Ⓑ轴墙只能从③轴墙内边起计算Ⓑ轴的墙长，故内墙应按净长计算。

3. 十字形接头的墙长计算

当墙体处于十字形接头状时，计算方法基本同 T 形接头，见图 12-25 中Ⓒ图的示意。因此，十字形接头处分断的二道墙也应算净长。

【例 12-5】根据图 12-25，计算内、外墙长（墙厚均为 240）。

【解】（1）240 厚外墙长

$$l_{中}=[(4.2+4.2)+(3.9+2.4)] \times 2=29.40 \text{m}$$

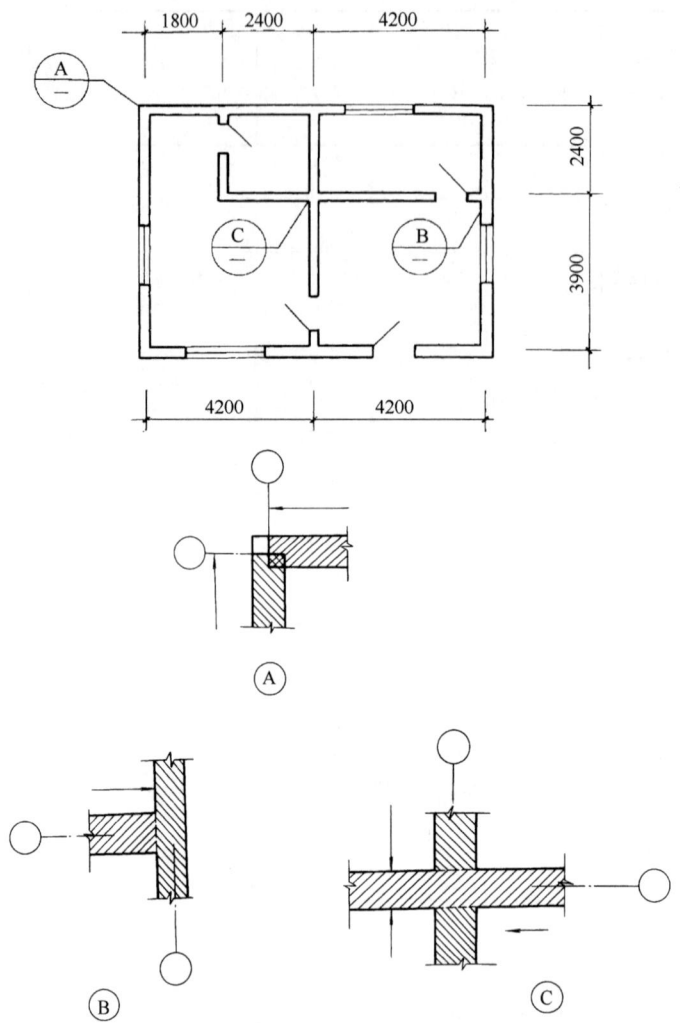

图 12-25 墙长计算示意图

(2) 240 厚内墙长

$l_{中}=(3.9+2.4-0.24)+(4.2-0.24)+(2.4-0.12)+(2.4-0.12)$
$=14.58m$

12.3.2 墙身高度的规定

1. 外墙墙身高度

斜（坡）屋面无檐口顶棚者算至屋面板底；有屋架，且室内外均有顶棚者（图 12-27），算至屋架下弦底面另加 200mm；无顶棚者算至屋架下弦底面另加 300mm（图 12-26）；出檐宽度超过 600mm 时，应按实砌高度计算；有钢筋混凝土楼板隔层者算至板顶。平屋面算至钢筋混凝土板底（图 12-28）。

2. 内墙墙身高度

内墙位于屋架下弦者（图 12-29），其高度算至屋架底；无屋架者（图 12-30）算至顶

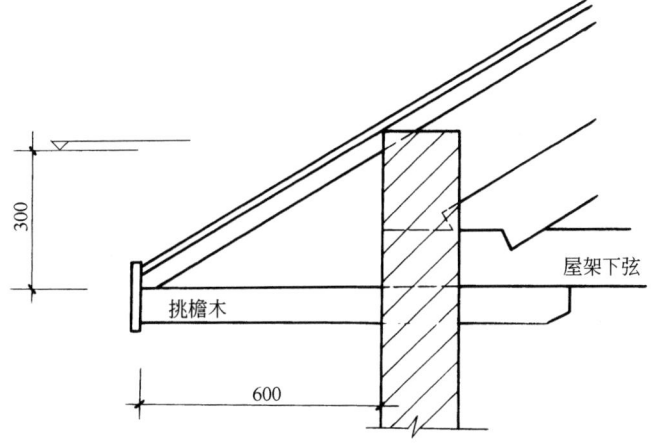

图 12-26　有屋架，无顶棚时，外墙高度示意图

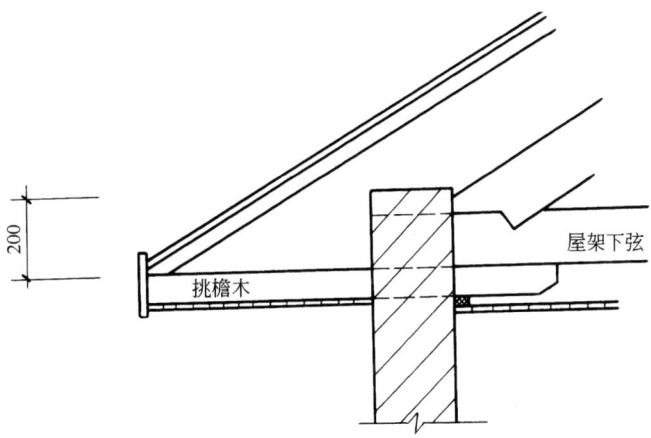

图 12-27　室内外均有顶棚时，外墙高度示意图

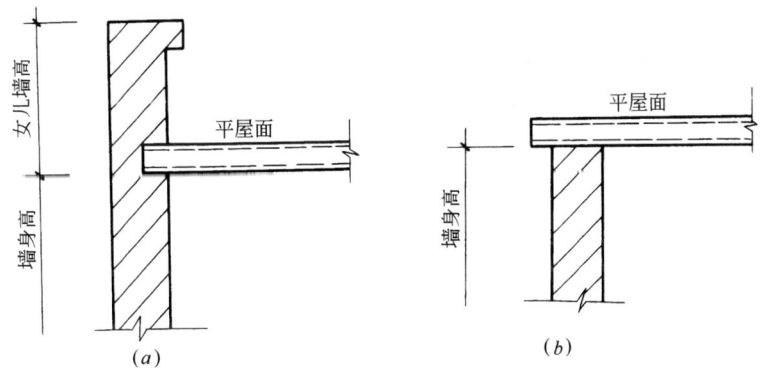

图 12-28　平屋面外墙墙身高度示意图

棚底另加 100mm；有钢筋混凝土楼板隔层者（图 12-31）算至板底；有框架梁时（图 12-32）算至梁底面。

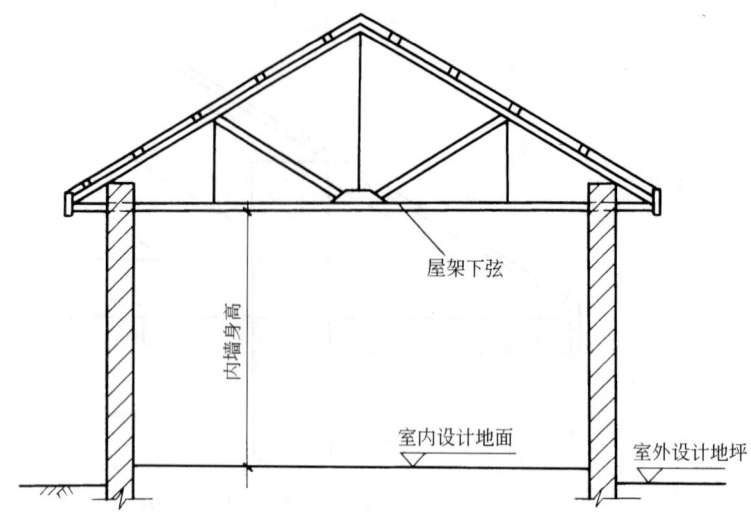

图 12-29　屋架下弦的内墙墙身高度示意图

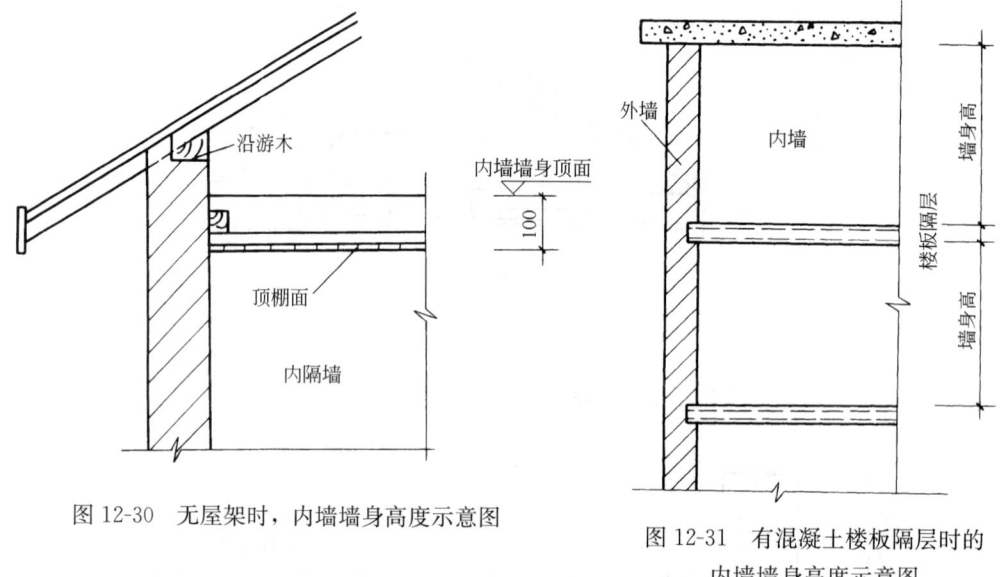

图 12-30　无屋架时，内墙墙身高度示意图

图 12-31　有混凝土楼板隔层时的内墙墙身高度示意图

3. 内、外山墙墙身高度，按其平均高计算（图 12-33、图 12-34）。

12.3.3　其他规定

1. 框架间砌体，分别内外墙以框架间的净空面积（见图 12-32）乘以墙厚计算。框架外表镶贴砖部分亦并入框架间砌体工程量内计算。

2. 空花墙按空花部分外形体积以立方米计算，空花部分不予扣除，其中实体部分另行计算（见图 12-35），套用零星砌体项目。

3. 空斗墙按外形尺寸以立方米计算，墙角、内外墙交接处，门窗洞口立边，窗台砖及屋檐处的实砌部分已包括在定额内，不另行计算，但窗间墙、窗台下、楼板下、梁头下等实砌部分，应另行计算，套零星砌体定额项目（图 12-36）。

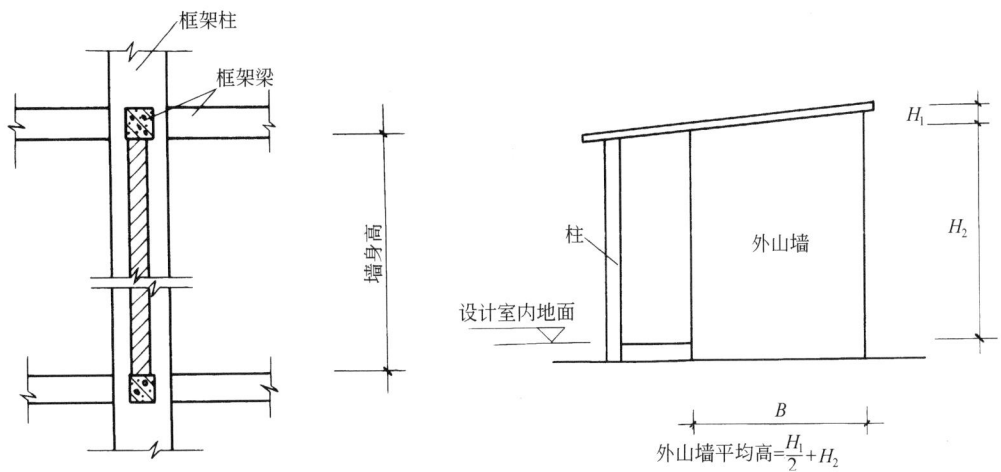

图 12-32 有框架梁时的墙身高度示意图

图 12-33 一坡水屋面外山墙墙高示意图

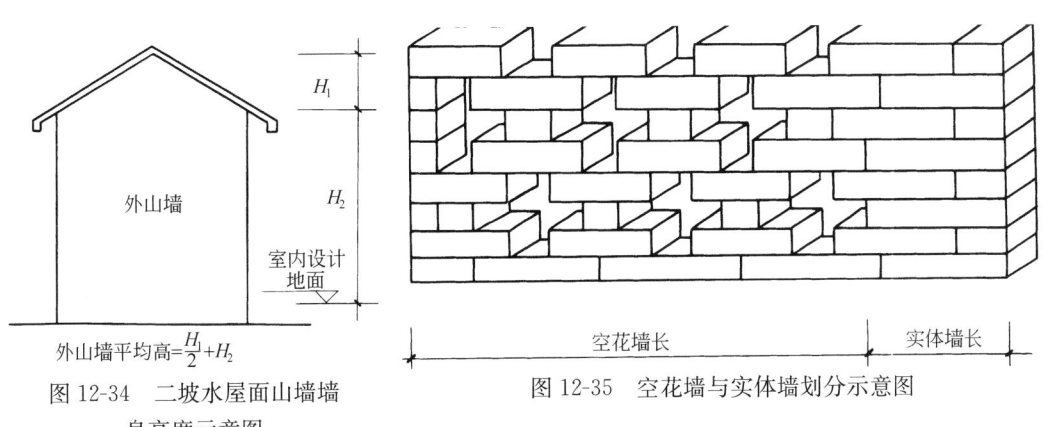

图 12-34 二坡水屋面山墙墙身高度示意图

图 12-35 空花墙与实体墙划分示意图

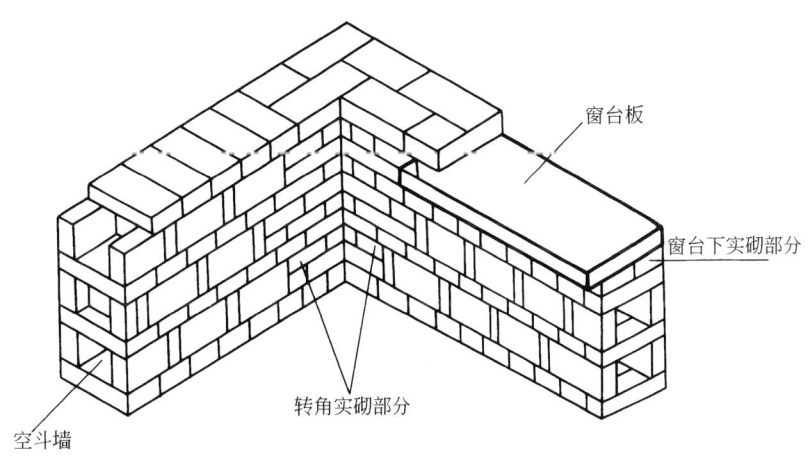

图 12-36 空斗墙转角及窗台下实砌部分示意图

4. 多孔砖、空心砖按图示厚度以立方米计算，不扣除其孔、空心部分体积（图12-37）。

5. 填充墙按外形尺寸以立方米计算，其中实砌部分已包括在定额内，不另计算。

6. 加气混凝土墙、硅酸盐砌块墙、小型空心砌块（图12-38）墙，按图示尺寸以立方米计算，按设计规定需要镶嵌砖砌体部分已包括在定额内，不另计算。

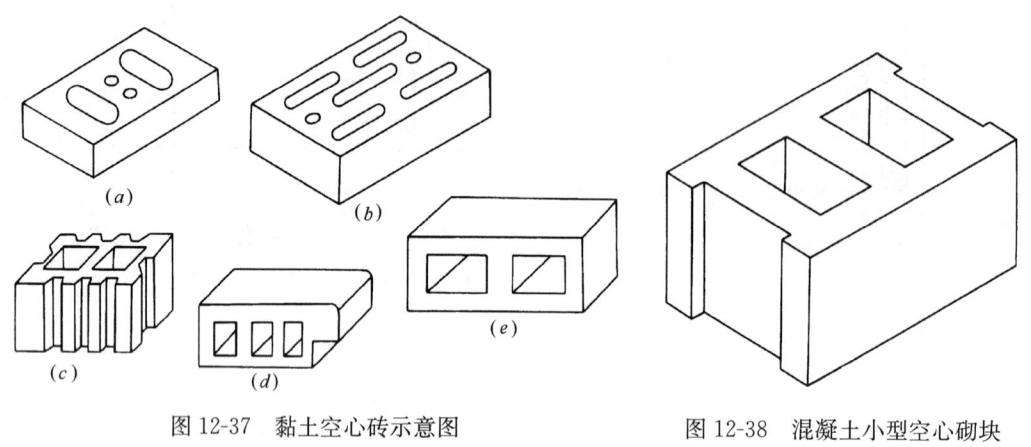

图 12-37　黏土空心砖示意图　　　　图 12-38　混凝土小型空心砌块

12.4　其 他 砌 体

1. 砖砌锅台、炉灶，不分大小，均按图示外形尺寸以立方米计算，不扣除各种空洞的体积。

说明：

（1）锅台一般指大食堂、餐厅里用的锅灶；

（2）炉灶一般指住宅里每户用的灶台。

2. 砖砌台阶（不包括梯带）（图12-39）按水平投影面积以平方米计算。

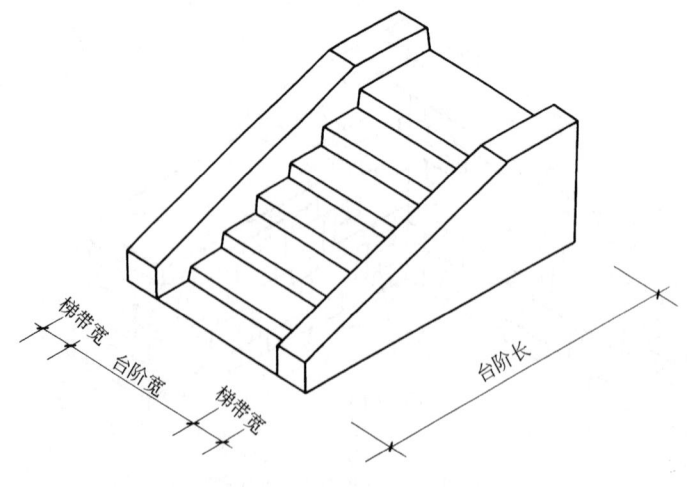

图 12-39　砖砌台阶示意图

3. 厕所蹲位、水槽腿、灯箱、垃圾箱、台阶挡墙或梯带、花台、花池、地垄墙及支撑地楞木的砖墩，房上烟囱、屋面架空隔热层砖墩及毛石墙的门窗立边、窗台虎头砖等实砌体积，以立方米计算，套用零星砌体定额项目（图 12-40～图 12-45）。

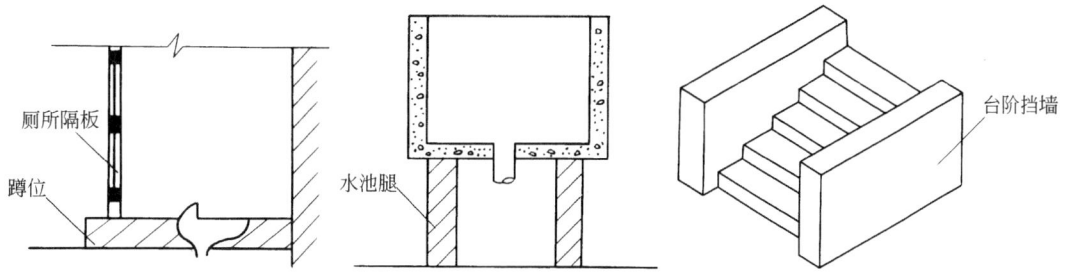

图 12-40 砖砌蹲位示意图　　图 12-41 砖砌水池(槽)腿示意图　　图 12-42 有挡墙台阶示意图

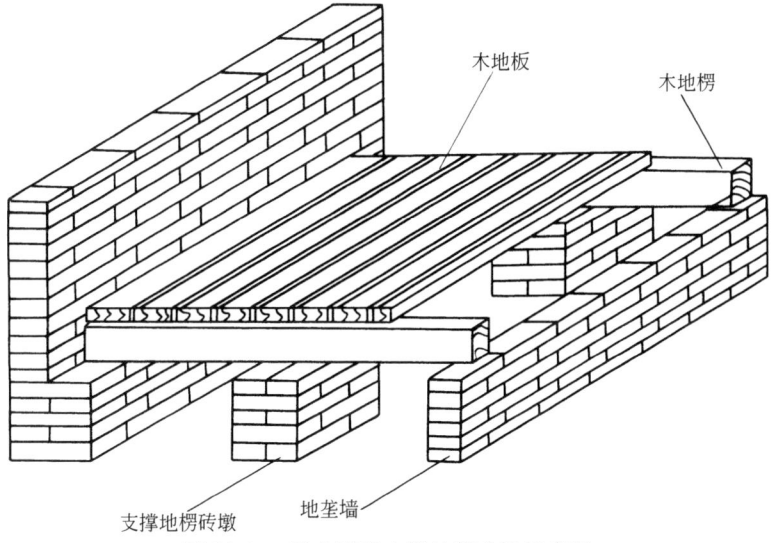

图 12-43 地垄墙及支撑地楞砖墩示意图

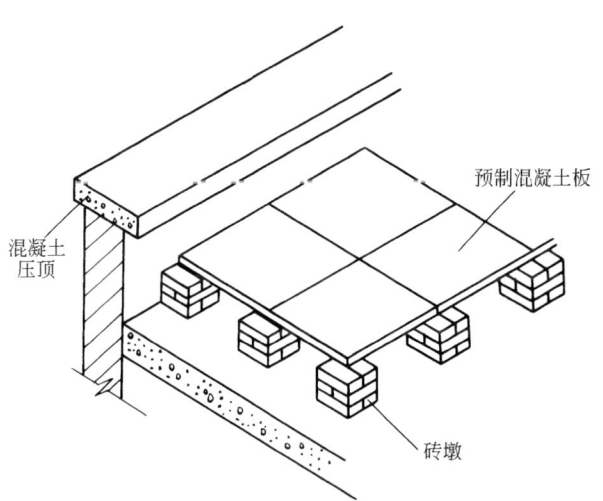

图 12-44 屋面架空隔热层砖墩示意图

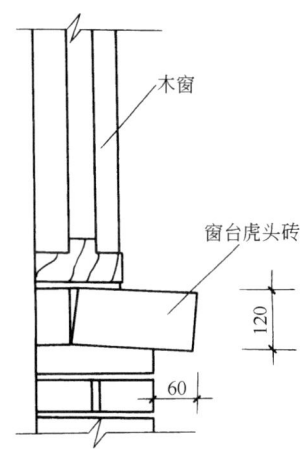

图 12-45 窗台虎头砖示意图
注：石墙的窗台虎头砖单独计算工程量。

4. 检查井及化粪池不分壁厚均以立方米计算，洞口上的砖平拱碹等并入砌体体积内计算。

5. 砖砌地沟不分墙基、墙身合并以立方米计算。石砌地沟按其中心线长度以延长米计算。

12.5 砖 烟 囱

1. 筒身：圆形、方形均按图示筒壁平均中心线周长乘以厚度，并扣除筒身各种孔洞、钢筋混凝土圈梁、过梁等体积以立方米计算。其筒壁周长不同时可按下式分段计算：

$$V = \Sigma(H \times C \times \pi D)$$

式中　V——筒身体积；
　　　H——每段筒身垂直高度；
　　　C——每段筒壁厚度；
　　　D——每段筒壁中心线的平均直径。

【例12-6】根据图12-46中的有关数据和上述公式计算砖砌烟囱和圈梁工程量。

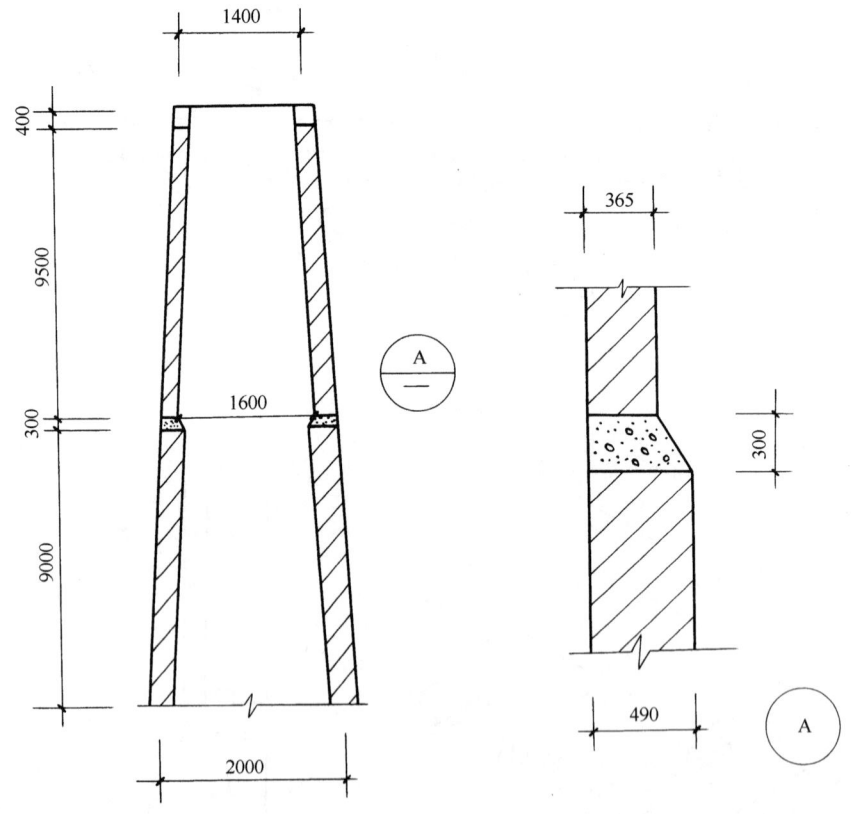

图12-46　有圈梁砖烟囱示意图

【解】（1）砖砌烟囱工程量

① 上段

已知：$H=9.50\text{m}$，$C=0.365\text{m}$

求：$D=(1.40+1.60+0.365)\times\dfrac{1}{2}=1.68\text{m}$

∴ $V_{\text{上}}=9.50\times0.365\times3.1416\times1.68=18.30\text{m}^3$

② 下段

已知：$H=9.0\text{m}$，$C=0.490\text{m}$

求：$D=(2.0+1.60+0.365\times2-0.49)\times\dfrac{1}{2}=1.92\text{m}$

∴ $V_{\text{下}}=9.0\times0.49\times3.1416\times1.92=26.60\text{m}^3$

∴ $V=18.30+26.60=44.90\text{m}^3$

(2) 混凝土圈梁工程量

① 上部圈梁

$$V_{\text{上}}=1.40\times3.1416\times0.4\times0.365=0.64\text{m}^3$$

② 中部圈梁

圈梁中心直径 $=1.60+0.365\times2-0.49=1.84\text{m}$

圈梁断面积 $=(0.365+0.49)\times\dfrac{1}{2}\times0.30=0.128\text{m}^2$

$$V_{\text{中}}=1.84\times3.1416\times0.128=0.74\text{m}^3$$

∴ $V=0.74+0.64=1.38\text{m}^3$

2. 烟道、烟囱内衬按不同材料，扣除孔洞后，以图示实体积计算。

3. 烟囱内壁表面隔热层，按筒身内壁并扣除各种孔洞后的面积以平方米计算；填料按烟囱内衬与筒身之间的中心线平均周长乘以图示宽度和筒高，并扣除各种孔洞所占体积（但不扣除连接横砖及防沉带的体积）后以立方米计算。

4. 烟道砌砖：烟道与炉体的划分以第一道闸门为界，炉体内的烟道部分列入炉体工程量计算。

烟道拱顶（图 12-47）按实体积计算，其计算方法有两种：

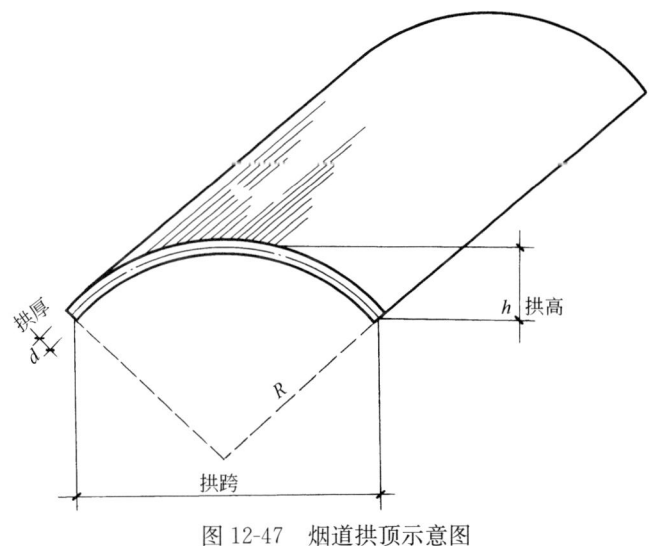

图 12-47 烟道拱顶示意图

方法一：按矢跨比公式计算

计算公式：$V = $ 中心线拱跨 × 弧长系数 × 拱厚 × 拱长

$$= b \times P \times d \times L$$

注：烟道拱顶弧长系数表见表 3-11。表中弧长系数 P 的计算公式为（当 $h=1$ 时）：

$$P = \frac{1}{90}\left(\frac{0.5}{b} + 0.125b\right)\pi \arcsin \frac{b}{1+0.25b^2}$$

例：当矢跨比 $\frac{h}{l} = \frac{1}{7}$ 时，弧长系数 P 为：

$$P = \frac{1}{90}\left(\frac{0.5}{7} + 0.125 \times 7\right) \times 3.1416 \times \arcsin \frac{7}{1+0.25 \times 7^2}$$

$$= 1.054$$

【例 12-7】已知矢高为 1，拱跨为 6，拱厚为 0.15m，拱长 7.8m，求拱顶体积。

【解】查表 12-4，知弧长系数 P 为 1.07。

烟道拱顶弧长系数表　　　　　表 12-4

矢跨比 $\frac{h}{b}$	$\frac{1}{2}$	$\frac{1}{3}$	$\frac{1}{4}$	$\frac{1}{5}$	$\frac{1}{6}$	$\frac{1}{7}$	$\frac{1}{8}$	$\frac{1}{9}$	$\frac{1}{10}$
弧长系数 P	1.57	1.27	1.16	1.10	1.07	1.05	1.04	1.03	1.02

故：$V = 6 \times 1.07 \times 0.15 \times 7.8 = 7.51 \text{m}^3$

方法二：按圆弧长公式计算

计算公式：$V = $ 圆弧长 × 拱厚 × 拱长

$$= l \times d \times L$$

式中：
$$l = \frac{\pi}{180} R\theta$$

【例 12-8】某烟道拱顶厚 0.18m，半径 4.8m，θ 角为 180°，拱长 10 米，求拱顶体积。

【解】已知：$d = 0.18\text{m}$，$R = 4.8\text{m}$，$\theta = 180°$，$L = 10\text{m}$

$$\therefore V = \frac{3.1416}{180} \times 4.8 \times 180 \times 0.18 \times 10$$

$$= 27.14 \text{m}^3$$

12.6　砖　砌　水　塔

砖砌水塔如图 12-48 所示。

1. 水塔基础与塔身划分：以砖基础的扩大部分顶面为界，以上为塔身，以下为基础，分别套用相应基础砌体定额。

2. 塔身以图示实砌体积计算，并扣除门窗洞口和混凝土构件所占的体积，砖平拱碹及砖出檐等并入塔身体积内计算，套水塔砌筑定额。

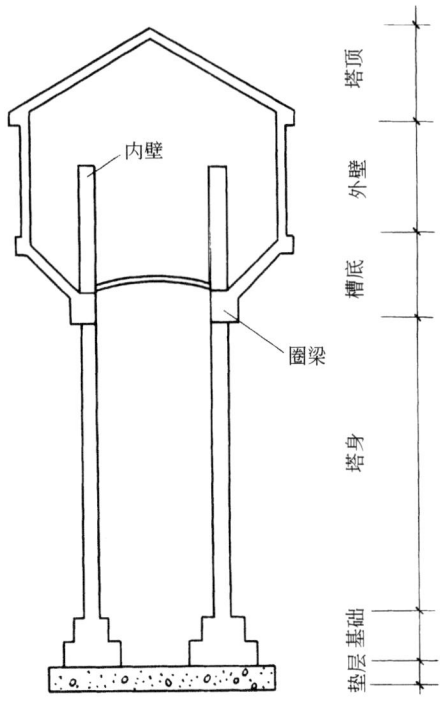

图 12-48 水塔构造及各部分划分示意图

3. 砖水箱内外壁，不分壁厚，均以图示实砌体积计算，套相应的内外砖墙定额。

12.7 砌体内钢筋加固

砌体内钢筋加固根据设计规定，以吨计算，套用钢筋混凝土章节相应项目（见图12-49、图12-50、图12-51）。

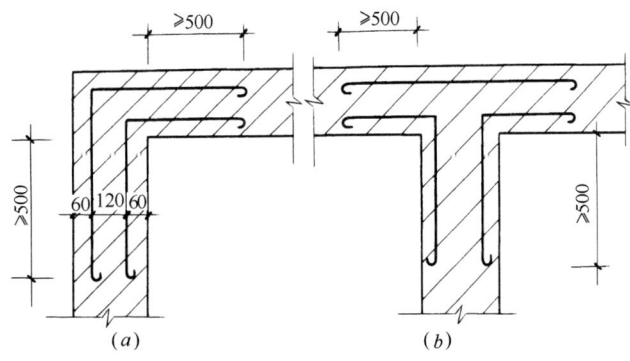

图 12-49 砌体内钢筋加固示意图（一）
(a) 砖墙转角处；(b) 砖墙 T 形接头处

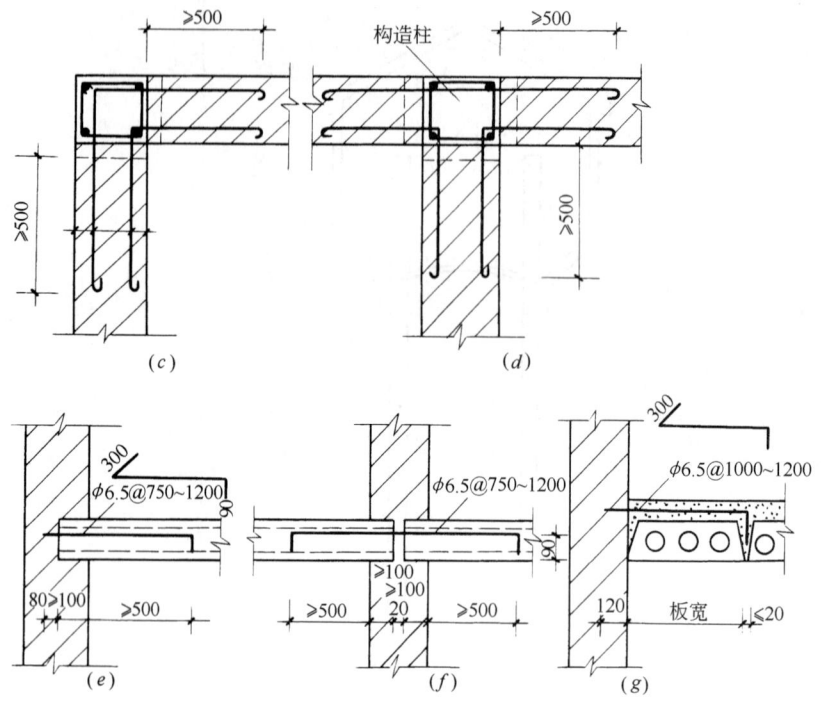

图 12-49 砌体内钢筋加固示意图（二）
(c) 有构造柱的墙转角处；(d) 有构造柱的 T 形墙接头处；
(e) 板端与外墙连接；(f) 板端内墙连接；(g) 板与纵墙连接

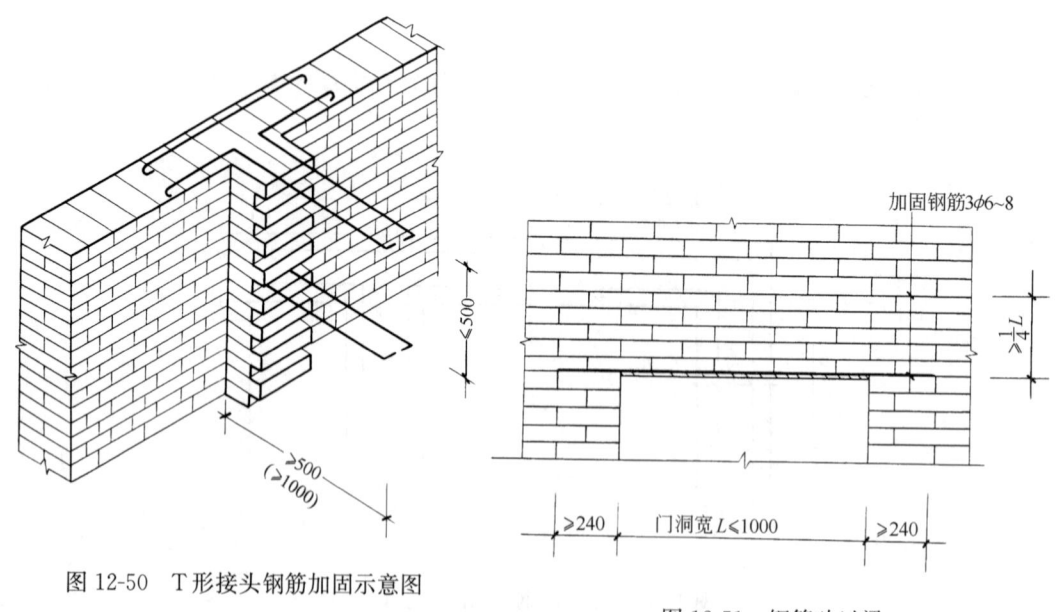

图 12-50 T 形接头钢筋加固示意图

图 12-51 钢筋砖过梁

思 考 题

1. 计算砖墙应扣除哪些体积?
2. 计算砖墙哪些体积可以不扣除?
3. 如何计算女儿墙工程量?
4. 如何计算空花墙工程量?
5. 砖基础与墙身如何划分?
6. 如何确定砖基础长?
7. 如何确定基础垫层长? 它与砖基础同长吗? 为什么?
8. 如何计算基础放脚部分的体积?
9. 如何确定内墙墙身高度?
10. 如何计算砖烟囱工程量?
11. 如何计算砌体内钢筋加固工程量?

13 混凝土及钢筋混凝土工程

13.1 现浇混凝土及钢筋混凝土模板工程量

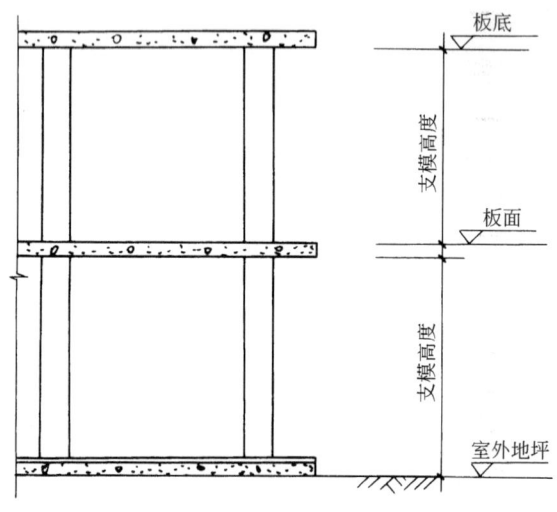

图13-1 支模高度示意图

(1)现浇混凝土及钢筋混凝土模板工程量,除另有规定者外,均应区别模板的不同材质,按混凝土与模板接触面积,扣除后浇带所占面积,以平方米计算。

说明:除了底面有垫层、构件(侧面有构件)及上表面不需支撑模板外,其余各个方向的面均应计算模板接触面积。

(2)现浇钢筋混凝土柱、梁、板、墙的支模高度(即室外地坪至板底或板面至板底之间的高度)以3.6m以内为准,超过3.6m以上部分,另按超过部分计算增加支撑工程量(见图13-1)。

(3)现浇钢筋混凝土墙、板上单孔面积在0.3m² 以内的孔洞,不予扣除,洞侧壁模板亦不增加,单孔面积在0.3m² 以外时,应予扣除,洞侧壁模板面积并入墙、板模板工程量内计算。

(4)现浇钢筋混凝土框架的模板、分别按梁、板、柱、墙有关规定计算,附墙柱,并入墙内工程量计算。

(5)杯形基础杯口高度大于杯口大边长度的。套高杯基础模板定额项目(见图13-2)。

(6)柱与梁、柱与墙、梁与梁等连接的重叠部分以及伸入墙内的梁头、板头部分,均不计算模板面积。

(7)构造柱外露面均应按图示外露部分计算模板面积。构造柱与墙接触部分不计算模板面积(见图13-3)。

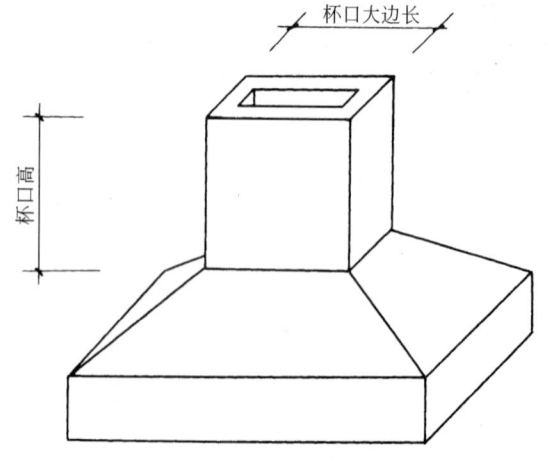

图13-2 高杯基础示意图
(杯口高大于杯口大边长时)

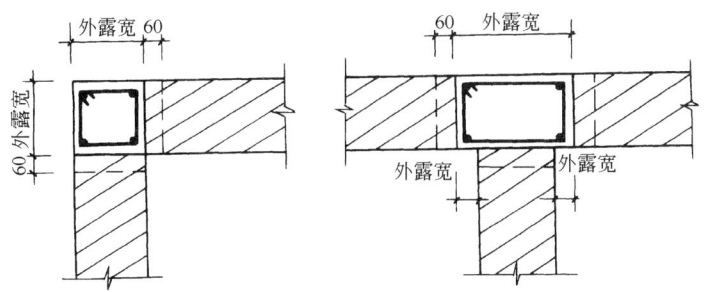

图 13-3 构造柱外露宽需支模板示意图

(8) 现浇钢筋混凝土悬挑板（雨篷、阳台）按图示外挑部分尺寸的水平投影面积计算。挑出墙外的牛腿梁及板边模板不另计算。

说明："挑出墙外的牛腿梁及板边模板"在实际施工时需支模板，为了简化工程量计算，在编制该项定额时已经将该因素考虑在定额消耗内，所以工程量就不单独计算了。

(9) 现浇钢筋混凝土楼梯，以图示露明面尺寸的水平投影面积计算，不扣除小于500mm楼梯井所占面积。楼梯的踏步、踏步板、平台梁等侧面模板，不另计算。

(10) 混凝土台阶不包括梯带，按图示台阶尺寸的水平投影面积计算，台阶端头两侧不另计算模板面积。

(11) 柱、墙、梁板、栏板相互连接的重叠部分，均不扣除楼板面积。

13.2 预制钢筋混凝土构件模板工程量

预制混凝土模板按模板与混凝土的接触面积计算，地模不计算接触面积。

13.3 构筑物钢筋混凝土模板工程量

(1) 构筑物工程的模板工程量，除另有规定者外，区别现浇、预制和构件类别，分别按 13.1 和 13.2 章节的有关规定计算。
(2) 大型池槽等分别按基础、墙、板、梁、柱等有关规定计算并套相应定额项目。
(3) 液压滑升钢模板施工的烟囱、水塔塔身、贮仓等，均按混凝土体积，以立方米计算。
(4) 预制倒圆锥形水塔罐壳模板按混凝土体积，以立方米计算。
(5) 预制倒圆锥形水塔罐壳组装、提升、就位，按不同容积以座计算。

13.4 钢筋工程量计算

13.4.1 钢筋长度、重量计算等有关规定

1. 钢筋工程量有关规定
(1) 钢筋工程应区别现浇、预制构件、不同钢种和规格，分别按设计长度乘以单位质量，以 t 计算。

(2) 计算钢筋工程量时，设计已规定钢筋搭接长度的，按规定搭接长度计算；某些地区预算定额规定，设计未规定搭接长度的，已包括在预算定额的钢筋损耗率内，不另计算搭接长度。

2. 钢筋长度的确定

钢筋长＝构件长－保护层厚度×2＋弯钩长×2＋弯起钢筋增加值（ΔL）×2

(1) 钢筋的混凝土保护层。受力钢筋的混凝土保护层，应符合设计要求；当设计无具体要求时，不应小于受力钢筋直径，并应符合表13-1的要求。

混凝土保护层的最小厚度　　　　　　　　　　　　表13-1

单位：mm

环境类别	板、墙	梁、柱
一	15	20
二a	20	25
二b	25	35
三a	30	40
三b	40	50

注：1. 表中混凝土保护层厚度指最外层钢筋外边缘至混凝土表面的距离，适用于设计使用年限为50年的混凝土结构；

2. 构件中受力钢筋的保护层厚度不应小于钢筋的公称直径；

3. 设计使用年限为100年的混凝土结构，一类环境中，最外层钢筋的保护层厚度不应小于表中数值的1.4倍；二、三类环境中，应采取专门的有效措施；

4. 混凝土强度等级不大于C25时，表中保护层厚度数值应增加5；

5. 基础底面钢筋的保护层厚度，有混凝土垫层时应从垫层顶面算起，且不应小于40mm。

(2) 混凝土结构环境类别见表13-2。

混凝土结构的环境类别　　　　　　　　　　　　表13-2

环境类别	条件
一	室内干燥环境； 无侵蚀性静水浸没环境
二a	室内潮湿环境； 非严寒和非寒冷地区的露天环境； 非严寒和非寒冷地区与无侵蚀性的水或土壤直接接触的环境； 严寒和寒冷地区的冰冻线以下与无侵蚀性的水或土壤直接接触的环境
二b	干湿交替环境； 水位频繁变动环境； 严寒和寒冷地区的露天环境； 严寒和寒冷地区冰冻线以上与无侵蚀性的水或土壤直接接触的环境
三a	严寒和寒冷地区冬季水位变动区环境； 受除冰盐影响环境； 海风环境
三b	盐渍土环境； 受除冰盐作用环境； 海岸环境

续表

环境类别	条件
四	海水环境
五	受人为或自然的侵蚀性物质影响的环境

注：1. 室内潮湿环境是指构件表面经常处于结露或湿润状态的环境；
2. 严寒和寒冷地区的划分应符合现行国家标准《民用建筑热工设计规范》GB 50176—1993 的有关规定；
3. 海岸环境和海风环境宜根据当地情况，考虑主导风向及结构所处迎风，背风部位等因素的影响，由调查研究和工程经验确定；
4. 受除冰盐影响环境是指受到除冰盐盐雾影响的环境；受除冰盐作用环境是指被除冰盐溶液溅射的环境以及使用除冰盐地区的洗车房，停车楼等建筑；
5. 暴露的环境是指混凝土结构表面所处的环境。

(3) 纵向钢筋弯钩长度计算。HPB300 级钢筋末端需要做 180°弯钩时，其圆弧弯曲直径 D 不应小于钢筋直径 d 的 2.5 倍，平直部分长度不宜小于钢筋直径 d 的 3 倍(图 13-4)；HRB335 级、HRB400 级钢筋的弯弧内直径不应小于钢筋直径的 4 倍，弯钩的弯后平直部分应符合设计要求。

1) 钢筋弯钩增加长度基本公式如下：

$$L_x=\left(\frac{n}{2}d+\frac{d}{2}\right)\pi\times\frac{x}{180^\circ}+zd-\left(\frac{n}{2}d+d\right)$$

式中 L_x——钢筋弯钩增加长度，mm；

n——弯钩弯心直径的倍数值；

d——钢筋直径，mm；

x——弯钩角度；

z——以 d 为基础的弯钩末端平直长度系数，mm。

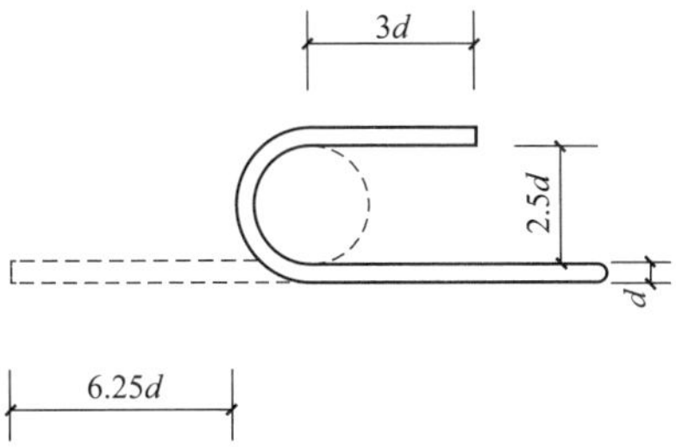

图 13-4 180°弯钩

2) 纵向钢筋 180°弯钩增加长度(当弯心直径＝2.5d，z＝3 时)的计算。根据图 13-4 和基本公式计算 180°弯钩增加长度。

$$\begin{aligned}L_{180}&=\left(\frac{2.5}{2}d+\frac{d}{2}\right)\pi\times\frac{180^\circ}{180^\circ}+3d-\left(\frac{2.5}{2}d+d\right)\\&=1.75d\pi\times1+3d-2.25d\\&=5.498d+0.75d\\&=6.248d\end{aligned}$$

取值为 6.25d。

3) 纵向钢筋 90°弯钩(当弯心直径＝4d，z＝12 时)的计算。根据图 13-5(a)和基本公式计算 90°弯钩增加长度。

$$\begin{aligned}L_{90}&=\left(\frac{4}{2}d+\frac{d}{2}\right)\pi\times\frac{90^\circ}{180^\circ}+12d-\left(\frac{4}{2}d+d\right)\\&=2.5d\pi\times\frac{1}{2}+12d-3d\\&=3.927d+9d\\&=12.927d\end{aligned}$$

取值为 12.93d。

4) 纵向钢筋 135°弯钩（当弯心直径=4d，z=5 时）的计算。根据图 13-5(b)和基本公式计算 90°弯钩增加长度。

$$L_{135} = \left(\frac{4}{2}d + \frac{d}{2}\right)\pi \times \frac{135°}{180°} + 5d - \left(\frac{4}{2}d + d\right)$$
$$= 2.5d\pi \times 0.75 + 5d - 3d$$
$$= 5.891d + 2d$$
$$= 7.891d$$

取值为 7.89d。

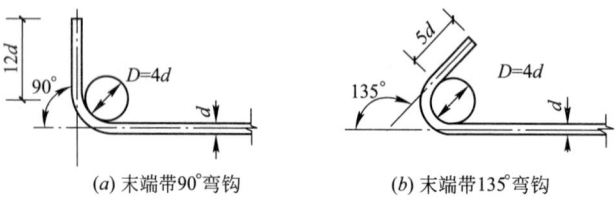

(a) 末端带90°弯钩　　(b) 末端带135°弯钩

图 13-5　90°和 135°弯钩

(4) 箍筋弯钩。箍筋的末端应作弯钩，弯钩形式应符合设计要求。当设计无具体要求 HPB300 级钢筋或冷拔低碳钢丝制作的箍筋，其弯钩的弯曲直径应大于受力钢筋直径，且不小于箍筋直径的 2.5 倍。弯钩平直部分的长度，对一般结构，不宜小于箍筋直径的 5 倍；对要求的结构，不应小于箍筋直径的 10 倍(图 13-6)。

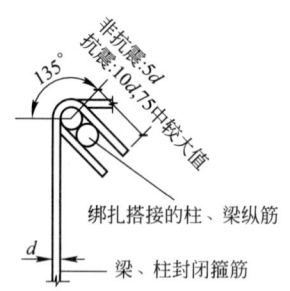

图 13-6　箍筋弯钩

1) 箍筋 135°弯钩（当弯心直径=2.5d，z=5 时）的计算。根据图 13-6 和基本公式计弯钩增加长度。

$$L_{135} = \left(\frac{2.5}{2}d + \frac{d}{2}\right)\pi \times \frac{135°}{180°} + 5d - \left(\frac{2.5}{2}d + d\right)$$
$$= 1.75d\pi \times 0.75 + 5d - 2.25d$$
$$= 4.123d + 2.75d$$
$$= 6.873d$$

取值为 6.87d。

2) 箍筋 135°弯钩(当弯心直径=2.5d，z=10 时) 的计算。根据图 13-6 和基本公式计算 135°弯钩增加长度。

$$L_{135} = \left(\frac{2.5}{2}d + \frac{d}{2}\right)\pi \times \frac{135°}{180°} + 10d - \left(\frac{2.5}{2}d + d\right)$$
$$= 1.75d\pi \times 0.75 + 10d - 2.25d$$
$$= 4.123d + 7.75d$$
$$= 11.873d$$

取值为 11.87d。

(5) 弯起钢筋增加长度。弯起钢筋的弯起角度，一般有 30°、45°、60°三种，其弯起增加斜长与水平投影长度之间的差值，如图 13-7 所示。

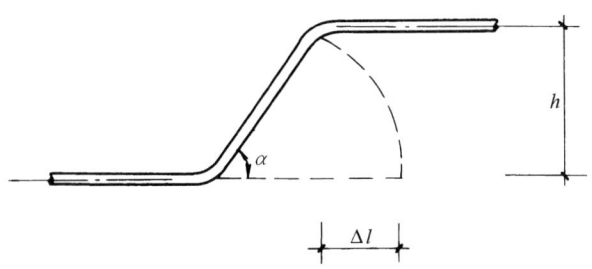

图 13-7 弯起钢筋增加长度示意图

弯起钢筋斜长及增加长度计算方法见表 13-3。

弯起钢筋斜长及增加长度计算表 表 13-3

形状		30°	45°	60°
计算方法	斜边长 S	$2h$	$1.414h$	$1.155h$
	增加长度 $S-L=\Delta l$	$0.268h$	$0.414h$	$0.577h$

（6）钢筋的绑扎接头。按《混凝土结构设计规范》GB 50010—2010 的规定，纵向受拉钢筋的绑扎搭接接头的搭接长度，应根据位于同一连接区段内的钢筋搭接接头面积百分率确定，且不应小于 300mm，按表 13-4 中规定计算。

纵向受拉钢筋的绑扎搭接接头的搭接长度 表 13-4

纵向受拉钢筋绑扎搭接长度 l_l、l_{lE}				注：
抗震	非抗震			1. 当直径不同的钢筋搭接时，l_l、l_{lE} 按直径较小的钢筋计算；
$l_{lE}=\zeta_l l_{aE}$	$l_l=\zeta_l l_E$			2. 任何情况下不应小于 300mm；
纵向受拉钢筋搭接长度修正系数 ζ_l				3. 式中 ζ_l 为纵向受拉钢筋搭接长度修正系数。当纵向钢筋搭接接头百分率为表的中间值时，可按内插取值
纵向钢筋搭接接头面积百分率（%）	≤25	50	100	
ζ_l	1.2	1.4	1.6	

3. 钢筋的锚固

钢筋的锚固长度是指受力钢筋依靠其表面与混凝土的粘结作用或内部构造的挤压作用而达到设计承受应力所需的长度。

根据 11G101—1 标准设计图集规定，钢筋的锚固长度应按表 13-5、表 13-6 和表 13-7 的要求计算。

受拉钢筋基本锚固长度 l_{ab}、l_{abE} 表 13-5

钢筋种类	抗震等级	混凝土强度等级								
		C20	C25	C30	C35	C40	C45	C50	C55	≥C60
HPB300	一、二级(l_{abE})	45d	39d	35d	32d	29d	28d	26d	25d	24d
	三级(l_{abE})	41d	36d	32d	29d	26d	25d	24d	23d	22d
	四级(l_{abE})非抗震(l_{ab})	39d	34d	30d	28d	25d	24d	23d	22d	21d
HPB335 HRBF335	一、二级(l_{abE})	44d	38d	33d	31d	29d	26d	25d	24d	24d
	三级(l_{abE})	40d	35d	31d	28d	26d	24d	23d	22d	22d
	四级(l_{abE})非抗震(l_{ab})	38d	33d	29d	27d	25d	23d	22d	21d	21d
HPB400 HRBF400 RRB400	一、二级(l_{abE})	—	46d	40d	37d	33d	32d	31d	30d	29d
	三级(l_{abE})	—	42d	37d	34d	30d	29d	28d	27d	26d
	四级(l_{abE})非抗震(l_{ab})	—	40d	35d	32d	29d	28d	27d	26d	25d
HPB500 HRBF500	一、二级(l_{abE})	—	55d	49d	45d	41d	39d	37d	36d	35d
	三级(l_{abE})	—	50d	45d	41d	38d	36d	34d	33d	32d
	四级(l_{abE})非抗震(l_{ab})	—	48d	43d	39d	36d	34d	32d	31d	30d

受拉钢筋锚固长度 l_a、抗震锚固长度 l_{aE} 表 13-6

非抗震	抗震	注:
$l_a = \zeta_a l_{ab}$	$l_{aE} = \zeta_{aE} l_a$	1. l_a 不应小于 200; 2. 锚固长度修正系数 ζ_a 按表 7.18 取用,当多于一项时,可按连乘计算,但不应小于 0.6; 3. ζ_{aE} 为抗震锚固长度修正系数,对一、二级抗震等级取 1.15,对三级抗震等级取 1.05,对四级抗震等级取 1.00

受拉钢筋锚固长度修正系数 ζ_a 表 13-7

锚固条件		ζ_a	
带肋钢筋的公称直径大于 25mm		1.10	
环氧树脂涂层带肋钢筋		1.25	—
施工过程中易受扰动的钢筋		1.10	
锚固区保护层厚度	3d	0.80	注:中间时按内插值。d 为锚固钢筋直径
	5d	0.70	

4. 钢筋质量计算

(1) 钢筋理论质量计算:

$$钢筋理论质量 = 钢筋长度 \times 每米质量$$

式中　每米质量——每米钢筋的质量,取值为 $0.006165d^2$,kg/m;

　　　d——以 mm 为单位的钢筋直径。

(2) 钢筋工程量计算:

$$钢筋工程量 = 钢筋分规格长 \times 分规格每米质量$$

钢筋每米重见表 13-8。

钢筋每米重量表 表 13-8

直径(mm)	4	6	6.5	8	10	12	14
每米重(kg)	0.099	0.222	0.260	0.395	0.617	0.888	1.21
直径(mm)	16	18	20	22	25	28	32
每米重(kg)	1.58	2.00	2.47	2.98	3.85	4.83	6.31

5. 钢筋工程量计算实例

【例 13-1】根据图 13-8 计算 8 根现浇 C20 钢筋混凝土矩形梁（抗震）的钢筋工程量，混凝土保护层厚度为 25mm（按混凝土保护层最小厚度确定为 20mm，当混凝土强度等级不大于 C25 时，增加 5mm，故为 25mm）。

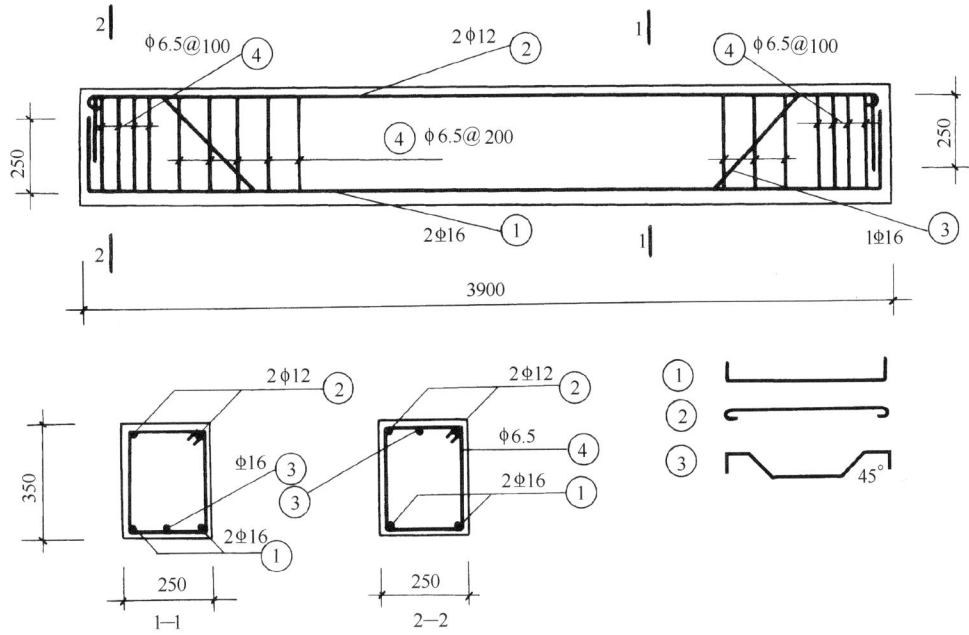

图 13-8 现浇 C20 钢筋混凝土矩形梁

【解】（1）计算一根矩形梁钢筋长度

①号筋（Φ16）2 根

$$l = (3.90 - 0.025 \times 2 + 0.25 \times 2) \times 2$$
$$= 4.35 \times 2 = 8.70 \text{m}$$

②号筋（Φ12）2 根

$$l = (3.90 - 0.025 \times 2 + 0.012 \times 6.25 \times 2) \times 2$$
$$= 4.0 \times 2 = 8.0 \text{m}$$

③号筋（Φ16）1 根

弯起增加值计算，见表 13-4。

$$l = 3.90 - 0.025 \times 2 + 0.25 \times 2 + (0.35 - 0.025 \times 2 - 0.016) \times 0.414^* \times 2$$
$$= 4.35 + 0.284 \times 0.414^* \times 2 = 4.59 \text{m}$$

④号筋(Φ6.5)

箍筋根数＝(3.90－0.30×2－0.025×2)÷0.20＋1＋6(两端加密筋)＝24根

单根箍筋长＝(0.35－0.025×2－0.0065＋0.25－0.025×2－0.0065)×2
　　　　　＋11.89×0.0065×2＝1.125m

箍筋长＝1.125×24＝27.00m

(2) 计算8根矩形梁钢筋质量

Φ16：(8.7＋4.59)×8×1.58＝167.99kg ⎫
Φ12：8.0×8×0.888＝56.83kg   ⎬ 280.98kg
Φ6.5：27×8×0.26＝56.16kg   ⎭

注：Φ16钢筋每米重＝0.006165×16²＝1.58kg/m

Φ12钢筋每米重＝0.006165×12²＝0.888kg/m

Φ6.5钢筋每米重＝0.006165×6.5²＝0.26kg/m

13.4.2 平法钢筋工程量计算

1. 梁构件

(1) 在平法楼层框架梁中常见的钢筋形状如图13-9所示。

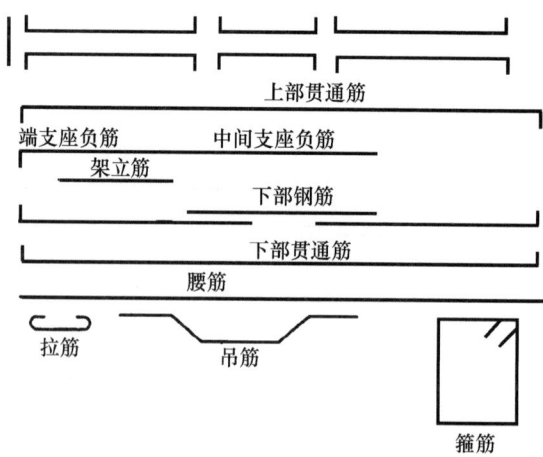

图13-9 平法楼层框架梁常见钢筋形状示意图

(2) 钢筋长度计算方法。平法楼层框架梁常见的钢筋计算方法有以下几种：

1) 上部贯通筋（图13-10-1）

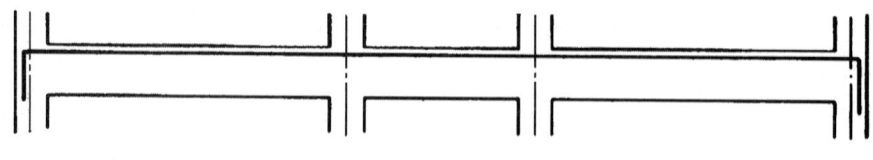

图13-10-1 上部贯通筋

上部贯通筋长 L ＝各跨长之和－左支座内侧宽－右支座内侧宽＋锚固长度＋搭接长度

锚固长度取值：

① 当(支座宽度－保护层)≥L_{aE}，且≥$0.5h_c＋5d$时，锚固长度＝$\max(L_{aE}, 0.5h_c$

$+5d$);

② 当(支座宽度－保护层)<L_{aE}时,锚固长度＝支座宽度－保护层＋$15d$。

其中,h_c为柱宽,d为钢筋直径。

2) 端支座负筋(图13-10-2)。

$$上排钢筋长 L = L_{ni}/3 + 锚固长度$$
$$下排钢筋长 L = L_{ni}/4 + 锚固长度$$

式中　$L_{ni}(i=1,2,3,\cdots)$——梁净跨长,锚固长度同上部贯通筋。

3) 中间支座负筋(图13-10-3)。

$$上排钢筋长 L = 2 \times (L_{ni}/3) + 支座宽度$$
$$下排钢筋长 L = 2 \times (L_{ni}/4) + 支座宽度$$

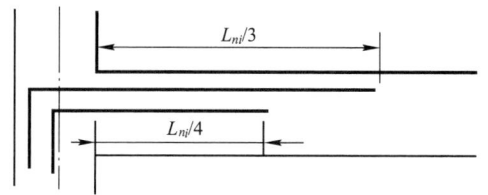

图13-10-2　支座负筋示意图

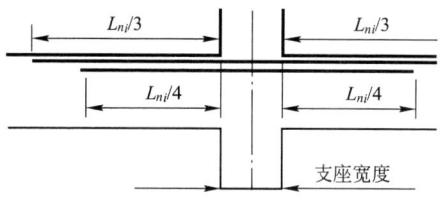

图13-10-3　中间支座负筋示意图

式中　跨度值L_n——左跨L_{ni}和右跨L_{ni+1}之较大值,其中$i=1,2,3,\cdots$

4) 架立筋(图13-10-4)。

架立筋长L＝本跨净跨长－左侧负筋伸出长度－右侧负筋伸出长度＋2×搭接长度(搭接长度可按150mm计算)。

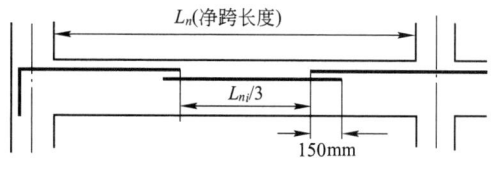

图13-10-4　架立筋示意图

5) 下部钢筋(图13-10-5)。

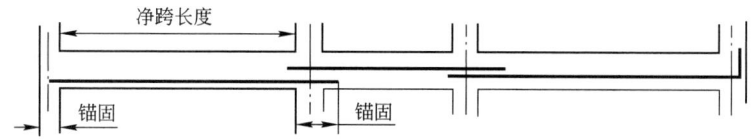

图13-10-5　框架梁下部钢筋示意图

$$下部钢筋长 = \sum_{i=1}^{n}[L_n + 2 \times 锚固长度(或 0.5h_c + 5d)]_i$$

6) 下部贯通筋(图13-10-6)。

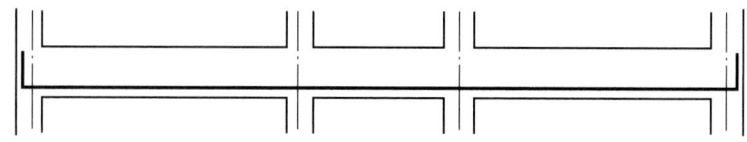

图13-10-6　框架梁下部钢筋示意图

下部贯通筋长 $L=$ 各跨长之和－左支座内侧宽－右支座内侧宽＋锚固长度＋搭接长度
式中锚固长度同上部贯通筋。

7）梁侧面钢筋（图 13-10-7）。

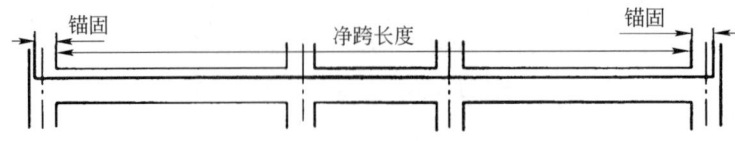

图 13-10-7 框架梁侧面钢筋示意图

梁侧面钢筋长 $L=$ 各跨长之和－左支座内侧宽－右支座内侧宽＋锚固长度＋搭接长度

说明：当为侧面构造钢筋时，搭接与锚固长度为 $15d$；当为侧面受扭纵向钢筋时，搭接长度为 L_{lE} 或 L_l，其锚固长度为 L_{aE} 或 L_a，锚固方式同框架梁下部纵筋。

8）拉筋（图 13-10-8）。

当只勾住主筋时：

拉筋长度 $L=$ 梁宽－$2\times$保护层＋$2\times 1.9d$＋$2\times\max(10d,75mm)$＋$2d$
拉筋根数 $n=[(梁净跨长-2\times 50)/(箍筋非加密间距\times 2)]+1$

9）吊筋（图 13-10-9）。

吊筋长度 $L=2\times 20d$（锚固长度）＋$2\times$斜段长度＋次梁宽度＋2×50

说明：当梁高$\leqslant 800mm$ 时，斜段长度＝（梁高－$2\times$保护层）/$\sin 45°$；当梁高＞$800mm$ 时，斜段长度＝（梁高－$2\times$保护层）/$\sin 60°$。

10）箍筋（图 13-10-10）。

箍筋长度 $L=2\times$（梁高－$2\times$保护层＋梁宽－$2\times$保护层）
$+2\times 11.9d+4d$

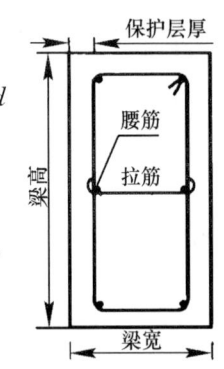

图 13-10-8 框架梁内拉筋示意图

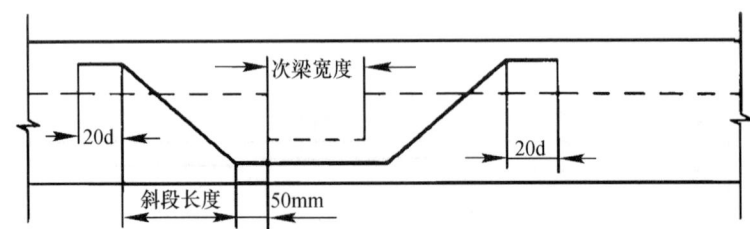

图 13-10-9 框架梁内吊筋示意图

箍筋根数 $n=2\times\{[(加密区长度-50)/加密区间距]+1\}+[(非加密区长度/非加密区间距)-1]$

说明：当为 1 级抗震时，箍筋加密区长度为 $\max(2\times$梁高，$500)$；

当为 2～4 级抗震时，箍筋加密区长度为 $\max(1.5\times$梁高，$500)$。

11）屋面框架梁钢筋（图 13-10-11）。

屋面框架梁上部贯通筋和端支座负筋的锚固长度 $L=$ 柱宽－保护层＋梁高－保护层

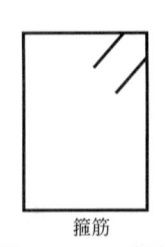

图 13-10-10 框架梁内箍筋示意图

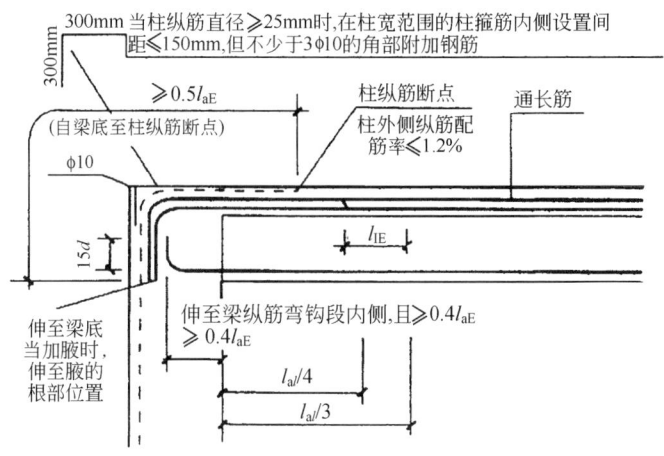

图 13-10-11 屋面框架梁钢筋示意图

12) 悬臂梁钢筋计算(图 13-10-12)。

箍筋长度 $L=2\times[(H+H_b)/2-2\times$ 保护层+挑梁宽$-2\times$ 保护层$]+11.9d+4d$

箍筋根数 $n=(L-$ 次梁宽$-2\times50)/$ 箍筋间距$+1$

上部上排钢筋 $L=L_{ni}/3+$ 支座宽$+L-$ 保护层$+\max\{(H_b-2\times$ 保护层$),12d\}$

上部下排钢筋 $L=L_{ni}/4+$ 支座宽$+0.75L$

下部钢筋 $L=15d+XL-$ 保护层

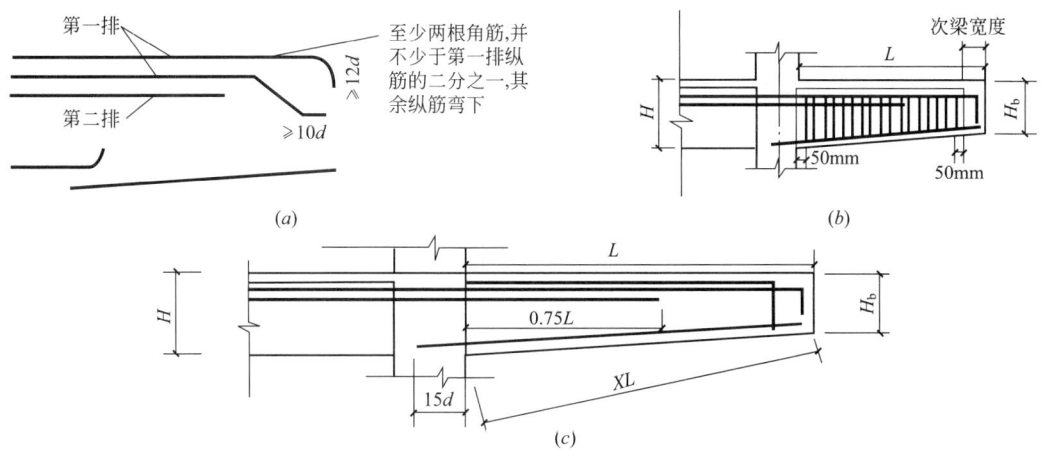

图 13-10-12 悬臂梁钢筋示意图

说明：不考虑地震作用时，当纯悬挑梁的纵向钢筋直锚长度$\geqslant l_a$，且$\geqslant 0.5h_c+5d$时，可不必上下弯锚，当直锚伸至对边仍不足l_a时，则应按图示弯锚，当直锚伸至对边仍不足$0.45l_a$时，则应采用较小直径的钢筋。

当悬挑梁由屋面框架梁延伸出来时，其配筋构造应由设计者补充；当梁的上部设有第3排钢筋时，其延伸长度应由设计者注明。

【例 13-2】根据图 13-10-13，计算 WKL2 框架梁钢筋工程量（柱截面尺寸为 400mm×400mm，梁纵长钢筋为对焊连接）。

【解】 上部贯通筋 L＝各跨长之和－左支座内侧宽－右支座内侧宽＋锚固长度

$\Phi 18$：$L=[(7.50-0.20-0.325)+(0.45-0.02+15\times0.018)+$
$(0.40-0.02+15\times0.018)]\times 2=(6.975+0.70+0.65)\times 2$
$=16.65\text{m}$

端支座负筋 $L=L_{ni}/3+$ 锚固长度

$\Phi 16$：$L=[(7.50-0.20-0.325)\div 3+(0.45-0.02+15\times0.016)]\times 2$
$\quad+[(7.50-0.20-0.325)\div 3+(0.40-0.02+15\times0.016)]\times 1$
$=(2.325+0.67)\times 2+(2.325+0.62)\times 1$
$=8.94\text{m}$

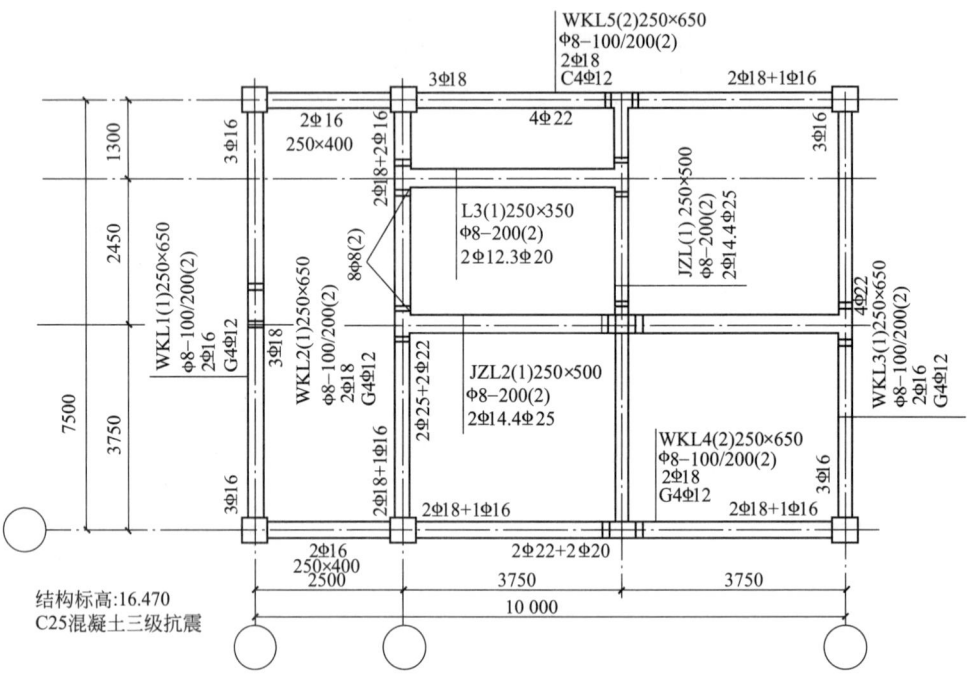

图 13-10-13 屋面梁平面整体配筋图（尺寸单位：mm）

下部钢筋 L＝净跨长＋锚固长度

$\Phi 25$：$L=[(7.5-0.20-0.325)+(0.45-0.02+15\times0.025)$
$\quad+(0.40-0.02+15\times0.025)]\times 2$
$=(6.975+0.805+0.755)\times 2$
$=17.07\text{m}$

$\Phi 22$：$L=[(7.50-0.20-0.325)+(0.45-0.02+15\times0.022)$
$\quad+(0.40-0.02+15\times0.022)]\times 2$
$=(6.975+0.76+0.71)\times 2$
$=16.89\text{m}$

箍筋长 $L=2\times$（梁宽－$2\times$保护层＋梁高－$2\times$保护层）＋$2\times 11.9d+4d$

$\Phi 8$：$L=2\times(0.25-0.02\times 2+0.65-0.02\times 2)+2\times 11.9\times 0.008+4\times 0.008$

＝1.86m

箍筋根数(取整)$n=2×[$(加密区长－50)/加密区间距
　　　　　　　　　＋(非加密区长/非加密区间距)－1]＋支梁加密根数

$n=2×[(0.975-0.05)÷0.10+1]$
　　＋$[(7.50-0.20-0.325-0.975×2)÷0.20-1]+8×2=82$根

箍筋长小计：$L=1.86×82=152.52$m

WKL2 箍筋质量：

梁纵筋Φ18　$16.65×2.00=33.30$kg
　　　　Φ16　$8.94×1.58=14.13$kg
　　　　Φ25　$17.07×3.85=65.72$kg
　　　　Φ22　$16.89×2.98=50.33$kg

箍筋　Φ8　$152.52×0.395=60.25$kg

钢筋质量小计：223.73kg

2. 柱构件

平法柱钢筋主要是纵筋和箍筋两种形式，不同的部位有不同的构造要求。每种类型的柱，其纵筋都会分为基础、首层、中间层和顶层4个部分来设置。

(1)基础部位钢筋计算(图13-10-14)。

柱纵筋长$L=$本层层高－下层柱钢筋外露长度$\max(\geqslant H_n/6, \geqslant 500, \geqslant$柱截面长边尺寸$)$
　　＋本层柱钢筋外露长度$\max(\geqslant H_n/6, \geqslant 500, \geqslant$柱截面长边尺寸$)$＋搭接长度(对焊接时为0)

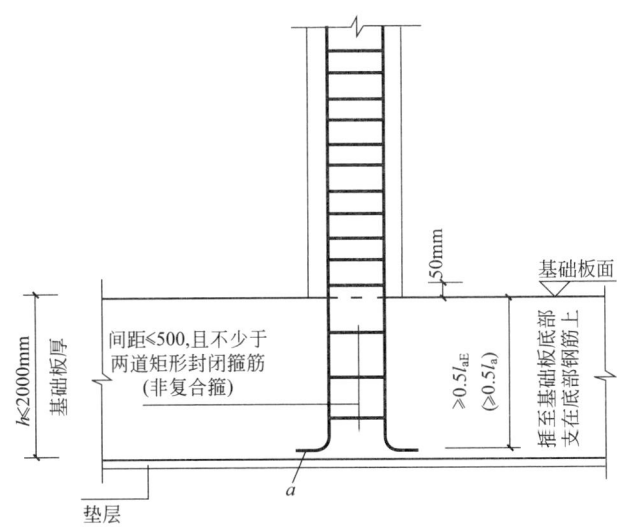

图13-10-14　主插筋构造示意图

基础插筋$L=$基础高度－保护层＋基础弯折$a(\geqslant 150)$
　　　　＋基础钢筋外露长度$H_n/3$(H_n指楼层净高)
　　　　＋搭接长度(焊接时为0)

(2)首层柱钢筋计算(图13-10-15)。

柱纵筋长度＝首层层高－基础柱钢筋外露长度$H_n/3$

＋本层柱钢筋外露长度 max($\geqslant H_n/6$，$\geqslant 500$，$\geqslant$柱截面长边尺寸)
＋搭接长度(焊接时为 0)

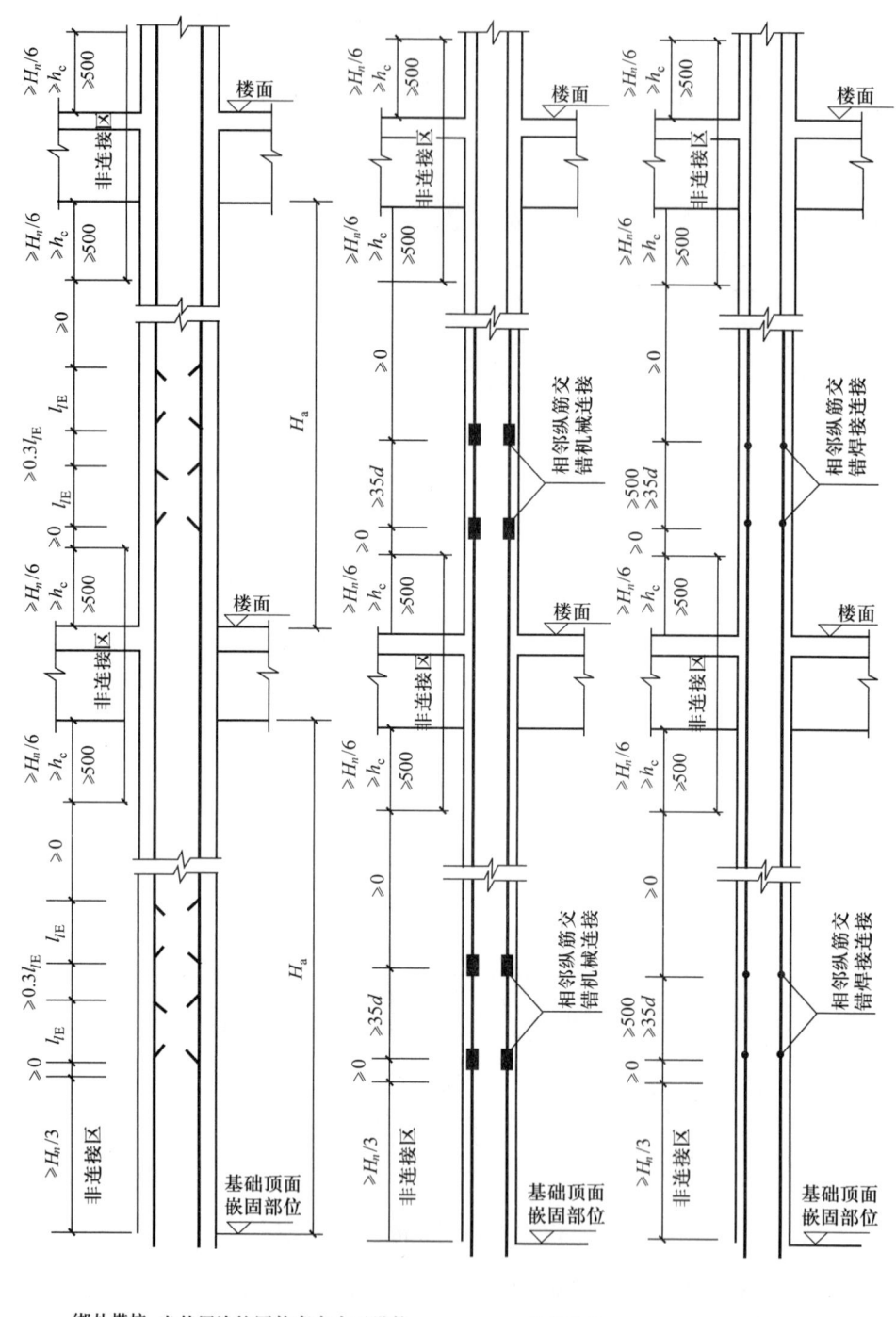

图 13-10-15　框架柱钢筋示意图(尺寸单位：mm)

(3) 中间柱钢筋计算

柱纵筋长 L＝本层层高－下层柱钢筋外露长度 $\max(\geqslant H_n/6,\geqslant 500,\geqslant$柱截面长边尺寸$)$＋本层柱钢筋外露长度 $\max(\geqslant H_n/6,\geqslant 500,\geqslant$柱截面长边尺寸$)$＋搭接长度（焊接时为 0）

(4) 顶层柱钢筋计算（图 13-10-16）。

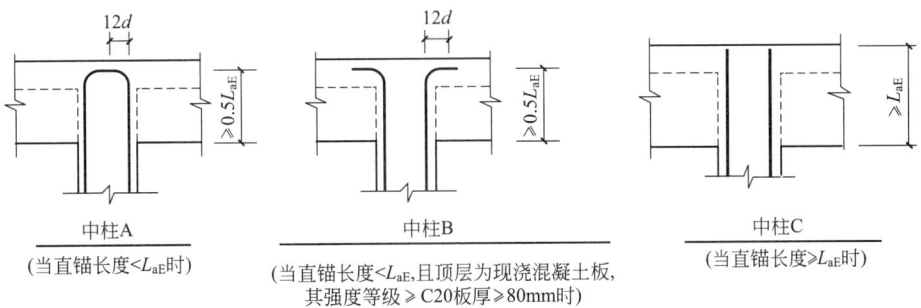

图 13-10-16 顶层柱钢筋示意图

柱纵筋长 L＝本层层高－下层柱钢筋外露长度 $\max(\geqslant H_n/6,\geqslant 500,\geqslant$柱截面长边尺寸$)$－屋顶节点梁高＋锚固长度

锚固长度确定分为 3 种：

1) 当为中柱时，直锚长度$<L_{aE}$时，锚固长度＝梁高－保护层＋$12d$；当柱纵筋的直锚长度（即伸入梁内的长度）不小于 L_{aE} 时，锚固长度＝梁高－保护层。

2) 当为边柱时，边柱钢筋分一面外侧锚固和三面内侧锚固。外侧钢筋锚固$\geqslant 1.5L_{aE}$，内侧钢筋锚固同中柱纵筋锚固（图 13-10-17）。

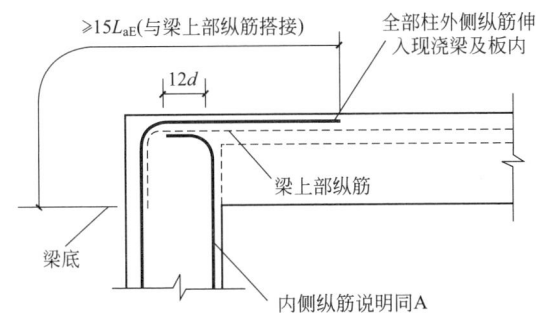

图 13-10-17 边柱、角柱钢筋示意图

3) 当为角柱时，角柱钢筋分两面，外侧和两面内侧锚固。

(5) 柱箍筋计算

1) 柱箍筋根数计算

基础层柱箍筋根数 n＝在基础内布置间距不少于 500 且不少于两道矩形封闭非复合箍的数量

底层柱箍筋根数 n＝（底层柱根部加密区高度/加密区间距）＋1
　　　　　　　　　＋（底层柱上部加密区高度/加密区间距）＋1

$$+ (底层柱中间非加密区高度/非加密区间距)-1$$

楼底层柱箍筋根数 $n = \dfrac{下部加密高度+上部加区高度}{加密区间距} + 2 + \dfrac{柱中间非加密区高度}{非加密区间距} - 1$

2) 柱非复合箍筋长度计算(图 13-10-18)。

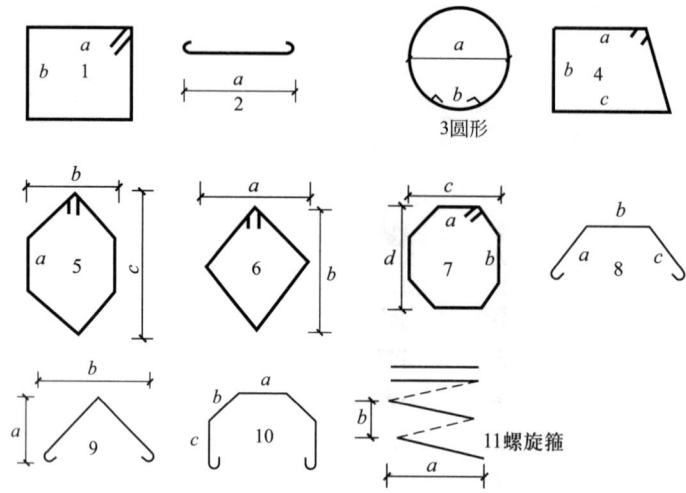

图 13-10-18 柱非复合箍筋形状示意图

各种非复合箍筋长度计算如下(图中尺寸均已扣除保护层厚度):

a. 1 号图矩形箍筋长:
$$L = 2\times(a+b)+2\times 弯钩长+4d$$

b. 2 号图一字形箍筋长:
$$L = a + 2\times 弯钩长 + d$$

c. 3 号图圆形箍筋长:
$$L = 3.1416\times(a+b)+2\times 弯钩长 + 搭接长度$$

d. 4 号图梯形箍筋长:
$$L = a+b+c+\sqrt{(c-a)^2+b^2}+2\times 弯钩长+4d$$

e. 5 号图六边形箍筋长:
$$L = 2\times a + 2\times\sqrt{(c-a)^2+b^2}+2\times 弯钩长+6d$$

f. 6 号图平行四边形箍筋长:
$$L = 2\times\sqrt{a^2+b^2}+2\times 弯钩长+4d$$

g. 7 号图八边形箍筋长:
$$L = 2\times(a+b)+2\times\sqrt{(c-a)^2+(d-b)^2}+2\times 弯钩长+8d$$

h. 8 号图八字形箍筋长:
$$L = a+b+c+2\times 弯钩长+3d$$

i. 9 号图转角形箍筋长:
$$L = 2\times\sqrt{a^2+b^2}+2\times 弯钩工+2d$$

j. 10 号图门字形箍筋长:

$$L=a+2(b+c)+2×弯钩长+5d$$

k. 11 号图螺旋形箍筋长：
$$L=\sqrt{[3.14×(a+b)]^2+b^2}+(柱高÷螺距 b)$$

(6) 柱复合箍筋长度计算（图 13-10-19）。

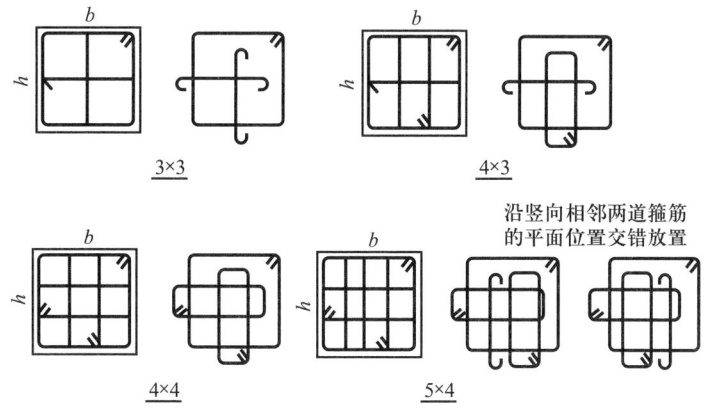

图 13-10-19 柱复合箍筋形状示意图

1) 3×3 箍筋长：

外箍筋长 $L=2×(b+h)-8×保护层+2×弯钩长+4d$

内一字箍筋长 $=(h-2×保护层+2×弯钩长+d)+(b-2×保护层+2×弯钩长+d)$

2) 4×3 箍筋长：

外箍筋长 $L=2×(b+h)-8×保护层+2×弯钩长+4d$

内矩形箍筋长 $L=[(b-2×保护层-D)÷3+D]×2+(h-2×保护层)×2+2×弯钩长+4d$

式中 D——纵筋直径。

内一字箍筋长 $L=b-2×保护层+2×弯钩长+d$

3) 4×4 箍筋长：

外箍筋长 $L=2×(b+h)-8×保护层+2×弯钩子+4d$

内矩形箍筋长 $L_1=[(b-2×保护层-D)÷3+D+d+h-2×保护层+d]×2+2×弯钩长$

内矩形箍筋长 $L_2=[(h-2×保护层-D)÷3+D+d+b-2×保护层+d]×2+2×弯钩长$

4) 5×4 箍筋长：

外箍筋长 $L-2×(b+h)-8×保护层+2×弯钩长+4d$

内矩形箍筋长 $L_1=[(b-2×保护层-D)÷4+D+d+h-2×保护层+d]×2+2×弯钩长$

内矩形箍筋长 $L_2=[(h-2×保护层-D)÷3+D+d+b-2×保护层+d]×2+2×弯钩长$

内一字箍筋长 $L=h-2×保护层+2×弯钩长+d$

【例 13-3】 根据图 13-10-20，计算ⓒ轴与②轴相交的 KZ4 框架柱的钢筋工程量。柱纵筋为对焊连接，柱本层高 3.90m，上层层高 3.60m。

【解】 中间层柱钢筋长 $L=$ 本层层高－下层柱钢筋外露长度 $\max(\geq H_n/6,\geq 500,\geq$ 柱截面长边尺寸)＋本层柱钢筋外露长度 $\max(\geq H_n/6,\geq 500,\geq$ 柱截面长边尺寸)＋搭接长度（对焊接时为 0）

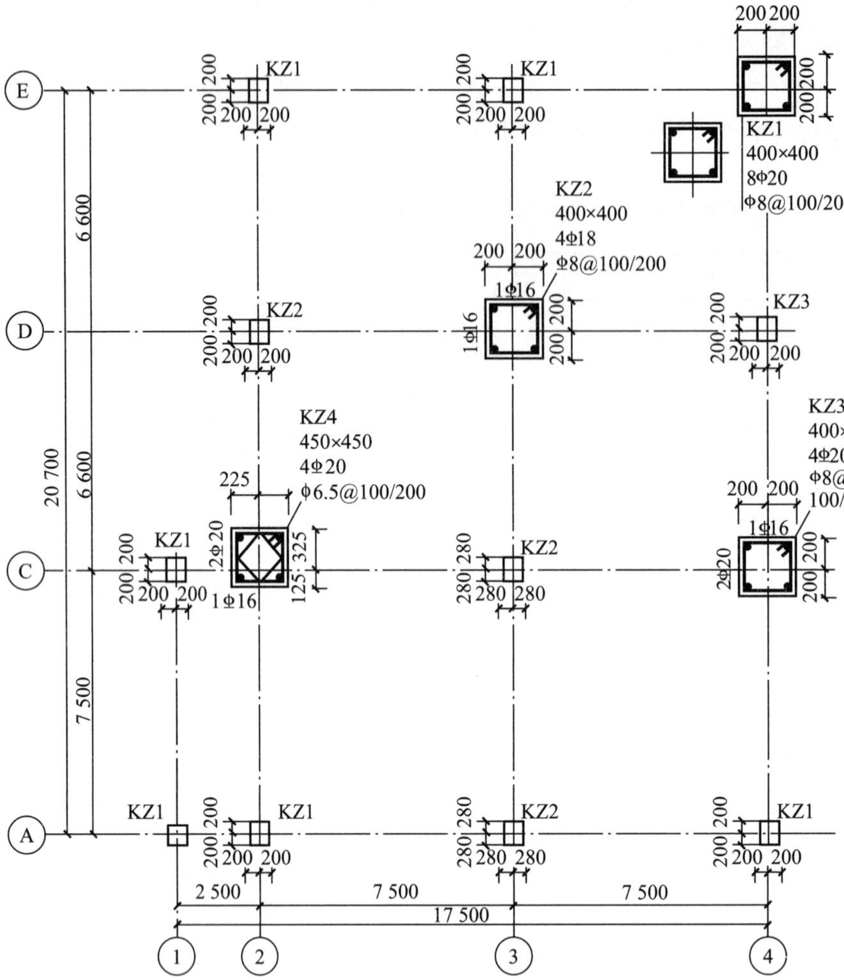

图 13-10-20 三层柱平面整体配筋图(尺寸单位：mm)

注：本层编号仅用于本层，标高：8.970，层高：3.90，C25混凝土三级抗震。

$\Phi 20$：$L=[3.90-(3.90-梁高\times 0.25)\div 6+(3.60-梁高\times 0.25)\div 6]\times 8$
$=[(3.90-0.61)+0.56]\times 8$
$=30.80$m

$\Phi 16$：$L=3.85\times 2=7.70$m

六边形箍筋长 $L=2\times a+2\times \sqrt{(c-a)^2+b^2}+2\times 弯钩长+6d$

图 13-10-21 中：

$a=(0.45-0.02\times 2)\div 3=0.14$m
$b=0.45-0.02\times 2=0.41$m
$c=0.45-0.02\times 2=0.41$m

六边形$\Phi 6.5$：$L=2\times 0.14+2\times \sqrt{(0.41-0.14)^2+0.41^2}$
$\qquad +2\times (0.075+1.9\times 0.0065)+6\times 0.0065$
$=0.28+2\times 0.49+0.17+0.04=1.47$m

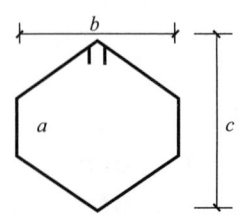

图 13-10-21 六边形箍筋

矩形箍筋长 $L=2×$(柱长边$-2×$保护层$+$柱短边$-2×$保护层)$+2×$弯钩长$+4d$

$\Phi 6.5$：$L=2×(0.45-2×0.02+0.45-2×0.02)+2×(0.075+1.9×0.0065)+4×0.0065$
$=1.90\mathrm{m}$

箍筋根数(取整数)$n=\dfrac{\text{柱下部加密区高度}+\text{上部加密区高度}}{\text{加密区间距}}+2+\dfrac{\text{柱中间非加密区高度}}{\text{非加密区间距}}-1$

柱箍筋根数：$n=[(3.90-0.25)÷6×2+\text{梁高}×0.25]÷0.10+2$
$\qquad\qquad\qquad +[(3.90-0.25)-(3.90-0.25)÷6×2]÷0.20-1$
$\qquad\quad =(0.61×2+0.25)÷0.10+2+(3.65-0.61×2)÷0.20-1$
$\qquad\quad =29$

箍筋长小计：$L=(1.47+1.90)×29=97.73\mathrm{m}$

KZ4 钢筋质量：

柱纵筋$\Phi 20$：$30.80\mathrm{m}×2.47\mathrm{kg/m}=76.08\mathrm{kg}$

$\Phi 18$：$7.70\mathrm{m}×2.00\mathrm{kg/m}=15.40\mathrm{kg}$

$\Phi 6.5$：$97.73×0.26\mathrm{kg/m}=25.41\mathrm{kg}$

钢筋质量小计：116.89kg

【例 13-4】 根据图 13-10-22，计算Ⓑ轴与②轴相交的 KZ3 框架柱钢筋工程量（柱纵筋为对焊连接，本层层高 3.60m）。

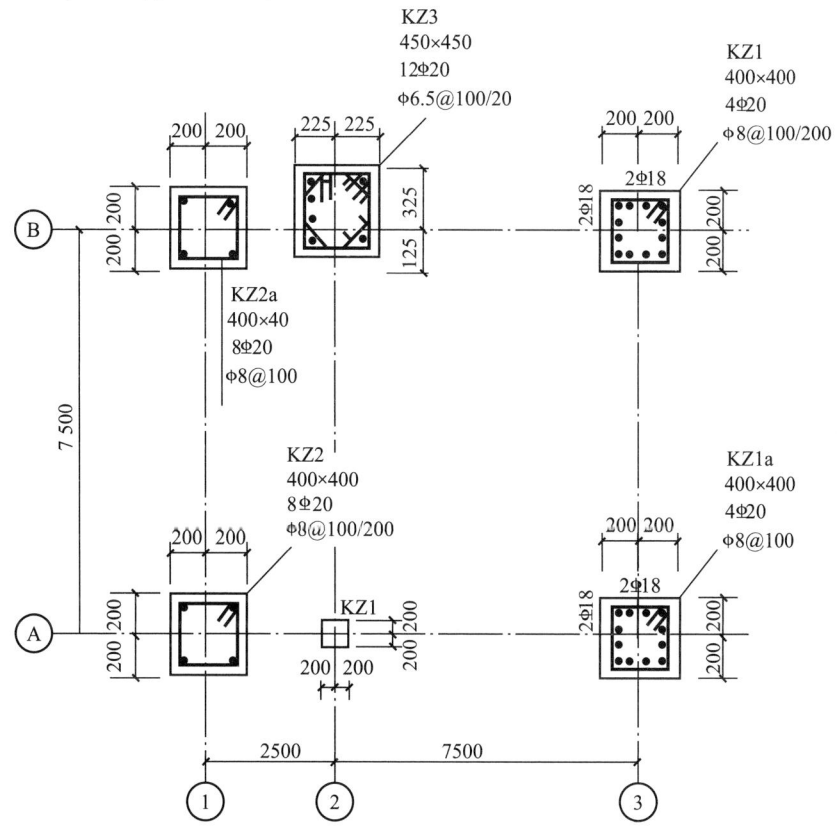

注：本层编号仅用于本层。标高：12.870，层高3.60，C25混凝土三级抗震。

图 13-10-22 顶层柱平面整体配筋图（尺寸单位：mm）

【解】顶层柱钢筋长：$L=$本层层高－下层柱钢筋外露长度 $\max(\geqslant H_n/6,\geqslant 500,\geqslant$ 柱截面长边尺寸）－屋顶节点梁高＋锚固长度

$\phi 20$：$L=[3.60-(3.60-0.25)\div 6-0.25+(0.25-0.02+12\times 0.02)]\times 8$
$\qquad +[3.60-(3.60-0.25)\div 6-0.25+1.5\times 35\times 0.02]\times 4$
$\qquad =(2.792+0.47)\times 8+3.842\times 4$
$\qquad =41.46\mathrm{m}$

六边形箍筋长 L 计算同上例，即 $\phi 6.5$：$L=1.47\mathrm{m}$

矩形箍筋长 L 计算同上例，即 $\phi 6.5$：$L=1.90\mathrm{m}$

箍筋根数（取整数）n 计算同上例，即：

$n=[(3.60-0.25)\div 6\times 2+0.25]\div 0.10+2$
$\qquad +[(3.60-0.25)-(3.60-0.25)\div 6\times 2]\div 0.20-1$
$\qquad =27$ 根

箍筋长小计：$L=(1.47+1.90)\times 27=90.99\mathrm{m}$

KZ3 钢筋质量：

柱纵筋 $\phi 20$：$41.46\times 2.47=102.41\mathrm{kg}$

箍筋 $\phi 6.5$：$90.99\times 0.26=23.66\mathrm{kg}$

钢筋质量小计：126.07kg

3. 板构件

(1) 板中钢筋计算。

板底受力钢筋长 $L=$ 板跨净长＋两端锚固 $\max(1/2$ 梁宽，$5d$)（当为梁、剪力墙、圆梁时）；$\max(120,h$，墙厚 12)（当为砌体墙时）

板底受力钢筋根数 $n=$（板跨净长-2×50）$\div$ 布置间距$+1$

板面受力钢筋长 $L=$ 板跨净长＋两端锚固

板面受力钢筋根数 $n=$（板跨净长-2×50）$\div$ 布置间距$+1$

说明：板面受力钢筋在端支座的锚固，结合平法和施工实际情况，大致有以下 3 种构造：

1) 端支座为砌体墙：$0.35l_{ab}+15d$。

2) 端部支座为剪力墙：$0.4l_{ab}+15d$。

3) 端支座为梁时：$0.6l_{ab}+15d$。

(2) 板负筋计算（图 13-10-23）。

板边支座负筋长 $L=$ 左标注（右标注）＋左弯折（右弯折）＋锚固长度（同板面钢筋锚固取值）板中间支座负筋长 $L=$ 左标注＋右标注＋左弯折＋右弯折＋支座宽度

(3) 板负筋分布钢筋计算。

中间支座负筋分布钢筋长 $L=$ 净跨－两侧负筋标注之和$+2\times 300$（根据图纸实际情况）

中间支座负筋分布钢筋数量 $n=$（左标注-50）$\div$ 分布筋间距$+1+$（右标注-50）$\div$ 分布筋间距$+1$

【例 13-5】根据图 13-10-24，计算屋面板Ⓐ轴～Ⓒ轴到①轴～②轴范围的部分钢筋工程量。

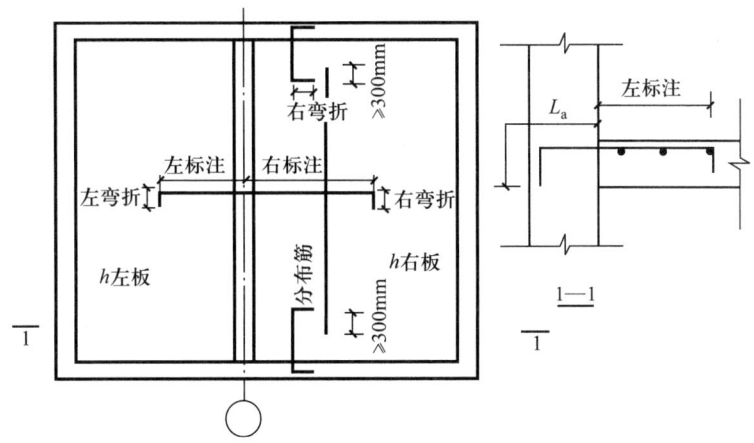

图 13-10-23 板支座负筋、分布筋示意图

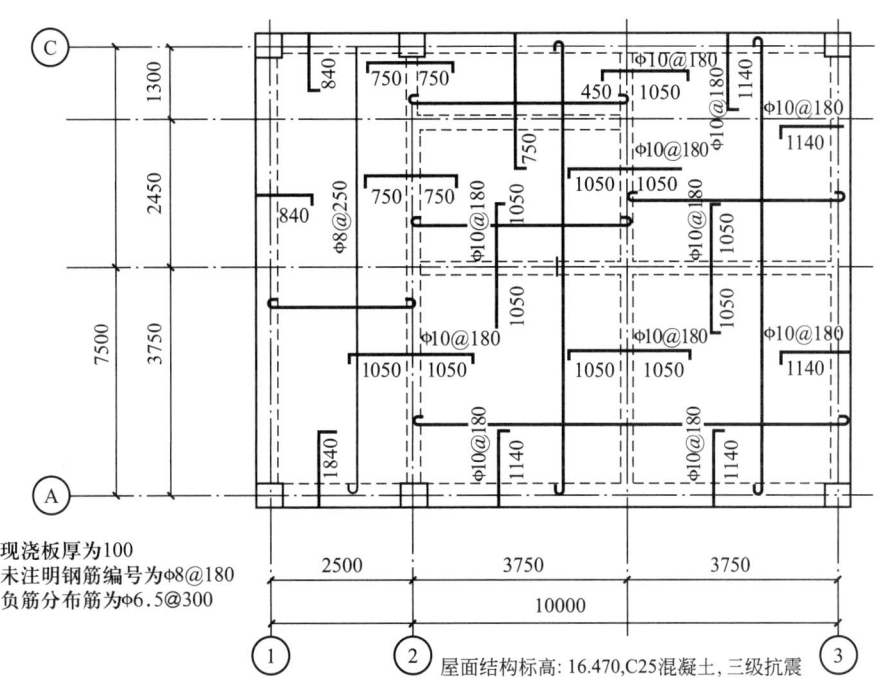

现浇板厚为100
未注明钢筋编号为Φ8@180
负筋分布筋为Φ6.5@300

屋面结构标高:16.470,C25混凝土,三级抗震

图 13-10-24 屋面配筋图(尺寸单位:mm)

【解】 板底钢筋：$L=$ 板跨净长$+$两端锚固 $\max(1/2\ \text{梁宽}，5d)$ 弯钩

$\Phi 8$ 长筋：$L=7.50-0.25+0.25+2\times 6.25\times 0.008$

$\qquad =7.60\text{m}$

长筋根数（取整）：$n=$（板净跨长-2×50）$\div$间距$+1$

$\qquad =(2.50-0.25-2\times 0.25)\div 25+1$

$\qquad =10\ \text{根}$

$\phi8$ 短筋：$L=2.50-0.25+0.25+2\times6.25\times0.008=2.60m$

短筋根数（取整）：$n=(7.5-0.25-2\times0.05)\div0.18+1=41$ 根

②轴负筋：$L=$右标注＋右弯折＋锚固长度

$\phi8$：$L=0.84+(0.10-2\times0.015)+0.6\times36\times0.008+15\times0.008=1.16m$

①轴负筋根数（取整）：$n=[$板长（宽）$-2\times$保护层$]\div$间距$+1$
$=(7.5-0.25-2\times0.015)\div0.18+1=42$ 根

钢筋质量小计：$(7.60\times10+2.60\times41+1.16\times42)\times0.395=91.37kg$

13.4.3 预应力钢筋

先张法预应力钢筋，按构件外形尺寸计算长度，后张法预应力钢筋按设计图纸规定的预应力钢筋预留孔道长度，并区别不同的锚具类型，分别按下列规定计算：

1. 低合金钢筋两端采用螺杆锚具时，预应力的钢筋按预留孔道长度减 0.35m 计算，螺杆另行计算。

2. 低合金钢筋一端采用镦头插片，另一端采用螺杆锚具时，预应力锚筋长度按预留孔长度计算，螺杆另行计算。

3. 低合金钢筋一端采用镦头插片，另一端采用帮条锚具时，预应力钢筋增加 0.15m 计算，两端均采用帮条锚具时，预应力钢筋共增加 0.3m 计算。

4. 低合金钢筋采用后张混凝土自锚时，预应力钢筋长度增加 0.35m 计算。

5. 低合金钢筋或钢绞线采用 JM、XM、QM 型锚具，孔道长度在 20m 以内时，预应力钢筋长度增加 1m 计算；孔道长度 20m 以上时，预应力钢筋长度增加 1.8m 计算。

6. 碳素钢丝采用锥形锚具，孔道长在 20m 以内时，预应力钢丝长度增加 1m；孔道长度在 20m 以上时，预应力钢丝长度增加 1.8m。

7. 碳素钢丝两端采用镦粗头时，预应力钢丝长度增加 0.35m 计算。

13.5 铁件工程量

钢筋混凝土构件预埋铁件螺栓，按设计图示尺寸，以质量计算。

【例 13-6】根据图 13-11，计算 5 根预制柱的预埋铁件工程量。

【解】（1）每根柱预埋铁件工程量

M-1：钢板：$0.4\times0.4\times78.5kg/m^2=12.56kg$
$\phi12$：$2\times(0.30+0.36\times2+12.5\times0.012)\times0.888kg/m=2.08kg$

M-2：钢板：$0.3\times0.4\times78.5kg/m^2=9.42kg$
$\phi12$：$2\times(0.25+0.36\times2+12.5\times0.012)\times0.888kg/m=1.99kg$

M-3：钢板：$0.3\times0.35\times78.5kg/m^2=8.24kg$
$\phi12$：$2\times(0.25+0.36\times2+12.5\times0.012)\times0.888kg/m=1.99kg$

M-4：钢板：$2\times0.1\times0.32\times2\times78.5kg/m^2=10.05kg$
$\Phi18$：$2\times3\times0.38\times2.00kg/m=4.56kg$

M-5：钢板：$4\times0.1\times0.36\times2\times78.5kg/m^2=22.61kg$
$\Phi18$：$4\times3\times0.38\times2.00kg/m=9.12kg$

小计：82.62kg

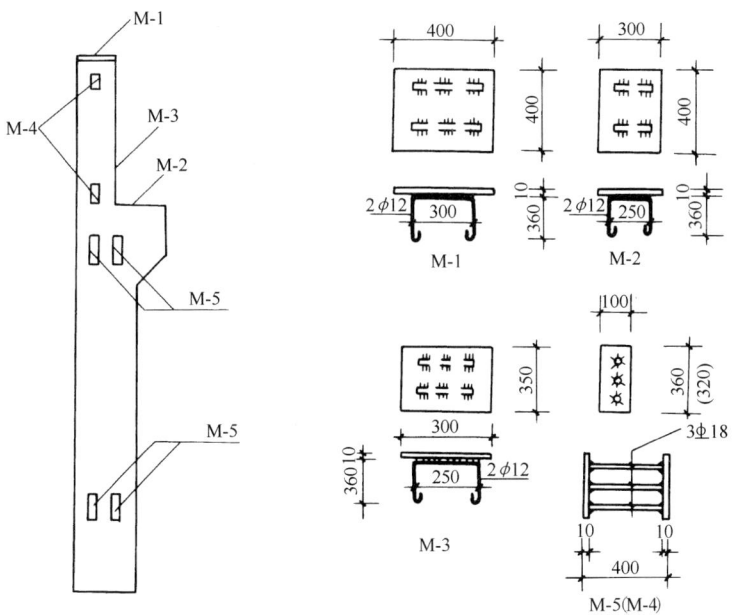

图 13-11 钢筋混凝土预制柱预埋件

(2) 5根柱预埋铁件工程量

82.62×5根＝413.1kg＝0.413t

13.6 现浇混凝土工程量

13.6.1 计算规定

混凝土工程量除另有规定者外，均按图示尺寸实体体积以立方米计算。不扣除构件内钢筋、预埋铁件及墙、板中 0.3m² 内的孔洞所占体积。型钢混凝土中型钢骨架所占体积按（密度）＞850kg/m³ 扣除。

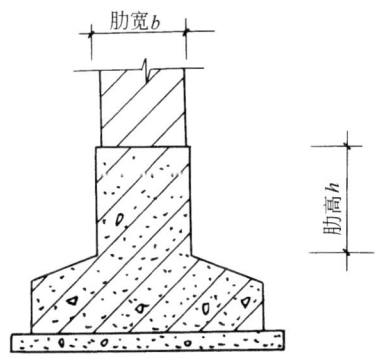

图 13-12-1 有肋带形基础示意图

13.6.2 基础（图 13-12～图 13-16）

1. 有肋带形混凝土基础 T 形接头处工程量计算方法

设接头处工程量为"$V_{接}$"由$V1+V2+2×V3$构成（见图13-12-2），即T形接头处工程量计算公式如下：

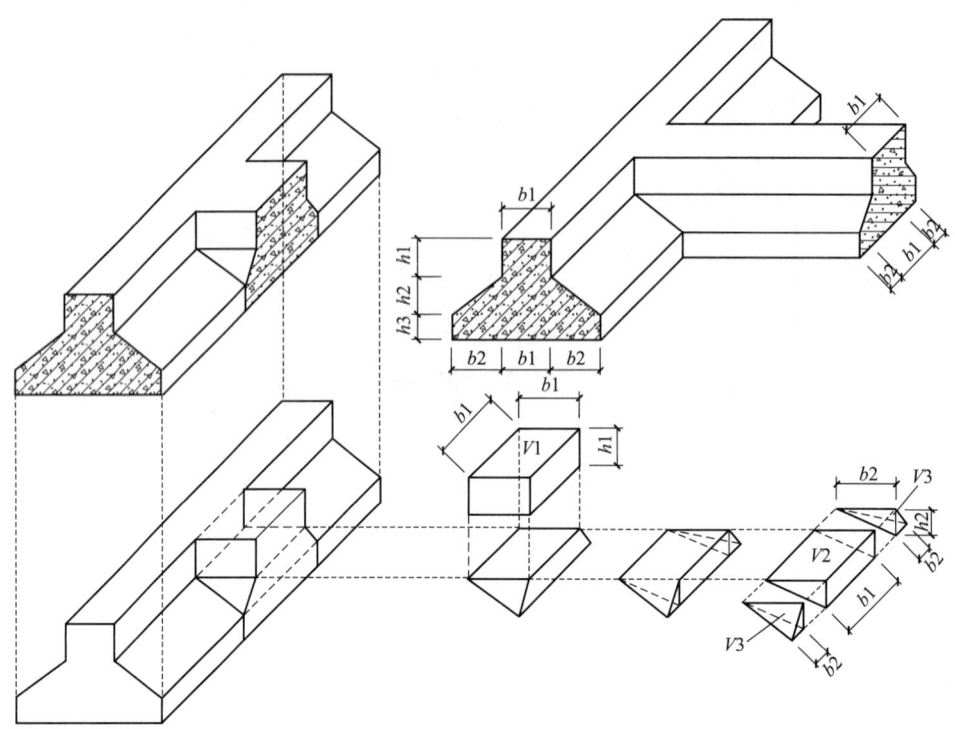

图13-12-2 有肋带形混凝土基础接头处工程量计算示意图

$$V_{接}=V1+V2+2×V3$$
$$=b1×h1×b1+b2×h2×\frac{1}{2}×b1$$
$$+2×\frac{1}{3}×b2×h2×\frac{1}{2}×b2$$

【例13-7】根据图13-12-3所示尺寸，计算混凝土有肋带形基础工程量。

【解】

确定有关数据

外墙基础长：$(3.90×2+2.70×2)×2=26.40m$

内墙基础净底长：$2.70-1.00=1.70m$

根据图13-12-2所示，$b1=0.24+2×0.08=0.40m$

$$b2=(1.00-0.40)÷2=0.30m$$
$$h1=0.30m$$
$$h2=0.15m$$

$V=$外墙基础体积＋内墙基础净长体积＋2处T形接头体积

$=26.40×[1.00×0.20+(1.00+0.40)×0.50×0.15+0.30×0.40]$

$+1.70×[1.00×0.20+(1.00+0.40)×0.50×0.15+0.30×0.40]$

$+2×(0.40×0.30×0.40+0.30×0.15×\frac{1}{2}×0.40$

$$+2\times\frac{1}{3}\times 0.30\times 0.15\times\frac{1}{2}\times 0.30)$$
$$=26.40\times 0.425+1.70\times 0.425+2\times 0.061$$
$$=11.22+0.723+0.122=12.07\mathrm{m}^3$$

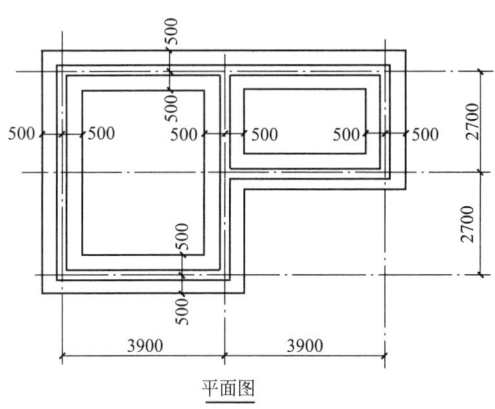
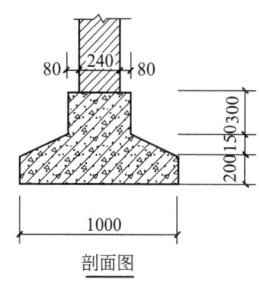

图 13-12-3 有肋带形混凝土基础图

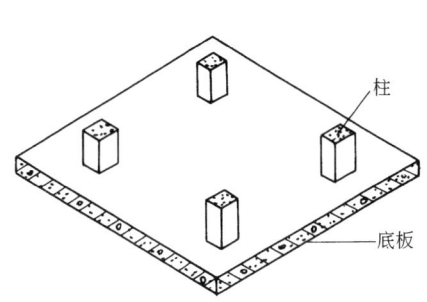

图 13-13 板式（筏形）满堂基础示意图

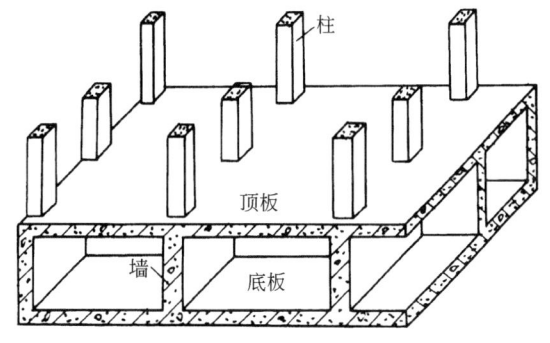

图 13-14 箱式满堂基础示意图

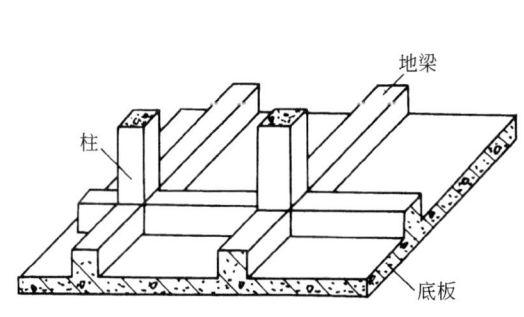

图 13-15 梁板式满堂基础

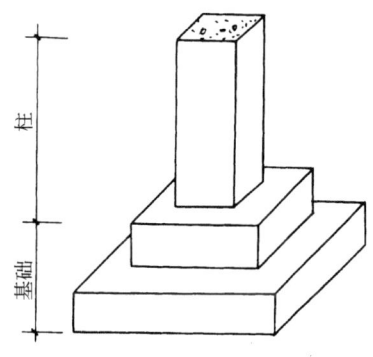

图 13-16 钢筋混凝土独立基础

2. 有肋带形混凝土基础（图 13-12），其肋高与肋宽之比在 4:1 以内的按有肋带形基础计算；超过 4:1 时，其基础底板按板式基础计算，以上部分按墙计算。

3. 箱式满堂基础应分别按无梁式满堂基础、柱、墙、梁、板有关规定计算，套相应定额项目（图13-14）。

4. 设备基础除块体外，其他类型设备基础分别按基础、梁、柱、板、墙等有关规定计算，套相应的定额项目。

5. 独立基础

钢筋混凝土独立基础与柱在基础上表面分界，见图 13-16。

【例 13-8】根据图 13-17 计算 3 个钢筋混凝土独立柱基工程量。

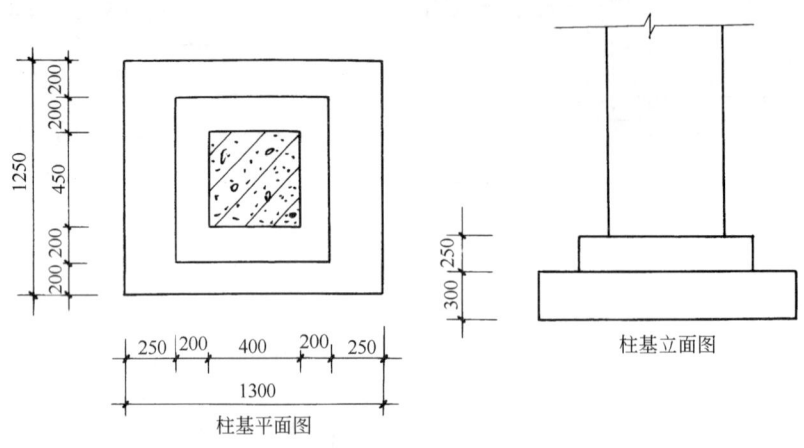

图 13-17　柱基示意图

【解】$V = [1.30 \times 1.25 \times 0.30 + (0.2+0.4+0.2) \times (0.2+0.45+0.2) \times 0.25] \times 3$ 个
　　　$= (0.488 + 0.170) \times 3 = 1.97 (m^3)$

6. 杯形基础

现浇钢筋混凝土杯形基础（见图 13-18）的工程量分四个部分计算：$a.$ 底部立方体，$b.$ 中部棱台体，$c.$ 上部立方体，$d.$ 最后扣除杯口空心棱台体。

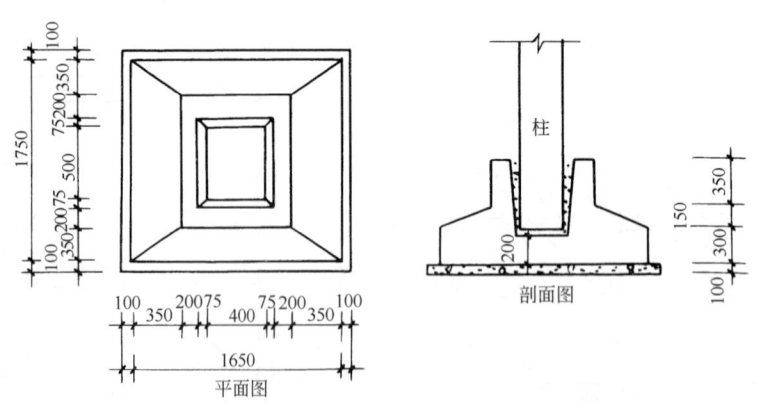

图 13-18　杯形基础

【例 13-9】根据图 13-18 计算现浇钢筋混凝土杯形基础工程量。

【解】$V = $下部立方体＋中部棱台体＋上部立方体－杯口空心棱台体

$$= 1.65 \times 1.75 \times 0.30 + \frac{1}{3} \times 0.15 \times [1.65 \times 1.75 + 0.95 \times 1.05$$
$$+ \sqrt{(1.65 \times 1.75) \times (0.95 \times 1.05)}] + 0.95 \times 1.05 \times 0.35 - \frac{1}{3}$$
$$\times (0.8 - 0.2) \times [0.4 \times 0.5 + 0.55 \times 0.65 + \sqrt{(0.4 \times 0.5) \times (0.55 \times 0.65)}]$$
$$= 0.866 + 0.279 + 0.349 - 0.165 = 1.33 (m^3)$$

13.6.3 柱

柱按图示断面尺寸乘以柱高以立方米计算。柱高按下列规定确定：

1. 有梁板的柱高（图 13-19），应自柱基上表面（或楼板上表面）至上一层楼板上表面的高度计算。

2. 无梁板的柱高（图 13-20），应自柱基上表面（或楼板上表面）至柱帽下表面之间的高度计算。

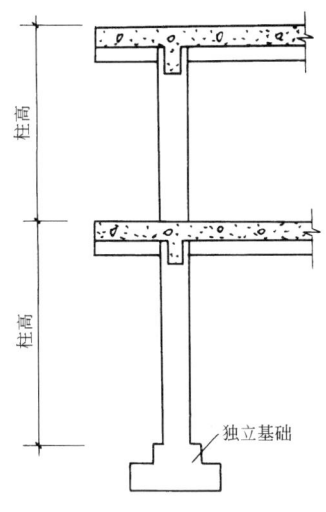
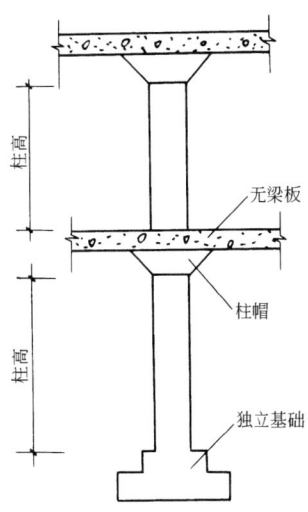

图 13-19　有梁板柱高示意图　　　　图 13-20　无梁板柱高示意图

3. 框架柱的柱高（图 13-21）应自柱基上表面至柱顶高度计算。

4. 构造柱按全高计算，与砖墙嵌接部分（马牙槎）的体积并入柱身体积内计算。

5. 依附柱上的牛腿，并入柱身体积计算。

构造柱的形状、尺寸示意图见图 13-22～图 13-24。

构造柱体积计算公式：

当墙厚为 240 时：

$V = $ 构造柱高 $\times (0.24 \times 0.24 + 0.03 \times 0.24 \times$ 马牙槎边数$)$

【例 13-10】根据下列数据计算构造柱体积。

90°转角型：墙厚 240，柱高 12.0m

T 形接头：墙厚 240，柱高 15.0m

十字形接头：墙厚 365，柱高 18.0m

一字形：墙厚 240，柱高 9.5m

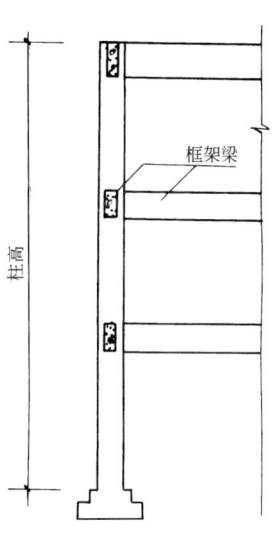

图 13-21　框架柱柱高示意图

【解】(1) 90°转角

$$V = 12.0 \times (0.24 \times 0.24 + 0.03 \times 0.24 \times 2\text{边}) = 0.864(\text{m}^3)$$

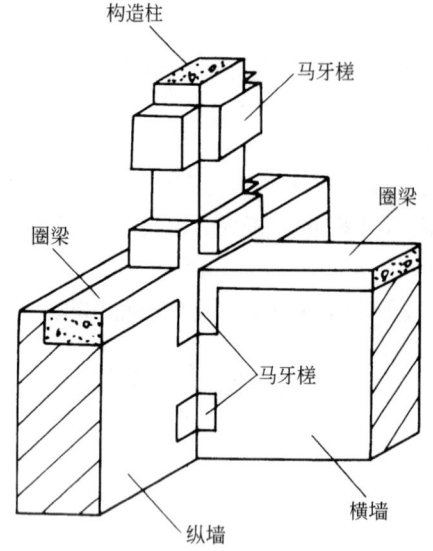

图 13-22 构造柱与砖墙嵌接部分体积（马牙槎）示意图

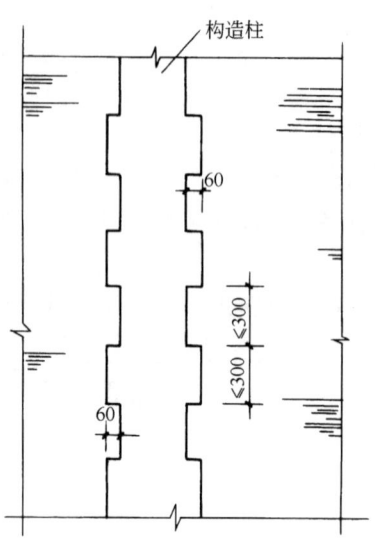

图 13-23 构造柱立面示意图

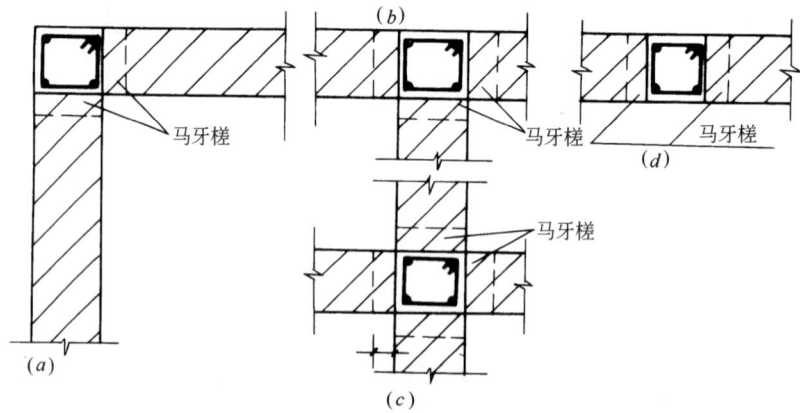

图 13-24 不同平面形状构造柱示意图
(a) 90°转角；(b) T形接头；(c) 十字形接头；(d) 一字形

(2) T 形

$$V = 15.0 \times (0.24 \times 0.24 + 0.03 \times 0.24 \times 3\text{边})$$
$$= 1.188(\text{m}^3)$$

(3) 十字形

$$V = 18.0 \times (0.365 \times 0.365 + 0.03 \times 0.365 \times 4\text{边})$$
$$= 3.186(\text{m}^3)$$

(4) 一字形

$$V = 9.5 \times (0.24 \times 0.24 + 0.03 \times 0.24 \times 2\text{边})$$
$$= 0.684(\text{m}^3)$$

小计：0.864+1.188+3.186+0.684=5.92(m³)

13.6.4 梁（图 13-25～图 13-27）

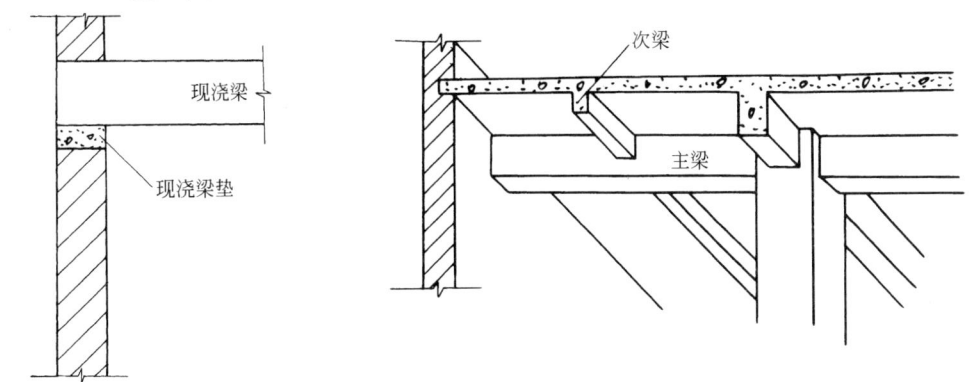

图 13-25 现浇梁垫并入现浇梁体积内计算示意图

图 13-26 主梁、次梁示意图

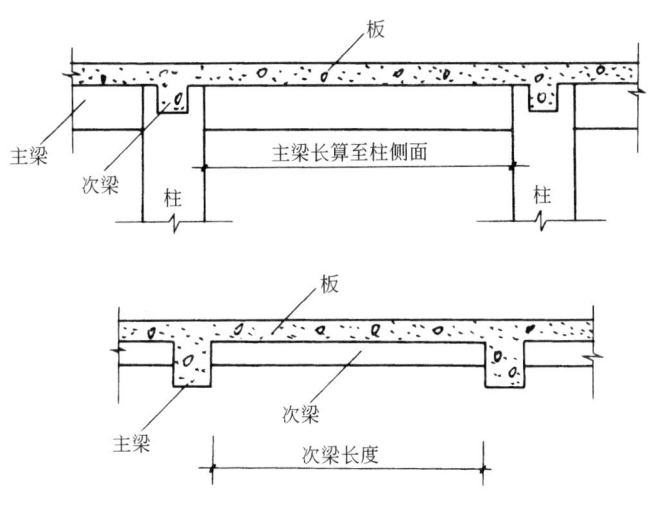

图 13-27 主梁、次梁计算长度示意图

梁按图示断面尺寸乘以梁长以立方米计算，梁长按下列规定确定：

1. 梁与柱连接时，梁长算至柱侧面；
2. 主梁与次梁连接时，次梁长算至主梁侧面；
3. 伸入墙内梁头、梁垫体积并入梁体积内计算。

13.6.5 板

现浇板按设计图示尺寸以体积计算，不扣除单个面积 $0.3m^2$ 以内的柱、垛及孔洞所占体积。

1. 有梁板包括梁与板，按梁板体积之和计算。
2. 无梁板按板和柱帽体积之和计算。
3. 各类板伸入砖墙内的板头并入板体积内计算，薄壳板的肋、基梁并入薄壳体积内计算。
4. 挑檐、天沟板按设计图示尺寸以体积计算。现浇挑檐、天沟与板（包括屋面板、楼板）连接时，以外墙为分界线，与圈梁（包括其他梁）连接时，以梁外边线为分界线。

外墙边线以外或梁外边线以外为挑檐、天沟(图13-28)。

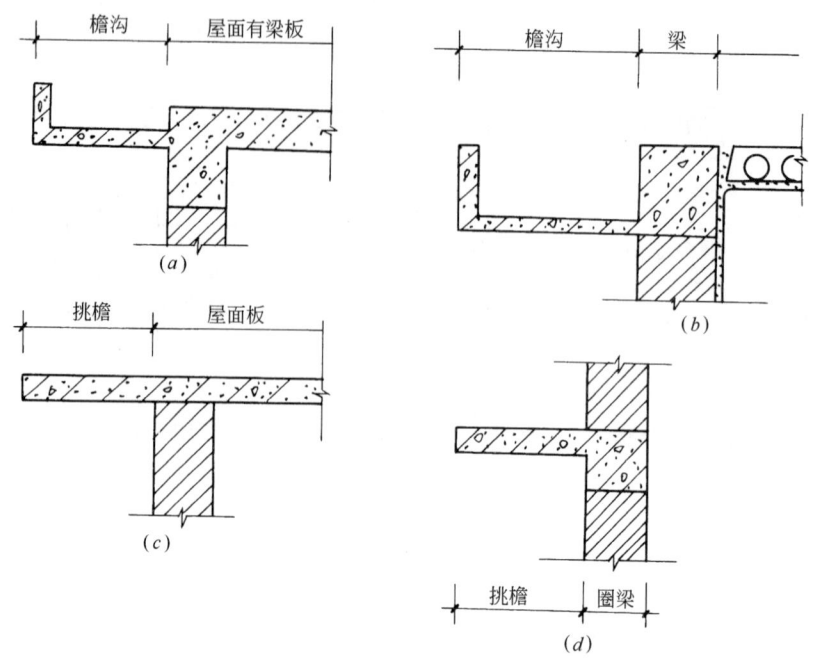

图13-28 现浇挑檐天沟与板、梁划分
(a)屋面檐沟；(b)屋面檐沟；(c)屋面挑檐；(d)挑檐

5. 空心板按设计图示尺寸以体积（扣除空心部分）计算。

13.6.6 墙

现浇钢筋混凝土墙按图示中心线长度乘以墙高及厚度，以立方米计算。应扣除门窗洞口及 $0.3m^2$ 以外孔洞的体积，墙垛及突出部分并入墙体积内计算。直形墙中门窗洞口上的梁并入墙体体积、短肢剪力墙结构砌体内门窗洞口上的梁并入梁体积。墙与柱连接时墙算至柱边；墙与梁连接时算至梁底；墙与板连接时板算至墙侧；未凸出墙面的暗梁暗柱并入墙体积。

13.6.7 整体楼梯

现浇钢筋混凝土整体楼梯，包括休息平台、平台梁、斜梁及楼梯的连接梁（按设计图示尺寸），以水平投影面积计算，不扣除宽度小于500mm的楼梯井，伸入墙内部分不计算。

说明：平台梁、斜梁比楼梯板厚，好像少算了；不扣除宽度小于500mm楼梯井，好像多算了；伸入墙内部分不另增加等等。这些因素在编制定额时已经作了综合考虑。

【例13-11】某工程现浇钢筋混凝土楼梯（见图13-29）包括休息平台至平台梁，试计算该楼梯工程量（建筑物4层，共3层楼梯）。

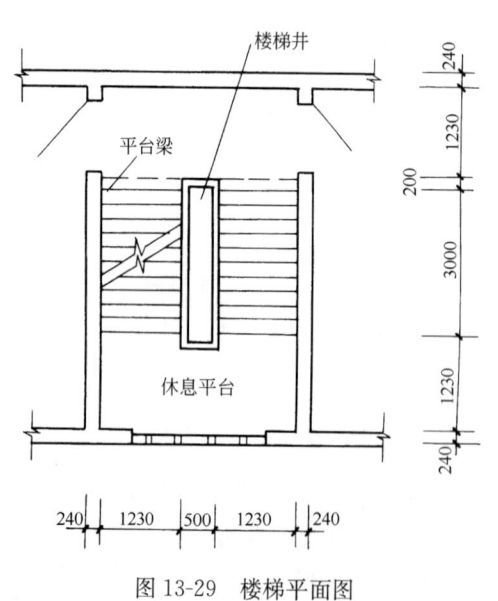

图13-29 楼梯平面图

【解】$S = (1.23+0.50+1.23) \times (1.23+3.00+0.20) \times 3$
$= 2.96 \times 4.43 \times 3 = 13.113 \times 3 = 39.34$（m²）

13.6.8 阳台、雨篷（悬挑板）

凸阳台（凸出外墙外侧用悬挑梁悬挑的阳台）按阳台项目计算；凹进墙内的阳台，按梁、板分别计算，阳台栏板、压顶分别按栏板、压顶项目计算。

雨篷梁、板工程量合并，按雨篷以体积计算，高度≤400mm 的栏板并入雨篷体积内计算，栏板高度＞400mm 时，其超过部分按栏板计算。各示意图见图 13-30、图 13-31。

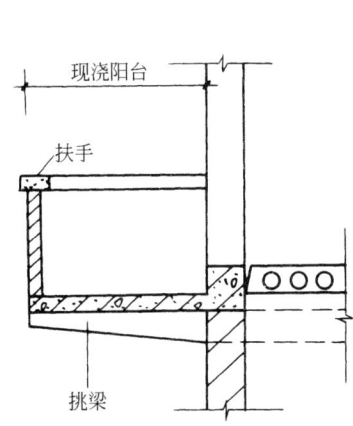

图 13-30　有现浇挑梁的现浇阳台

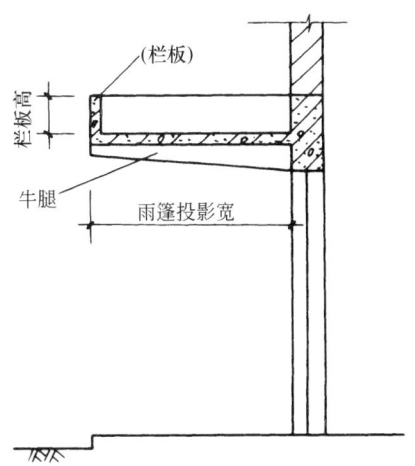

图 13-31　带反边雨篷示意图

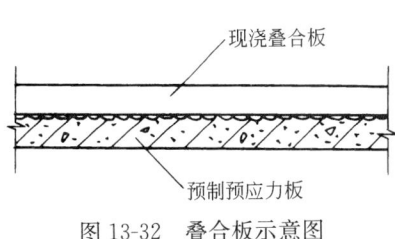

图 13-32　叠合板示意图

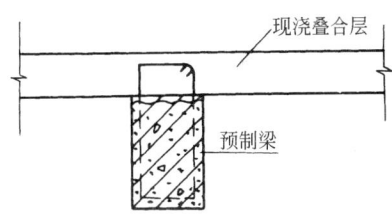

图 13-33　叠合梁示意图

13.6.9　栏板、扶手设计图示尺寸以体积计算。伸入砖墙内的部分并入栏板、扶手体积计算。

13.6.10　预制板补现浇板缝时，按平板计算，见图 13-32。

13.6.11　预制钢筋混凝土框架柱现浇接头（包括梁接头）按设计规定断面和长度以立方米计算，见图 13-33。

13.7　预制混凝土工程量

(1) 预制混凝土工程量均按图示尺寸实体体积以立方米计算，不扣除构件内钢筋、铁件及小于 300mm×300mm 以内孔洞面积。

【例 13-12】根据图 13-34 计算 20 块 YKB—3364 预应力空心板的工程量。

【解】$V =$ 空心板净断面积×板长×块数

$$= \left[0.12 \times (0.57+0.59) \times \frac{1}{2} - 0.7854 \times (0.076)^2 \times 6 \right] \times 3.28 \times 20$$
$$= (0.0696 - 0.0272) \times 3.28 \times 20 = 0.0424 \times 3.28 \times 20 = 2.78 \text{ (m}^3\text{)}$$

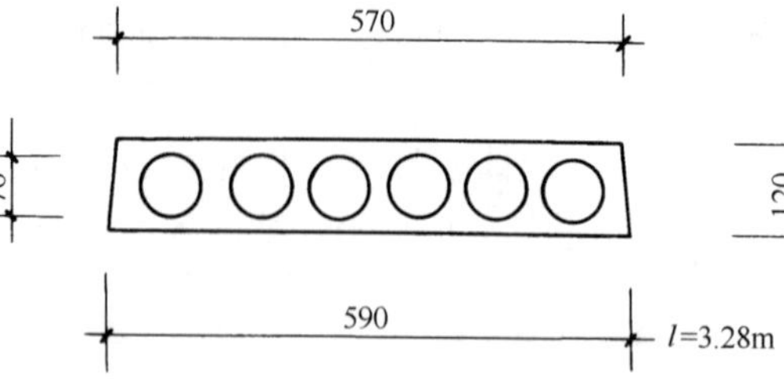

图 13-34　YKB—3364 预应力空心板

【例 13-13】根据图 13-35 计算 18 块预制天沟板的工程量。

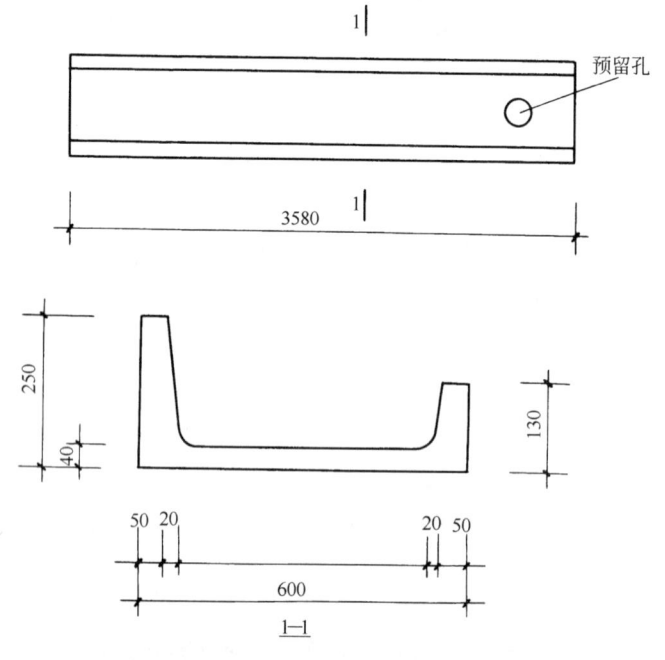

图 13-35　预制天沟板

【解】V = 断面积 × 长度 × 块数

$$= \left[(0.05+0.07) \times \frac{1}{2} \times (0.25-0.04) + 0.60 \times 0.04 + (0.05+0.07) \right.$$
$$\left. \times \frac{1}{2} \times (0.13-0.04) \right] \times 3.58 \times 18 \text{ 块}$$
$$= 0.150 \times 18 = 2.70 \text{ (m}^3\text{)}$$

【例 13-14】根据图 13-36 计算 6 根预制工字形柱的工程量。

【解】V = （上柱体积 + 牛腿部分体积 + 下柱外形体积 − 工字形槽口体积）× 根数

$$= \left\{ (0.40 \times 0.40 \times 2.40) + \left[0.40 \times (1.0+0.80) \times \frac{1}{2} \times 0.20 + 0.40 \times 1.0 \times 0.40 \right] \right.$$

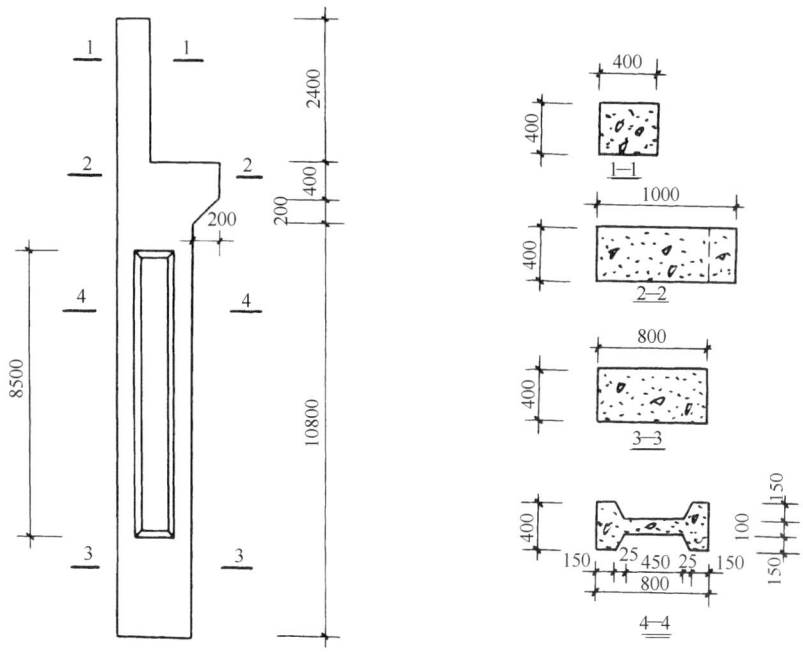

图 13-36 预制工字形柱

$$+(10.8\times0.80\times0.40)-\frac{1}{2}\times(8.5\times0.50+8.45\times0.45)\times0.15\times2\text{边}\Big\}\times6\text{根}$$
$$=(0.384+0.232+3.456-1.208)\times6$$
$$=2.864\times6=17.18\text{（m}^3\text{）}$$

（2）预制桩按桩全长（包括桩尖）乘以桩断面积（空心桩应扣除孔洞体积）以立方米计算。

（3）混凝土与钢杆件组合的构件，混凝土部分按构件实体积以立方米计算，钢构件部分按吨计算，分别套相应的定额项目。

13.8 固定用支架等

固定预埋螺栓、铁件的支架、固定双层钢筋的铁马凳、垫铁件，按审定的施工组织设计规定计算，套用相应定额项目。

13.9 构筑物钢筋混凝土工程量

13.9.1 一般规定

构筑物混凝土除另有规定者外，均按图示尺寸扣除门窗洞口及 $0.3m^2$ 以外孔洞所占体积以实体体积计算。

13.9.2 水塔

1. 筒身与槽底以槽底连接的圈梁底为界，以上为槽底，以下为筒身。

2. 筒式塔身及依附于筒身的过梁、雨篷、挑檐等，并入筒身体积内计算；柱式塔身，柱、梁合并计算。

3. 塔顶包括顶板和圈梁，槽底包括底板挑出的斜壁板和圈梁等合并计算。

13.9.3 贮水池不分平底、锥底、坡底，均按池底计算；壁基梁、池壁不分圆形壁和矩形壁，均按池壁计算；其他项目均按现浇混凝土部分相应项目计算。

13.10 钢筋混凝土构件接头灌缝

13.10.1 一般规定

钢筋混凝土构件接头灌缝，包括构件坐浆、灌缝、堵板孔、塞板梁缝等，均按预制钢筋混凝土构件实体积以立方米计算。

13.10.2 柱的灌缝

柱与柱基的灌缝，按首层柱体积计算；首层以上柱灌缝，按各层柱体积计算。

13.10.3 空心板堵孔

空心板堵孔的人工、材料，已包括在定额内。如不堵孔时，每 $10m^3$ 空心板体积应扣除 $0.23m^3$ 预制混凝土块和2.2个工日。

思 考 题

1. 如何计算现浇杯形基础模板工程量？
2. 如何计算构造柱模板工程量？
3. 如何计算预制构件模板工程量？
4. 钢筋的混凝土保护层厚度如何确定？
5. 有弯钩钢筋的弯钩增加长度如何计算？
6. 如何计算弯起钢筋的增加长度？
7. 怎样计算箍筋弯钩的增加长度？
8. 如何确定纵向受拉钢筋的搭接长度？
9. 如何确定钢筋的锚固长度？
10. 钢筋理论重量是怎样确定的？
11. 怎样计算预埋铁件工程量？
12. 怎样计算混凝土带形基础工程量？
13. 怎样计算混凝土满堂基础工程量？
14. 怎样计算混凝土独立基础工程量？
15. 怎样计算混凝土杯形基础工程量？
16. 怎样计算框架柱、框架梁工程量？
17. 怎样计算构造柱工程量？
18. 怎样计算有梁板工程量？
19. 怎样计算现浇雨篷工程量？
20. 怎样计算预应力空心板工程量？
21. 怎样计算预制天沟工程量？
22. 怎样计算预制工字形柱工程量？

14 门窗及木结构工程

14.1 一般规定

（1）产品木门框安装按设计图示框的中心线长度计算。
（2）成品木门扇安装按设计图示扇面积计算。
（3）成品套装木门按设计图示数量计算。
（4）木质防火门安装按设计图示洞口面积计算。
（5）铝合金门窗（飘窗、阳台封闭窗除外）、塑料窗均按设计图示门窗洞口面积计算。
（6）门连窗按设计图示洞口面积分别计算门、窗面积，其中窗的宽度算至门框的外边线。
（7）纱门、纱窗扇均按设计图示以扇外围面积计算。
（8）钢质防火门、防盗门按设计图示门洞面积计算。
（9）防盗窗按设计图示窗框外围面积计算。
（10）门、窗盖口条、贴脸、披水条，按图示尺寸以延长米计算，执行木装修项目（图14-1）。

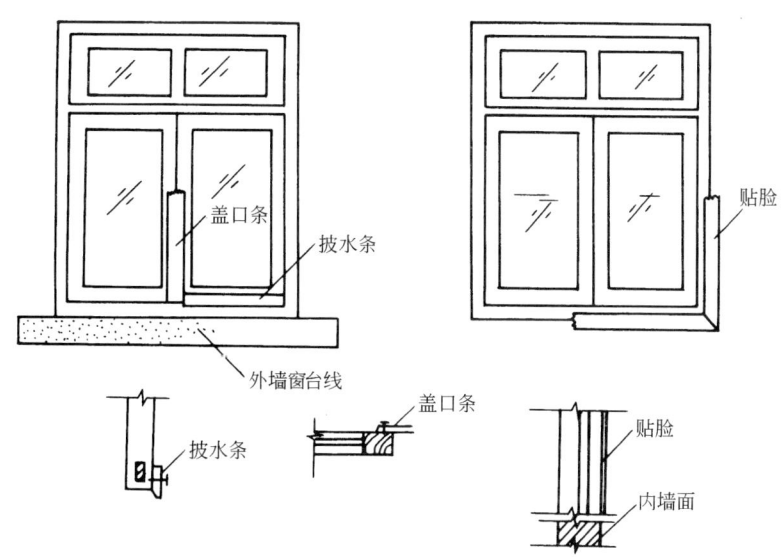

图14-1 门窗盖口条、贴脸、披水条示意图

（11）普通窗上部带有半圆窗（图14-2）的工程量，应分别按半圆窗和普通窗计算。其分界线以普通窗和半圆窗之间的横框上裁口线为分界线。
（12）门窗扇包镀锌铁皮，按门、窗洞口面积以平方米计算（图14-3）；门窗框包镀锌

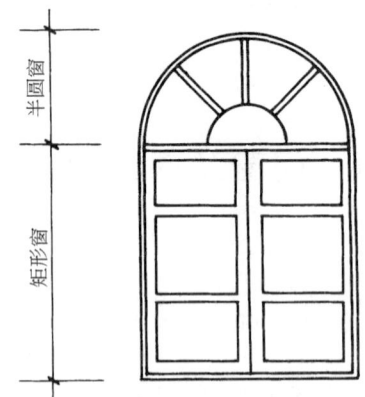

图 14-2 带半圆窗示意图

图 14-3 各种门窗示意图
(a) 门连窗；(b) 固定百叶窗；(c) 半截百叶门；(d) 带亮子镶板门；
(e) 带观察窗胶合板门；(f) 拼板门；(g) 半玻门；(h) 全玻门

铁皮，钉橡皮条、钉毛毡按图示门窗洞口尺寸以延长米计算。

14.2 套用定额的规定

14.2.1 木材木种分类

全国统一建筑工程基础定额将木材分为以下四类：

一类：红松、水桐木、樟子松。

二类：白松（方杉、冷杉）、杉木、杨木、柳木、椴木。

三类：青松、黄花松、秋子木、马尾松、东北榆木、柏木、苦楝木、梓木、黄菠萝、椿木、楠木、柚木、樟木。

四类：栎木（柞木）、檀木、色木、槐木、荔木、麻栗木（麻栎、青杠）、桦木、荷木、水曲柳、华北榆木。

14.2.2 板、枋材规格分类（表 14-1）

板、枋材规格分类表 表 14-1

项 目	按宽厚尺寸比例分类	按板材厚度、枋材宽与厚乘积分类				
板 材	宽≥3×厚	名 称	薄 板	中 板	厚 度	特厚板
		厚度（mm）	<18	19～35	36～65	≥66
枋 材	宽<3×厚	名 称	小 枋	中 枋	大 枋	特大枋
		宽×厚（cm²）	<54	55～100	101～225	≥226

14.2.3 门窗框扇断面的确定及换算

1. 框扇断面的确定

定额中所注明的木材断面或厚度均以毛料为准。如设计图纸注明的断面或厚度为净料时，应增加刨光损耗；板、枋材一面刨光增加 3mm；两面刨光增加 5mm；圆木按每立方米材积增加 0.05m³ 计算。

【例 14-1】根据图 14-4 中门框断面的净尺寸计算含刨光损耗的毛断面。

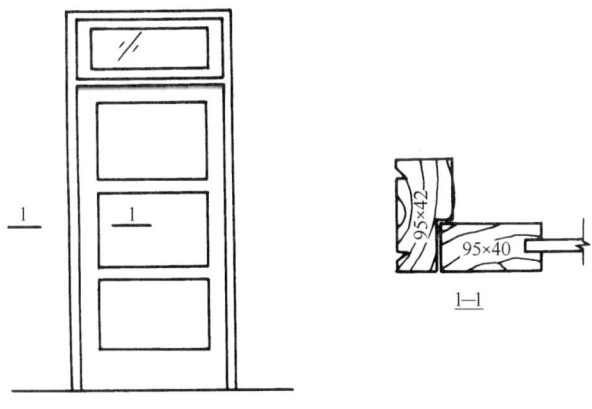

图 14-4 木门框扇断面示意图

【解】门框毛断面＝（9.5＋0.5）×（4.2＋0.3）＝45cm²

门扇毛断面＝（9.5＋0.5）×（4.0＋0.5）＝45cm²

2. 框扇断面的换算

当图纸设计的木门窗框扇断面与定额规定不同时，应按比例换算。框断面以边框断面为准（框裁口如为钉条者加贴条的断面）；扇断面以主梃断面为准。

框扇断面不同时的定额材积换算公式：

$$换算后材积 = \frac{设计断面（加刨光损耗）}{定额断面} \times 定额材积$$

【例 14-2】某工程的单层镶板门框的设计断面为 60mm×115mm（净尺寸），查定额框断面 60mm×100mm（毛料），定额枋材耗用量 2.037m³/100m²，试计算按图纸设计的门框枋材耗用量。

【解】换算后体积 $= \frac{设计断面}{定额断面} \times 定额材积 = \frac{63 \times 120}{60 \times 100} \times 2.037$

$= 2.567 \text{m}^3/100\text{m}^2$

14.3 铝合金门窗

铝合金门窗制作、安装，铝合金、不锈钢门窗、彩板组角钢门窗、塑料门窗、钢门窗安装，均按设计门窗洞口面积计算。

14.4 卷 闸 门

卷闸（帘）门按设计图示卷帘门宽度乘以卷帘门高度（包括卷帘箱高度）以面积计算。电动装置安装按设计图示套数计算。

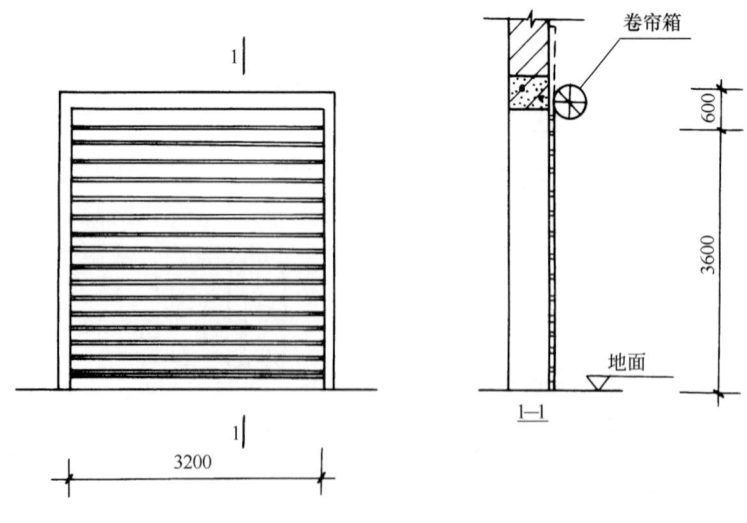

图 14-5 卷闸门示意图

【例 14-3】根据图示尺寸计算卷闸门工程量。

【解】 $S = 3.20 \times (3.60 + 0.60)$
$= 3.20 \times 4.20$
$= 13.44 \text{m}^2$

14.5 包门框、安附框

不锈钢片包门框,按框外表面面积以平方米计算。

彩板组角钢门窗附框安装,按延长米计算。

14.6 木 屋 架

(1) 木屋架、檩条工程量按设计图示规格尺寸以体积计算。附属于其上的木夹板、垫木、风撑、挑檐木、檩条三角木均按木材体积并入屋架、檩条工程量内。单独挑檐木并入檩条工程量内。檩托木、檩垫木已包括在定额项目内,不另计算。

(2) 屋架的马尾、折角和正交部分半屋架(图 14-6),应并入相连接屋架的体积内计算。

(3) 钢木屋架工程量按设计图示的规格尺寸以体积计算。定额内已包括钢构件的用量,不再另行计算。

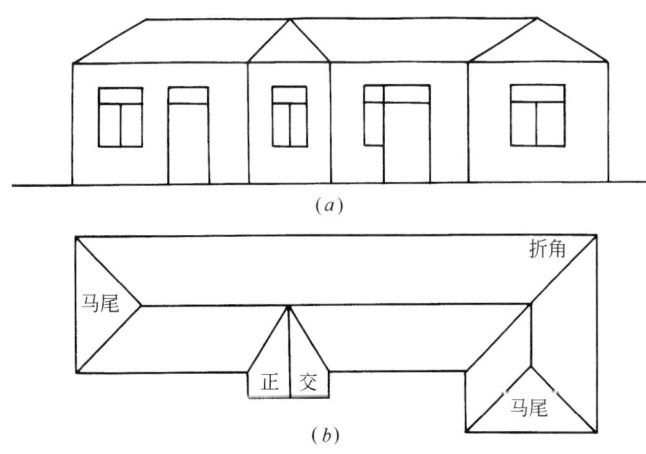

图 14-6 屋架的马尾、折角和正交示意图
(a) 立面图;(b) 平面图

(4) 圆木屋架连接的挑檐木、支撑等如为方木时,其方木部分应乘以系数 1.7 折合成圆木并入屋架竣工木料内。

(5) 屋架杆件长度系数表

木屋架各杆件长度可用屋架跨度乘以杆件长度系数计算。杆件长度系数见表14-2。

屋架杆件长度系数表

表 14-2

屋架形式	角度	杆件编号										
		1	2	3	4	5	6	7	8	9	10	11
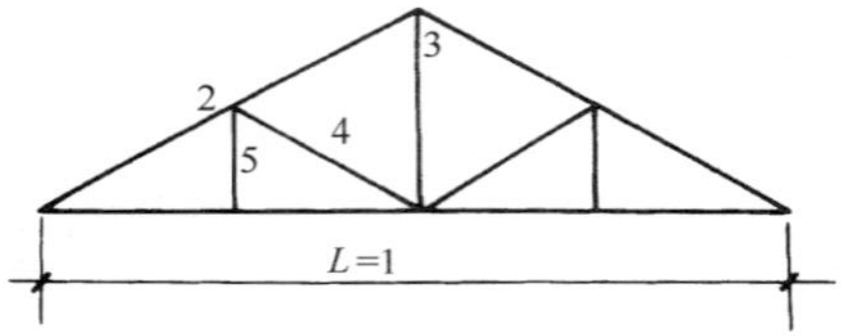 形式一	26°34′	1	0.559	0.250	0.280	0.125						
	30°	1	0.577	0.289	0.289	0.144						
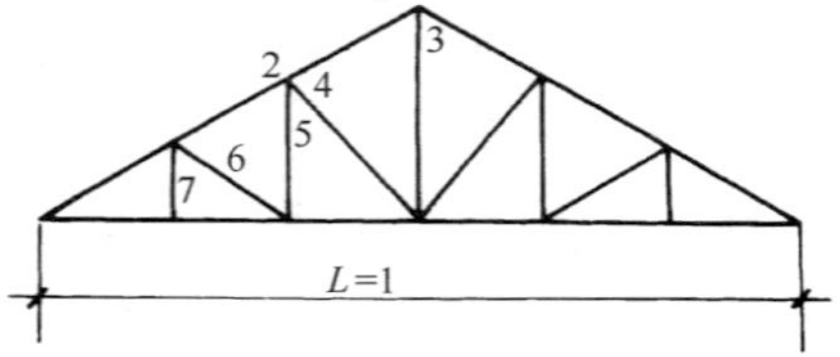 形式二	26°34′	1	0.559	0.250	0.236	0.167	0.186	0.083				
	30°	1	0.577	0.289	0.254	0.192	0.192	0.096				
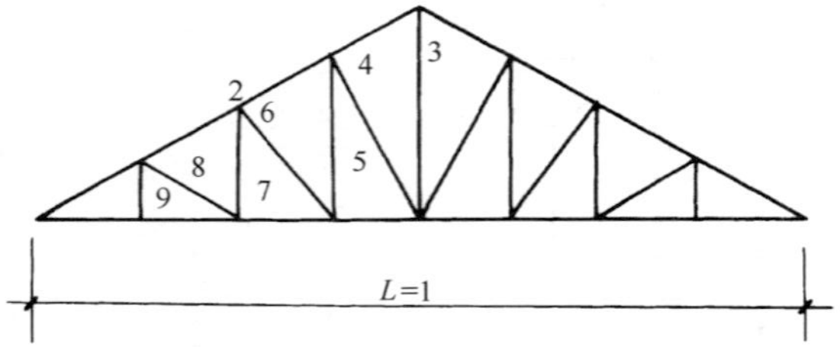 形式三	26°34′	1	0.559	0.250	0.225	0.188	0.177	0.125	0.140	0.063		
	30°	1	0.577	0.289	0.250	0.217	0.191	0.144	0.144	0.072		
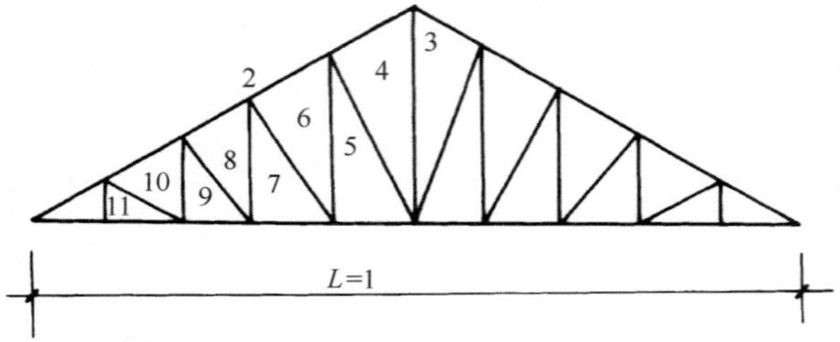 形式四	26°34′	1	0.559	0.250	0.224	0.200	0.180	0.150	0.141	0.100	0.112	0.050
	30°	1	0.577	0.289	0.252	0.231	0.200	0.173	0.153	0.116	0.115	0.057

（6）圆木材积是根据尾径计算的，国家标准 GB 4814—2013 规定了原木材积的计算方法和计算公式。在实际工作中，一般都采取查表的方式来确定圆木屋架的材积。

标准规定，检尺径自 4～12cm 的小径原木材积由公式

$$V=0.7854L(D+0.45L+0.2)^2 \div 10000$$

确定。

检尺径自 14cm 以上原木材积由公式

$$V=0.7854L[D+0.5L+0.005L^2+0.000125L(14-L)^2(D-10)]^2 \div 10000$$

确定。

式中　V——材积（m^3）；

　　　L——检尺长（m）；

　　　D——检尺径（cm）。

原木材积表（一）　　　　　　　　　　　　　　　表 14-3

检尺径 (cm)	检尺长（m）														
	2.0	2.2	2.4	2.5	2.6	2.8	3.0	3.2	3.4	3.6	3.8	4.0	4.2	4.4	4.6
	材积（m^3）														
8	0.013	0.015	0.016	0.017	0.018	0.020	0.021	0.023	0.025	0.027	0.029	0.031	0.034	0.036	0.038
10	0.019	0.022	0.024	0.025	0.026	0.029	0.031	0.034	0.037	0.040	0.042	0.045	0.048	0.051	0.054
12	0.027	0.030	0.033	0.035	0.037	0.040	0.043	0.047	0.050	0.054	0.058	0.062	0.065	0.069	0.074
14	0.036	0.040	0.045	0.047	0.049	0.054	0.058	0.063	0.068	0.073	0.078	0.083	0.089	0.094	0.100
16	0.047	0.052	0.058	0.060	0.063	0.069	0.075	0.081	0.087	0.093	0.100	0.106	0.113	0.120	0.126
18	0.059	0.065	0.072	0.076	0.079	0.086	0.093	0.101	0.108	0.116	0.124	0.132	0.140	0.148	0.156
20	0.072	0.080	0.088	0.092	0.097	0.105	0.114	0.123	0.132	0.141	0.151	0.160	0.170	0.180	0.190
22	0.086	0.096	0.106	0.111	0.116	0.126	0.137	0.147	0.158	0.169	0.180	0.191	0.203	0.214	0.226
24	0.102	0.114	0.125	0.131	0.137	0.149	0.161	0.174	0.186	0.199	0.212	0.225	0.239	0.252	0.266
26	0.120	0.133	0.146	0.153	0.160	0.174	0.188	0.203	0.217	0.232	0.247	0.262	0.277	0.293	0.308
28	0.138	0.154	0.169	0.177	0.185	0.201	0.217	0.234	0.250	0.267	0.284	0.302	0.319	0.337	0.354
30	0.158	0.176	0.193	0.202	0.211	0.230	0.248	0.267	0.286	0.305	0.324	0.344	0.364	0.383	0.404
32	0.180	0.199	0.219	0.229	0.240	0.260	0.281	0.302	0.324	0.345	0.367	0.389	0.411	0.433	0.456
34	0.202	0.224	0.247	0.258	0.270	0.293	0.316	0.340	0.364	0.388	0.412	0.437	0.461	0.486	0.511

原木材积表（二）　　　　　　　　　　　　　　　表 14-4

检尺径 (mm)	检尺长（m）														
	4.8	5.0	5.2	5.4	5.6	5.8	6.0	6.2	6.4	6.6	6.8	7.0	7.2	7.4	7.6
	材积（m^3）														
8	0.040	0.043	0.045	0.048	0.051	0.053	0.056	0.059	0.062	0.065	0.068	0.071	0.074	0.077	0.081
10	0.058	0.061	0.064	0.068	0.071	0.075	0.078	0.082	0.086	0.090	0.094	0.098	0.102	0.106	0.111
12	0.078	0.082	0.086	0.091	0.095	0.100	0.105	0.109	0.114	0.119	0.124	0.130	0.135	0.140	0.146
14	0.105	0.111	0.117	0.123	0.129	0.136	0.142	0.149	0.156	0.162	0.169	0.176	0.184	0.191	0.199
16	0.134	0.141	0.148	0.155	0.163	0.171	0.179	0.187	0.195	0.203	0.211	0.220	0.229	0.238	0.247

续表

检尺径(mm)	检尺长（m）														
	4.8	5.0	5.2	5.4	5.6	5.8	6.0	6.2	6.4	6.6	6.8	7.0	7.2	7.4	7.6
	材积（m³）														
18	0.165	0.174	0.182	0.191	0.201	0.210	0.219	0.229	0.238	0.248	0.258	0.268	0.278	0.289	0.300
20	0.200	0.210	0.221	0.231	0.242	0.253	0.264	0.275	0.286	0.298	0.309	0.321	0.333	0.345	0.358
22	0.238	0.250	0.262	0.275	0.287	0.300	0.313	0.326	0.339	0.352	0.365	0.379	0.393	0.407	0.421
24	0.279	0.293	0.308	0.322	0.336	0.351	0.366	0.380	0.396	0.411	0.426	0.442	0.457	0.473	0.489
26	0.324	0.340	0.356	0.373	0.389	0.406	0.423	0.440	0.457	0.474	0.491	0.509	0.527	0.545	0.563
28	0.372	0.391	0.409	0.427	0.446	0.465	0.484	0.503	0.522	0.542	0.561	0.581	0.601	0.621	0.642
30	0.424	0.444	0.465	0.486	0.507	0.528	0.549	0.571	0.592	0.614	0.636	0.658	0.681	0.703	0.726
32	0.479	0.502	0.525	0.548	0.571	0.595	0.619	0.643	0.667	0.691	0.715	0.740	0.765	0.790	0.815
34	0.537	0.562	0.588	0.614	0.640	0.666	0.692	0.719	0.746	0.772	0.799	0.827	0.854	0.881	0.909

注：长度以20cm为增进单位，不足20cm时，满10cm进位，不足10cm舍去；径级以2cm为增进单位，不足2cm时，满1cm的进位，不足1cm舍去。

【例14-4】根据图14-7中的尺寸计算跨度 $L=12m$ 的圆木屋架工程量。

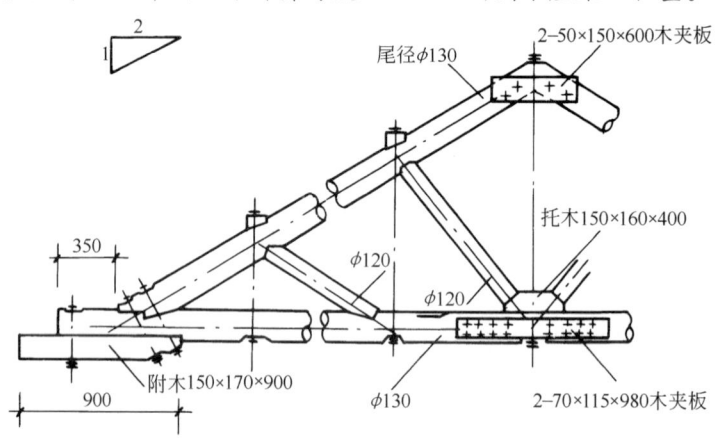

图14-7 圆木屋架

【解】屋架圆木材积计算见表14-5。

屋架圆木材积计算表　　　　表14-5

名　称	尾径（cm）	数　量	长度（m）	单根材积（m³）	材积（m³）
上　弦	φ13	2	12×0.559*=6.708	0.169	0.338
下　弦	φ13	2	6+0.35=6.35	0.156	0.312
斜杠1	φ12	2	12×0.236*=2.832	0.040	0.080
斜杠2	φ12	2	12×0.186*=2.232	0.030	0.060
托　木		1	0.15×0.16×0.40×1.70*		0.016
挑檐木		2	0.15×0.17×0.90×2×1.70*		0.078
小　计					0.884

【例 14-5】根据图 14-8 中尺寸，计算跨度 $L=9.0\text{m}$ 的方木屋架工程量。

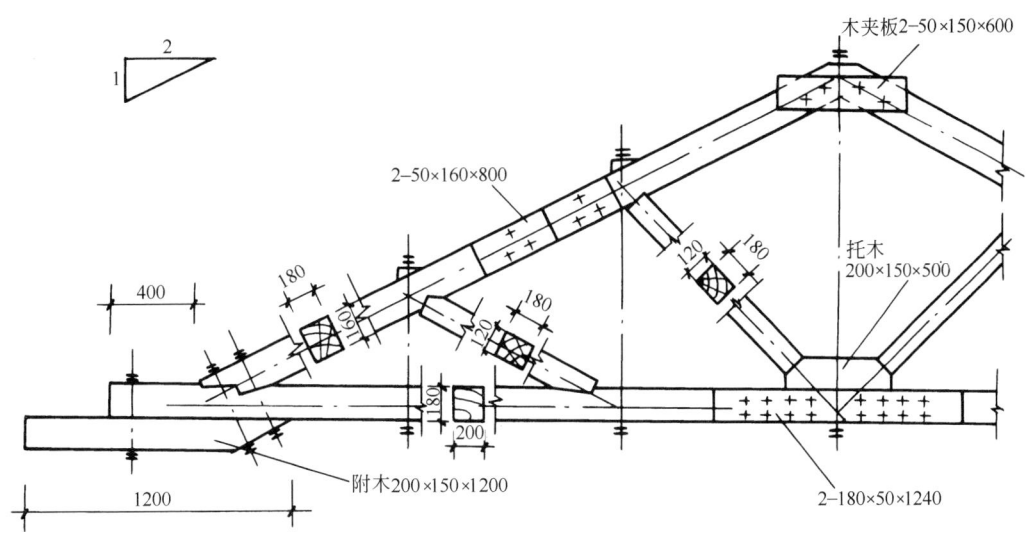

图 14-8 方木屋架

【解】

上弦：	$9.0\times0.559^*\times0.18\times0.16\times2$ 根 $=0.290$（m³）
下弦：	$(9.0+0.4\times2)\times0.18\times0.20=0.353$（m³）
斜杆 1：	$9.0\times0.236^*\times0.12\times0.18\times2$ 根 $=0.092$（m³）
斜杆 2：	$9.0\times0.186^*\times0.12\times0.18\times2$ 根 $=0.072$（m³）
托木：	$0.2\times0.15\times0.5=0.015$（m³）
挑檐木：	$1.20\times0.20\times0.15\times2$ 根 $=0.072$（m³）

小计：0.894m³

注：木夹板、钢拉杆等已包括在定额中。

14.7 檩 木

(1) 檩木工程量按设计图示的规格尺寸以体积计算。

(2) 简支檩条长度按设计规定计算，如设计无规定者，按屋架或山墙中距增加 200mm 计算，如两端出山，檩条算至博风板。

(3) 连续檩条的长度按设计长度增加 5%的接头长度计算。

(4) 简支檩条增加长度和连续檩条接头见图 14-9、图 14-10。

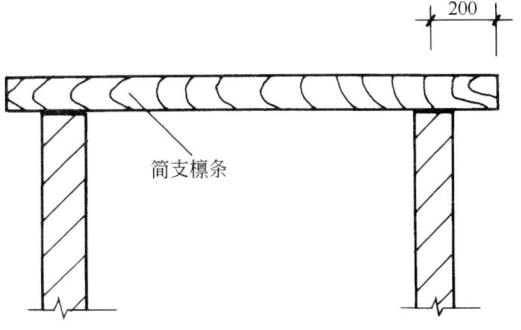

图 14-9 简支檩条增加长度示意图

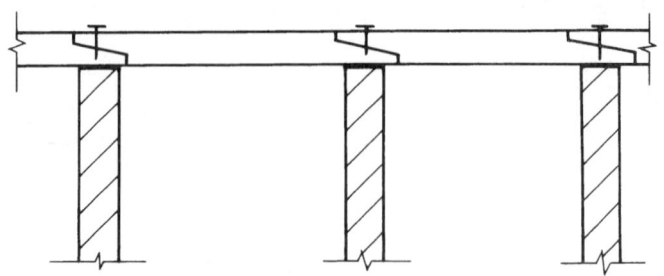

图 14-10　连续檩条接头示意图

14.8　屋面木基层

屋面木基层（图 14-11），按设计图示尺寸以屋面的斜面积计算。屋面烟囱、风帽底座、风道、小气窗及斜沟部分所占面积不扣除。

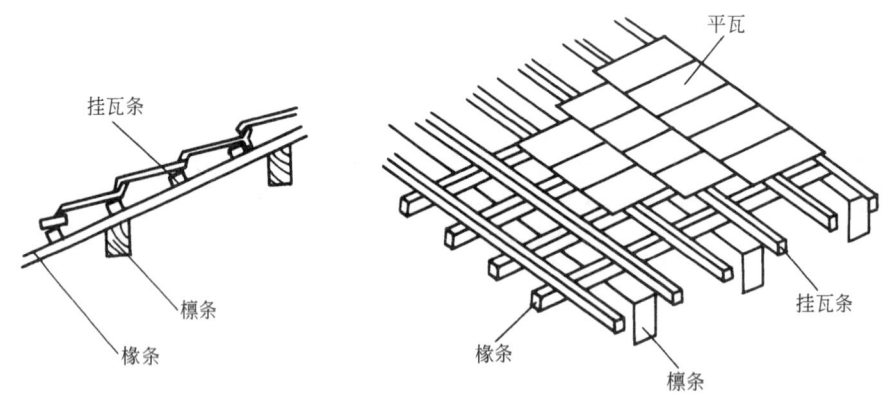

图 14-11　屋面木基层示意图

14.9　封　檐　板

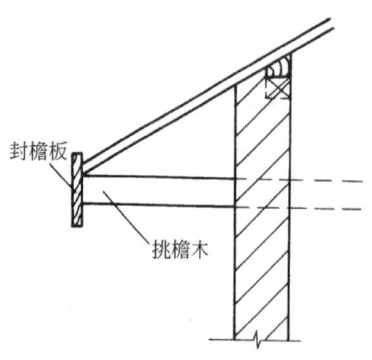

图 14-12　挑檐木、封檐板示意图

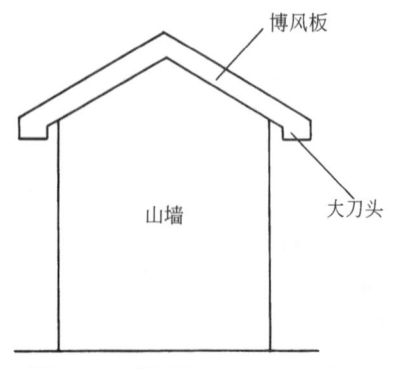

图 14-13　博风板、大刀头示意图

封檐板按设计图示檐口外围长度计算,博风板按斜长计算,每个大刀头增加长度500mm。

挑檐木、封檐板、博风板、大刀头示意见图14-12、图14-13。

14.10 木 楼 梯

木楼梯按水平投影面积计算,不扣除宽度小于300mm的楼梯井,其踢脚板、平台和伸入墙内部分,不另计算。

思 考 题

1. 常用的木门窗有哪些种类?
2. 木门窗框扇断面怎样换算?
3. 如何计算卷闸门工程量?
4. 如何计算木屋架工程量?
5. 如何计算檩木工程量?
6. 如何计算屋面木基层工程量?
7. 如何计算封檐板工程量?
8. 如何计算木楼梯工程量?

15 楼地面工程

15.1 垫　　层

地面垫层按室内主墙间净空面积乘以设计厚度以立方米计算。应扣除凸出地面的构筑物、设备基础、室内铁道、地沟等所占体积，不扣除柱、垛、间壁墙、附墙烟囱及面积在 $0.3m^2$ 以内孔洞所占体积。

说明：

1. 不扣除间壁墙是因为间壁墙是在地面完成后再做，所以不扣除；不扣除柱、垛及不增加门洞开口部分面积，是一种综合计算方法。

2. 凸出地面的构筑物、设备基础等，是先做好后再做室内地面垫层，所以要扣除所占体积。

15.2 整体面层、找平层

整体面层、找平层均按设计图示尺寸以面积计算。扣除凸出地面构筑物、设备基础、室内管道、地沟等所占面积，不扣除柱、垛、间壁墙、附墙烟囱及面积在 $0.3m^2$ 以内的孔洞所占面积，但门洞、空圈、暖气包槽、壁龛的开口部分亦不增加。

说明：

1. 整体面层包括水泥砂浆、水磨石、水泥豆石等。

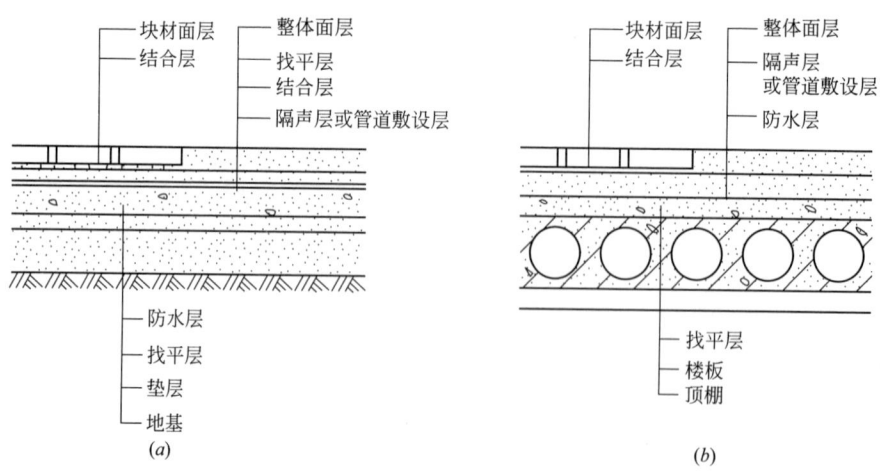

图 15-1　楼地面构造层示意图
(a) 地面各构造层；(b) 楼面各构造层

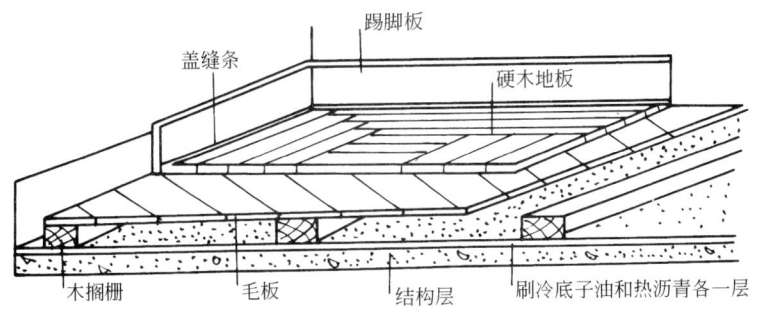

图 15-2 底层上实铺式木地面的构造示意图

2. 找平层包括水泥砂浆、细石混凝土等。

3. 不扣除柱、垛、间壁墙等所占面积，不增加门洞、空圈、暖气包槽、壁龛的开口部分，各种面积经过正负抵消后就能确定定额用量，这是编制定额时采用的综合计算方法。

【**例 15-1**】根据图 15-3 计算该建筑物的室内地面面层工程量。

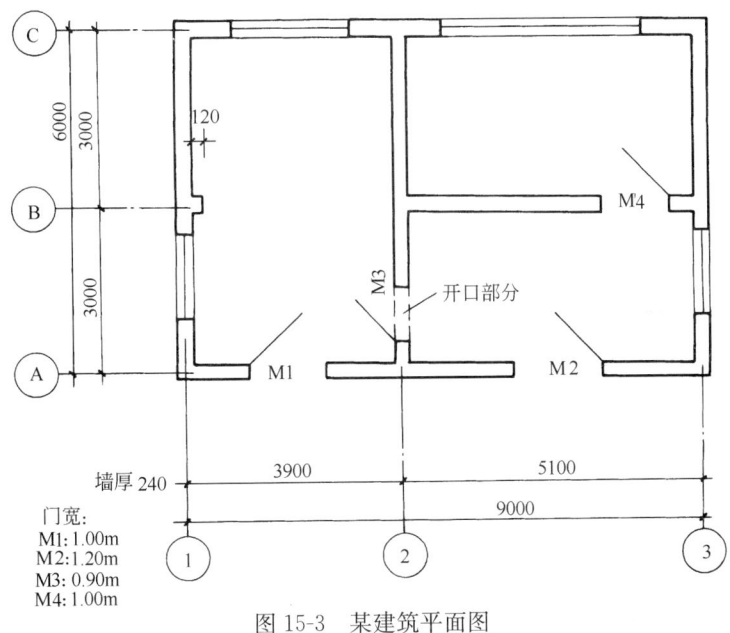

图 15-3 某建筑平面图

【**解**】室内地面面积＝建筑面积－墙结构面积
$$= 9.24 \times 6.24 - [(9+6) \times 2 + 6 - 0.24 + 5.1 - 0.24] \times 0.24$$
$$= 57.66 - 40.62 \times 0.24 = 57.66 - 9.75 = 47.91 \ (m^2)$$

15.3 块 料 面 层

块料面层、橡塑面层及其他材料面层按设计图示尺寸以面积计算。门洞、空圈、暖气包槽和壁龛的开口部分的工程量并入相应的面层内计算。

说明：块料面层包括，大理石、花岗岩、彩釉砖、缸砖、陶瓷锦砖、木地板等。

【例 15-2】根据图 15-3 和例 1 的数据，计算该建筑物室内花岗岩地面工程量。

【解】花岗岩地面面积＝室内地面面积＋门洞开口部分面积

$$=47.91+（1.0+1.2+0.9+1.0）×0.24$$
$$=47.91+0.98=48.89（m^2）$$

楼梯面层（包括踏步、平台以及小于 500mm 宽的楼梯井）按水平投影面积计算。

【例 15-3】根据图 13-29 的尺寸计算水泥砂浆楼梯间面层（只算一层）工程量。

【解】水泥砂浆楼梯间面层＝（1.23×2＋0.50）×（0.200＋1.23×2＋3.0）
$$=2.96×5.66=16.75（m^2）$$

15.4 台 阶 面 层

台阶面层按设计图示尺寸以台阶（包括踏步及最上一层踏步边沿 300mm）水平投影面积计算。

说明：台阶的整体面层和块料面层均按水平投影面积计算。这是因为定额已将台阶踢脚立面的工料综合到水平投影面积中了。

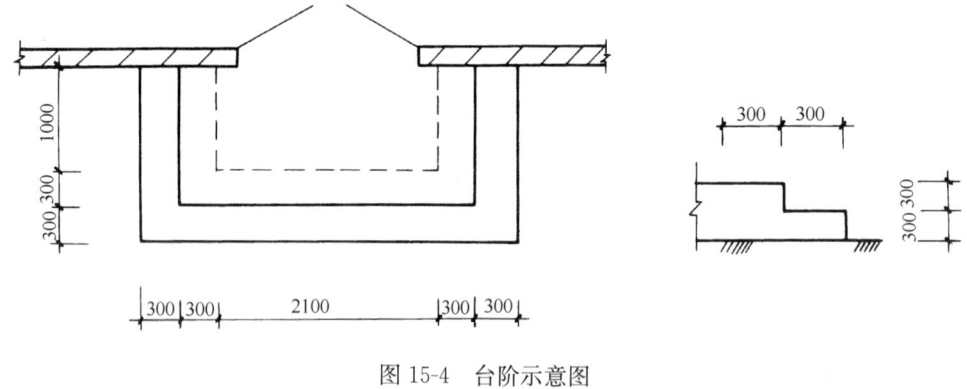

图 15-4 台阶示意图

【例 15-4】根据图 15-4，计算花岗岩台阶面层工程量。

【解】花岗岩台阶面层＝台阶中心线长×台阶宽
$$=［（0.30×2＋2.1）+（0.30＋1.0）×2］×（0.30×2）$$
$$=5.30×0.6=3.18（m^2）$$

15.5 其 他

(1) 踢脚板（线）按设计图示长度乘以高度以面积计算。楼梯靠墙踢脚线（含锯齿形部分）贴块料按设计图示面积计算。

【例 15-5】根据图 15-3 计算各房间 150mm 高瓷砖踢脚线工程量。

【解】瓷砖踢脚线

$L=（\sum$房间净空周长－门洞宽＋门洞侧面宽）×0.15

$$= [(6.0-0.24+3.9-0.24+0.12) \times 2 + (5.1-0.24+3.0-0.24) \times 2 + (5.1-$$
$$0.24+3.0-0.24) \times 2 - \left(\frac{M_1}{1.0}+\frac{M_2}{1.20}+\frac{M_3}{0.90 \times 2}+\frac{M_4}{1.0 \times 2}\right)+0.24 \times 4] \times 0.15$$
$$=(19.08+30.48-6.0+0.96) \times 0.15 = 44.52 \times 0.15 = 6.68 m^2$$

（2）散水、防滑坡道按图示尺寸以平方米计算。

散水面积计算公式：

$$S_{散水} = （外墙外边周长+散水宽 \times 4） \times 散水宽 - 坡道、台阶所占面积$$

【例15-6】根据图15-5，计算散水工程量。

【解】$S_{散水} = [(12.0+0.24+6.0+0.24) \times 2 + 0.80 \times 4] \times 0.80 - 2.50 \times 0.80 - 0.60 \times 1.50 \times 2$
$= 40.16 \times 0.80 - 3.80 = 28.33 （m^2）$

【例15-7】根据图15-5，计算防滑坡道工程量。

【解】$S_{坡道} = 1.10 \times 2.50 = 2.75 （m^2）$

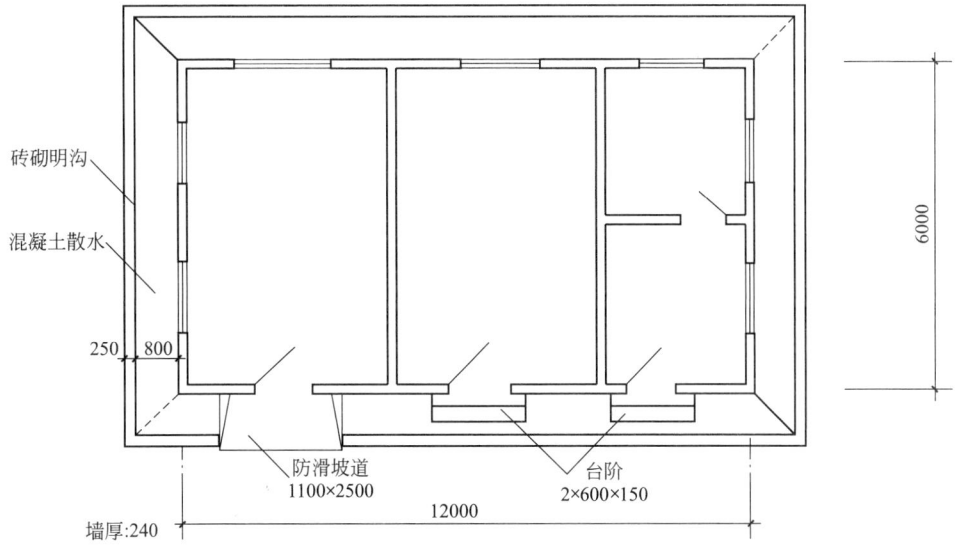

图15-5 散水、防滑坡道、明沟、台阶示意图

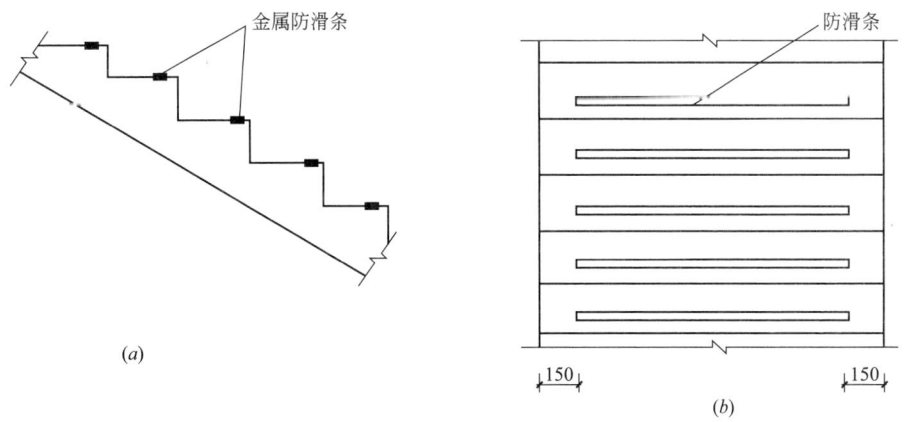

图15-6 防滑条示意图
（a）侧立面；（b）平面

(3) 栏杆、扶手包括弯头长度按延长米计算 (见图 15-7、图 15-8、图 15-9)。

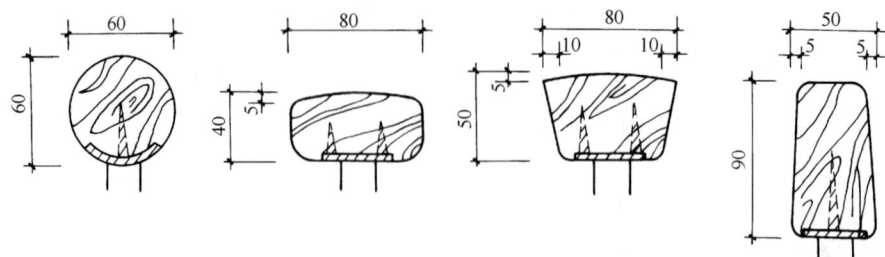

图 15-7 硬木扶手

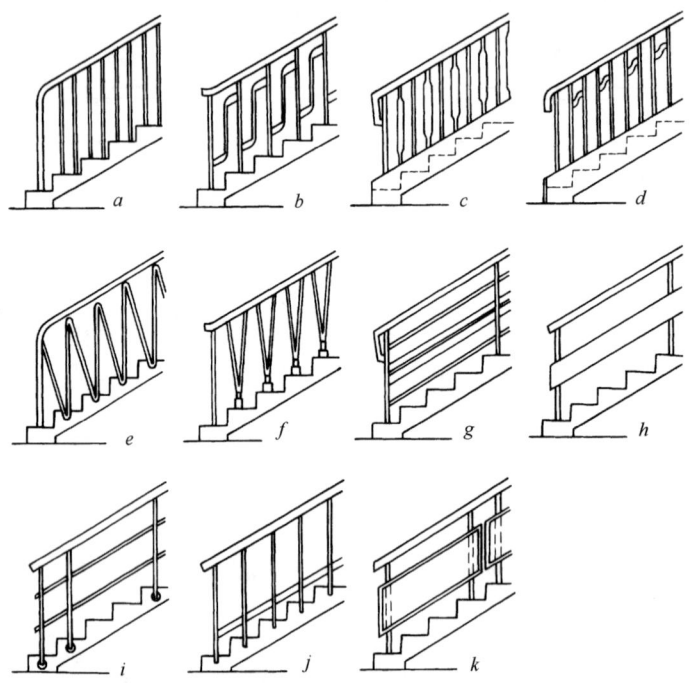

图 15-8 栏杆示意图

【**例 15-8**】某大楼有等高的 8 跑楼梯，采用不锈钢管扶手栏杆，每跑楼梯高为 1.80m，每跑楼梯扶手水平长为 3.80m，扶手转弯处为 0.30m，最后一跑楼梯连接的安全栏杆水平长 1.55m，求该扶手栏杆工程量。

【**解**】不锈钢扶手栏杆长

$$= \sqrt{(1.80)^2 + (3.80)^2} \times 8 \text{ 跑} + 0.30 \text{ (转弯)}$$
$$\times 7 + 1.55 \text{ (水平)}$$
$$= 4.205 \times 8 + 2.10 + 1.55$$
$$= 37.29 \text{ (m)}$$

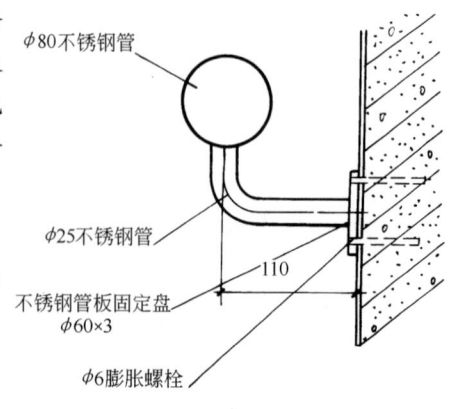

图 15-9 不锈钢管靠墙扶手

(4)防滑条按楼梯踏步两端距离减 300mm，以延长米计算。见图 15-6。
(5)明沟按图示尺寸以延长米计算。

明沟长度计算公式：

$$明沟长＝外墙外边周长＋散水宽×8＋明沟宽×4－台阶、坡道长$$

【例 15-9】根据图 15-5，计算砖砌明沟工程量。

【解】明沟长＝（12.24＋6.24）×2＋0.80×8＋0.25×4－2.50
　　　　　＝41.86（m）

思 考 题

1. 怎样计算楼地面垫层工程量？
2. 怎样计算楼地面面层工程量？
3. 怎样计算块料面层工程量？
4. 怎样计算台阶面层工程量？
5. 怎样计算踢脚板工程量？
6. 怎样计算楼梯扶手工程量？
7. 怎样计算散水工程量？
8. 怎样计算明沟工程量？

16 屋面防水及防腐、保温、隔热工程

16.1 坡 屋 面

16.1.1 有关规则

各种屋面和型材屋面(包括挑檐部分)均按设计图示尺寸以面积计算(斜屋面按斜面面积计算)。不扣除房上烟囱、风帽底座、风道、屋面小气窗、斜沟等所占面积,屋面小气窗的出檐部分亦不增加。

16.1.2 屋面坡度系数

利用屋面坡度系数来计算坡屋面工程量是一种简便有效的计算方法。坡度系数的计算方法是:坡度系数 $=\dfrac{斜长}{水平长}=\sec\alpha$

屋面坡度系数表见表 16-1,示意见图 16-1。

屋面坡度系数表　　　　　　　　表 16-1

坡　　　度			延尺系数 C (A=1)	隅延尺系数 D (A=1)
以高度 B 表示 (当 $A=1$ 时)	以高跨比表示 ($B/2A$)	以角度表示 (α)		
1	1/2	45°	1.4142	1.7321
0.75		36°52′	1.2500	1.6008
0.70		35°	1.2207	1.5779
0.666	1/3	33°40′	1.2015	1.5620
0.65		33°01′	1.1926	1.5564
0.60		30°58′	1.1662	1.5362
0.577		30°	1.1547	1.5270
0.55		28°49′	1.1413	1.5170
0.50	1/4	26°34′	1.1180	1.5000
0.45		24°14′	1.0966	1.4839
0.40	1/5	21°48′	1.0770	1.4697
0.35		19°17′	1.0594	1.4569
0.30		16°42′	1.0440	1.4457
0.25		14°02′	1.0308	1.4362
0.20	1/10	11°19′	1.0198	1.4283
0.15		8°32′	1.0112	1.4221
0.125		7°8′	1.0078	1.4191
0.100	1/20	5°42′	1.0050	1.4177
0.083		4°45′	1.0035	1.4166
0.066	1/30	3°49′	1.0022	1.4157

16 屋面防水及防腐、保温、隔热工程

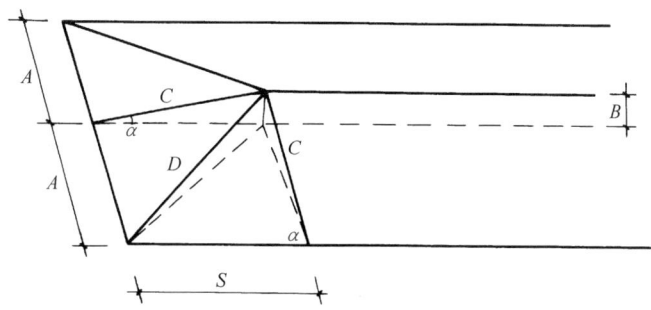

图 16-1 放坡系数各字母含义示意图

注：1. 两坡水排水屋面（当 α 角相等时，可以是任意坡水）面积为屋面水平投影面积乘以延尺系数 C；
　　2. 四坡水排水屋面斜脊长度 $=A×D$（当 $S=A$ 时）；
　　3. 沿山墙泛水长度 $=A×C$。

【例 16-1】 根据图 16-2 图示尺寸，计算四坡水屋面工程量。

【解】 $S=$ 水平面积×坡度系数 C
　　　　$=8.0×24.0×1.118^*$（查表 16-1）
　　　　$=214.66\text{m}^2$

【例 16-2】 据图 16-2 中有关数据，计算屋面斜脊的长度。

【解】 屋面斜脊长 = 跨长×0.5×隅延尺系数 D×4 根
　　　　$=8.0×0.5×1.50^*$（查表 16-1）$×4=24.0\text{m}$

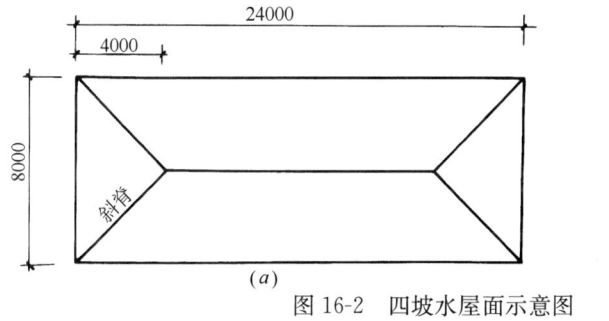

图 16-2 四坡水屋面示意图
(a) 平面；(b) 立面

【例 16-3】 根据图 16-3 的图示尺寸，计算六坡水（正六边形）屋面的斜面面积。

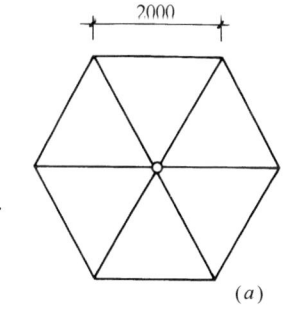
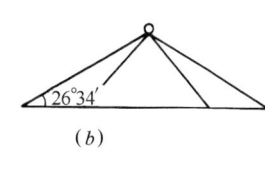

图 16-3 六坡水屋面示意图
(a) 平面；(b) 立面

【解】屋面斜面面积＝水平面积×延尺系数C

$$=\frac{3}{2}\times\sqrt{3}\times(2.0)^2\times1.118$$

$$=10.39\times1.118=11.62 (m^2)$$

16.2 卷 材 屋 面

（1）卷材屋面按设计图示尺寸的水平投影面积乘以规定的坡度系数以平方米计算。但不扣除房上烟囱、风帽底座、风道、屋面小气窗和斜沟所占的面积。屋面女儿墙、伸缩缝和天窗弯起部分（图16-4、图16-5），按图示尺寸并入屋面工程量计算，如图纸无规定时，伸缩缝、女儿墙的弯起部分可按250mm计算，天窗弯起部分可按500mm计算。

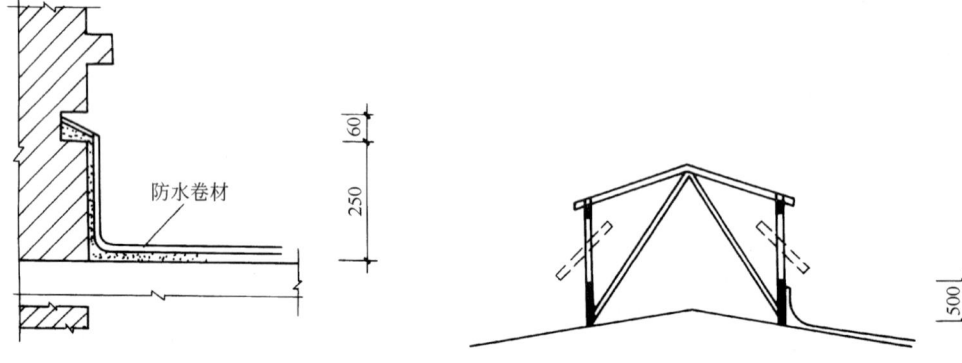

图16-4 屋面女儿墙防水卷材弯起示意图　　图16-5 卷材屋面天窗弯起部分示意图

（2）屋面找坡一般采用轻质混凝土和保温隔热材料。找坡层的平均厚度需根据图示尺寸计算加权平均厚度，以立方米计算。

屋面找坡平均厚计算公式：

$$找坡平均厚=坡宽(L)\times坡度系数(i)\times\frac{1}{2}+最薄处厚$$

【例16-4】根据图16-6所示尺寸和条件计算屋面找坡层工程量。

【解】（1）计算加权平均厚

$A区\begin{cases}面积：15\times4=60m^2\\平均厚：4.0\times2\%\times\frac{1}{2}+0.03=0.07m\end{cases}$

$B区\begin{cases}面积：12\times5=60m^2\\平均厚：5.0\times2\%\times\frac{1}{2}+0.03=0.08m\end{cases}$

$C区\begin{cases}面积：8\times(5+2)=56m^2\\平均厚：7\times2\%\times\frac{1}{2}+0.03=0.10m\end{cases}$

$D区\begin{cases}面积：6\times(5+2-4)=18m^2\\平均厚：3\times2\%\times\frac{1}{2}+0.03=0.06m\end{cases}$

$E区\begin{cases}面积：11×(4+4)=88m^2\\平均厚：8×2\%×\dfrac{1}{2}+0.03=0.11m\end{cases}$

$$加权平均厚=\frac{60×0.07+60×0.08+56×0.10+18×0.06+88×0.11}{60+60+56+18+88}$$

$$=\frac{25.36}{282}$$

$$=0.0899$$

$$≈0.09m$$

（2）屋面找坡层体积

$$V=屋面面积×平均厚$$

$$=282×0.09$$

$$=25.38m^3$$

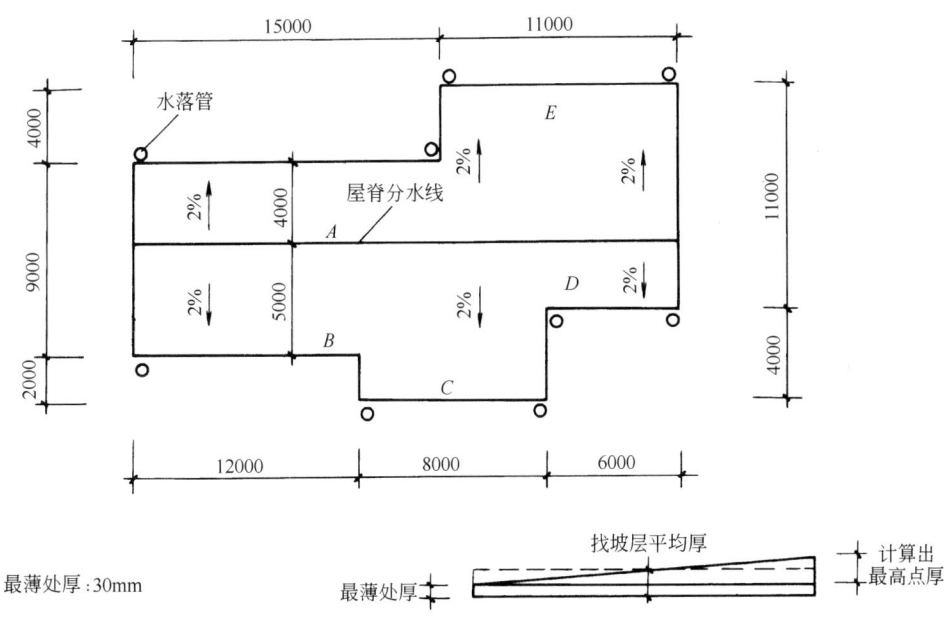

图 16-6　平屋面找坡示意图

（3）卷材屋面的附加层、接缝、收头、找平层的嵌缝、冷底子油已计入定额内，不另计算。

（4）涂膜屋面的工程量计算同卷材屋面。涂膜屋面的油膏嵌缝、玻璃布盖缝、屋面分格缝，以延长米计算。

16.3　屋　面　排　水

（1）铁皮排水按设计图示尺寸以展开面积计算，如图纸没有注明尺寸时，可按表16-2规定计算。咬口和搭接用量等已计入定额项目内，不另计算。

铁皮排水单体零件折算表 表 16-2

名　称		单位	水落管(m)	檐　沟(m)	水斗(个)	漏斗(个)	下水口(个)		
铁皮排水	水落管、檐沟、水斗、漏斗、下水口	m²	0.32	0.30	0.40	0.16	0.45		
	天沟、斜沟、天窗窗台泛水、天窗侧面泛水、烟囱泛水、滴水檐头泛水、滴水	m²	天沟(m)	斜沟、天窗窗台泛水(m)	天窗侧面泛水(m)	烟囱泛水(m)	通气管泛水(m)	滴水檐头泛水(m)	滴水(m)
			1.30	0.50	0.70	0.80	0.22	0.24	0.11

(2) 铸铁、玻璃钢水落管区别不同直径按图示尺寸以延长米计算，雨水口、水斗、弯头、短管以个计算。

16.4 防 水 工 程

(1) 建筑物楼地面防水、防潮层，按主墙间净空面积计算，扣除凸出地面的构筑物、设备基础等所占的面积，不扣除柱、垛、间壁墙、烟囱及 0.3m² 以内孔洞所占面积。与墙面连接处高度在 300mm 以内的按展开面积计算，并入平面工程量内；超过 300mm 时，按立面防水层计算。

(2) 建筑物墙基防水、防潮层，外墙长度按中心线，内墙长度按净长乘以宽度以平方米计算。

【例 16-5】 根据图 15-3 有关数据，计算墙基水泥砂浆防潮层工程量（墙厚均为 240）。

【解】 $S=$（外墙中线长＋内墙净长）×墙厚
$= [（6.0+9.0）\times 2+6.0-0.24+5.1-0.24] \times 0.24$
$=40.62 \times 0.24=9.75m^2$

(3) 构筑物及建筑物地下室防水层，按实铺面积计算，但不扣除 0.3m² 以内的孔洞面积。平面与立面交接处的防水层，其上卷高度超过 300mm 时，按立面防水层计算。

(4) 防水卷材的附加层、接缝、收头、冷底子油等人工材料均已计入定额内，不另计算。

(5) 变形缝按延长米计算。

16.5 防腐、保温、隔热工程

16.5.1 防腐工程

1. 防腐工程面层、隔离层及防腐油漆工程量均按设计图示尺寸以面积计算。
2. 踢脚板防腐工程量按设计图示尺寸以面积计算，应扣除门洞所占面积并相应增加侧壁展开面积。

16.5.2 保温隔热工程

1. 屋面保温隔热层工程量按设计图示尺寸以面积计算。扣除面积>0.3m² 柱、垛、孔洞所占面积。其他项目按设计图示尺寸以定额项目规定的计量单位计算。
2. 天棚保温隔热层工程量按设计图示尺寸以面积计算。扣除面积>0.3m² 柱、垛、孔洞所占面积，与天棚相连的梁按展开面积计算，其工程量并入天棚内。

16.5.3 其他

1. 防火隔离带工程量按设计图示尺寸以面积计算。
2. 池、槽块料防腐面层工程量按设计图示尺寸以展开面积计算。

思 考 题

1. 屋面坡度系数是如何确定的？
2. 怎样利用坡度系数 C 计算屋面工程量？
3. 怎样计算卷材屋面工程量？
4. 怎样确定屋面找坡层的平均厚度？
5. 怎样计算变形缝工程量？
6. 怎样计算保温隔热层工程量？

17 装饰工程

17.1 内墙抹灰

（1）内墙面、墙裙抹灰面积，应扣除门窗洞口和单个面积＞0.3m² 以上空圈所占的面积，不扣除踢脚板、挂镜线（图17-1）、0.3m² 以内的孔洞和墙与构件交接处的面积，洞口侧壁和顶面亦不增加。墙垛和附墙烟囱侧壁面积与内墙抹灰工程量合并计算。

（2）内墙面抹灰的长度，以主墙间的图示净长尺寸计算，其高度确定如下：

1) 无墙裙的，其高度按室内地面或楼面至顶棚底面之间距离计算。

2) 有墙裙的，其高度按墙裙顶至顶棚底面之间距离计算。

3) 钉板条顶棚的内墙面抹灰，其高度按室内地面或楼面至顶棚底面另加 100mm 计算。

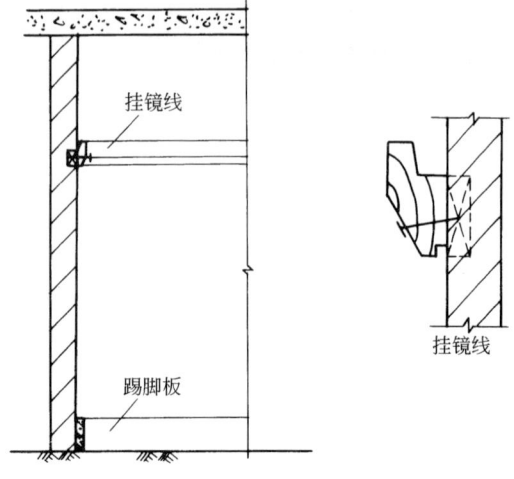

图 17-1 挂镜线、踢脚板示意图

说明：

① 墙与构件交接处的面积（图 17-2），主要指各种现浇或预制梁头伸入墙内所占的面积。

② 由于一般墙面先抹灰后做吊顶，所以钉板条顶棚的墙面需抹灰时应抹至顶棚底再加 100mm。

③ 墙裙单独抹灰时，工程量应单独计算，内墙抹灰也要扣除墙裙工程量。

计算公式：

内墙面抹灰面积＝（主墙间净长＋墙垛和附墙烟囱侧壁宽）×（室内净高－墙裙高）－门窗洞口及大于 0.3m² 孔洞面积

式中 室内净高＝
$\begin{cases} \text{有吊顶：楼面或地面至顶棚底加 100mm} \\ \text{无吊顶：楼面或地面至顶棚底净高} \end{cases}$

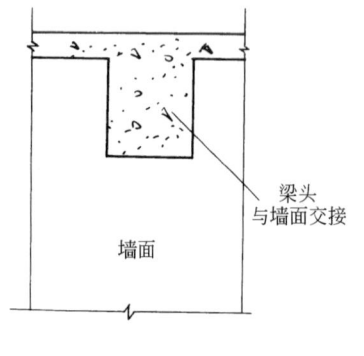

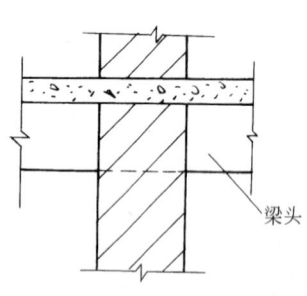

图 17-2 墙与构件交接处面积示意图

(3) 内墙裙抹灰面积按内墙净长乘以高度计算。应扣除门窗洞口和空圈所占的面积，门窗洞口和空洞的侧壁面积不另增加，墙垛、附墙烟囱侧壁面积并入墙裙抹灰面积内计算。

17.2 外墙抹灰

(1) 外墙抹灰面积，按外墙面的垂直投影面积以平方米计算。应扣除门窗洞口、外墙裙和大于 0.3m² 孔洞所占面积，洞口侧壁面积不另增加。附墙垛、梁、柱侧面抹灰面积并入外墙面抹灰工程量内计算。栏板、栏杆、窗台线、门窗套、扶手、压顶、挑檐、遮阳板、突出墙外的腰线等，另按相应规定计算。

(2) 外墙裙抹灰面积按其长度乘高度计算，扣除门窗洞口和大于 0.3m² 孔洞所占的面积，门窗洞口及孔洞的侧壁不增加。

(3) 窗台线、门窗套、挑檐、腰线、遮阳板等展开宽度在 300mm 以内者，按装饰线以延长米计算，如果展开宽度超过 300mm 以上时，按图示尺寸以展开面积计算，套零星抹灰定额项目。

(4) 栏板、栏杆（包括立柱、扶手或压顶等）抹灰，按立面垂直投影面积乘以系数 2.2 以平方米计算。

(5) 阳台底面抹灰按水平投影面积以平方米计算，并入相应顶棚抹灰面积内。阳台如跌悬臂者，其工程量乘系数 1.30。

(6) 雨篷底面或顶面抹灰分别按水平投影面积以平方米计算，并入相应顶棚抹灰面积内。雨篷顶面带反沿或反梁者，其工程量乘系数 1.20，底面带悬臂梁者，其工程量乘以系数 1.20。雨篷外边线按相应装饰或零星项目执行。

(7) 墙面勾缝按垂直投影面积计算，应扣除墙裙和墙面抹灰的面积，不扣除门窗洞口、门窗套、腰线等零星抹灰所占的面积，附墙柱和门窗洞口侧面的勾缝面积亦不增加。独立柱、房上烟囱勾缝，按图示尺寸以平方米计算。

17.3 外墙装饰抹灰

(1) 外墙各种装饰抹灰均按图示尺寸以实抹面积计算。应扣除门窗洞口空圈的面积，其侧壁面积不另增加。

(2) 挑檐、天沟、腰线、栏杆、栏板、门窗套、窗台线、压顶等，均按图示尺寸展开面积以平方米计算，并入相应的外墙面积内。

17.4 墙面块料面层

(1) 墙面贴块料面层均按图示尺寸以实贴表面积计算（见图 17-3、图 17-4）。

(2) 墙裙以高度 1500mm 以内为准，超过 1500mm 时按墙面计算，高度低于 300mm 以内时，按踢脚板计算。

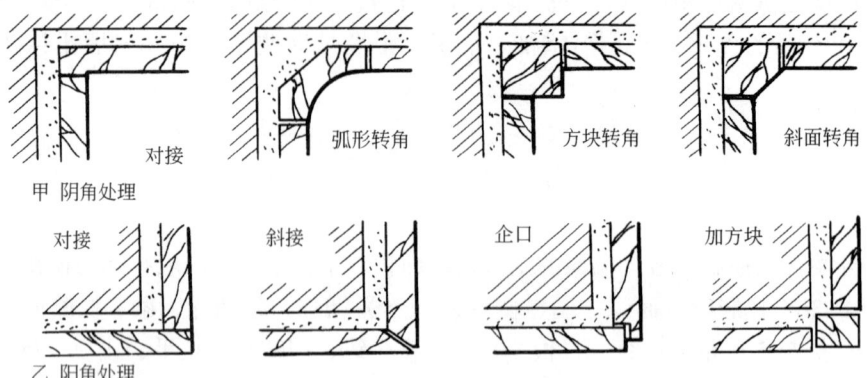

图 17-3　阴阳角的构造处理

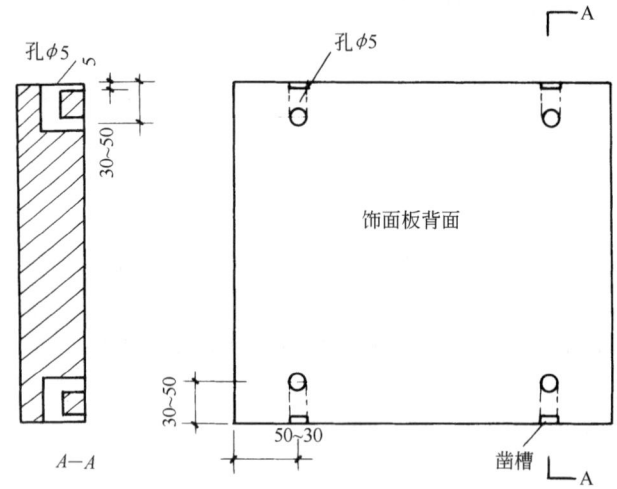

图 17-4　石材饰面板钻孔及凿槽示意图

17.5　隔墙、隔断、幕墙

（1）木隔墙、墙裙、护壁板，均按图示尺寸长度乘以高度按实铺面积以平方米计算。

（2）玻璃隔墙按上横挡顶面至下横挡底面之间高度乘以宽度（两边立挺外边线之间）以平方米计算。

（3）浴厕木隔断，按下横挡底面至上横挡顶面高度乘以图示长度以平方米计算，门扇面积并入隔断面积内计算。

（4）铝合金、轻钢隔墙、幕墙，按四周框外围面积计算。

17.6　独　立　柱

（1）一般抹灰、装饰抹灰、镶贴块料按结构断面周长乘以柱的高度，以平方米计算。

(2) 柱面装饰按柱外围饰面尺寸乘以柱的高，以平方米计算（见图17-5）。

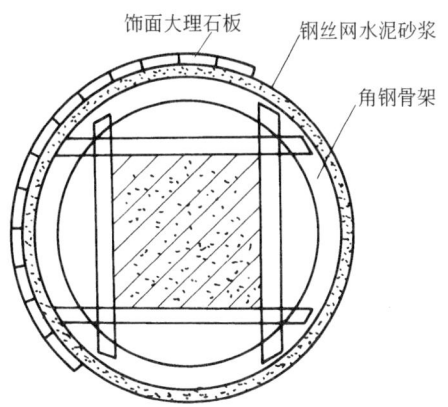

图 17-5　镶贴石材饰面板的圆柱构造

17.7　零　星　抹　灰

各种"零星项目"均按图示尺寸以展开面积计算。

17.8　顶　棚　抹　灰

（1）顶棚抹灰面积，按设计结构尺寸以展开面积计算，不扣除间壁墙、垛、柱、附墙烟囱、检查口和管道所占的面积。带梁顶棚，梁两侧抹灰面积，并入顶棚抹灰工程量内计算。

（2）密肋梁和井字梁顶棚抹灰面积，按展开面积计算。

（3）顶棚抹灰如带有装饰线时，区别三道线以内或五道线以内按延长米计算，线角的道数以一个突出的棱角为一道线（见图17-6）。

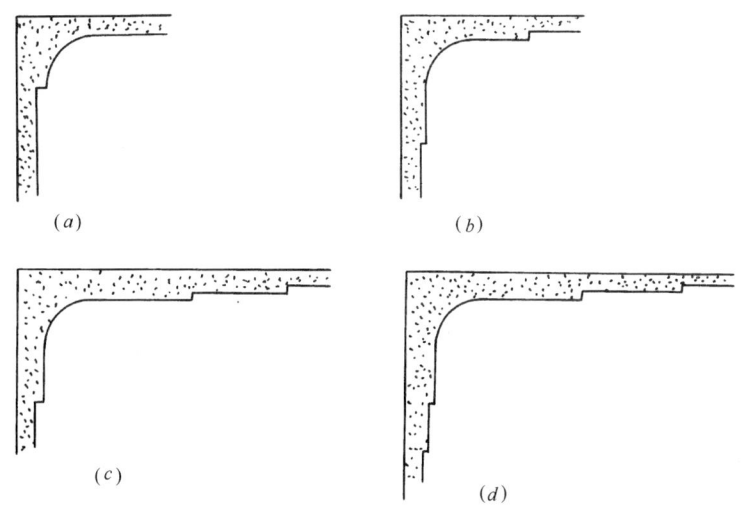

图 17-6　顶棚装饰线示意图
(a) 一道线；(b) 二道线；(c) 三道线；(d) 四道线

(4) 檐口顶棚的抹灰面积，并入相同的顶棚抹灰工程量内计算。

(5) 顶棚中的折线、灯槽线、圆弧形线、拱形线等艺术形式的抹灰，按展开面积计算。

17.9 顶 棚 龙 骨

各种吊顶顶棚龙骨（见图 17-7、图 17-8、图 17-9）按主墙间水平投影面积计算，不扣除间壁墙、检查口、附墙烟囱、柱、垛和管道所占面积，扣除单个＞0.3m² 孔洞、独立柱及天棚相连的窗帘盒所占面积。斜面龙骨按斜面计算。

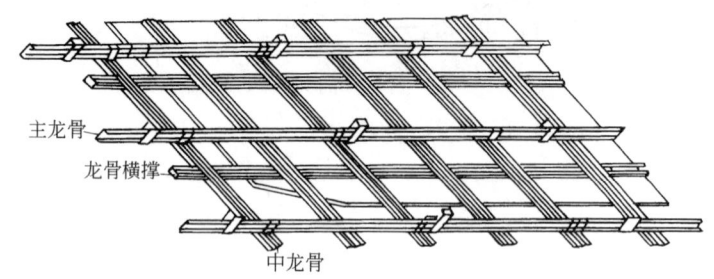

图 17-7 U 形轻钢天棚龙骨构造示意图

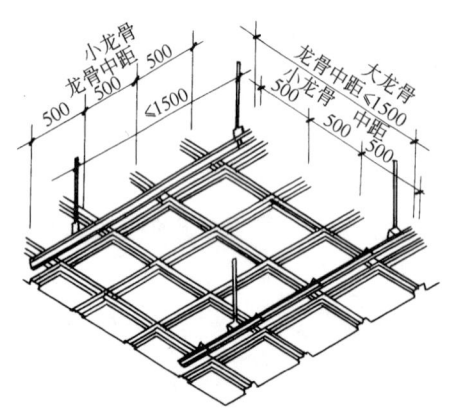

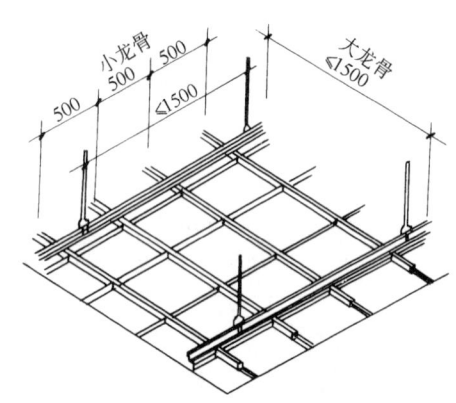

图 17-8 嵌入式铝合金方板天棚　　图 17-9 浮搁式铝合金方板天棚

17.10 顶 棚 面 装 饰

顶棚吊顶的基层和面层均按设计图示尺寸以展开面积计算，顶棚面中的灯槽及跌级、阶梯式、锯齿形、吊挂式、藻井式顶棚面积按展开计算。不扣除间壁墙、垛、柱、附墙烟囱、检查口和管道所占面积，扣除单个＞0.3m² 的孔洞、独立柱及与顶棚相连的窗帘盒所占面积。

17.11 喷涂、油漆、裱糊

1. 楼地面、顶棚面、墙、柱、梁面的喷（刷）涂料、抹灰面、油漆及裱糊工程，均按楼地面、顶棚面、墙、柱、梁面装饰工程相应的工程量计算规则规定计算。
2. 执行单层木门油漆的项目，其工程量计算规则及相应系数见表17-1。

工程量计算规则和系数表　　　　　　　　　　　　　　表17-1

	项　目	系数	工程量计算规则（设计图示尺寸）
1	单层木门	1.00	门洞口面积
2	单层半玻门	0.85	
3	单层全玻门	0.75	
4	半截百叶门	1.50	
5	全百叶门	1.70	
6	厂库房大门	1.10	
7	纱门扇	0.80	
8	特种门（包括冷藏门）	1.00	
9	装饰门扇	0.90	扇外围尺寸面积
10	间壁、隔断	1.00	单面外围面积
11	玻璃间壁露明墙筋	0.80	
12	木栅栏、木栏杆（带扶手）	0.90	

注：多面涂刷按单面计算工程量。

3. 执行木扶手（不带托板）油漆项目的，其工程量计算规则及相应系数见表17-2。

工程量计算规则和系数表　　　　　　　　　　　　　　表17-2

	项　目	系数	工程量计算规则（设计图示尺寸）
1	木扶手（不带托板）	1.00	延长米
2	木扶手（带托板）	2.50	
3	封檐板、博风板	1.70	
4	黑板框、生活园地框	0.50	

4. 执行其他木材面油漆的项目，其工程量计算规则及相应系数见表17-3。

工程量计算规则和系数表　　　　　　　　　　　　　　表17-3

	项　目	系数	工程量计算规则（设计图示尺寸）
1	木板、胶合板天棚	1.00	长×宽
2	屋面板带檩条	1.10	斜长×宽

续表

	项 目	系数	工程量计算规则 (设计图示尺寸)
3	清水板条檐口天棚	1.10	
4	吸音板（墙面或天棚）	0.87	
5	鱼鳞板墙	2.40	长×宽
6	木护墙、木墙裙、木踢脚	0.83	
7	窗台板、窗帘盒	0.83	
8	出入口盖板、检查口	0.87	
9	壁橱	0.83	展开面积
10	木屋架	1.77	跨度（长）×中高×1/2
11	以上未包括的其余木材面油漆	0.83	展开面积

5. 执行金属面油漆、涂料项目，其工程量按设计图示尺寸以展开面积计算。质量在 500kg 以内的单个金属构件，可参考表 17-4 相应的系数，将质量（t）折算为面积。

质量折算面积参考系数表　　　　　　　　　　　表 17-4

	项 目	系 数
1	钢栅栏门、栏杆、窗栅	64.98
2	钢爬梯	44.84
3	踏步式钢扶梯	39.90
4	轻型屋架	53.20
5	零星铁件	58.00

思 考 题

1. 内墙面抹灰按规定应扣除哪些面积？
2. 如何确定内墙抹灰的长度和高度？
3. 外墙抹灰按规定应扣除哪些面积？
4. 怎样计算窗台线抹灰工程量？
5. 怎样计算外墙装饰抹灰工程量？
6. 怎样计算幕墙工程量？
7. 怎样计算独立柱装饰抹灰工程量？
8. 怎样计算顶棚龙骨和顶棚面层工程量？
9. 怎样计算油漆工程量？

18 金属结构制作、构件运输与安装及其他

18.1 金属结构制作

18.1.1 一般规则
金属结构制作按图示钢材尺寸以吨计算,不扣除孔眼、切边的重量,焊条、铆钉、螺栓等重量,已包括在定额内不另计算。在计算不规则或多边形钢板重量时均按其几何图形的外接矩形面积计算。

18.1.2 实腹柱、吊车梁
实腹柱、吊车梁、H型钢按图示尺寸计算,其中腹板及翼板宽度按每边增加25mm计算。

18.1.3 制动梁、墙架、钢柱
1. 制动梁的制作工程量包括制动梁、制动桁架、制动板重量。
2. 墙架的制作工程量包括墙架柱、墙架梁及连接柱杆重量。
3. 钢柱制作工程量包括依附于柱上的牛腿及悬臂梁重量(见图18-1)。

18.1.4 轨道
轨道制作工程量,只计算轨道本身重量,不包括轨道垫板、压板、斜垫、夹板及连接角钢等重量。

18.1.5 铁栏杆
铁栏杆制作,仅适用于工业厂房中平台、操作台的钢栏杆。民用建筑中铁栏杆等按定额其他章节有关项目计算。

18.1.6 钢漏斗
钢漏斗制作工程量,矩形按图示分片,圆形按图示展开尺寸,并依钢板宽度分段计算,每段均以其上口长度(圆形以分段展开上口长度)与钢板宽度,按矩形计算,依附漏斗的型钢并入漏斗重量内计算。

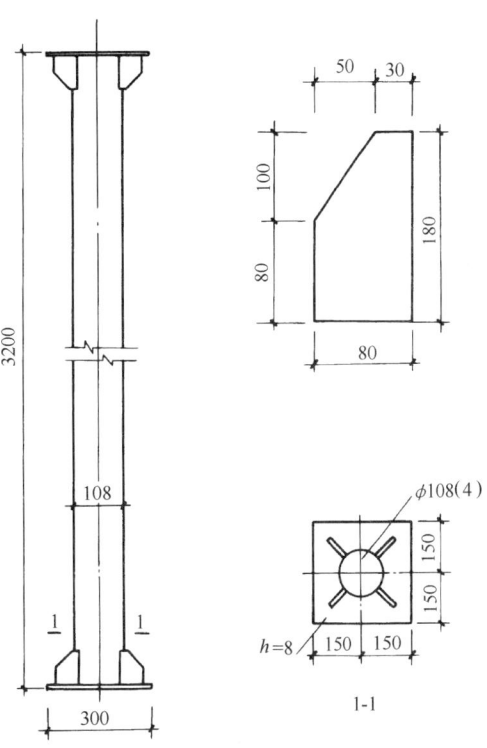

图18-1 钢柱结构图

【例18-1】根据图18-2图示尺寸,计算上柱间支撑的制作工程量。

【解】角钢每米重量=0.00795×厚×(长边+短边-厚)
=0.00795×6×(75+50-6)

$$=5.68\text{kg/m}$$

钢板每 m^2 重量 $=7.85\times$ 厚

$$=7.85\times 8=62.8\text{kg/m}^2$$

角钢重 $=5.90\times 2$ 根 $\times 5.68\text{kg/m}=67.02\text{kg}$

钢板重 $=(0.205\times 0.21\times 4$ 块$)\times 62.8$

$$=0.1722\times 62.80$$

$$=10.81\text{kg}$$

上柱间支撑工程量 $=67.02+10.81=77.83\text{kg}$

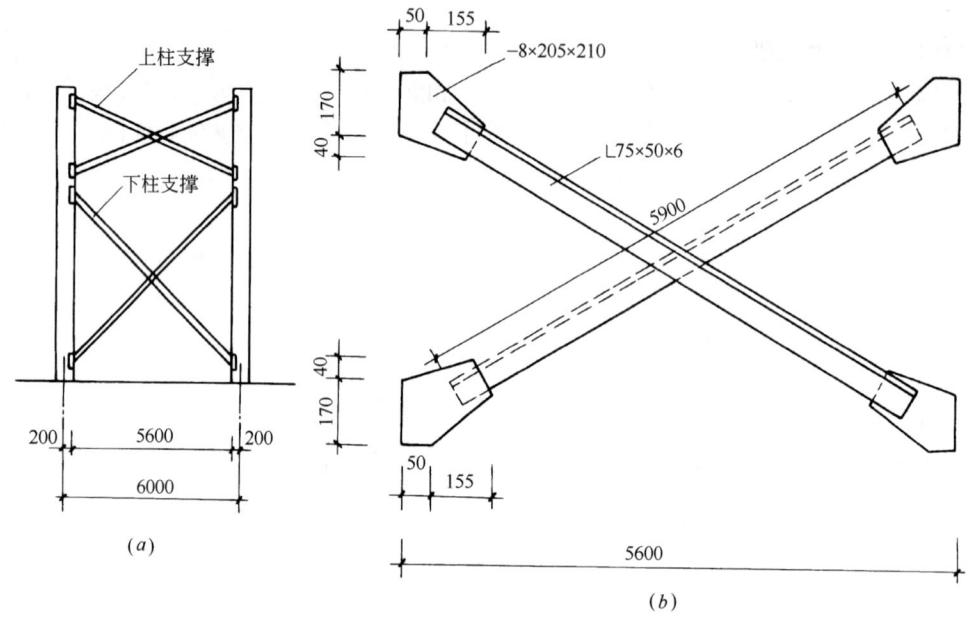

图 18-2　柱间支撑

(a) 柱间支撑示意图；(b) 上柱间支撑详图

18.2　建筑工程垂直运输

18.2.1　建筑物

建筑物垂直运输机械台班用量，区分不同建筑物的结构类型及檐口高度按建筑面积以平方米计算。

檐高是指设计室外地坪至檐口的高度（图 18-3），突出主体建筑屋顶的电梯间、水箱间等不计入檐口高度之内。

18.2.2　构筑物

构筑物垂直运输机械台班以座计算。超过规定高度时，再按每增高 1m 定额项目计算，其高度不足 1m 时，亦按 1m 计算。

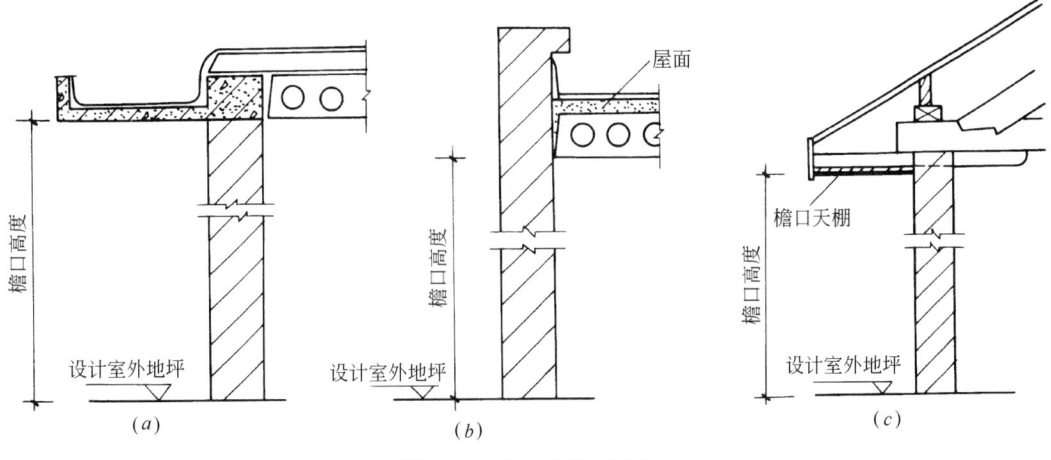

图 18-3 檐口高度示意图
(a) 有檐沟的檐口高度；(b) 有女儿墙的檐口高度；(c) 坡屋面的檐口高度

18.3 构件运输及安装工程

18.3.1 一般规定

1. 预制混凝土构件运输及安装，均按构件图示尺寸，以实体积计算。
2. 钢构件按构件设计图示尺寸以吨计算；所需螺栓、电焊条等重量不另计算。
3. 木门窗以外框面积以平方米计算。

18.3.2 构件制作、运输、安装损耗率

预制混凝土构件制作、运输、安装损耗率，按表 18-1 规定计算后并入构件工程量内。其中预制混凝土屋架、桁架、托架及长度在 9m 以上的梁、板、柱不计算损耗率。

预制钢筋混凝土构件制作、运输、安装损耗率表　　表 18-1

名　称	制作废品率	运输堆放损耗率	安装（打桩）损耗率
各类预制构件	0.2%	0.8%	0.5%
预制钢筋混凝土柱	0.1%	0.4%	1.5%

根据上述第二条和表 18-1 的规定，预制构件含各种损耗的工程量计算方法如下：

预制构件制作工程量＝图示尺寸实体积×（1＋1.5%）
预制构件运输工程量＝图示尺寸实体积×（1＋1.3%）
预制构件安装工程量＝图示尺寸实体积×（1＋0.5%）

【例 18-2】根据施工图计算出的预应力空心板体积为 2.78m³，计算空心板的制、运、安工程量。

【解】空心板制作工程量＝2.78×（1＋1.5%）＝2.82m³
空心板运输工程量＝2.78×（1＋1.3%）＝2.82m³
空心板安装工程量＝2.78×（1＋0.5%）＝2.79m³

18.3.3 构件运输

1. 预制混凝土构件运输的最大运输距离取 50km 以内；钢构件和木门窗的最大运输

距离按 20km 以内；超过时另行补充。

2. 加气混凝土板（块）、硅酸盐块运输，每立方米折合钢筋混凝土构件体积 $0.4m^3$，按一类构件运输计算（预制构件分类见表 18-2）。

预制混凝土构件分类表　　　　表 18-2

类别	项目
1	桩、柱、梁、板、墙单件体积≤$1m^3$、面积≤$4m^2$、长度≤5m
2	桩、柱、梁、板、墙单件体积>$1m^3$、面积>$4m^2$、5m<长度≤6m
3	6～14m 的桩、柱、梁、板、屋架、桁架、托架（14m 以上另行计算）
4	天窗架、侧板、端壁板、天窗上下挡及小型构件

18.3.4 预制混凝土构件安装

1. 焊接形成的预制钢筋混凝土框架结构，其柱安装按框架柱计算，梁安装按框架梁计算；节点浇注成形的框架，按连体框架梁、柱计算。

2. 预制钢筋混凝土工字形柱、矩形柱、空腹柱、双肢柱、空心柱、管道支架等安装，均按柱安装计算。

3. 组合屋架安装，以混凝土部分实体体积计算，钢杆件部分不另计算。

4. 预制钢筋混凝土多层柱安装，首层柱按柱安装计算，二层及二层以上柱按柱接柱计算。

18.3.5 钢构件安装

1. 钢构件安装按图示构件钢材重量以吨计算。

2. 依附于钢柱上的牛腿及悬臂梁等，并入柱身主材重量计算。

3. 金属结构中所用钢板，设计为多边形者，按矩形计算，矩形的边长以设计尺寸中互相垂直的最大尺寸为准。见表 18-3。

金属结构构件分类表　　　　表 18-3

类别	构件名称
一	钢柱、屋架、托架、桁架、吊车梁、网架、钢架桥
二	钢梁、檩条、支撑、拉条、拦杆、钢平台、钢走道、钢楼梯、零星构件
三	墙架、挡风架、天窗架、轻钢屋架、其他构件

18.4　建筑物超高增加人工、机械费

18.4.1 有关规定

1. 本规定适用于建筑物檐口高 20m（层数 6 层）以上的工程（图 18-4）。

2. 檐高是指设计室外地坪至檐口的高度，突出主体建筑屋顶的电梯间、水箱间等不计入檐高之内。

3. 同一建筑物高度不同时，按不同高度的建筑面积，分别按相应项目计算。

18.4.2 降效系数

1. 各项降效系数中包括的内容指建筑物基础以上的全部工程项目，但不包括垂直运

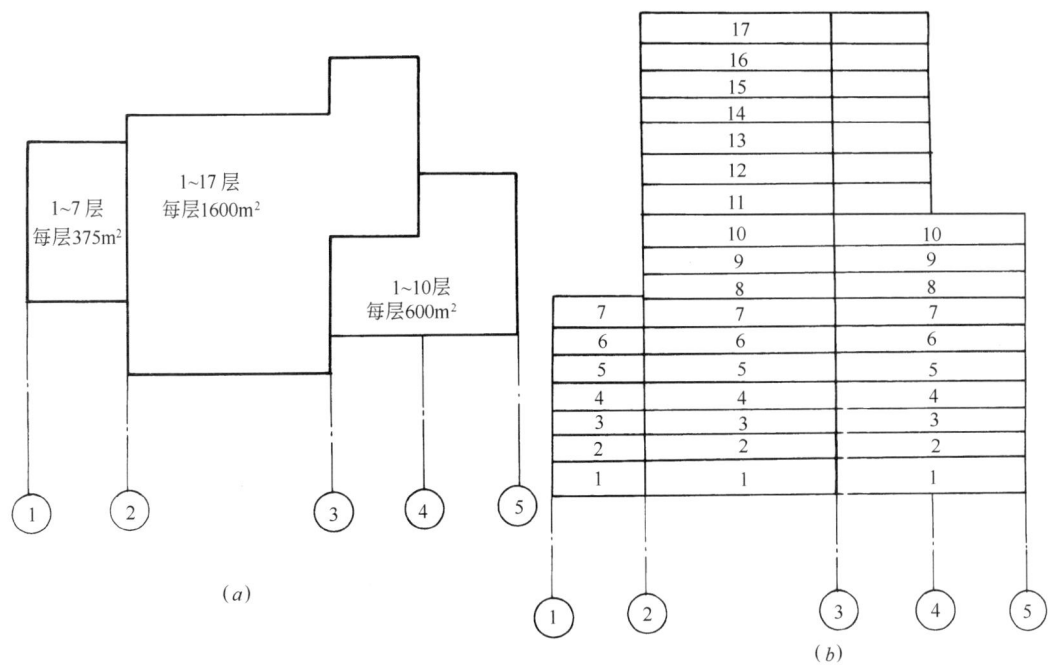

图 18-4 高层建筑示意图
(a) 平面示意；(b) 立面示意

输、各类构件的水平运输及各项脚手架。

2. 人工降效按规定内容中的全部人工费乘以定额系数计算。
3. 吊装机械降效按吊装项目中的全部机械费乘以定额系数计算。
4. 其他机械降效按除吊装机械外的全部机械费乘以定额系数计算。

18.4.3 加压水泵台班

建筑物施工用水加压增加的水泵台班，按建筑面积计算。

18.4.4 建筑物超高人工、机械降效率定额摘录（表 18-4）

表 18-4

定额编号		14—1	14—2	14—3	14—4
项 目	降效率	檐高（层数）			
		30m（7—10）以内	40m（11—13）以内	50m（14—16）以内	60m（17—19）以内
人 工 降 效	%	3.33	6.00	9.00	13.33
吊装机械降效	%	7.67	15.00	22.20	34.00
其他机械降效	%	3.33	6.00	9.00	13.33

工作内容：

1. 工人上下班降低工效、上楼工作前休息及自然休息增加的时间。
2. 垂直运输影响的时间。
3. 由于人工降效引起的机械降效。

18.4.5 建筑物超高加压水泵台班定额摘录（表18-5）

工作内容：包括由于水压不足所发生的加压用水泵台班。

计量单位：100m²

表 18-5

定额编号		14—11	14—12	14—13	14—14
项目	单位	檐高（层数）			
		30m (7—10)以内	40m (11—13)以内	50m (14—16)以内	60m (17—19)以内
基价	元	87.87	134.12	259.88	301.17
加压用水泵	台班	1.14	1.74	2.14	2.48
加压用水泵停滞	台班	1.14	1.74	2.14	2.48

【例18-3】某现浇钢筋混凝土框架结构的宾馆建筑面积及层数示意见图18-4，根据下列数据和表18-4、表18-5定额计算建筑物超高人工、机械降效费和建筑物超高加压水泵台班费。

1～7层

①～②轴线 $\begin{cases} 人工费：202500 元 \\ 吊装机械费：67800 元 \\ 其他机械费：168500 元 \end{cases}$

1～17层

②～④轴线 $\begin{cases} 人工费：2176000 元 \\ 吊装机械费：707200 元 \\ 其他机械费：1360000 元 \end{cases}$

1～10层

③～⑤轴线 $\begin{cases} 人工费：450000 元 \\ 吊装机械费：120000 元 \\ 其他机械费：300000 元 \end{cases}$

【解】(1) 人工降效费

$\left.\begin{array}{l} ①～②轴\ ③～⑤轴\ 定额 14—1 \\ (202500+450000)\times 3.33\%=21728.25 \\ ②～④轴\ 定额 14—4 \\ 2176000\times 13.33\%=290060.80 \end{array}\right\}$ 311789.05 元

(2) 吊装机械降效费

$\left.\begin{array}{l} ①～②轴\ ③～⑤轴\ 定额 14—1 \\ (67800+120000)\times 7.67\%=14404.26 \\ ②～④轴\ 定额 14—4 \\ 707200\times 34\%=240448.00 \end{array}\right\}$ 254852.26 元

(3) 其他机械降效费

$$\left.\begin{array}{l}①～②轴\quad ③～⑤轴\quad 定额\ 14—1\\(168500+300000)\times 3.33\%=15601.05\\②～④轴\quad 定额\ 14—4\\1360000\times 13.33\%=181288.00\end{array}\right\}196889.05\ 元$$

(4) 建筑物超高加压水泵台班费

$$\left.\begin{array}{l}①～②轴\quad ③～⑤轴\quad 定额\ 14—11\\(375\times 7\ 层+600\times 10\ 层)\times 0.88\ 元/m^2=7590\\②～④轴\quad 定额\ 14—14\\1600\times 17\ 层\times 3.01\ 元/m^2=81872.00\end{array}\right\}89462.00\ 元$$

思 考 题

1. 叙述金属构件制作工程量计算的一般规则。
2. 如何计算钢柱工程量？
3. 如何计算钢栏杆工程量？
4. 如何计算钢支撑工程量？
5. 怎样确定檐口高度？
6. 叙述各类预制构件的制作、运输、安装损耗率。
7. 如何计算预制构件制作、运输、安装工程量？
8. 如何计算建筑物超高增加费？

19 工程量计算实例

19.1 办公楼工程施工图

建筑设计总说明

1. 设计依据:
1.1 根据××有限责任公司与我公司签订的工程设计合同。
1.2 企业投资项目备案通知书,备案号;双发投资备案××号。
1.3 国家颁布的现行列规范、规程:
《民用建筑设计通则》 GB 50352—2005
《建筑设计防火规范》 GB 50016—2006
《办公建筑设计规范》 JGJ36—2005
《民用建筑热工设计规范》 GB 50176—93
《公共建筑节能设计标准》 GB 50189—2005
《屋面工程技术规范》 GB 50345—2004

2. 总则:
2.1 本办公楼工程施工应严格遵守国家颁发的建筑工程各类现行施工验收规范,及选用的标准图集进行施工。
2.2 本专业设计图纸及说明应与结构、给排水、电气等各专业施工图纸,及说明书密切配合施工。
2.3 建筑物在厂区内的位置见总平面图,并按总平面图上所示坐标定位放线。
2.4 建筑设计中所示的尺寸,设计标高相对于室内±0.000相对标高。尺寸一律以毫米(mm)为单位。
2.5 除图中注明者外,设计图中所示标高一律以米(m)为单位,尺寸一律以毫米(mm)为单位。
2.6 设计图中所注明尺寸均以所注尺寸为准,不应在图上量度。
2.7 除剖面图中所注明者外,建筑平、立、剖面图中所注标高均以建筑完成后室成面面标高,屋面层为结构面标高。
2.8 门窗洞口尺寸均为洞口尺寸。
2.9 设计中采用的标准图、通用图,不论采用其有关局部节点详图,施工时必须与该图集的图纸密切配合施工。
2.10 有给排水、建筑电气、空调等专业有关的预埋件、预留孔洞,通用图,均应按照该图集的图纸密切配合施工。

3. 工程概况(见附表)

4. 墙体工程:
4.1 墙体材料及砂浆的强度等级要求详见详见结构专业图纸。
4.2 墙体均采用200厚多孔页岩砖。
4.3 所有墙体除注明者外,均在−0.05标高处做1:2水泥砂浆防潮层(加水泥重量3%~5%的防水剂)。
4.4 墙体上设计要求预留的洞、管道、沟槽等均应在砌筑时正确预留出。

5. 屋面:(屋面防水等级为Ⅲ级)
5.1 屋面做法:
防水卷材选SBC聚乙烯丙纶双面加筋型复合卷材(1.2厚)。
非上人平屋面参照西南 03J201-K2203a/17>做一道防水层
上人平屋面参照西南 03J201-K2205a/17>做一道防水层
5.2 屋面排水坡度为2%屋面排水及地面以落水管,雨水管采用ϕ10CPVC乳白色雨水管《屋面工程质量验收规范》的各项规定执行。
5.3 屋面施工应严格按照《屋面防水及地房间内普通地砖地面》及《屋面工程技术规范》有关规定。

6. 装修工程(详装修表)
6.1 楼地面:卫生、楼梯间房间为防滑地砖地面,其余房间为通通地砖地面。
6.2 内墙及顶棚:混合砂浆抹灰、面罩白色乳胶漆。
6.3 踢脚踢裙:楼梯间墙面、色彩见立面。
6.4 高级外墙面砖。
6.5 油漆:木门窗防黄色油性调和漆两遍。

7. 门窗:
7.1 本次设计标注为非标示塑钢窗口尺寸,图中为分格示意图。图中的尺寸为洞口尺寸,未考虑余量。故现塑钢材加工制作前,应先对窗洞口尺寸进行实测,并按实测尺寸进行设计、下料、制作及安装。
7.2 塑钢窗的用料大小、节点构造,均由有资质的生产企业经设计计算确定,并由该企业负责制作有关安装、其抗风压、气密性、水密性等均须满足有关规范规定。
7.3 门窗装修五金零件选用,均应按预算定额配齐,窗玻璃按节能设计要求。当玻璃面积>1.5m 时应采用钢化玻璃:

8. 室外散水:
沿建筑物外墙设散水坡,宽度为 800mm,选用标准图西南 04J812-4-4 节点,做法详见西南 04J812-4-4 节点,所选用标准图及节点应同时按该图集应用配合施工解决。(伸缩缝间距≤15m)

9. 本工程设计采用的标准图集见表(三),选用标准图由建设单位或建设单位对工程要求修改或配料代用,均需与设计单位协商统一,出具有关设计示或说明书的部分,均在设计文件交底或施工现场配合施工解决。

10. 其他说明:
本工程施工时,若施工单位或建设单位对工程要求修改或配料代用,均需与设计单位协商统一,出具有关设计示或说明书的部分,均在设计文件交底或施工现场配合施工解决。

11. 本工程施工,若施工单位或建设单位对工程要求修改或配料代用,均需与设计单位协商。
11.1 本工程施工图中,若施工过程中遇问题或未说明部分按国家现行规范、规程处理。
11.2 本工程凡未图示或说明的部分,均按设计文件交底或施工现场配合施工解决。

建施1/11

室内装修表

装修部位	装修做法	标准图集	装修编号	房间名称					
				活动室	管理房	宿舍	走道	楼梯间	卫生间　洗衣间
内墙面	乳胶漆墙面	西南04J515	N05	——————————————					
楼地面	地砖地面	西南04J312	3180a	——————————————					
	地砖楼面	西南04J312	3183	——————————————					
顶棚	混合砂浆面	西南04J515	P06	——————————————					
踢脚	地砖踢脚	西南04J302	3187						
油漆									

通用图集目录

西南04J112～812	（合订本）	
国标92SJ704（一）	硬聚乙烯塑钢门窗	
川02J106　605 / 705	节能墙体地面构造　节能建筑门窗	

门 窗 表

类型	设计编号	洞口尺寸（mm）	数量	图集名称	选用型号	备注
窗	C-1	12000×2400	4			
	C1212	1200×1200	5			
	C1524	1500×2400	2			
	C1824	1800×2400	1			
	C3331	3300×3150	2			
	C3326	3300×2650	2			
门	J1021	1000×2100	3			
	J1221	1200×2100	12			
	DTM1821	1800×2100	1			
	DTM3033	3000×3300	1			

建施2/11

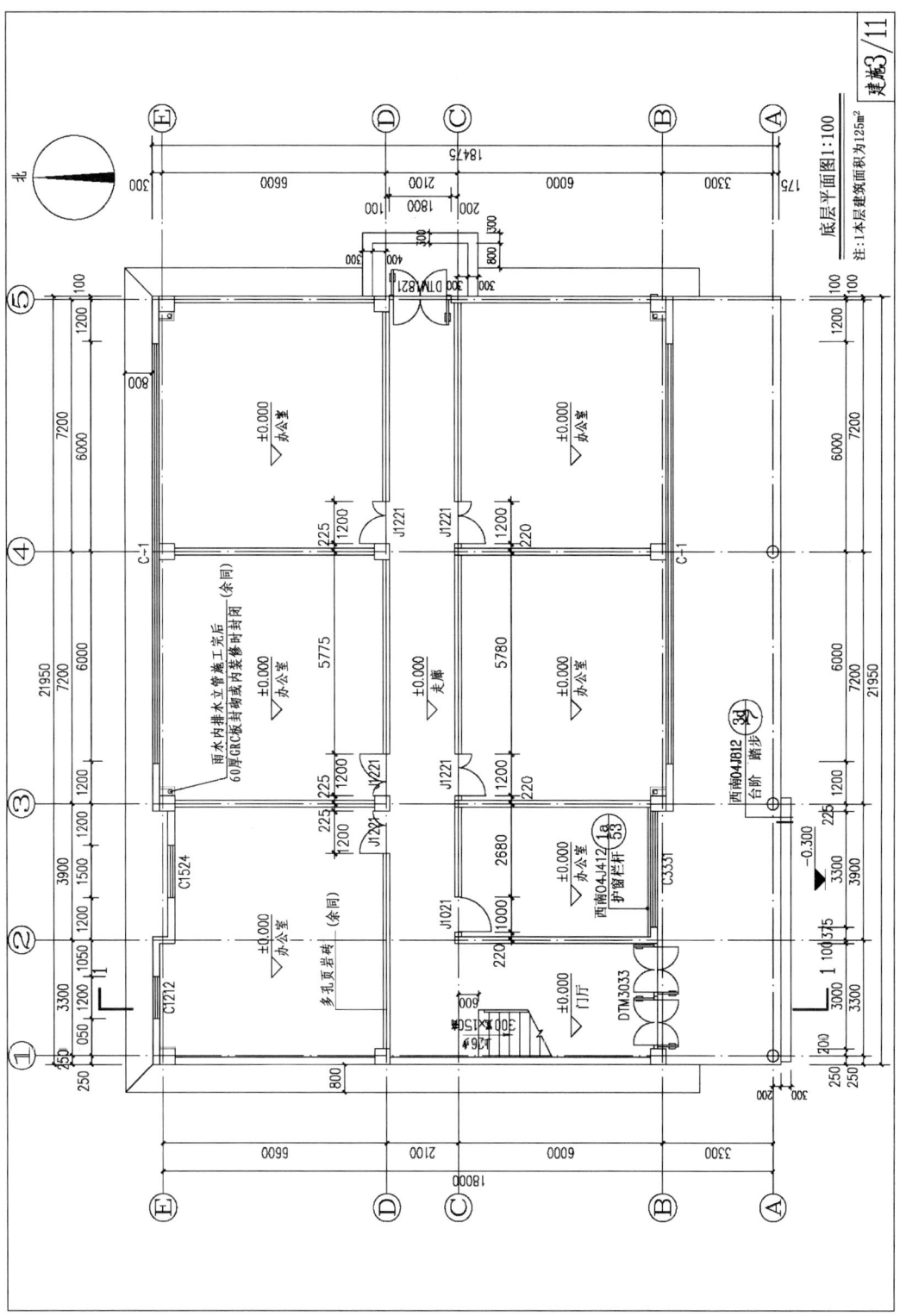

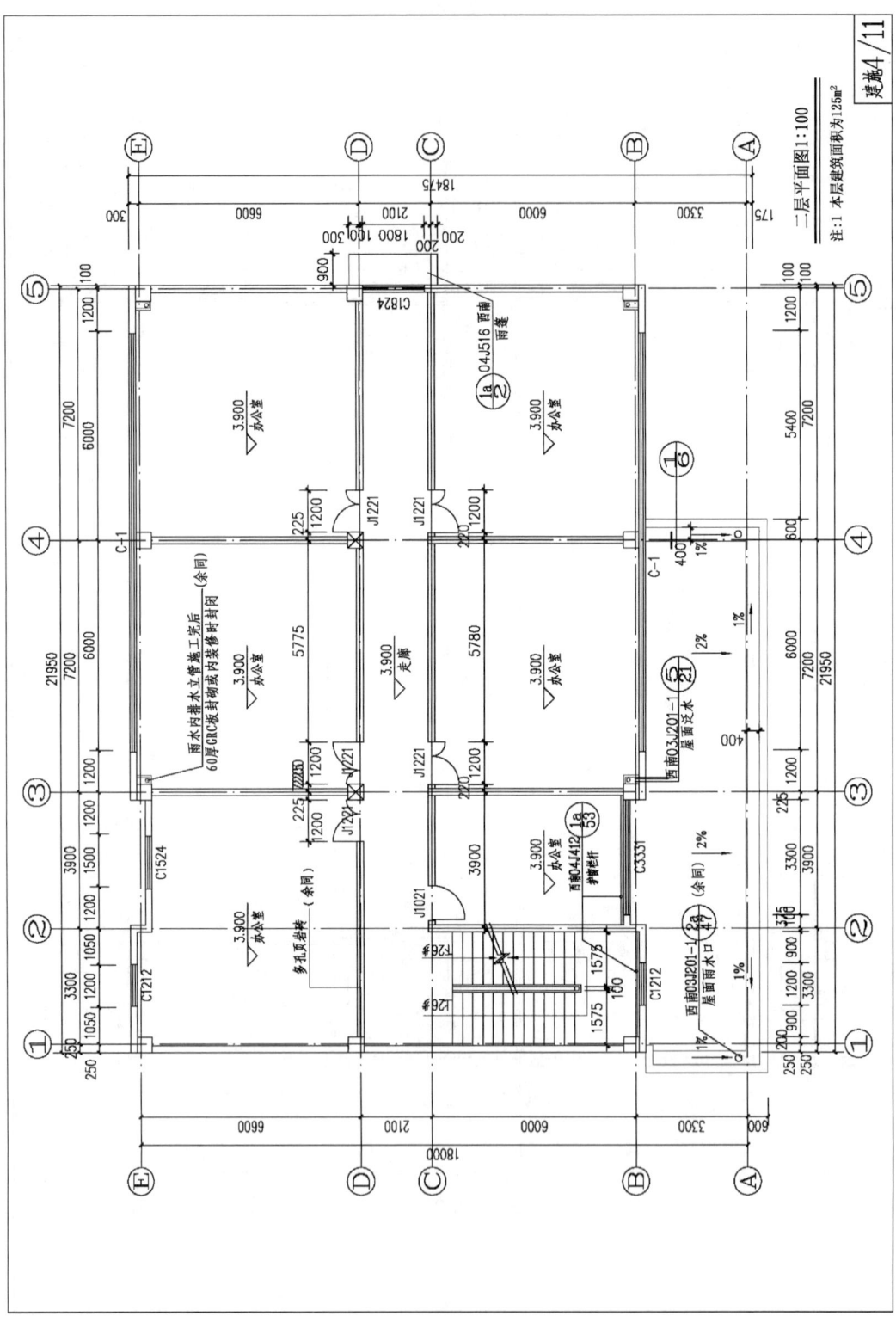

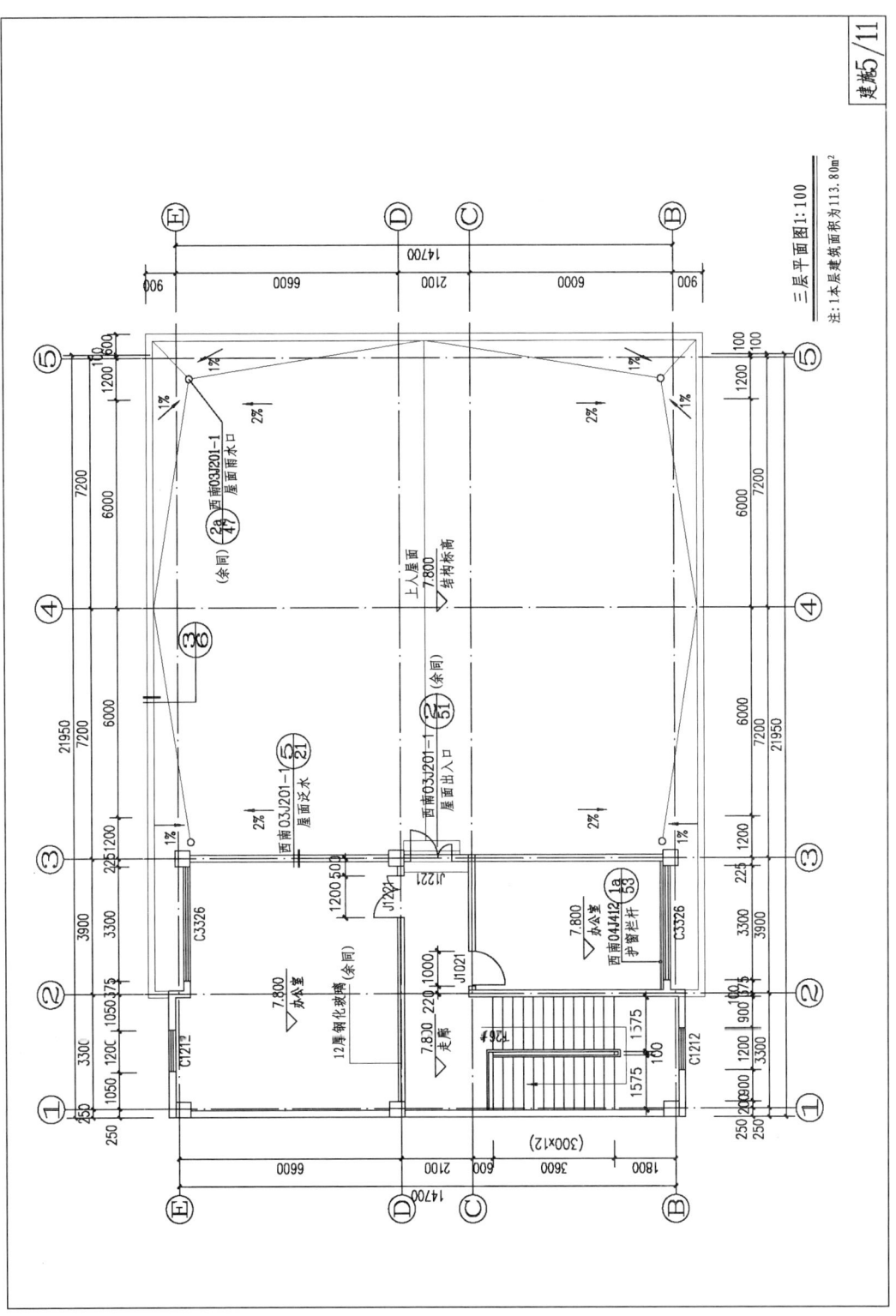

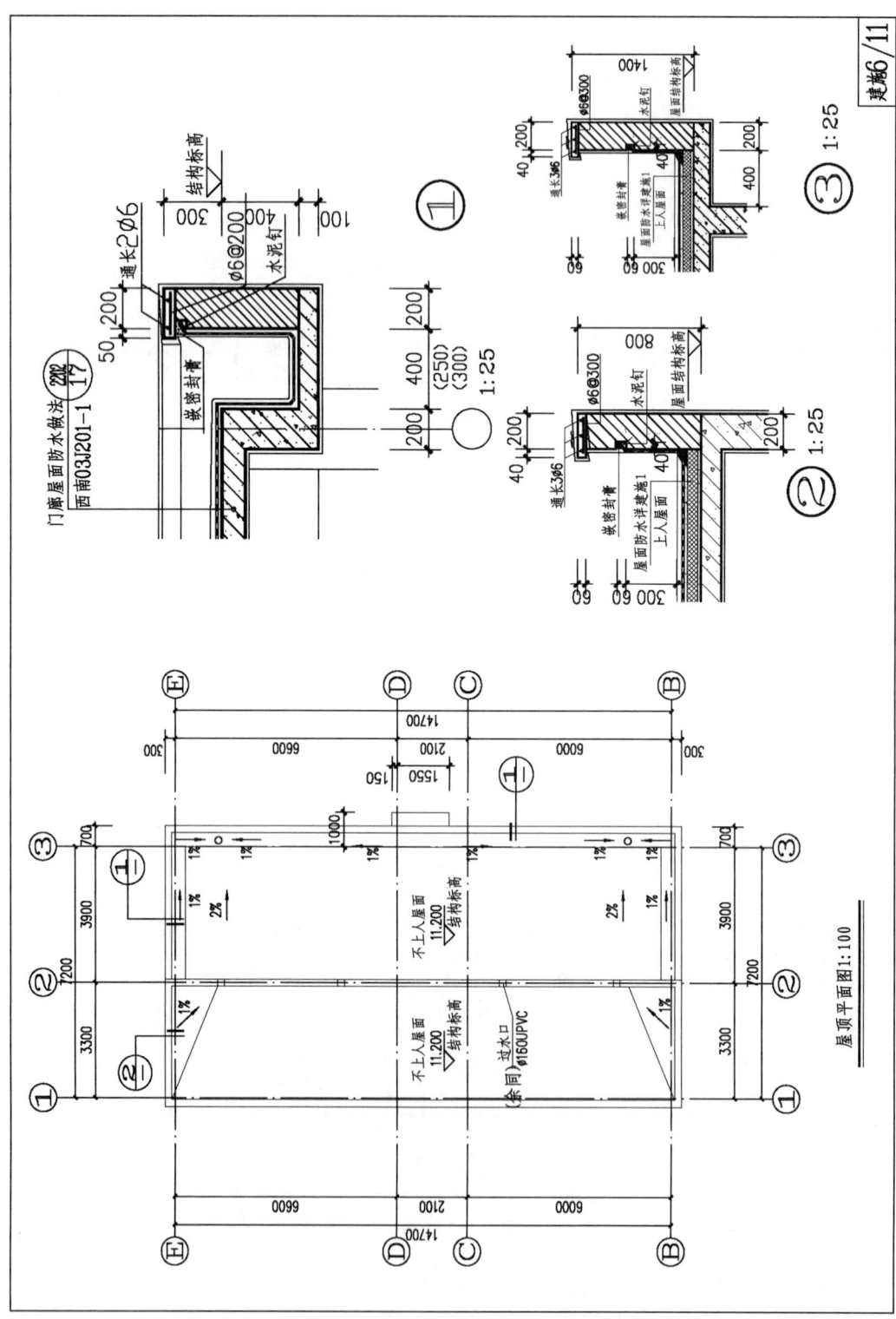

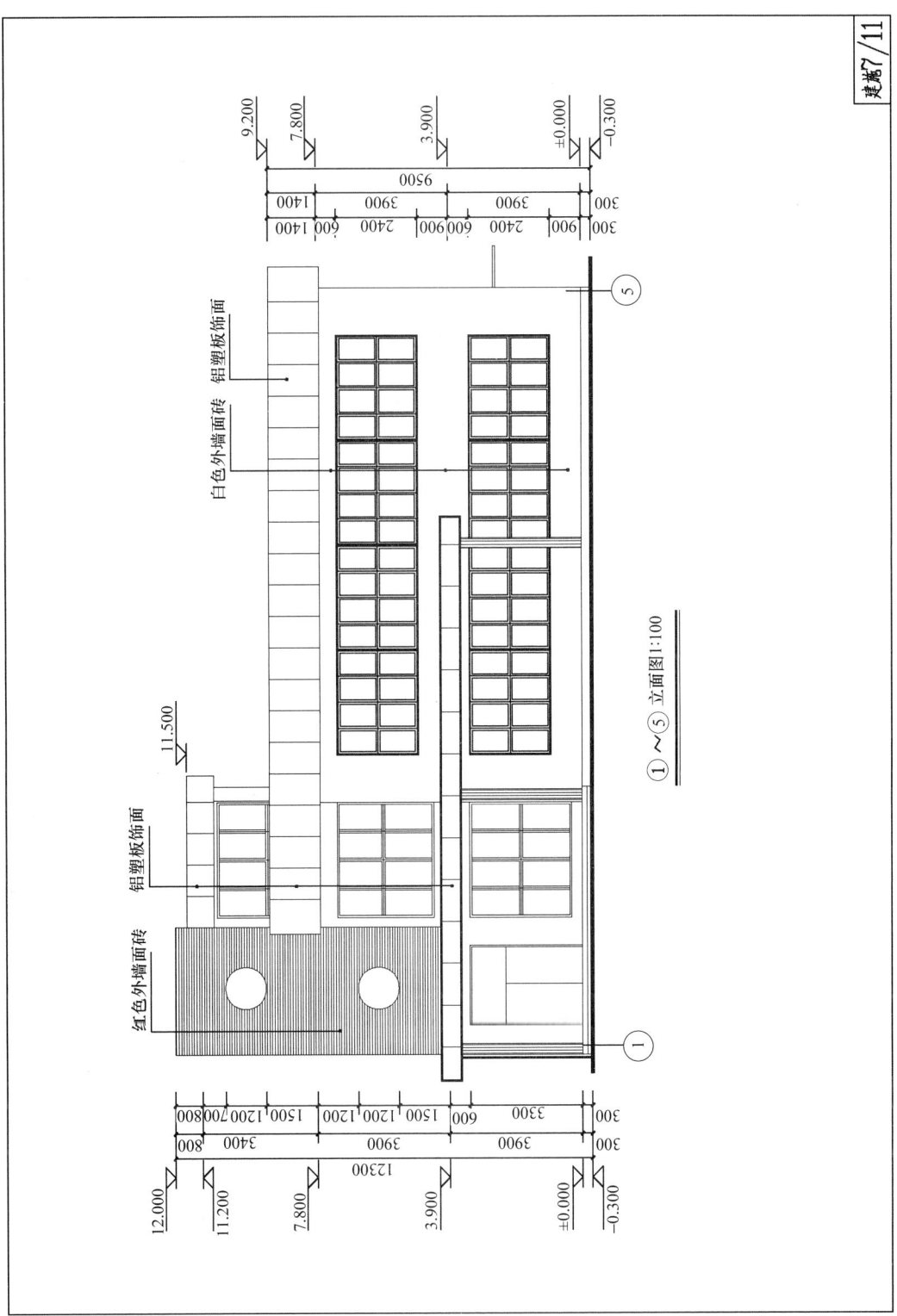

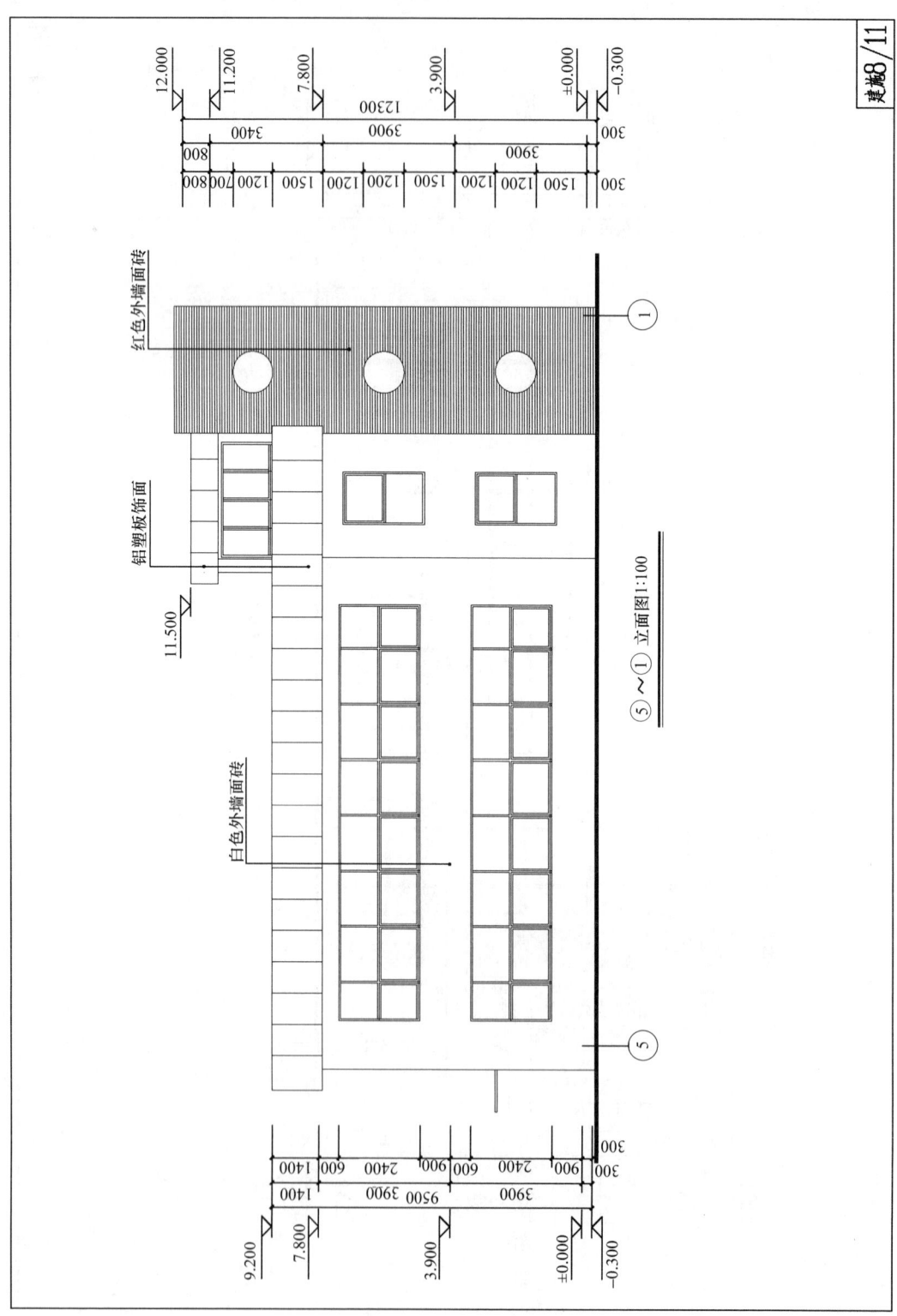

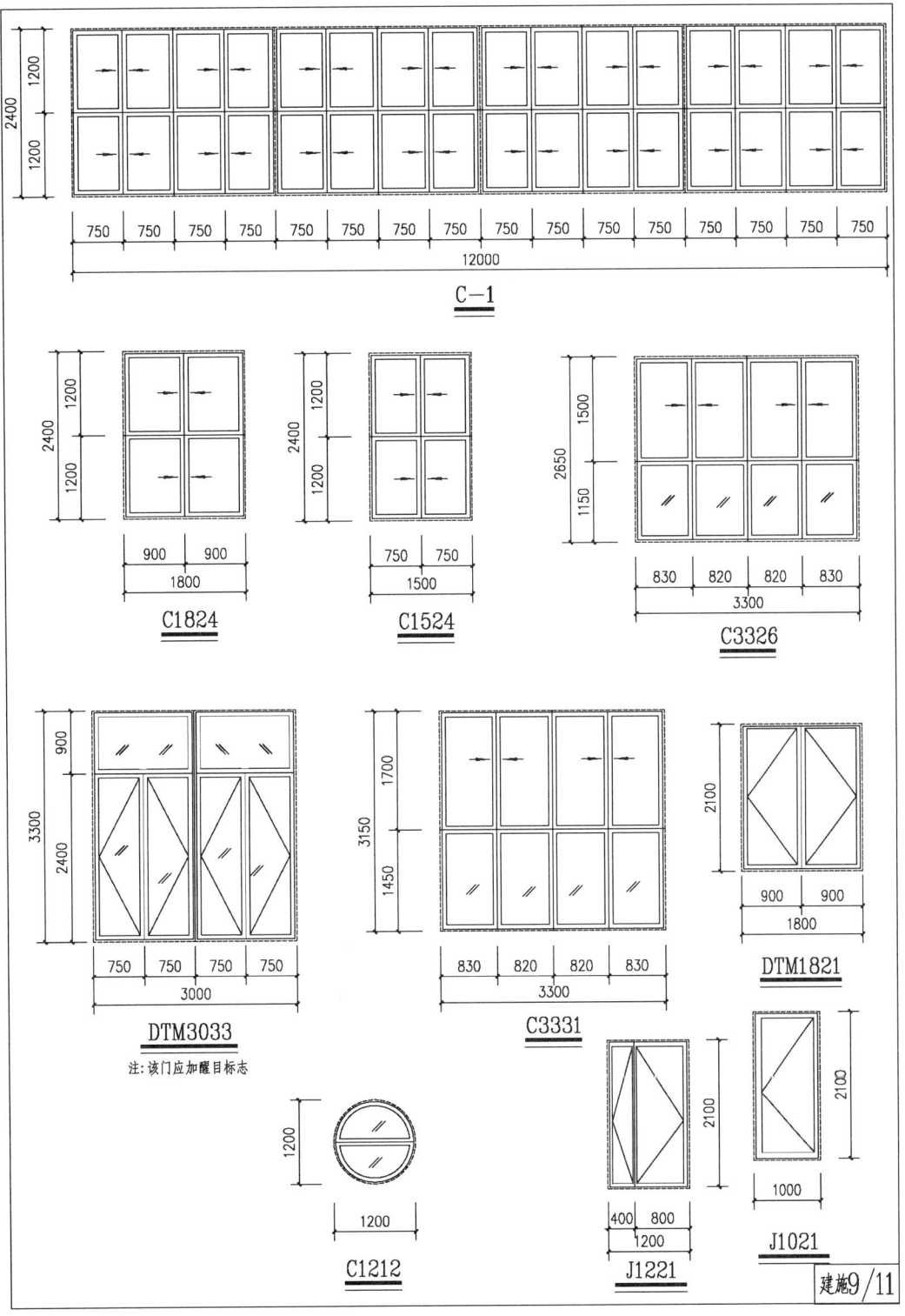

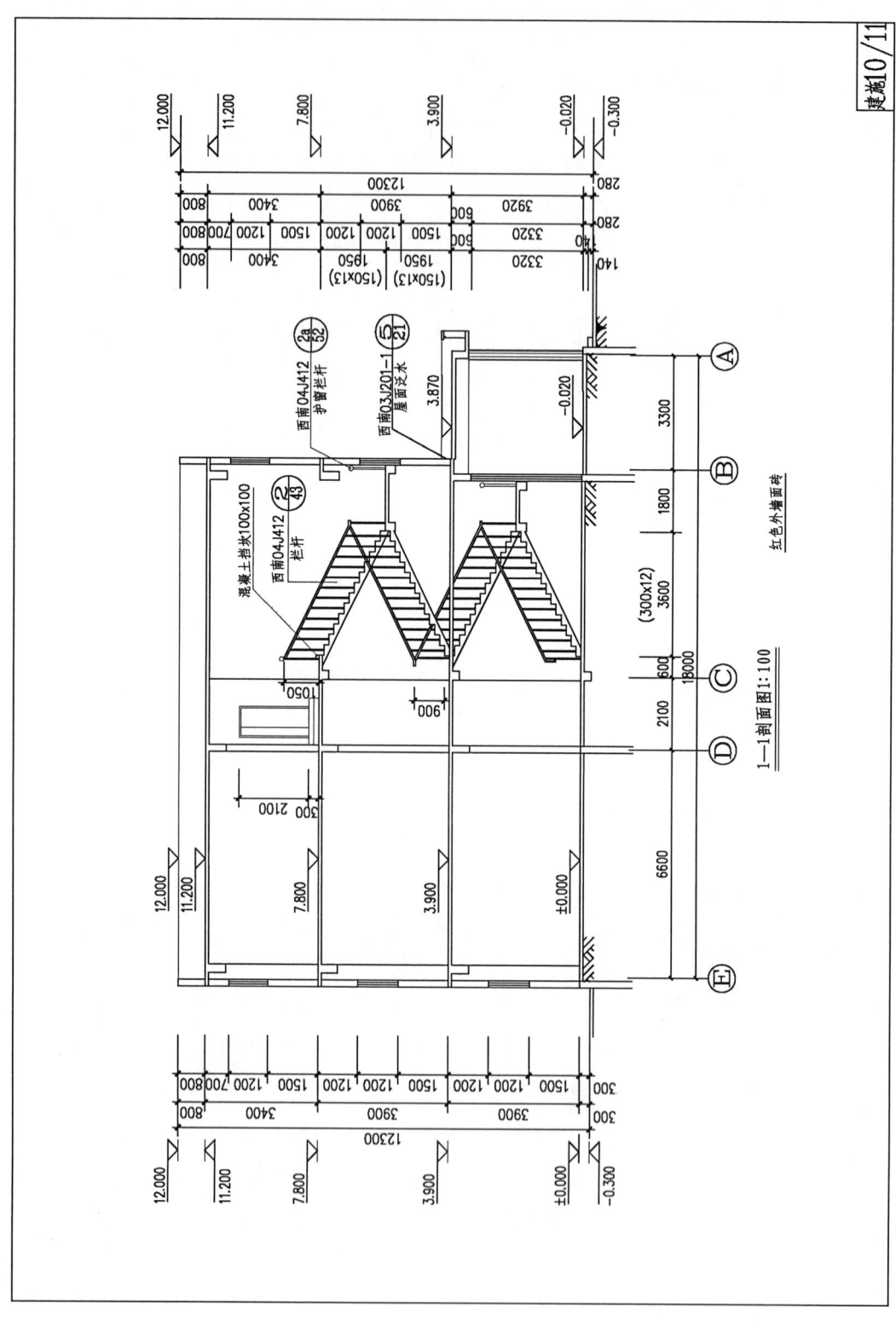

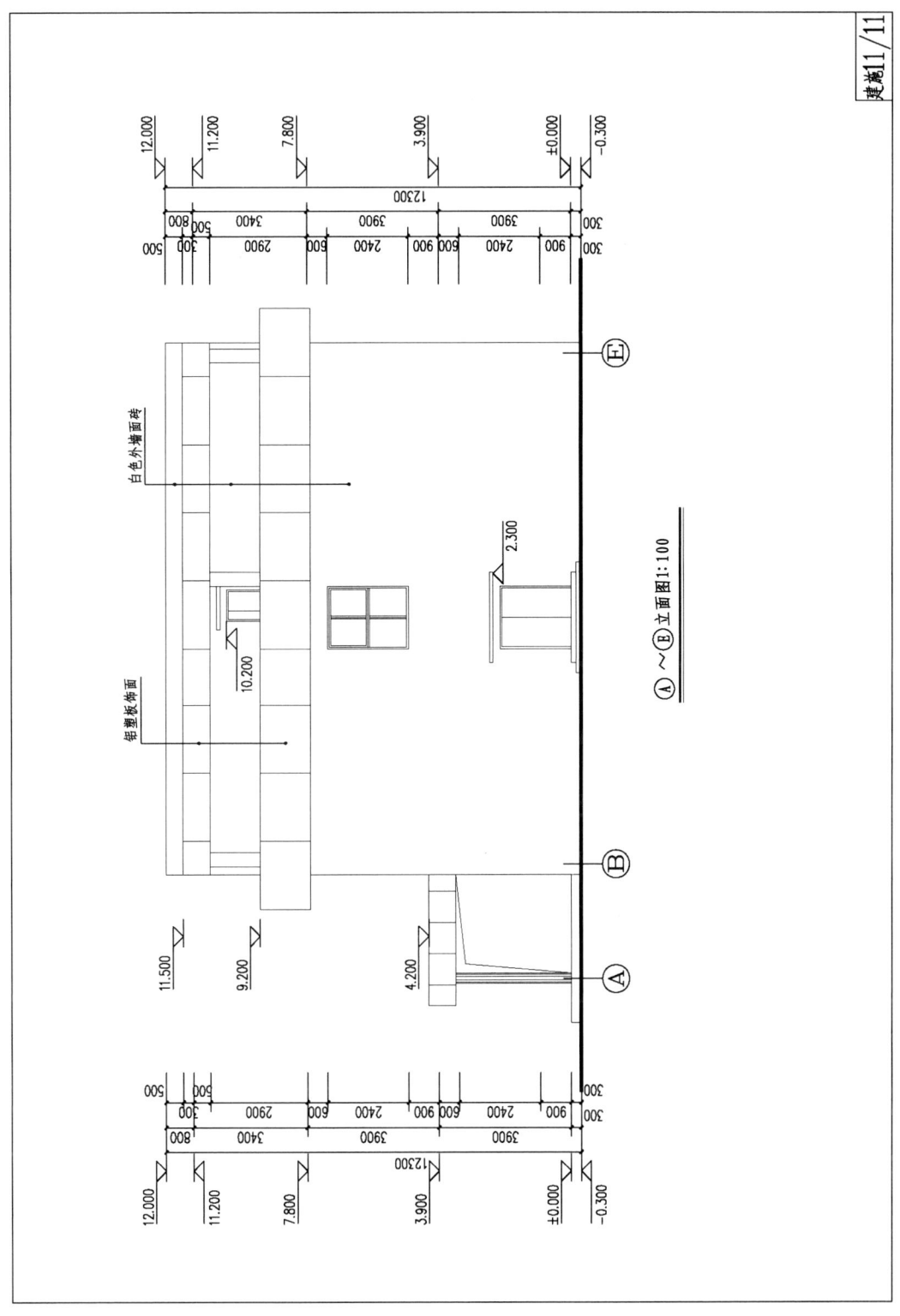

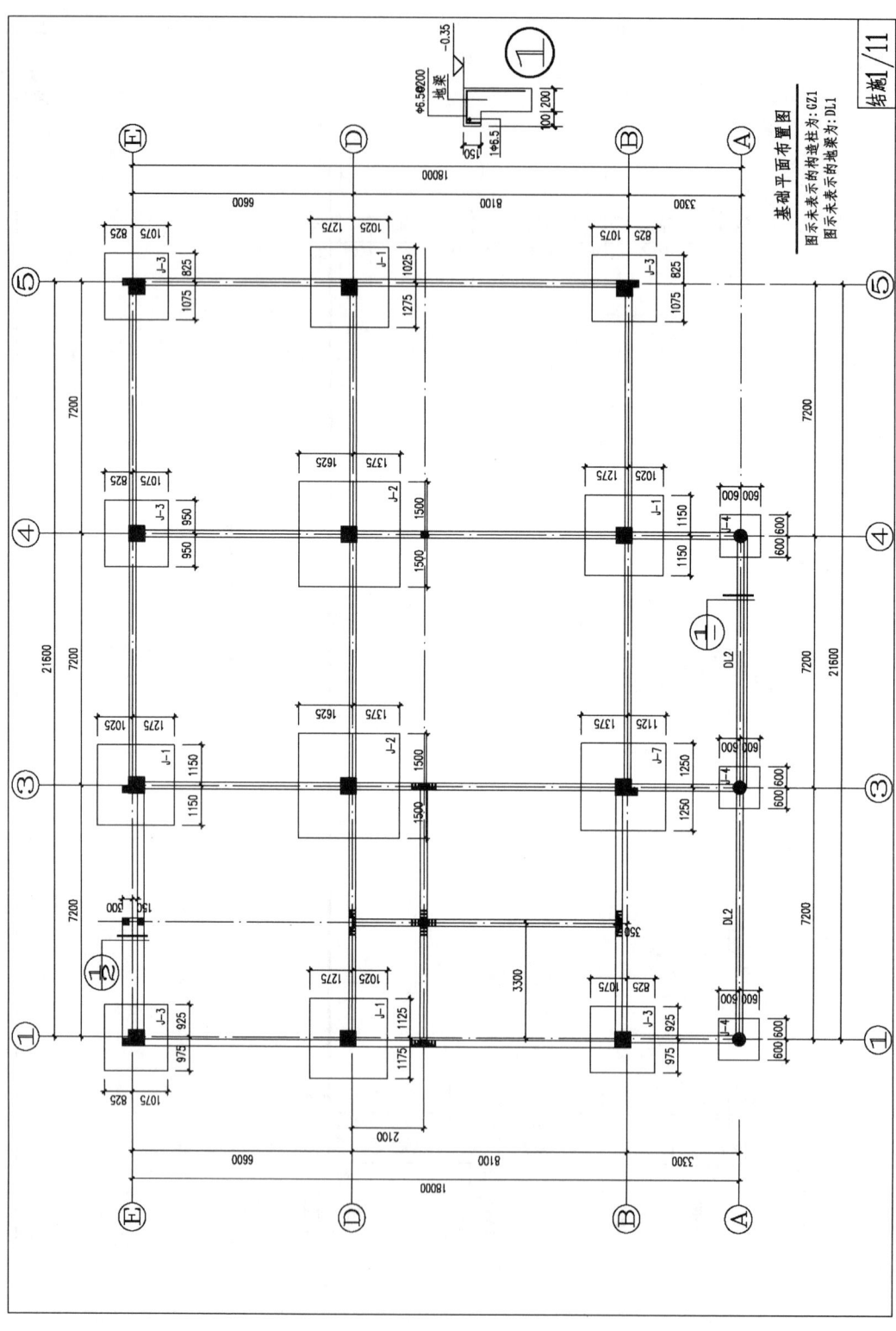

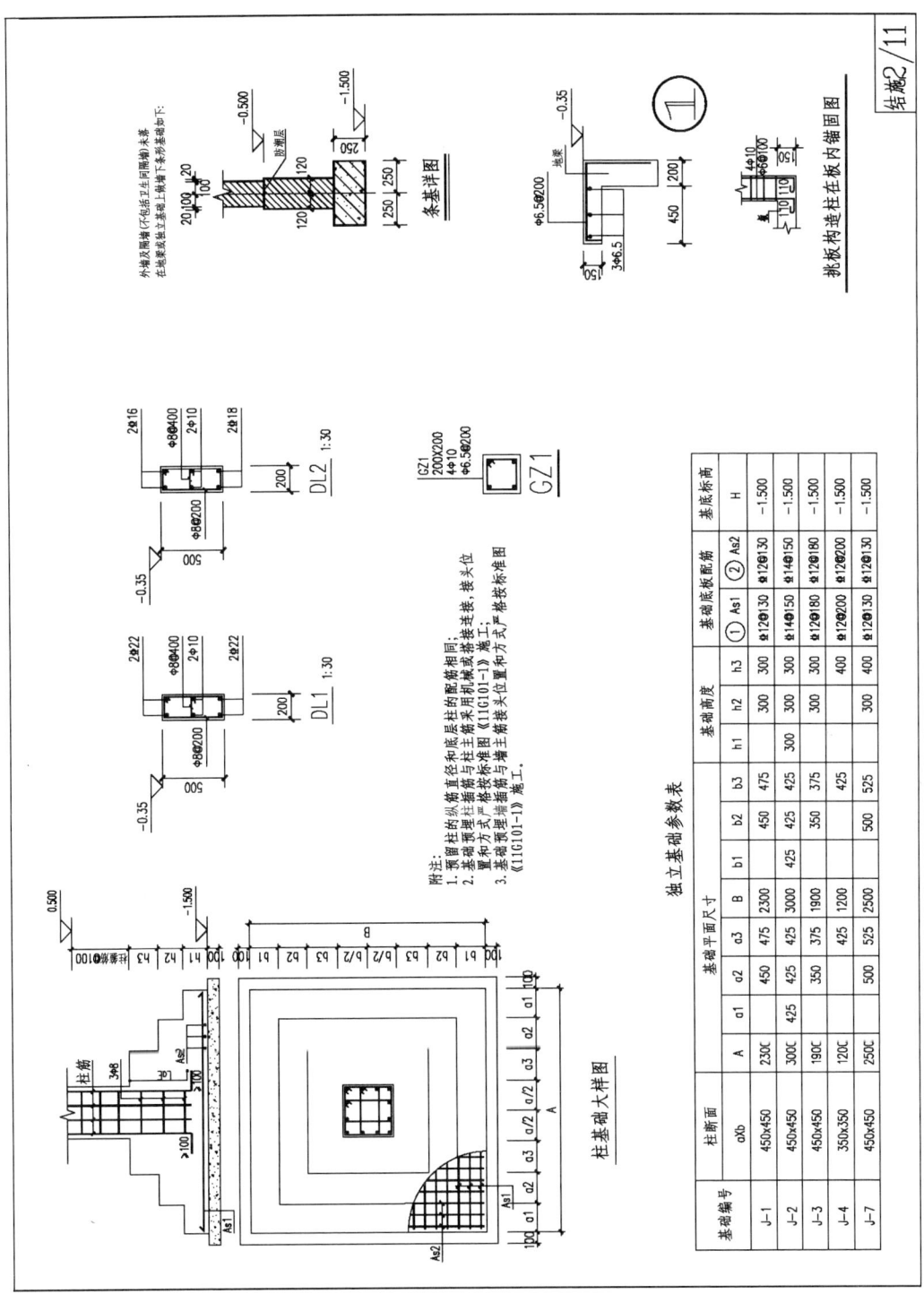

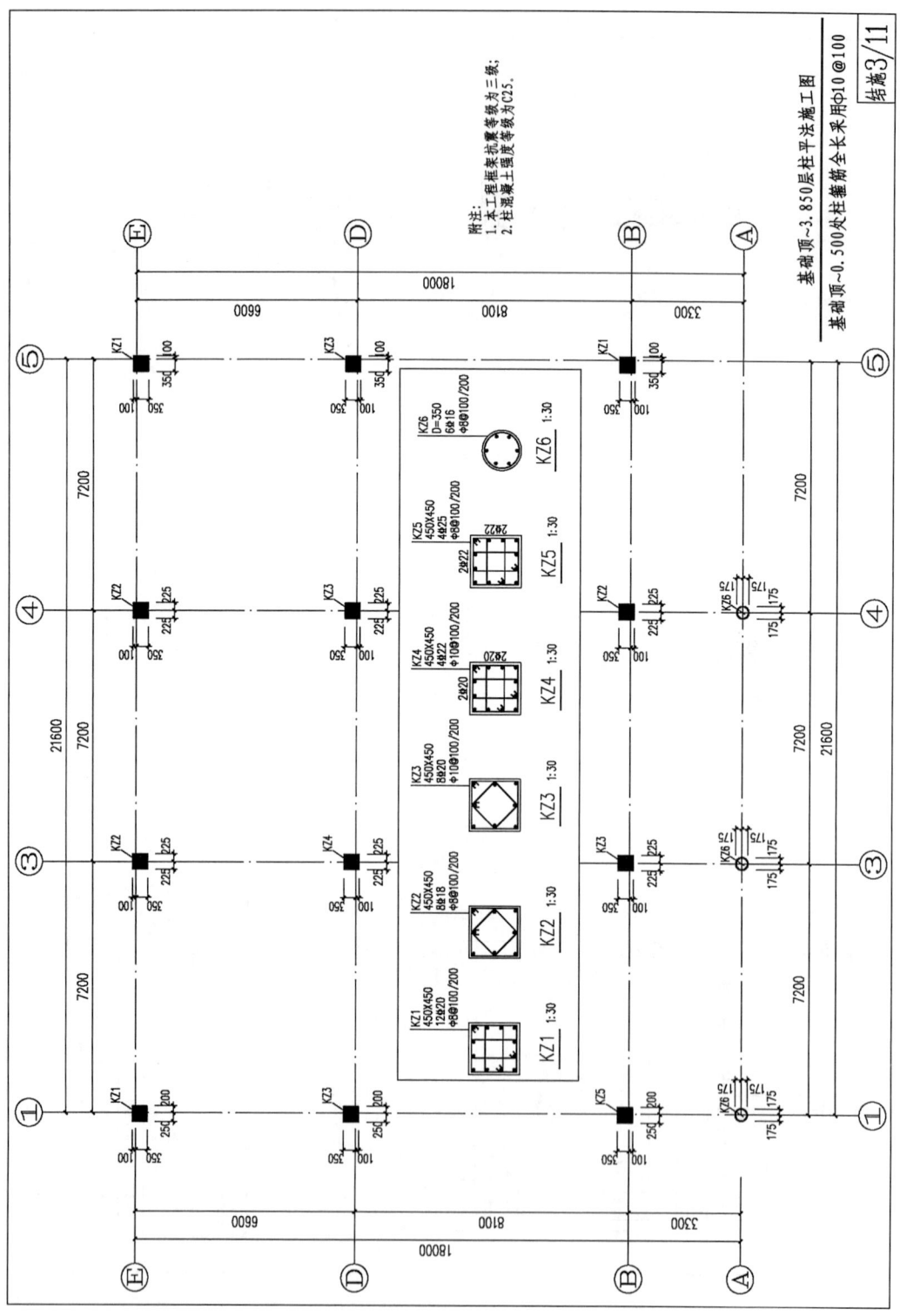

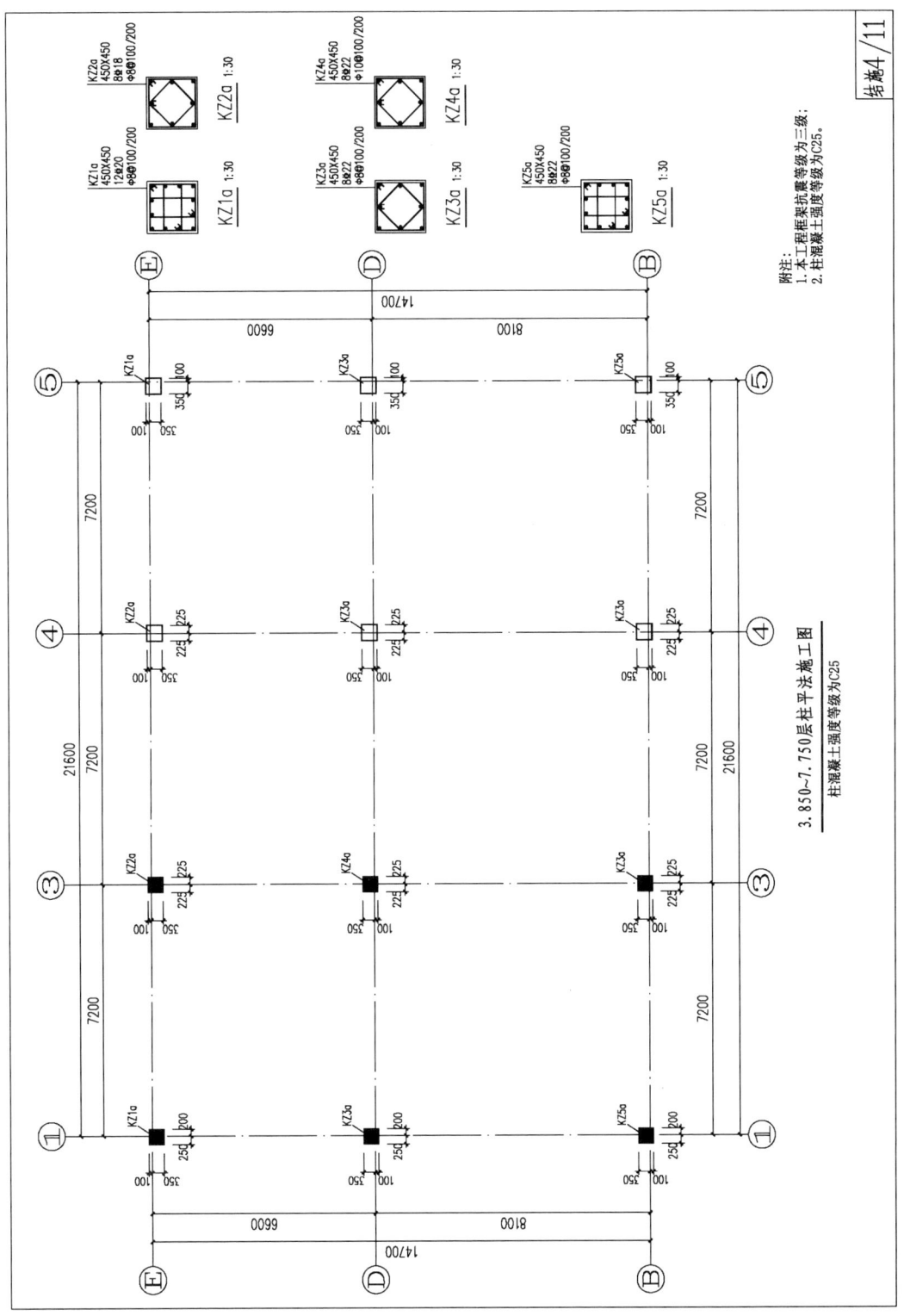

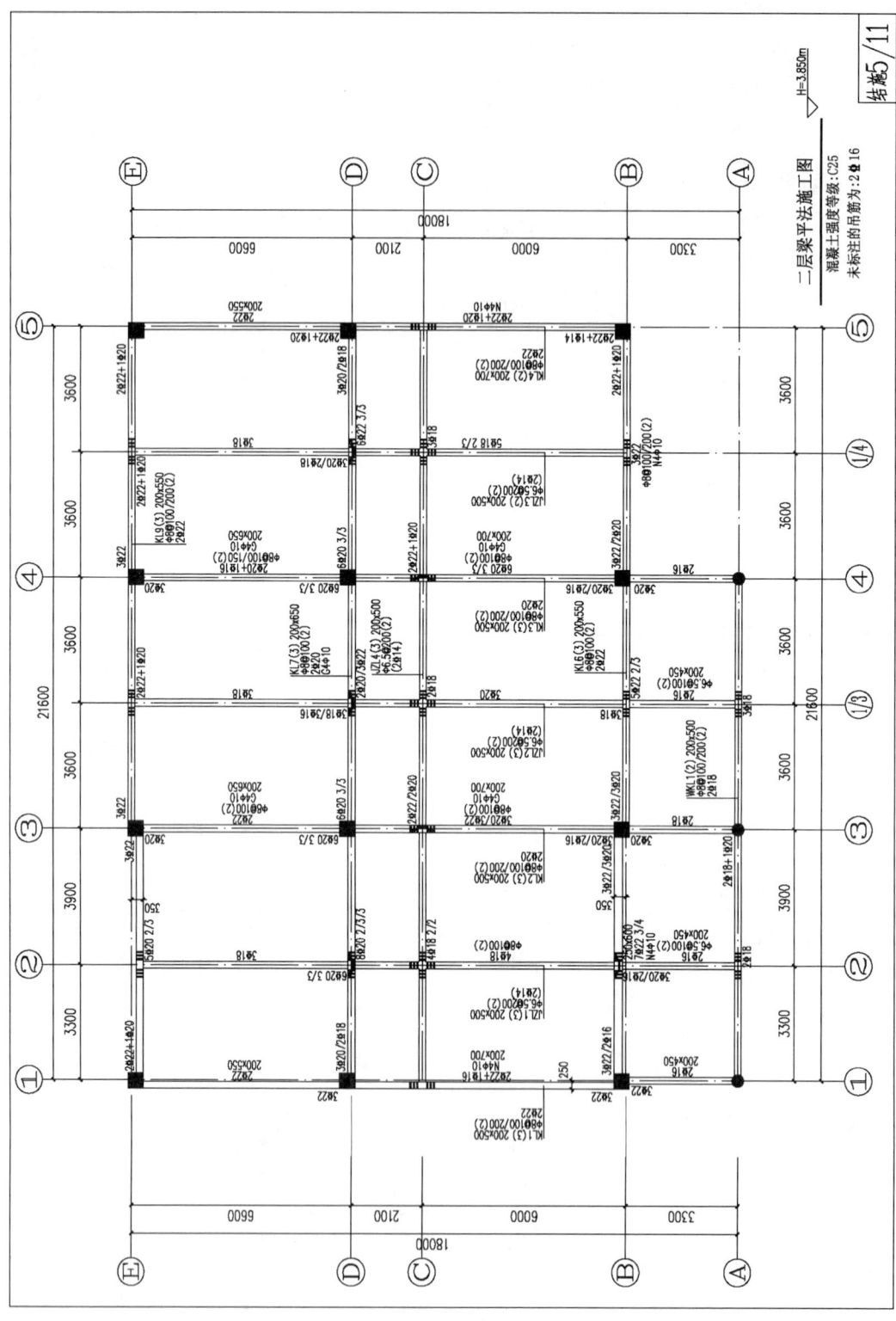

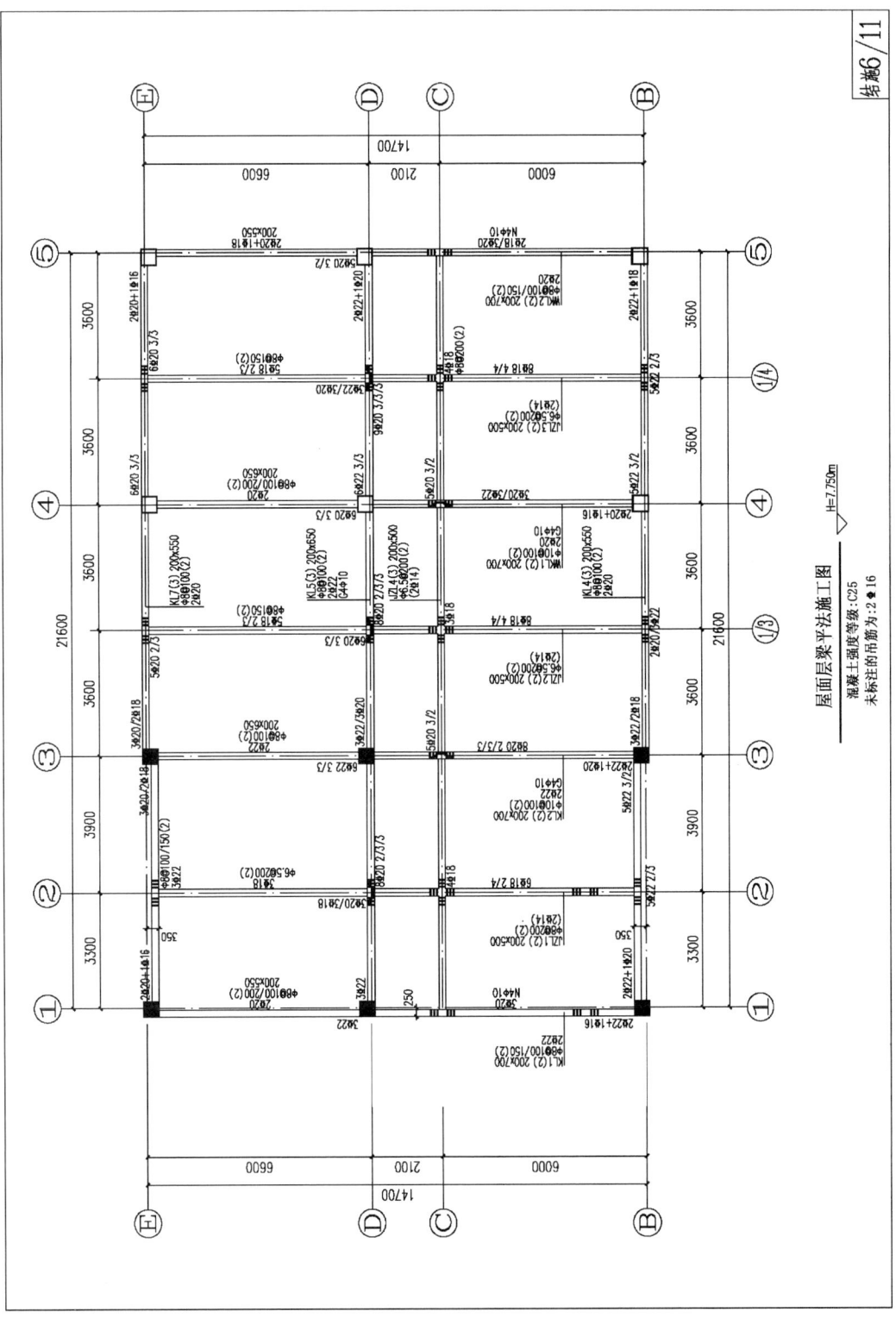

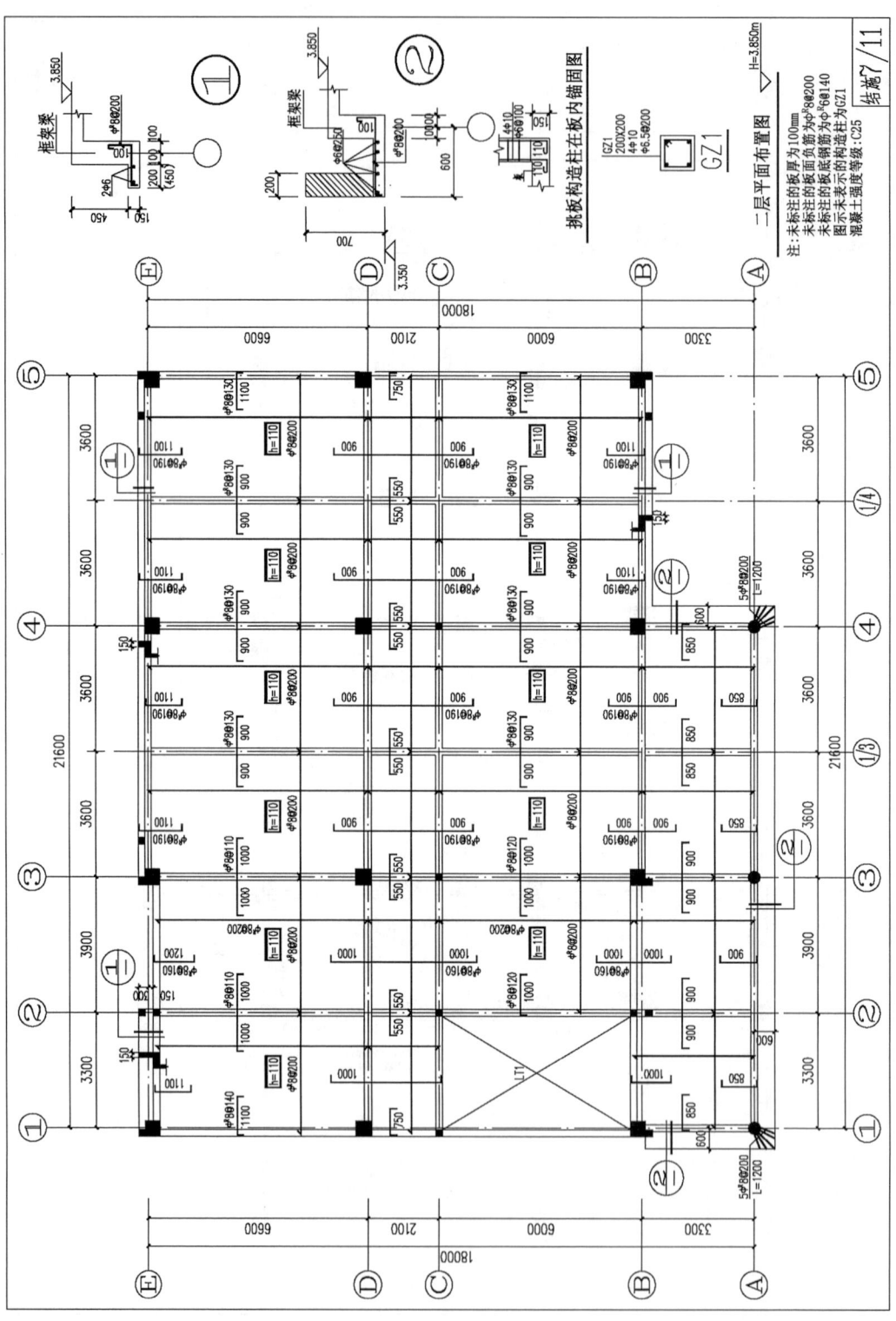

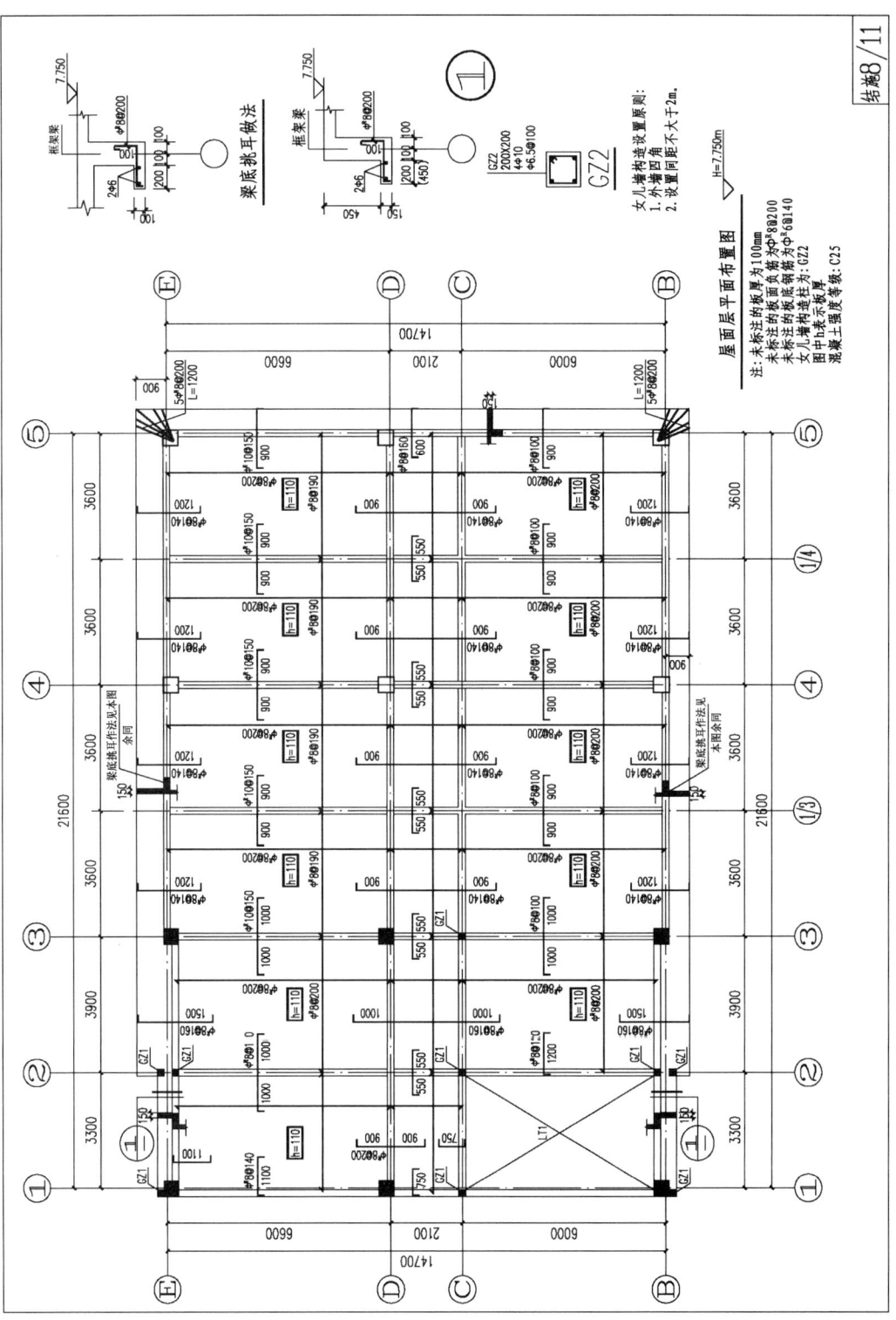

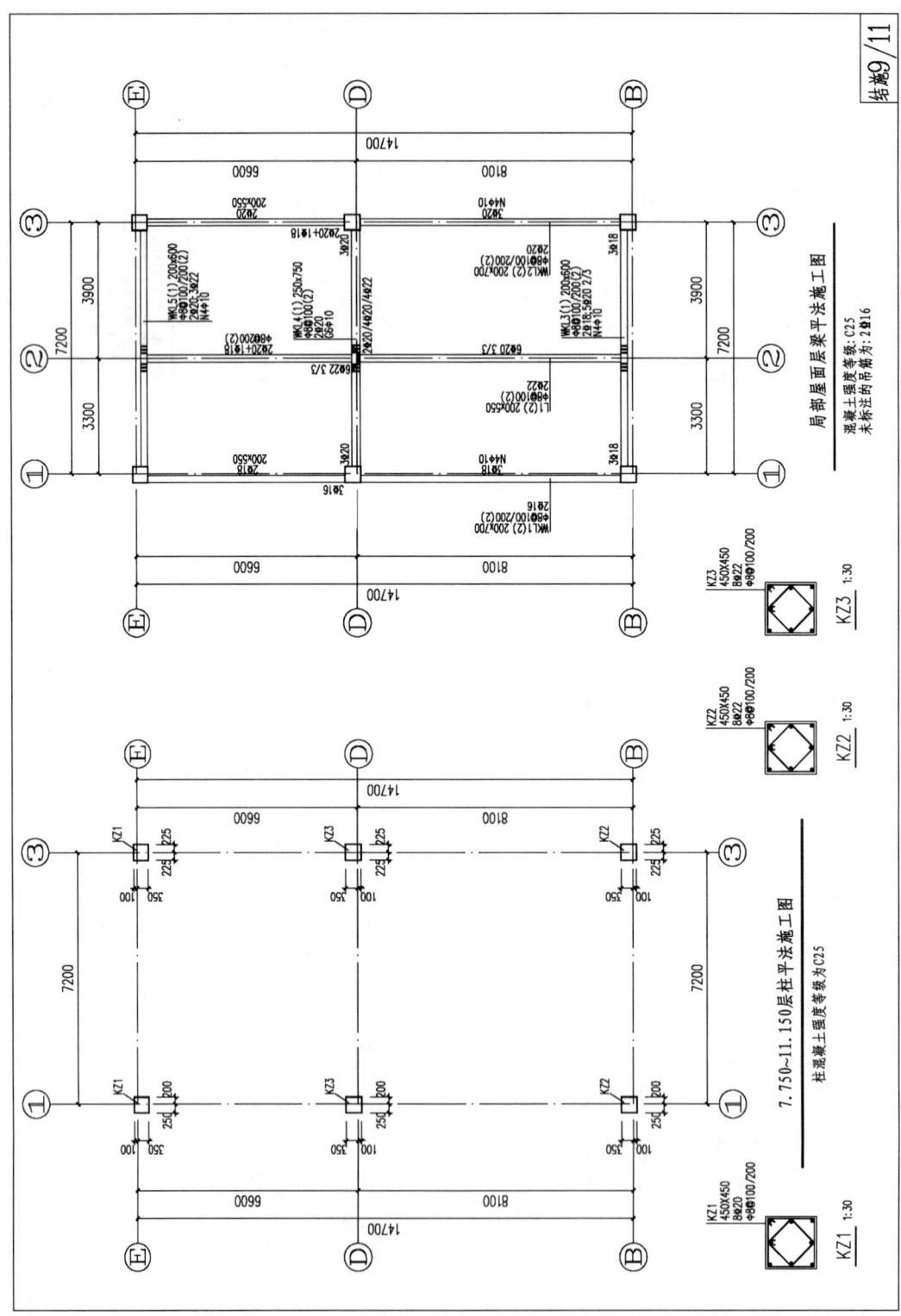

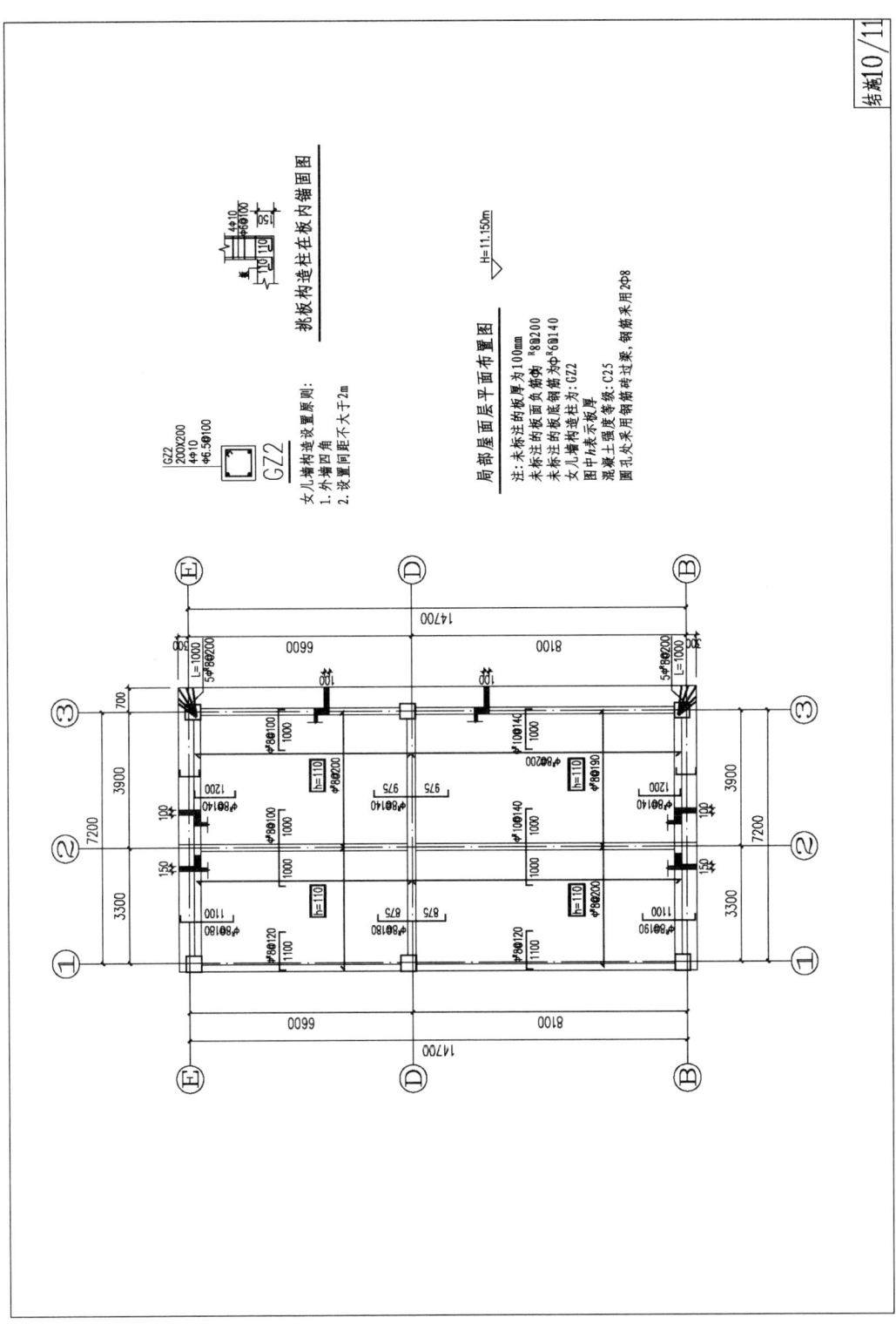

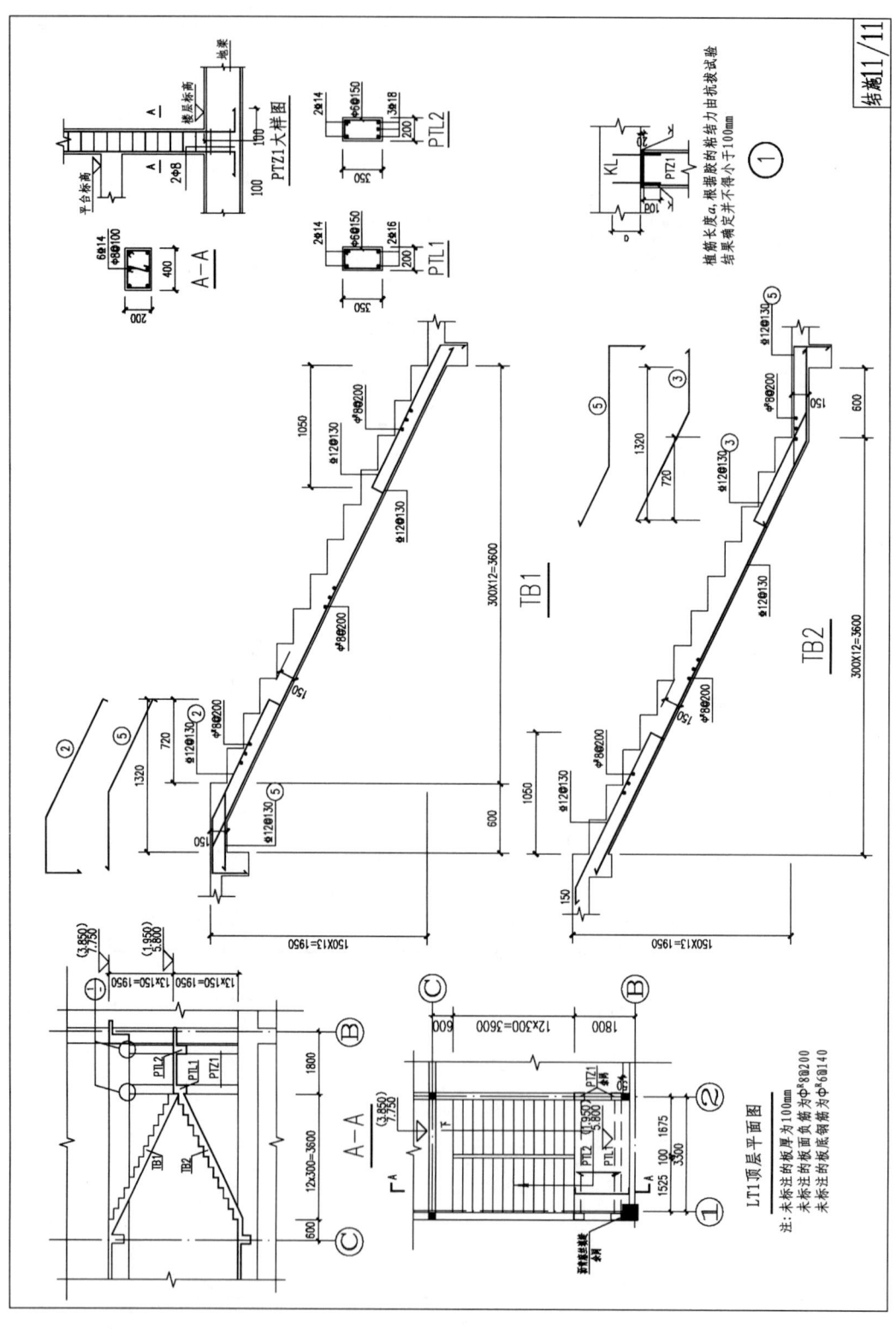

19.2 办公楼工程工程量计算

根据办公楼工程施工图和某地区预算定额（见附录）计算的工程量见表19-1。

工程量计算表

表19-1 第1页 共60页

工程名称：

序号	定额编号	分项工程名称	单位	工程量	计算式
1	A1-39	平整场地	m²	560.80	①到⑤轴 Ⓐ到Ⓔ轴 ④到⑤轴 Ⓐ轴 Ⓑ轴 $S_底$=21.95×18.475−(7.20−0.175+0.10)×(3.30−0.30+0.175)−(3.90−0.10−0.225)×(0.3+0.15)=381.296m² $L_外$=(21.95+18.475)×2+(0.30+0.15)×2=81.75m $S_平$=$S_底$+2×$L_外$+16=381.296+81.75×2+16=560.80m²
2	A1-27	人工挖地坑（三类土）	m³	164.66	h=1.5+0.10−0.30=1.3m<1.5m，不放坡，混凝土基础垫层沟槽的工作面宽度为300mm 4@J−1：(2.30+0.10+0.30×2)²×1.30×4个=49.972m³ 2@J−2：(3.0+0.10×2+0.30×2)²×1.30×2个=37.544m³ 5@J−3：(1.90+0.10×2+0.30×2)²×1.30×5个=47.385m³ 3@J−4：(1.20+0.10×2+0.30×2)²×1.30×3个=15.60m³ 1@J−7：(2.50+0.10×2+0.30×2)²×1.30×1个=14.157m³ $V_总$=164.66m³
3	A1-15	人工挖条基沟槽（三类土）	m³	38.80	砖基础沟槽：h=1.5−0.30=1.20m<1.50m，不放坡，混凝土基础垫层沟槽工作面为300mm Ⓑ轴线：(0.50+0.30×2)×1.20×[7.20×2+0.10×2+0.30×2)−(1.25×2+0.10+0.30×2)+0.30)]=10.791m³ ③轴交Ⓑ轴地坑 ④轴交Ⓑ轴地坑 ⑤轴交Ⓑ轴处地坑 Ⓒ轴线：(0.50+0.30×2)×1.20×(7.20×2−0.10)×2−(1.375+0.10+0.40+0.25+0.30−2.10)×(1.075+0.10)+0.10 ③交⑤轴 沟槽与地坑重叠部分 ③交Ⓓ轴地坑重叠部分 +0.30)]=18.744−2.184=16.56m³ ③交⑤轴 ③、⑤轴 沟槽与地坑重叠部分 ③交Ⓓ轴地坑重叠部分 0.30−0.10+1.50×2+0.10×2+0.30×2)×1.20×1.20=18.744−2.184=16.56m³

237

工程量计算表

第 2 页 共 60 页

工程名称：

序号	定额编号	分项工程名称	单位	工程量	计算式
4	A1-15	人工挖地梁沟槽（三类土）	m³	36.37	ⓔ轴线：(0.50+0.30×2)×1.20×[7.20×2－(1.15+0.10+0.30)－(0.95×2+0.10×2+0.30×2)－(1.075+0.10+0.30)]=11.451 $V_{条基沟槽}$＝10.791+16.56+11.451=38.80m³ 地梁下沟槽 h=0.35+0.50－0.30=0.55m<1.5m，不放坡，混凝土地梁设 300mm 宽工作面 地梁宽 工作面 深 Ⓐ~Ⓔ①交Ⓐ地坑重叠部分 ①交Ⓔ轴 ①轴线：(0.20+0.30×2)×0.55×[18－(0.60+0.10+0.30)－(0.825+1.075+0.10+0.30)－(1.025+1.275+0.10×2+0.30×2)－(1.075+0.10+0.30)]=4.279m³ Ⓑ~Ⓓ轴 ②交Ⓐ轴 ②交Ⓔ轴 ②轴线：(0.20+0.30×2)×0.55×[8.1－(0.35+0.30)－(0.10+0.30)]=3.102m³ Ⓐ~Ⓔ①交Ⓐ轴 ③交Ⓔ轴 ③轴线：(0.20+0.30×2)×0.55×[18－(0.60+0.10+0.30)－(1.125+1.375+0.10×2+0.30×2)－(1.025+1.275+0.10×2+0.30×2)－(1.375+1.625+0.10×2+0.30×2)－(1.075+0.10+0.30)]=3.619－0.144=3.475m³ Ⓒ轴线与条基地槽重叠部分 条基地槽与地坑重叠部分 ④轴线：(0.20+0.30×2)×0.55×[2.10－1.375－0.10－0.30)]= ①轴交Ⓐ轴 ④轴交Ⓑ轴 ④轴线：(0.20+0.30×2)×0.55×[18－(0.60+0.10+0.30)－(1.025+1.275+0.10×2+0.30×2)－(1.625+0.10+0.30+2.10＋0.25+0.30)－(1.075+0.10+0.30)]=3.41m³ Ⓑ~Ⓓ轴 ⑤交Ⓓ轴 ⑤轴线：(0.20+0.30×2)×0.55×[(8.1+6.60)－(1.025+1.0275+0.10×2+0.30×2)－(1.075+0.10+0.30)]=3.915－0.182=3.733m³ ①轴上与条基重叠部分 ⑤交Ⓔ轴 (1.075+0.10+0.30)]－0.30×0.55×(0.50+0.30×2)×0.55= ①到③轴 ①交Ⓐ轴、③交Ⓐ轴 ③到⑤轴 ③交Ⓐ轴 Ⓐ轴线：(0.20+0.30×2)×0.55×[7.20－(0.60+0.10+0.30×2)×0.55×[7.20－(0.60+0.10 +0.30)×2]=4.862m³ ①到③轴到Ⓑ轴 ①交Ⓑ轴 未与条基沟槽重叠部分 ③到⑤轴 Ⓑ轴线：(0.20+0.30×2)×0.55×[7.20－(0.925+0.10+0.30)]+(0.25+0.10+0.30)×0.55×[7.20－(0.60+0.10 ④交Ⓑ轴 ⑤交Ⓑ轴 2－(1.25+0.10+0.30)－(1.15×2+0.10×2+0.30×2)－(1.075+0.10+0.30)]=2.084m³

238

工程量计算表

第 3 页 共 60 页

工程名称：

序号	定额编号	分项工程名称	单位	工程量	计算式
					ⓒ轴线：(0.20+0.30×2)×0.55×[7.20+0.25－(0.20+0.30)－(0.10+0.30×2)－(0.10+0.30)]－(0.20+0.30×2)×0.55×(1.50－0.10－0.30＋0.10＋0.30－2.10)＝2.468m³ ①到③轴　①交ⓒ轴　②交ⓒ轴　③交ⓒ轴　与③交ⓒ轴处地坑重叠部分
					ⓓ轴线：(0.20+0.30×2)×0.55×[21.60－(1.125+0.10+0.30)－(1.50×2+0.10×2+0.30×2)－(1.275+0.10＋0.30)]＝6.226m³ ①到⑤轴　⑤交ⓓ轴
					ⓔ轴线：(0.45+0.20+0.30×2)×0.55×[3.30－0.925+0.10+0.30)]+(0.20+0.30×2)×0.55×[3.90－0.10+0.30]＝4.862+2.084+2.468+6.226+2.729＝36.37m³ ①到②轴挑板　③交ⓓ轴　①到②轴　①到③轴　②到③轴 ②交ⓔ轴工作面　③交ⓔ轴　未与条基沟槽重叠部分　③到⑤轴　②到③轴 (0.10+0.30)]+(0.20+0.30×2)×0.55×[7.20×2－(1.15+0.10+0.30)－(0.95×2+0.10×2+0.30×2)] －⑤交ⓔ轴(1.075+0.10+0.30)]＝2.729m³
					$V_{沟槽}$＝4.279+3.102+3.475+3.410+3.733+4.862+2.084+2.468+6.226+2.729＝36.37m³
5	B1-24	现浇C₁₀混凝土独基垫层	m³	3.07	4@J-1：(2.30+0.10×2)²×0.10×4个＝2.50m³
					2@J-2：(3.00+0.10×2)²×0.10×2个＝2.048m³
					5@J-3：(1.90+0.10×2)²×0.10×5个＝2.205m³
					3@J-4：(1.20+0.10×2)²×0.10×3个＝0.588m³
					1@J-7：(2.50+0.10×2)²×0.10×1个＝0.729m³
					V＝2.50+2.048+2.205+0.588+0.729＝8.07m³
6	A4-5	现浇C25混凝土独立基础	m³	29.97	4@J-1：[2.3²×0.30+(0.475+0.45+0.475)²×0.30]×4个＝8.70m³
					2@J-2：[3.00²×0.30+(0.425×4+0.45)²×0.30+(0.425×2+0.45)²×0.30]×2个＝9.188m³

工程量计算表

工程名称：

第 4 页 共 60 页

序号	定额编号	分项工程名称	单位	工程量	计算式
7	B1-24	现浇C10混凝土条基垫层	m³	5.43	5@J-3：[1.90²×0.30+(0.375×2+0.45)²×0.30]×5个=7.575m³ 3@J-4：1.20²×0.40×3个=1.728m³ 1@J-7：2.50²×0.30+(0.525×2+0.45)²×0.40=2.775m³ $V_总$=8.70+9.188+7.575+1.728+2.775=29.97m³ ④到⑤轴 ④交Ⓐ轴 Ⓐ轴线：0.25×0.50×(7.20-0.60)=0.825m³ ③到⑤轴 ③交Ⓑ轴 ④交Ⓑ轴 ⑤交Ⓑ轴 Ⓑ轴线：0.25×0.50×(7.20×2-1.25-1.15×2-1.075)=1.222m³ ③到⑤轴 ③交Ⓒ轴 ⑤交Ⓒ轴 Ⓒ轴线：0.25×0.50×(7.20×2-0.10×2)=1.775m³ ③到⑤轴 ③交Ⓔ轴 ④交Ⓔ轴 ⑤交Ⓔ轴 Ⓔ轴线：0.25×0.50×(7.20×2-1.15-0.95×2-1.075)=1.284m³ Ⓐ交Ⓑ轴 ①交Ⓐ轴 ①交Ⓑ轴 ⑤轴线：0.25×0.50×(3.30+0.10-0.825)=0.322m³ $V_总$=0.825+1.222+1.775+1.284+0.322=5.43m³ 地梁底标高：h=-0.35-0.5=-0.85m
8	A4-20	现浇C25混凝土地梁	m³	15.39	Ⓐ到Ⓔ轴 ①交Ⓔ轴 柱 圆柱 ①轴线：0.20×0.50×(18+0.10-0.45×3-0.175)=1.658m³ Ⓑ到Ⓓ轴 ②交Ⓑ轴 ②交Ⓓ轴 ②轴线：0.20×0.50×(8.10-0.35-0.212)=0.765m³ Ⓐ到Ⓔ轴 Ⓔ 柱 与J-7重叠部分 ③轴线：0.20×0.50×(18+0.10-0.45×3-0.175)-0.25×[0.85-(1.50-0.30-0.40)]×(0.525×2处)=1.644m³ J-7的a_3宽 ④轴线：同①轴线 1.658m³

240

工程量计算表

第 5 页 共 60 页

工程名称：

序号	定额编号	分项工程名称	单位	工程量	计算式
					⑤轴线：$0.20×0.50×(8.10+6.60+0.10×2-0.45×3)=1.355m^3$ Ⓑ到Ⓔ轴 Ⓑ、Ⓔ柱
					挑耳
					Ⓐ轴线：$0.20×0.50×0.10×0.15)×(7.20×2-0.175×4)=1.576m^3$ ①到④轴
					Ⓑ轴线：$0.20×0.50×(21.60+0.25+0.10-0.45×4)-0.20×[(1.50-0.30-0.40)]×0.525×2处)=2.005m^3$ ①到⑤轴 与J-7重叠部分
					Ⓒ轴线：$0.20×0.50×(7.20+0.25-0.20×2-0.20×\frac{1}{2})=0.695m^3$ ①到③轴 ①柱
					Ⓓ轴线：$0.20×0.50×(21.60+0.25+0.10-0.45×4)=2.015m^3$ ①到⑤轴 ⑤柱
					Ⓔ轴线：$2.015m^3$ （同Ⓓ轴线）
					$V_总=1.658+0.765+1.644+1.658+1.355+1.576+2.005+0.695+2.015+2.015=15.39m^3$
9	A4-35	现浇C25混凝土地梁挑板	m^3	0.23	Ⓔ轴线：$0.45×0.15×(3.30+0.25+0.10)-0.30×0.45×0.15=0.23m^3$ ①到②轴 ②轴 柱
10	A3-1	M5水泥砂浆砌砖基础 (实心标砖，-1.25~-0.5)	m^3	6.45	240实心砖基高：$h=1.50-0.25-0.50=0.75m$
					③到⑤轴：$(7.20×2-1.25-1.075)×[(0.24×0.75-0.02×(0.35+0.50-0.40)]=1.691m^3$ Ⓐ轴 与地梁重叠部分
					Ⓑ轴线：$(7.20×2-0.10-0.20)×0.24×0.75=2.52m^3$ ③到⑤轴 ③、⑤轴
					Ⓒ轴线：$(7.20×2-1.15-0.95-1.075)×0.24×0.75=0.464m^3$ ③到⑤轴 ③轴 ④轴
					Ⓓ轴线：$(7.20×2-1.15-1.075)×[(0.24×0.75-0.02×(0.35+0.50-0.50)]=1.778m^3$ ③到⑤轴 与地梁重叠部分
					Ⓔ轴线：$(3.30+0.10-0.825)×0.24×0.75=0.464m^3$ ③到⑤轴 Ⓑ轴
					$V_{240总}=1.691+2.52+1.778+0.464=6.45m^3$
11	A3-1	M5水泥砂浆砌砖基础（200厚）(砖: 200×190×53, -0.5~±0.000)	m^3	12.64	240条基上部：$h=0.5m$
					Ⓑ轴线：$(7.20×2-1.15×2-1.075)×0.20×0.50=0.978m^3$ ③到⑤轴 ③轴 ⑤轴

工程量计算表

工程名称：

序号	定额编号	分项工程名称	单位	工程量	计算式
					③到⑤轴 ③、⑤轴 ④轴
					Ⓒ轴线：(7.20×2-0.10×2-0.20)×0.20×0.50=1.4m³
					③到⑤轴 ③
					Ⓔ轴线：(7.20×2-1.15-0.95×2-1.075)×0.20×0.50=1.028m³
					$V_{小计1}$ = 0.978+1.40+1.028=3.406m³
					独基上的条基
					③交Ⓑ轴 柱 GZ h
					Ⓒ轴线：[0.50×0.40+(0.50+0.525+0.45-0.20-0.30)×(1.50-0.30-0.40)]×0.20=0.239m³
					④交Ⓑ轴 J-1：[0.45×0.30×2处+(0.45×3+0.475×2)×(1.50-0.30×2)]×0.20=0.468m³ h 柱 GZ
					⑤交Ⓑ轴 J-3：[0.35×0.30+(0.35+0.375+0.45×2-0.03)×(1.50-0.30×2)]×0.20=0.191m³ h 柱 GZ
					③交Ⓔ轴 J-1：[0.45×0.30+(0.45+0.475×2-0.03)×(1.50-0.30×2)]×0.20=0.233m³ h 柱 GZ
					④交Ⓔ轴 J-3：[0.35×0.30+2处+(0.35×2+0.375×2+0.45×2-0.03)×(1.50-0.30×2)]×0.20=0.384m³ h 柱
					⑤交Ⓔ轴 J-3：[0.35×0.30+(0.35+0.375×2-0.03)×(1.50-0.30×2)]×0.20=0.191m³ GZ
					$V_{小计2}$ = 0.239+0.468+0.191+0.233+0.384+0.191=1.706m³
					地梁上的条基 h=0.35m
					Ⓐ到Ⓔ轴 ⑤交Ⓔ轴 圆柱 GZ
					①轴线：(18+0.10-0.45×3个-0.175-0.20-0.03×2)×0.35×0.20=1.142m³
					Ⓑ到Ⓒ轴 Ⓑ交Ⓔ轴 ②交Ⓒ轴的GZ
					②轴线：(6.0-0.35-0.1-0.03×2)×0.35×0.20=0.384m³ 柱
					Ⓑ到Ⓒ轴 Ⓒ轴 ③交Ⓒ轴的GZ Ⓓ到Ⓔ轴
					③轴线：(6.0-0.35-0.10-0.03+6.60+0.10×2-0.45×2)×0.35×0.20=0.799m³ 柱
					Ⓑ到Ⓒ轴 ④交Ⓑ轴 ④交Ⓒ轴的GZ Ⓓ到Ⓔ轴
					④轴线：(6.0-0.35-0.10-0.03+6.60+0.10×2-0.45×2)×0.35×0.20=0.799m³ 柱

工程量计算表

工程名称：　　　　　　　　　　　　　　　　　　　　　　　　　　　　　　　　　　第 7 页 共 60 页

序号	定额编号	分项工程名称	单位	工程量	计算式
12	A4-16	现浇C25混凝土矩形框架柱	m³	25.13	⑤轴线：柱 Ⓑ到Ⓔ轴：$(8.10+6.60+0.10\times2-0.45\times3)\times0.35\times0.20=0.949\text{m}^3$ Ⓐ轴线：柱 ①到④轴：$(7.20\times2-0.175\times4)\times0.35\times0.20=0.959\text{m}^3$ Ⓑ轴线： ①到③轴 ①交Ⓑ轴 ③交Ⓑ轴 GZ $(7.20-0.20-0.225-0.20-0.03\times2)\times0.35\times0.20=0.456\text{m}^3$ Ⓒ轴线：②、③轴 GZ $(3.90-0.10\times2-0.03\times2)\times0.35\times0.20=0.255\text{m}^3$ Ⓓ轴线：柱 ①到⑤轴：$(21.60+0.25+0.10-0.45\times4)\times0.35\times0.20=1.411\text{m}^3$ Ⓔ轴线：①轴 GZ　　　　柱　　②轴 GZ $(7.20+0.25-0.20\times2-0.03-0.225+0.30+0.15+0.20-0.20\times2-0.03\times2)\times0.35\times0.20+0.255+1.411+0.489=$ 梯柱 $0.40\times0.35\times4\text{个}=7.531\text{m}^3$ $V_{小计3}=1.142+0.384+0.799+0.949+0.959+0.456+0.255+1.411+0.489+0.20\times2\times0.40\times0.35\times4\text{个}=7.531\text{m}^3$ $V_{总计}=3.406+1.706+7.531=12.64\text{m}^3$ 室外地坪以下： 3@KZ1：$0.45^2\times(1.50-0.30\times2-0.30)\times3\text{个}=0.365\text{m}^3$ 3@KZ2：$0.45^2\times(1.50-0.30\times2-0.30)\times3\text{个}=0.365\text{m}^3$ 　　　　　　　　　　　　　　　　③交Ⓑ处 J-7 4@KZ3：$0.45^2\times(1.50-0.30\times2-0.30)\times3\text{个}\times(1.50-0.30-0.40-0.30)=0.466\text{m}^3$ 1@KZ4：$0.45^2\times(1.50-0.30\times2-0.30)\times1\text{个}=0.122\text{m}^3$ 1@KZ5：$0.45^2\times(1.50-0.30\times2-0.30)\times1\text{个}=0.122\text{m}^3$ $V_{小计1}=0.365+0.365+0.466+0.122+0.122=1.44\text{m}^3$ 室外地坪至一层：$h=0.30+3.85=4.15\text{m}$

工程量计算表

工程名称：

序号	定额编号	分项工程名称	单位	工程量	计算式
13	A4-17	现浇C25混凝土圆形框架柱	m³	1.43	$V_2=0.45^2\times4.15\times12$ 个 $=10.085\text{m}^3$ 二层：$h=7.75-3.85=3.90\text{m}$ $V_3=0.45^2\times3.90\times12$ 个 $=9.477\text{m}^3$ 三层：$h=11.15-7.75=3.40\text{m}$ $V_4=0.45^2\times3.40\times6$ 个 $=4.131\text{m}^3$ $V_{总}=1.440+10.085+9.477+4.131=25.13\text{m}^3$ 室外地坪以下： 3@KZ6：$\pi\times0.175^2\times(1.50-0.40-0.30)\times3$ 个 $=0.231\text{m}^3$ 室外地坪至一层：$h=0.30+3.85=4.15\text{m}$ 3@KZ6：$\pi\times0.175^2\times4.15\times3$ 个 $=1.198\text{m}^3$ $V_{总}=0.231+1.198=1.43\text{m}^3$
14	A1-41	基础回填土	m³	169.54	序2　序3　序4 $V_{挖土}=164.66+38.80+36.37=239.83\text{m}^3$ 序5　序7 $V_{基垫}=8.07+5.43=13.50\text{m}^3$ 序6 $V_{独基}=29.97\text{m}^3$ 序10　序11 $V_{条基}=6.45+12.64=19.09\text{m}^3$ 序8　序9 $V_{地梁}=15.39+0.23=15.62\text{m}^3$

第 8 页　共 60 页

工程量计算表

工程名称： 第 9 页 共 60 页

序号	定额编号	分项工程名称	单位	工程量	计算式
					序12　序13
					$V_{柱}=1.440+0.231=1.671m^3$
					地梁、挑板上两侧带马牙槎的GZ
					$V_{GZ}=(0.2^2+0.03\times0.20\times2)\times0.35\times7$ 个+(0.2^2+0.03\times0.03)\times0.20)+③交⑧轴处的J-7上的GZ
					⑤交⑧轴处的J-3上的GZ　　挑板上单侧带马牙槎的GZ　　③交⑧轴的J-1、⑤交⑧轴的J-7上的GZ
					$(1.50-0.30\times2)\times3$ 个+(0.2^2+0.03\times0.2)\times0.35=0.305m^3　(1.50-0.30-0.40)+(0.2^2+0.20\times0.03)\times
					①交④到⑤ 　　　　　柱　　　　　圆柱　　　　　②交④到⑤ 　　　　③到⑤轴
					室内外高差处回填 $\Delta V=[(18+0.10-0.45\times3-0.175)+(3.30+0.25)+(0.30+0.15+0.20-0.10\times2)+(3.90+$
					⑤交④到⑧轴 　　　　　　　　　　　　④交①-⑤轴　　　　　圆柱　　　②交⑧到①轴 ①交⑧轴 ⑤交⑧到①轴 ①交⑧到⑤轴 柱
					$7.20\times2+0.10)\times(18+0.10\times2-0.45\times3)+(21.60-0.175\times5$ 个+(21.60-0.25+0.10-0.45)+(3.90+
					①到⑤轴　　　　②交⑧到①轴　　　　⑤交⑧到①轴 柱 　　②交⑧ 　③交④到⑤轴 E 柱
					$7.20\times2-0.10)+(21.60-0.25+0.10-0.45\times4)+(6-0.35\times0.10+6.60-0.35\times2)\times2]$
					室内外偏差
					$\times0.30\times0.30\times0.20=164.85\times0.30\times0.20=9.891m^3$
					$V_{基回}=V_{挖土}-V_{基垫}-V_{独基}-V_{条基}-V_{地深}-V_{GZ}+\Delta V-V_{梯柱}$
					$=239.83-13.50-29.97-19.09-15.62-1.671-0.305+9.891-0.2\times0.40\times0.05\times4$ 个
					$=169.54m^3$
15	A1-41	室内回填土	m³	70.44	①和⑤轴
					①到⑤轴交④到⑧轴回填面积：$(21.95-0.20\times2)\times(3.30-0.20-0.10)+(3.30+3.90-0.225)\times0.45=67.811m^2$
					①轴　　　②轴　　　　⑧到①轴　　　⑧轴　　　①轴
					①到②轴交①到⑥轴回填面积：$(3.30+0.25-0.20-0.10)\times(6.0-0.35+0.35+0.10)=18.688m^2$
					②到③轴　　　　　⑧到⑥轴
					②到③轴交⑧到⑥轴回填面积：$(3.90-0.10\times2)\times(6-0.35-0.10)=20.535m^2$
					③到⑤轴 　　③、⑤轴　　④轴 　　⑧到⑥轴
					③到⑤轴交⑧到⑥轴回填面积：$(7.20\times2-0.10\times2-0.20)\times(6.0+0.10-0.10)=84m^2$
					①到⑤轴 　　　①、⑤ 　　⑥到①轴 　　　⑥、①
					①到⑤轴交⑥到①轴回填面积：$(21.95-0.20\times2)\times(2.10-0.10\times2)=40.945m^2$
					①到⑤轴 　　　①轴　　 ③轴　　 ②到③轴 　⑥ 　　②到③轴 　③ 宽
					①到⑤轴交⑥到⑥轴回填面积：$(3.30+3.90+0.25-0.20-0.10)\times(6.60-0.10+0.10)-(3.90-0.10-0.10)\times0.45$
					$=45.435m^2$

工程量计算表

第 10 页 共 60 页

工程名称：

序号	定额编号	分项工程名称	单位	工程量	计算式
					③到⑤轴 ③、⑤轴 ④ ⓓ到ⓔ轴 ⓔ
					⑤轴线上的台阶平台：$(7.20 \times 2 - 0.10 \times 2 - 0.20) \times (6.60 + 0.10) = 92.40 \text{m}^2$
					$V_回 = (67.811 + 18.688 + 20.535 + 84 + 40.945 + 45.435 + 92.40 + 2.86) \times (0.30 - 0.111) = 70.44 \text{m}^3$
16	A1-70	土方运输	m^3	0.15	$V_{运输} = V_挖 - V_{基回} - V_{室内回} = 239.83 - 169.54 - 70.44 = -0.15 \text{m}^3$
17	A4-21	现浇C25混凝土矩形框架梁	m^3	48.40	一层：
					①轴线KL1：$0.20 \times 0.70 \times (8.10 - 0.35 - 0.10) + 0.20 \times 0.55 \times (6.60 - 0.35 \times 2) = 1.72 \text{m}^3$ ⓑ到ⓔ轴 ⓐ交ⓑ ⓓ、ⓔ
					②轴线JZL1：$0.20 \times 0.50 \times (6.0 + 2.10 + 6.60 - 0.35 - 0.20 - 0.35) = 1.38 \text{m}^3$ ⓑ到ⓔ轴 ⓔ轴
					③轴线KL2：$0.20 \times 0.70 \times (8.10 - 0.35 - 0.10) + 0.20 \times 0.65 \times (6.60 - 0.35 \times 2) = 1.838 \text{m}^3$ ⓑ到ⓔ轴 ⓓ到ⓔ轴
					④轴线JZL2：$0.20 \times 0.50 \times (6.0 + 2.10 + 6.60 - 0.10 \times 2 - 0.20) = 1.43 \text{m}^3$ ⓑ到ⓔ轴
					④'轴线KL3：$0.20 \times 0.70 \times (8.10 - 0.35 - 0.10) + 0.20 \times 0.65 \times (6.60 - 0.35 \times 2) = 1.838 \text{m}^3$ ⓑ到ⓔ轴 ⓓ、ⓔ
					⑤轴线JZL3：$0.20 \times 0.50 \times (6.0 + 2.10 + 6.60 - 0.10 \times 2 - 0.20) = 1.43 \text{m}^3$ ⓑ、ⓔ轴 ⓓ到ⓔ
					⑤轴线KL4：$0.20 \times 0.70 \times (6.0 + 2.10 - 0.35 - 0.10) + 0.20 \times 0.55 \times (6.60 - 0.35 \times 2) = 1.72 \text{m}^3$ ⓑ到⑤ ①交ⓑ ③交ⓑ ④交ⓑ ⑤交ⓑ
					ⓑ轴线KL6：$0.25 \times 0.60 \times (3.30 + 3.90 - 0.20 - 0.225) + 0.20 \times 0.55 \times (3.60 \times 4 - 0.225 - 0.45 - 0.35) = 2.488 \text{m}^3$ 梁 ①到⑤ ①交ⓒ ⑤交ⓒ
					ⓒ轴线KL7：$0.20 \times 0.50 \times (21.60 + 0.25 + 0.10 - 0.20 \times 7$处$) + 0.20 \times 0.50 \times (3.30 + 0.25 - 0.20 - 0.10) = 1.73 \text{m}^3$ 梁 ①到⑤ ①轴 ⑤轴
					ⓓ轴线KL7：$0.20 \times 0.65 \times (21.60 + 0.25 + 0.10 - 0.45 \times 4) = 2.62 \text{m}^3$ 柱 ①到⑤ ①交ⓔ ⑤交ⓔ
					ⓔ轴线KL9：$0.20 \times 0.55 \times (21.60 + 0.25 + 0.10 - 0.45 \times 4) = 2.217 \text{m}^3$

工程量计算表

工程名称：　　　　　　　　　　　　　　　　　　　　　　　　　　　　　　　第 11 页　共 60 页

序号	定额编号	分项工程名称	单位	工程量	计算式
					$V_{一层}=1.72+1.38+1.838+1.43+1.72+2.488+1.73+2.62+2.217=20.411m^3$
					二层：
					①轴线 KL1：0.20×0.70×(6+2.10−0.35−0.10)+0.20×0.55×(6.60−0.35×2)=1.72m³　Ⓑ到Ⓓ轴　①交Ⓑ轴　Ⓓ到Ⓔ轴　①交Ⓓ、Ⓔ轴
					②轴线 JZL1：0.20×0.50×(14.70−0.35−0.20−0.35)=1.38m³　Ⓑ到Ⓔ轴　②交Ⓑ轴　②交Ⓓ轴
					③轴线 KL2：0.20×0.70×(6.0+2.10−0.35−0.10)+0.20×0.65×(6.60−0.35×2)=1.838m³　Ⓑ到Ⓓ轴　③交Ⓑ、③交Ⓓ轴
					④轴线 JZL2：0.20×0.50×(14.70−0.10×2−0.20)=1.43m³　Ⓓ到Ⓔ轴　Ⓑ、Ⓔ轴 Ⓓ轴
					④轴线 WKL1：0.20×0.70×(6.0+2.10−0.35−0.10)+0.20×0.65×(6.60−0.35×2)=1.838m³　Ⓑ到Ⓓ轴　④交Ⓑ轴　④交Ⓓ、Ⓔ轴
					④轴线 JZL3：0.20×0.50×(14.70−0.10×2−0.20)=1.43m³　Ⓓ到Ⓔ轴　Ⓑ、Ⓔ轴 Ⓓ轴
					⑤轴线 WKL2：0.20×0.70×(6.0+2.10−0.35−0.10)+0.20×0.55×(6.60−0.35×2)=1.72m³　Ⓑ到Ⓓ轴　⑤交Ⓑ轴　Ⓓ到Ⓔ轴　⑤交Ⓓ、Ⓔ轴
					Ⓑ到Ⓓ轴 KL4：0.20×0.55×(21.60+0.25+0.10−0.45×4)=2.217m³　①交Ⓑ轴　⑤交Ⓑ轴 梁
					Ⓒ轴线 JZL4：0.20×0.50×(21.60+0.25+0.10−0.20×7)−0.20×0.50×(3.30+0.25−0.20−0.10)=1.73m³　①到⑤轴　①交Ⓒ轴　⑤交Ⓒ轴　①到②轴　①交Ⓒ轴　②交Ⓒ轴
					Ⓓ轴线 KL5：0.20×0.65×(21.60+0.25+0.10−0.45×4)=2.620m³　①到⑤轴　①交Ⓓ轴　⑤交Ⓓ轴 柱
					Ⓔ轴线 KL7：0.20×0.55×(21.60+0.25+0.10−0.45×4)=2.217m³　①到⑤轴　①交Ⓔ轴　⑤交Ⓔ轴 柱
					$V_{二层}=1.72+1.38+1.838+1.43+1.72+2.217+1.73+2.62+2.217=20.14m^3$
					三层：
					①轴线 WKL1：0.20×0.70×(8.10−0.35−0.10)+0.20×0.55×(6.60−0.35×2)=1.72m³　Ⓑ到Ⓓ轴　①交Ⓑ轴　Ⓓ到Ⓔ轴　①交Ⓓ、Ⓔ

工程量计算表

工程名称：　　　　　　　　　　　　　　　　　　　　　　　　　　　　第 12 页　共 60 页

序号	定额编号	分项工程名称	单位	工程量	计算式
18	A4-35	现浇 C25 混凝土楼板	m³	68.75	②轴线 L1：0.20×0.55×(14.7−0.35×2−0.25)=1.513m³　B到E轴　②交B、E、②交D ③轴线 WKL2：0.20×0.70×(8.10−0.35−0.10)+0.20×0.55×(6.60−0.35×2)=1.72m³　B到D轴　③交B　③交D，E B轴线 WKL3：0.20×0.60×(7.20+0.225−0.225−0.45×2)=0.813m³　①到③轴　①交B　③交B D轴线 WKL4：0.25×0.75×(7.20+0.225−0.225−0.45×2)=1.270m³　①到③轴　①交D　③交D E轴线 WKL5：0.20×0.60×(7.20+0.225−0.225−0.45×2)=0.813m³　①到③轴　①交E　③交E $V_{三层}=1.72+1.513+1.72+0.813+1.27+0.813+7.849=48.40$m³ $V_{总}=20.411+20.14+7.849=48.40$m³ 一层： ②到⑤轴交B到C轴（板厚110）：[(3.90−0.10×2)×(6.0−0.35−0.10)+(3.60×4+0.10×2−0.20×5)×(6−0.20) 柱　B交③、④轴 −(0.45−0.10)×(0.225−0.10)×3−(0.45−0.20)²]×0.11=10.918m³ ①到⑤轴交C到D轴（板厚100）：(21.60+0.25+0.10−0.20×7)×(2.10−0.10×2)×0.10=3.905m³ ①到⑤轴　①轴　⑤轴　C到D轴　C、D轴 ①到⑤轴交D到E轴（板厚110）：[(3.30+3.90+0.25−0.10−0.20)×(6.60−0.10−0.35)+(3.60×4+0.10×2 柱　①交D、E　②交⑤柱　③交D　D到E轴 梁　D到E轴　②轴　D到E轴　D、E轴 −0.20×5)×(6.60−0.10×2)−(0.45−0.2)²×3−(0.225−0.10)×(0.45−0.20)×7]×0.11=14.299m³ $V_{一层}=10.918+3.905+14.299=29.122$m³ 二层： ②到⑤交B到C轴（板厚110）：同一层②到⑤交B到C=10.918m³

工程量计算表

工程名称：　　第 13 页　共 60 页

序号	定额编号	分项工程名称	单位	工程量	计算式
					①~⑤轴ⓒ~Ⓓ(板厚100)：同一层①~⑤交ⓒ~Ⓓ(板厚100)=3.905m³
					①~⑤交Ⓓ~Ⓔ轴(板厚110)：同一层①~⑤交Ⓓ~Ⓔ(板厚110)=14.299m³
					$V_{二层}=29.122m^3$
					三层：
					①~③轴　①轴　③轴　　梁　Ⓑ~Ⓔ轴Ⓑ、Ⓔ轴梁，Ⓓ轴柱　①交Ⓓ轴
					①~③交Ⓑ~Ⓔ(板厚110)：[(7.20+0.25+0.10+0.20×3)×(14.70−0.35×2−0.25)−(0.45−0.2)×(0.45−0.25)−
					柱　　③交Ⓓ轴
					(0.225−0.10)×(0.45−0.25)]×0.11=10.504m³
					$V_{总}=29.122×2+10.504=68.75m^3$
					一层：
19	A4-35	现浇 C25 混凝土挑板	m³	1.35	Ⓑ轴交④~⑤轴(板厚150)(3.60×2−0.10+0.10)×0.20×0.15=0.216m³
					④~⑤轴　④轴　⑤轴　　　　　　　　　柱　①交Ⓔ轴
					Ⓔ轴交①~②轴(板厚150)(3.30+0.25+0.10)×0.45×0.15−(0.45−0.20)×0.45×0.15=0.230m³
					①~②轴　①轴　②轴
					Ⓔ轴交③~⑤轴(板厚150)(3.60×4+0.225+0.10)×0.20×0.15=0.442m³
					③~⑤轴　③轴　⑤轴
					$V_{一层}=0.216+0.230+0.442=0.888m^3$
					二层：
					Ⓑ轴交①~②轴[(3.30+0.25+0.10)×0.45−(0.45−0.20)×0.45]×0.45=0.230m³
					Ⓔ轴交①~②轴(同Ⓑ交①~②轴(板厚150)=0.230m³
					$V_{二层}=0.23×2=0.46m^3$

工 程 量 计 算 表

工程名称：

序号	定额编号	分项工程名称	单位	工程量	计算式
20	A4-50	现浇C25混凝土挑檐	m³	7.88	$V_总=0.888+0.460=1.35\mathrm{m}^3$ 二层： 　　　　　　　②～③ ②轴　　　　　　　宽　　　　②轴重叠部分　③～⑤　　③　　　　⑤ ⑧交②～⑤轴(板厚150)：[(3.90+0.10-0.225)×(0.90+0.35-0.20)-0.2×0.45+(3.60×4+0.225+0.10)×(0.90-0.10)]×0.15=2.348m^3 　　　　　　　　　　　宽 Ⓔ交②～⑤轴(板厚150)：同⑧交②～⑤(板厚150)=2.348m^3 　　　　　　　　　　　　　⑧～Ⓔ ⑤交⑧～Ⓔ轴(板厚150)：(14.7+0.90×2)×0.60×0.15=1.485 三层： Ⓑ轴 ⑧交①～③轴(板厚150)：[(3.30+0.25+0.10)×(0.30+0.35-0.20)-0.45×(0.45-0.20)+[(3.90-0.10 +0.10×(0.30+0.35-0.20)-(0.45-0.20)×(0.225+0.10)]×0.10=0.397m^3 　　　　　　　　　　　　柱　①交⑧轴 ②交⑧轴　　柱 ③交⑧　③交Ⓔ轴 Ⓔ交①～③轴(板厚150)：同⑧交①～③轴：0.397m^3 　　　　　　　　　　⑧～Ⓔ Ⓔ轴　　　　　　宽　　　　　②～③ ②交 ③交⑧～Ⓔ轴(板厚100)：[(14.70+0.30×2)×(0.70-0.10)-(0.225-0.10)×0.45×3]×0.10=0.901m^3 $V_总=2.348×2+1.485×0.397×2+0.901=7.88\mathrm{m}^3$
21	A4-21	现浇C25混凝土门廊屋面矩形框架梁	m³	2.96	①轴线KL1：0.20×0.45×(3.30-0.175-0.10)=0.272m^3 　　　　　　　　Ⓐ～⑧　　②交Ⓐ轴　①交⑧轴 ②轴线JZL1：0.20×0.45×(3.30-0.10+0.35-0.25)=0.297m^3 　　　　　　　　Ⓐ～⑧　　②交Ⓐ轴　②交⑧轴 ③轴线KL2：0.20×0.50×(3.30-0.175-0.10)=0.303m^3 　　　　　　　　Ⓐ～⑧　Ⓐ、⑧轴 ④轴线JZL2：0.20×0.45×(3.30-0.10×2)=0.279m^3

工程量计算表

工程名称：

序号	定额编号	分项工程名称	单位	工程量	计算式
22	A4-35	现浇C25混凝土屋面板(门廊)	m^3	4.38	④轴线 KL3：$0.20 \times 0.50 \times (3.30 - 0.175 - 0.10) = 0.303m^3$ Ⓐ~Ⓑ ④交Ⓐ轴 ④交Ⓑ轴 圆柱 Ⓐ轴线 WKL1：$0.20 \times 0.50 \times (3.30 + 3.90 + 3.60 \times 2 - 0.175 \times 4 处) = 1.51m^3$ ①~④轴 $V_{总} = 0.272 + 0.297 + 0.303 + 0.279 + 0.303 + 1.51 = 2.96m^3$ ①~④交Ⓐ~Ⓑ轴(板厚100)：$[(3.30 + 3.90 - 0.10 \times 2 - 0.20) \times (3.30 - 0.10 + 0.35 - 0.20) + (3.60 \times 2 - 0.10 \times 2 - 0.20)$ Ⓐ~Ⓑ轴 柱 ①交Ⓑ轴 ②交Ⓑ轴 $\times (3.30 - 0.10 \times 2) - (0.45 - 0.25) \times (0.20 - 0.10 + 0.225 - 0.10)] \times 0.10 = 4.38m^3$
23	A4-50	现浇C25混凝土挑檐(门廊)	m^3	1.10	宽 Ⓐ~Ⓑ交①轴(板厚100)：$V_1 = (3.30 - 0.10 + 0.10) \times (0.60 - 0.10) \times 0.10 = 0.165m^3$ Ⓐ~Ⓑ轴 Ⓐ~Ⓑ交④轴(板厚100)：$V_2 = (3.30 - 0.10 + 0.20 - 0.10 + 0.10) \times (0.60 - 0.10) \times 0.10 = 0.155m^3$ Ⓐ~Ⓑ轴 ①、④宽 Ⓐ交①~④轴(板厚100)：$V_3 = (3.30 + 3.90 + 3.60 \times 2 + 0.60 \times 2) \times (0.60 - 0.10) \times 0.10 = 0.78m^3$ $V_{总} = V_1 + V_2 + V_3 = 0.165 + 0.155 + 0.78 = 1.10m^3$
24	A4-50	现浇C25混凝土挑耳(梁)	m^3	0.59	③~⑤轴 Ⓑ轴交③~⑤轴(板厚100)：$V_1 = (3.60 \times 4 + 0.225 + 0.10) \times 0.20 \times 0.10 = 0.295m^3$ 同V_1 Ⓔ轴交③~⑤轴(板厚100)：$V_2 = 0.295m^3$ $V_{总} = V_1 + V_2 = 0.295 \times 2 = 0.59m^3$
25	A4-24	现浇C25混凝土过梁	m^3	1.024	一层： 墙厚 $3@J_{1221}$：$V_1 = (1.20 + 0.25) \times 0.18 \times 0.2 \times 3 个 = 0.157m^3$ $2@J_{1221}$：$V_2 = (1.20 + 0.25 + 0.12) \times 0.18 \times 0.20 \times 3 个 = 0.17m^3$ J_{1021}：$V_3 = (1.20 + 0.25 + 0.12) \times 0.18 \times 0.20 \times 1 个 = 0.057m^3$

工程量计算表

工程名称：　　　第 16 页　共 60 页

序号	定额编号	分项工程名称	单位	工程量	计算式
					DTM1821： $V_4=(1.80+0.25+0.10)\times0.18\times0.20=0.077m^3$
					二层：
					3@J_{1221}： $V_5=(1.20+0.25)\times0.18\times0.20\times3$ 个$=0.157m^3$
					2@J_{1221}： $V_6=(1.20+0.25+0.12)\times0.18\times0.20\times3$ 个$=0.17m^3$
					J_{1021}： $V_7=(1.20+0.25+0.12)\times0.18\times0.20\times1$ 个$=0.057m^3$
					三层：
					2@J_{1221}： $V_8=(1.20+0.25\times2)\times0.18\times0.20\times2=0.122m^3$
					1@J_{1021}： $V_9=(1+0.25+0.12)\times0.18\times0.20\times1$ 个$=0.057m^3$
					$V_总=V_1+V_2+V_3+V_4+V_5+V_6+V_7+V_8+V_9=0.157+0.17+0.057+0.077+0.157+0.17+0.057+0.122+0.057$
					$=1.024$
26	A4-45	现浇 C25 混凝土雨篷	m^3	0.23	一层： $V_1=(2.10+0.20+0.30)\times(0.90-0.10)\times0.06=0.125m^3$
					三层： $V_2=(1.55+0.15)\times1.0\times0.06=0.102m^3$
					宽
					$V_总=V_1+V_2=0.125+0.102=0.23m^3$
27	A4-66	现浇 C15 混凝土台阶	m^2	8.16	Ⓐ交①~③轴： $V_1=(3.30+3.90+0.20\times2)\times(0.30\times2)=4.56m^2$
					⑤交Ⓒ~Ⓓ轴： $V_2=(2.10+0.40+0.30+0.80\times2\times2)\times(0.30\times2)=3.60m^2$
					$V_总=V_1+V_2=4.56+3.60=8.16m^2$
28	A4-61	现浇 C25 混凝土散水	m^2	43.49	①~⑤轴　　　　　　Ⓑ~Ⓔ轴　　　　　　Ⓔ轴上的台阶
					$S=[(21.95+0.80\times2)+(6.60+2.10+6.0+0.30\times2+0.80)\times2$ 边$-(2.10+0.30\times3+0.40)]\times0.80+0.45\times(3.90$
					$-0.10-0.225)$

工程量计算表

工程名称：

第 17 页 共 60 页

序号	定额编号	分项工程名称	单位	工程量	计算式
29	A4-47	现浇C25混凝土楼梯	m³	11.87	TLJZL4: $V_1=0.20\times0.50\times(3.30+0.25-0.20-0.10)\times2$ 个$=0.65m^3$ ①～②轴 ①交ⓒ轴 ②交ⓒ轴 PTZ1: $V_2=0.20\times0.40\times(0.35+7.75-0.70\times2)\times2$ 个$=1.072m^3$ ①轴线 $V_3=0.20\times0.40\times(0.35+7.75-0.50\times2)\times2$ 个$=1.136m^3$ ②轴线 PTL1: $V_4=0.20\times0.35\times(3.30+0.25-0.20-0.10)\times2$ 个$=0.455m^3$ ①～②轴 PTL2: $V_5=0.20\times0.35\times(3.30+0.25-0.20-0.10)\times2$ 个$=0.455m^3$ ①～②轴 　　　梯形　　　　　　　　　　　　　　　　　　　　　　　矩形 TB1: $V_6=\left[(0.60+0.60+3.60)\times(1.95+0.15)\div2+(0.60+3.60)\times0.15-(0.30+0.60+3.60)\times(1.95-0.15+$ 　　　　　　　　三角形 $0.15)\times\dfrac{1}{2}-0.30\times0.15\times\dfrac{1}{2}\times12$ 个$\Big]\times(1.525+0.25-0.20)\times2$ 个$=3.189m^3$ TB2: $V_7=\Big[(0.15+1.15+1.95+0.15)\times3.60\times\dfrac{1}{2}-3.60\times(1.95-0.15\times2)\times\dfrac{1}{2}-0.15\times0.30\times\dfrac{1}{2}\times12$ 个$+0.15\times$ 　　　梯形　　　　　　　　　　　　　　　　Ⓑ轴　　　　　　　　　PTL $0.60\Big]\times(1.675-0.10)\times2$ 个$=3.686m^3$ PTB: 一层至二层 $V_8=(3.30+0.25-0.20-0.10)\times(1.80-0.35-0.20\times2)\times0.15=0.512m^3$ ①～②轴　　　　　　　　　Ⓑ轴　　　　PTL　　柱①交Ⓑ轴 二层至三层 $V_9=[(3.30+0.25-0.20-0.10)\times(1.80+0.10-0.20\times2)-0.25\times0.45]\times0.15=0.714m^3$

253

工程量计算表

工程名称：

序号	定额编号	分项工程名称	单位	工程量	计算式
30	A4-18	现浇C25混凝土构造柱	m³	9.85	$V_总=V_1+V_2+V_3+V_4+V_5+V_6+V_7+V_8+V_9=0.65+1.072+1.136+0.455\times2+3.189+3.686+0.512+0.714=11.87\text{m}^3$
					室内地坪以下：
					在地梁、挑板上的 GZ1：$V_1=(0.20^2+0.20\times0.03\times2)\times0.35\times7$ 个 $+(0.20^2+0.20\times0.03)\times0.35=0.144\text{m}^3$
					J-1、J-3 基础上的 GZ1：$V_2=(0.20^2+0.20\times0.03)\times(1.50-0.30\times2)\times3$ 个 $=0.124\text{m}^3$
					J-7 基础上的 GZ1：$V_3=(0.20^2+0.20\times0.03)\times(1.50-0.30-0.40)=0.037\text{m}^3$
					V 室内地坪以下的 GZ1 $=0.144+0.124+0.037=0.305\text{m}^3$
					一层（共 13 个 GZ_1）
					$h=3.85-0.45-0.15=3.25\text{m}$
					一侧带马牙槎的 GZ1：$V_4=(0.20^2+0.03\times0.20)\times3.25\times4$ 个 $=0.598\text{m}^3$
					二侧带马牙槎的 GZ1：$V_5=(0.20^2+0.03\times0.20\times2)\times3.25\times1$ 个 $=0.169\text{m}^3$
					$h=3.85-0.50=3.35\text{m}$
					一侧带马牙槎的 GZ1：$V_6=(0.20^2+0.03\times0.20)\times3.35=0.154\text{m}^3$
					两侧带马牙槎的 GZ1：$V_7=(0.20^2+0.03\times0.20\times2)\times3.35=0.174\text{m}^3$
					$h=3.85-0.55=3.30\text{m}$
					两侧带马牙槎的 GZ1：$V_8=(0.20^2+0.03\times0.20\times2)\times3.30=0.172\text{m}^3$
					$h=3.85-0.60=3.25\text{m}$

工程量计算表

工程名称: 第19页 共60页

序号	定额编号	分项工程名称	单位	工程量	计算式
					两侧带马牙槎的GZ1: $V_9=(0.20^2+0.03\times0.20\times2)\times3.25=0.169\text{m}^3$
					$h=3.85-0.70=3.15\text{m}$
					一侧带马牙槎的GZ1: $V_{10}=(0.20^2+0.03\times0.20)\times3.15=0.145\text{m}^3$
					两侧带马牙槎的GZ1: $V_{11}=(0.20^2+0.03\times0.20\times2)\times3.15\times3\text{个}=0.491\text{m}^3$
					$V_{一层GZ}=V_4+V_5+V_6+V_7+V_8+V_9+V_{10}+V_{11}=0.598+0.169+0.154+0.174+0.172+0.169+0.145+0.491$ $=2.072\text{m}^3$
					二层(共17个GZ1)
					$h=7.75-3.85+0.45-0.45-0.15=3.75\text{m}$
					一侧带马牙槎的GZ1: $V_{12}=(0.20^2+0.03\times0.20)\times3.75\times4\text{个}=0.69\text{m}^3$
					两侧带马牙槎的GZ1: $V_{13}=(0.20^2+0.03\times0.20\times2)\times3.75\times4\text{个}=0.78\text{m}^3$
					$h=7.75-3.85-0.55=3.35\text{m}$
					两侧带马牙槎的GZ1: $V_{13}=(0.20^2+0.03\times0.20\times2)\times3.35\times2\text{个}=0.348\text{m}^3$
					$h=7.75-3.85-0.70=3.20\text{m}$
					两侧带马牙槎的GZ1: $V_{14}=(0.20^2+0.03\times0.20\times2)\times3.20\times4\text{个}=0.666\text{m}^3$
					$h=7.75-3.85-0.45-0.15=3.30\text{m}$
					一侧带马牙槎的GZ1: $V_{15}=(0.20^2+0.03\times0.20)\times3.30=0.152\text{m}^3$
					两侧带马牙槎的GZ1: $V_{16}=(0.20^2+0.03\times0.20\times2)\times3.30=0.172\text{m}^3$

工程量计算表

工程名称:

序号	定额编号	分项工程名称	单位	工程量	计算式
					①交⑧轴
					$h=7.75-3.85+(0.45-0.10)-0.45-0.15=3.65\mathrm{m}$
					一侧带马牙槎的 GZ1: $V_{17}=(0.20^2+0.03\times0.20)\times3.65=0.168\mathrm{m}^3$
					$V_{二层GZ1}=0.69+0.78+0.348+0.666+0.152+0.172+0.168=2.976\mathrm{m}^3$
					三层, GZ1(共 9 个)
					$h=11.15-7.75+0.45-0.15=3.70\mathrm{m}$
					一侧带马牙槎的 GZ1: $V_{18}=(0.20^2+0.03\times0.20)\times3.70\times4$ 个 $=0.681\mathrm{m}^3$
					$h=11.15-7.75-0.55=2.85\mathrm{m}$
					两侧带马牙槎的 GZ1: $V_{19}=(0.20^2+0.03\times0.20\times2)\times2.85=0.148\mathrm{m}^3$
					$h=11.15-7.75-0.60=2.80\mathrm{m}$
					两侧带马牙槎的 GZ1: $V_{20}=(0.20^2+0.03\times0.20\times2)\times2.80=0.146\mathrm{m}^3$
					两侧带马牙槎的 GZ1: $V_{21}=(0.20^2+0.03\times2\times0.20)\times2.70=0.140\mathrm{m}^3$
					$h=11.15-7.75-0.70=2.70\mathrm{m}$
					三侧带马牙槎的 GZ1: $V_{22}=(0.20^2+0.03\times0.20\times2)\times2.70=0.157\mathrm{m}^3$
					GZ$_2$(共 33 个)
					②~⑤
					⑧轴线: $(3.90+3.60\times4+0.60)\times\dfrac{1}{2}=9.45$ 数量取 10 个
					⑥轴线: 同⑧轴

第 20 页 共 60 页

工程量计算表

工程名称：　　　　　　　　　　　　　　　　　　　　　　　　　　　　　　　　　　　　　　　第 21 页　共 60 页

序号	定额编号	分项工程名称	单位	工程量	计算式
					⑤轴线：$(14.70+0.90\times2)\times\frac{1}{2}=8.25$　数量取 9 个
					$V_{GZ2}=(0.20^2+0.03\times0.20\times2)\times(1.40-0.06)\times33\ 个=2.299\text{m}^3$
					$V_{三层}=0.681+0.148+0.146+0.140+0.157+2.299=3.571\text{m}^3$
					屋面
					GZ2：$h=0.80-0.06=0.74\text{m}$
					数量：Ⓑ轴 $(3.3+0.25-0.1\times2)\dfrac{1}{2}=1.68$　取 2 个 ⎫
					Ⓔ轴同Ⓑ轴，取 2 个　　　　　　　　　　　　　　　　⎪ 24 个
					①轴、②轴：$(14.70+0.30\times2)\dfrac{1}{2}=7.65$　取 8 个，2 根轴线共 16 个 ⎬
					转角 4 个　　　　　　　　　　　　　　　　　　　　⎭
					$V_{23}=(0.20^2+0.03\times2\times0.20)\times0.74\times24\ 个=0.924\text{m}^3$
					$V_{屋面GZ}=0.924\text{m}^3$
					$V_{总}=V_{室内地坪以下}+V_{一层}+V_{二层}+V_{三层}+V_{屋面}=0.305+2.072+2.976+3.571+0.924=9.85\text{m}^3$
31	A4-53	现浇 C25 混凝土压顶(栏板)	m³	0.69	门廊挑檐压顶 $V_1=\left[\underset{\text{Ⓑ轴}}{0.60-0.25-0.03-(0.20+0.05)\times\dfrac{1}{2}}\times\underset{\text{GZ}}{3.30+0.60-0.10-0.20-(0.20+0.05)}\times2+\underset{\text{①交Ⓐ~Ⓑ}}{3.30+0.60-0.10-0.20-(0.20+0.05)\times\dfrac{1}{2}}\right]\times(0.20+0.05)$
					Ⓐ交①~③　④交Ⓐ~Ⓑ　压顶中心线
					$3.30+3.90+3.60\times2+0.60\times2-(0.20+0.05)\times2\times3.30+0.60-0.10-0.20-(0.20+0.05)\times\dfrac{1}{2}\right]\times(0.20+0.05)$
					$\times0.06=0.336\text{m}^3$
					②~③　　压顶中心线
					屋面挑檐压顶 $V_2=\left\{\left[\underset{}{3.90-0.10+0.70-(0.20+0.05)}\times2+\left[14.70+0.30\times2-10.20+0.05\right]\right\}\times(0.20+$

工 程 量 计 算 表

工程名称：

序号	定额编号	分项工程名称	单位	工程量	计算式
32	A4-53	现浇 C25 混凝土压顶（女儿墙）	m^3	1.32	$0.05 \times 0.06 \times 0.357 = 0.69 m^3$ $V_{总} = V_1 + V_2 = 0.336 + 0.357 = 0.69 m^3$ 三层上人屋面女儿墙压顶：$V_1 = \left\{ \left[\frac{0.90 - 0.10 - 0.20 - (0.20 + 0.04) \times \frac{1}{2}}{① \sim ⑤} \right] \times 2 + \left[3.90 + 7.20 \times 2 + 0.10 + 0.10 + 0.60 - (0.20 + 0.04) \right] \times 2 - (0.20 + 0.04) \right\} \times (0.20 + 0.04) \times 0.06 = 0.791 m^3$ 屋面女儿墙压顶：$V_2 = [3.30 + 0.25 + 0.10 - (0.20 + 0.04) + 14.70 + 0.30 \times 2 - (0.20 + 0.04)] \times 2 \times (0.20 + 0.04) \times 0.06 = 0.532 m^3$ $V_{总} = V_1 + V_2 = 0.791 + 0.532 = 1.32 m^3$
33	A4-56	现浇 C25 混凝土挡坎（楼梯上）	m^3	0.02	梯段宽 梯井 $V = 0.10^2 \times (1.525 + 0.25 - 0.20 + 0.10) = 0.02 m^3$
34	B4-255	成品塑钢窗	m^2	74.65	4@C-1: $S_1 = 12 \times 2.40 \times 4$ 樘 $= 19.20 m^2$ 5@C_{1212}: $S_2 = \pi \times \left(\frac{1.2}{2}\right)^2 \times 5$ 樘 $= 5.65 m^2$ 2@C_{1524}: $S_3 = 1.50 \times 2.40 \times 2$ 樘 $= 7.20 m^2$ 1@C_{1824}: $S_4 = 1.80 \times 2.40 \times 1$ 樘 $= 4.32 m^2$ 2@C_{3331}: $S_5 = 3.30 \times 3.15 \times 2$ 樘 $= 20.79 m^2$ 2@C_{3326}: $S_6 = 3.30 \times 2.65 \times 2$ 樘 $= 17.49 m^2$ $S_{总} = 19.20 + 5.65 + 7.20 + 4.32 + 20.79 + 17.49 = 74.65 m^2$
35	B4-130	成品金属门	m^2	36.54	3@J_{1021}: $S_1 = 1.0 \times 2.10 \times 3$ 樘 $= 6.30 m^2$

工 程 量 计 算 表

工程名称：

序号	定额编号	分项工程名称	单位	工程量	计算式
					ⓒ轴线：$V_7=(3.90+3.60\times4-0.10)\times(3.85-0.50)\times0.20=12.194\mathrm{m}^3$ ②～⑤轴　⑤交ⓒ轴
					ⓓ轴线：$V_8=(21.60+0.25+0.10-0.45\times4)\times(3.85-0.65)\times0.20=12.896\mathrm{m}^3$ ①轴　⑤轴　柱
					ⓔ轴线：$V_9=[(3.30+0.25+0.30+0.15)\times3.85+(3.90+0.10-0.225)\times(3.85-0.55)+(3.60+4+0.225+0.10)\times3.85]\times0.20=16.910\mathrm{m}^3$ ①～②轴　②交ⓔ轴
					$V_{一层}=8.714+3.786+7.273+7.273+15.592+12.194+12.896+16.910=93.352\mathrm{m}^3$
					二层：$h_2=7.75-3.85=3.90\mathrm{m}$
					①轴线：$V_{10}=[(6.0+2.10+0.10-0.45-0.10)\times(3.90-0.70)+(6.60+0.10\times2-0.45\times2)\times(3.90-0.55)]\times0.20=8.849\mathrm{m}^3$ ⓑ～ⓓ　①交ⓑ　①交ⓓ轴
					②轴线：$V_{11}=(6.0-0.35)\times(3.90-0.50)\times0.20=3.842\mathrm{m}^3$ ⓑ～ⓒ　①交ⓑ
					③轴线：$V_{12}=[(6.0+0.10-0.45-0.10)\times(3.90-0.70)+(3.90-0.10)\times(3.90-0.70)]\times0.20=7.387\mathrm{m}^3$ ⓑ～ⓓ　③交ⓑ　③交ⓓ轴　柱
					④轴线：$V_{13}=V_{12}=7.387\mathrm{m}^3$ 同③轴线
					⑤轴线：$V_{14}=[(6+2.10+0.25+0.45-0.10)\times3.90-0.10)\times(3.90-0.70)+(6.60+0.10\times2-0.45\times2)\times(3.90-0.65)]\times0.20=8.849\mathrm{m}^3$ ①～②轴　①轴　②轴　③轴
					ⓑ轴线：$V_{15}=[(3.30+0.25+0.45)\times3.90+(3.90+0.10-0.225)\times(3.90-0.55)+(3.60\times4+0.225+0.10)\times(3.90-0.15)]\times0.20=16.693\mathrm{m}^3$ ②～③轴　②轴　③～⑤轴　③轴　⑤轴

工程量计算表

工程名称：

序号	定额编号	分项工程名称	单位	工程量	计算式
36	B4-118	成品地弹门	m^2	13.68	$12@J_{1221}$：$S_2=1.20\times2.10\times2$ 樘$=30.24m^2$ $S_{总}=S_1+S_2=6.30+30.24=36.54m^2$ DTM1821：$S_1=1.80\times2.10=3.78m^2$ DTM3033：$S_2=3.0\times3.30=9.90m^2$ $S_{总}=S_1+S_2=3.78+9.90=13.68m^2$
37	A3-3	M5混合砂浆砌多孔页岩砖墙	m^3	187.90	一层：层高 $h_1=3.85m$ 梁高 柱 ①轴线：$V_1=[(6.0+2.10+0.10-0.45-0.10)\times(3.85-0.70)+(6.60+0.10\times2-0.45\times2)\times(3.85-0.55)]\times0.20=8.714m^3$ Ⓑ~Ⓓ ①交Ⓑ轴 ②轴线：$V_2=(6-0.35)\times(3.85-0.50)\times0.20=3.786m^3$ Ⓑ~Ⓒ ③轴线：$V_3=[(6.0+0.10-0.45)\times(3.85-0.70)+(6.60+0.10\times2-0.45\times2)\times(3.85-0.65)]\times0.20=7.273m^3$ Ⓑ~Ⓒ ③交Ⓑ轴 柱Ⓓ、Ⓔ Ⓓ~Ⓔ ④轴线：$V_4=7.273m^3$ 同③轴 ⑤轴线：$V_5=[(6.0+2.10+0.10-0.45-0.10)\times(3.85-0.70)+(6.60+0.10\times2-0.45\times2)\times(3.85-0.55)]\times0.20=8.714m^3$ Ⓑ~Ⓓ Ⓑ轴 Ⓓ轴 ①交Ⓑ轴 Ⓓ~Ⓔ 柱 ⑤轴 Ⓑ轴线：$V_6=[(3.30+3.90+0.25-0.45-0.60)+(3.85-0.60)\times(3.60\times2+0.225+0.10)+(3.60\times2-0.10+0.10)\times3.85]\times0.20=15.592m^3$ ③~④轴 ②交Ⓑ轴 ④交Ⓑ轴 板厚 ④~⑤轴 ④交Ⓑ轴 ⑤交Ⓑ轴

第24页 共60页

工 程 量 计 算 表

第 25 页 共 60 页

工程名称：

序号	定额编号	分项工程名称	单位	工程量	计算式
					ⓒ轴线：$V_{16}=(3.90+3.60\times4-0.10)\times(3.90-0.50)\times0.20=12.376\text{m}^3$
					柱
					ⓓ轴线：①~⑤轴 ①轴 ⑤轴 $V_{17}=(21.60+0.25+0.10-0.45\times4)\times(3.90-0.65)\times0.20=13.098\text{m}^3$
					ⓔ轴线：②~③轴 ①轴 ②轴 ③~⑤轴 ③轴 ⑤轴 $V_{18}=[(3.30+0.25+0.30+0.15)\times3.90+(3.90+0.10-0.225)\times(3.90-0.55)+(3.60\times4+0.225+0.10)\times(3.90-0.15)]\times0.20=16.693\text{m}^3$
					$V_{二层}=8.849+3.842\times2+8.849+16.693+12.376+13.098+16.693=95.174\text{m}^3$
					三层：$h_3=11.15-7.75=3.40\text{m}$
					ⓑ~ⓓ轴 ⓑ轴 ⓓ轴 ⓓ、ⓔ轴 $V_{19}=[(8.10-0.35-0.10)\times(3.40-0.70)+(6.60-0.35\times2)\times(3.40-0.55)]\times0.20=7.494\text{m}^3$
					ⓑ~ⓒ ①交ⓑ轴 $V_{20}=(6-0.35)\times(3.40-0.55)\times0.20=3.221\text{m}^3$
					同①轴 $V_{21}=7.494\text{m}^3$
					ⓑ轴线：①~②轴 ①轴 ②轴 挑板厚 ②~③ ②轴 ③轴 $V_{22}=[(3.30+0.25+0.45)\times(3.40-0.45)+(3.90+0.10-0.225)\times(3.40-0.60)]\times0.20=4.714\text{m}^3$
					板厚 $V_{23}=(3.90-0.10)\times(3.40-0.11)\times0.20=2.500\text{m}^3$
					ⓒ轴线：①~③轴 ①轴 ③轴 $V_{24}=(3.30+3.90+0.25-0.45-0.225)\times(3.40-0.75)\times0.20=3.591\text{m}^3$
					ⓔ轴线：①~②轴 ①轴 ②轴 ②~③轴 ②轴 ③轴 $V_{25}=[(3.30+0.25+0.45)\times(3.40-0.15)+(3.90+0.10-0.225)\times(3.40-0.60)]\times0.20=4.714\text{m}^3$
					$V_{三层}=7.494+3.221+V_{二层}+7.494+4.714+2.500+3.591+4.714=33.728\text{m}^3$
					$V_{总}=V_{一层}+V_{二层}+V_{三层}-(S_门\times0.20+S_窗\times0.20)-V_{GZ_1}-V_{GL}-V_{TL}$

工程量计算表

工程名称：

第 26 页　共 60 页

序号	定额编号	分项工程名称	单位	工程量	计算式
38	A3-2	M5混合砂浆砌女儿墙	m³	17.03	序34　　　序35　　序36　　序30　　序24　　多扣构造柱 =93.325+95.174+33.728−(74.65+36.54+13.68)×0.20−9.85−1.024+0.305+2.299−0.20×0.40×(7.75−0.50×2)×2个=187.90m³ ②交Ⓑ　②交ⒺⓔΒ～Ⓔ轴 三层上人屋面 V_1=[(0.90−0.10−0.20−0.10)×2+(3.90+7.20×2+0.10+0.60−0.10)×2+(14.70+0.90×2−0.10×2)−(0.20+0.03×2)×33个]×(1.40−0.06)×0.20=12.467m³ 　　　　　　　　　　　　　　　　　　　GZ₂ ①～②轴　　　　　　Ⓑ～Ⓔ轴 屋顶不上人屋面 V_2=[3.30+0.25−0.10+14.70+0.30×2+0.10×2)×2−(0.20+0.03×2)×24个]×(0.80−0.06)×0.20=4.567m³ $V_总=V_1+V_2$=12.467+4.567=17.03m³
39	A3-29	M5混合砂浆砌檐栏板	m³	6.04	①交Ⓑ轴　　　　　　①交Ⓑ轴　　①交Ⓐ轴 门廊雨篷挑檐栏板 V_1=[(0.60+0.20−0.10)+(3.30+0.60−0.10−0.20+0.10×2)+(3.30+3.90+7.20+0.25+0.60×2−0.10×2)+(3.30+0.60−0.10−0.20−0.10)]×(0.40+0.30−0.06)×0.20=2.976m³ 　　　Ⓐ轴　　　　　　　Ⓑ～Ⓔ轴 　　　　　　　　　　　h 　　　　　　　　②～③轴 楼面不上人屋面挑檐栏板：V_2=[3.90+0.70−0.10×2)×2+(14.70+0.30×2−0.10×2)]×(0.40+0.30−0.06)×0.20=3.059m³ $V_总=V_1+V_2$=2.976+3.059=6.04m³
40	A3-33换	M5混合砂浆台阶	m²	1.98	三层屋面出入口：(西南 03J201-1-2/51) Ⓒ～Ⓓ 内台阶：S_1=(2.10−0.10×2)×0.30×2阶=1.14m² 洞口宽 外台阶：S_2=(1.20+0.10×2)×0.30×2阶=0.84m² $S_总=S_1+S_2$=1.14+0.84=1.98m²

工程量计算表

序号	定额编号	分项工程名称	单位	工程量	计算式
41	A4-56	现浇C25混凝土零星构件	m³	0.04	三层屋面出入口（西南03J201-1-15-2） 洞口宽 $S=[0.09\times0.14+(0.06+0.07)/2\times0.20]\times(1.20+0.10\times2)=0.04\text{m}^3$
42	B1-27+B1-30	15厚1:3水泥砂浆抹找平层（屋面）	m²	349.50	三层上人屋面：$S_1=(7.20\times2+0.10+0.60-0.20-0.10)\times(14.70+0.90\times2-0.20\times2)+(3.90-0.10+0.10)\times(0.90-0.20+0.45-0.10-0.20)\times2$处$=244.91\text{m}^2$ 屋面不上人屋面：$S_2=(3.30+0.25-0.20-0.10)\times(14.70+0.70+0.10\times2)+[3.90-0.10+0.70-(0.40+0.20)]\times[14.70+0.30\times2+(0.25+0.20)\times2]=104.585\text{m}^2$ $S_总=244.91+104.585=349.50\text{m}^2$
43	B1-27+B1-30	25厚1:3水泥砂浆找平层（屋面）	m²	349.50	同序42 $S=349.50\text{m}^2$
44	B1-27+B1-30	25厚1:3水泥砂浆找平层（檐沟）	m²	33.32	②～③轴 ②轴 ③轴 ②交Ⓑ Ⓑ轴线：$S_1=(3.90-0.10+0.10)\times(0.25+0.40+0.30)+(0.40+0.30)\times0.40\times2+0.30\times0.40\times0.40\times0.40\times2+0.25\times(0.70-0.06)=5.425\text{m}^2$ 同Ⓑ轴 Ⓔ轴线：$S_2=5.425\text{m}^2$ ③轴线：$S_3=(14.70+0.30\times2-0.20\times2)\times(0.25+0.40+0.40+0.30)-0.10\times0.20+14.70\times0.90\times2-0.20\times2+3.90\times2\times$ 底面 侧边 侧边 Ⓑ、Ⓔ侧 与Ⓑ、Ⓔ檐沟合重部分 $0.40\times2-0.25\times0.40\times2$处$=22.47\text{m}^2$ $S_总=S_1+S_2+S_3=5.425\times2+22.47=33.32\text{m}^2$
45	A7-55	SBC丙纶屋面防水层	m²	385.39	序42 卷起部分 ②～⑤轴 ②～③轴 三层上人屋面：$S_1=244.91+(3.90\times2+7.20+0.10+0.60-0.10-0.20+14.70+0.90\times2-0.20\times2+3.90\times2\times0.30=268.13\text{m}^2$

工程量计算表

工程名称：　　　　　　　　　　　　　　　　　　　　　　　　　　　　　　　　　　第 28 页　共 60 页

序号	定额编号	分项工程名称	单位	工程量	计算式
46	A7-55	SBC 丙纶屋面檐沟防水层	m^2	33.32	屋顶不上人屋面：序 42 中 弯起部分 ⑧~ⓔ $S_2=104.585+[(3.30+0.25-0.20-0.10\times2)\times2+(14.70+0.30+0.45\times2-0.45\times2)]\times0.25=117.26m^2$ $S_{总}=S_1+S_2=268.13+117.26=385.39m^2$ 同序 44 $S=33.32m^2$
47	B1-27+B1-30	25 厚 1:3 水泥砂浆找平层（门廊屋面）	m^2	45.56	①~④轴　Ⓐ~Ⓑ轴　Ⓑ轴 $S=(3.30+3.90+7.20+0.25)\times(3.30+0.10-0.20)+(3.90-0.10-0.225)\times(0.45-0.20+0.20)=45.56m^2$
48	B1-27+B1-30	25 厚 1:3 水泥砂浆找平层（门廊檐沟）	m^2	28.59	Ⓐ交①~④轴　①轴　Ⓓ交Ⓐ~Ⓑ轴　①交Ⓑ轴 沟宽　侧 $S=\left[(3.30+3.90+7.20+0.25+0.30)+\left(3.30-0.10-0.20+0.30\times\frac{1}{2}\right)+\left(3.30-0.10-0.20+0.30\times\frac{1}{2}\right)\right]\times$ 底 $(0.30+0.40+0.40-0.30-0.06)+0.30\times(0.40+0.30-0.06)\times2$ 处$=28.59m^2$
49	A7-55	SBC 丙纶屋面卷材防水（门廊屋面）	m^2	49.45	序 47　 弯起部分　Ⓑ交②、③轴 $S=45.56+(3.30+3.90+0.25+0.45\times2)\times0.25=49.45m^2$
50	A7-55	SBC 丙纶屋面卷材防水（门廊檐沟）	m^2	28.59	序 48 $S=28.59$
51	A7-55	SBC 丙纶屋面卷材防水附加层	m^2	9.66	Ⓑ交②、③轴 门廊屋面：$S_1=(3.30+3.90+7.20+0.25+0.45\times2)\times0.25=3.888m^2$ ①~④轴 三层上人屋面：$S_2=(14.70+0.30\times2+3.90\times2$ 处$)\times0.25=5.775m^2$ $S_{总}=S_1+S_2=3.888+5.775=9.66m^2$
52	B2-93	20 厚 1:2.5 水泥砂浆泛水	m^2	11.98	Ⓑ交②、③轴 门廊屋面：$S_1=(3.30+3.90+7.20+0.25+0.45\times2)\times(0.25+0.06)=4.821m^2$ Ⓑ~ⓔ 三层上人屋面：$S_2=(14.70+0.30\times2+3.90\times2$ 处$)\times(0.25+0.06)=7.161m^2$ $S_{总}=S_1+S_2=4.821+7.161=11.98m^2$
53	A8-234换	水泥膨胀珍珠岩屋面保温层	m^3	45.07	三层屋面：

工 程 量 计 算 表

工程名称：

序号	定额编号	分项工程名称	单位	工程量	计 算 式
					$V_1=\left[\left(14.70+0.90\times2-0.20\times2\times\dfrac{1}{2}\right)\times2\%\times\dfrac{1}{2}+0.06\right]\times244.91=34.41\text{m}^3$ 平均厚 ②～③轴 屋顶不上人屋面：$V_2=(3.30+0.25-0.20-0.10)\times(14.70+0.10\times2)\times0.06+\left[\dfrac{1}{2}+0.06\right]\times(3.90-0.10+0.70-0.60)\times[14.70+0.30\times2-(0.25+0.20)\times2]=10.656\text{m}^3$ 檐沟 ①～②轴 檐沟 ⑧～⑤轴 $V_{\text{总}}=V_1+V_2=34.41+10.656=45.07\text{m}^3$
54	B1-27	20厚1:3水泥砂浆屋面保护层（上人屋面）	m²	244.91	同序42中三层上人屋面 $S=244.91\text{m}^2$
55	B1-27换	20厚1:2.5水泥砂浆屋面保护层（不上人）	m²	104.59	同序42中不上人屋面 $S=104.59\text{m}^2$
56	B1-27换	20厚1:2.5水泥砂浆屋面保护层（门廊）	m²	45.56	同序47中 $S=45.56\text{m}^2$
57	B2-98	20厚1:2.5水泥砂浆屋面保护层（门廊檐沟）	m²	28.59	同序48中 $S=28.59\text{m}^2$
58	B2-98换	20厚屋面保护层檐沟（不上人屋面）	m²	33.32	同序44 $S=33.32\text{m}^2$
59	B2-9	20厚1:3水泥砂浆女儿墙内侧（上人屋面）	m²	72.76	③～⑤轴 ⑤轴 女儿墙厚 ②交⑤轴 $S=[(3.90+7.20+0.10+0.70-0.20)\times2+(14.70+0.90\times2-0.30-0.20)\times(1.40-0.06)=72.76\text{m}^2$
60	B2-9	20厚抹女儿墙内侧（不上人屋面）	m²	26.86	①～⑤轴交④～⑧轴 ②轴 ⑧～⑧轴 ④轴 ①～③轴 ①轴 ③轴 $V_1=[21.95\times(3.30+0.25-0.20-0.10-0.20)+(3.30+3.90+0.25-0.225)\times0.45-0.30\times(3.30+3.90+0.20\times2)]\times0.08=5.697\text{m}^3$
61	B1-24	现浇 C_{10} 混凝土地面垫层	m³	30.09	①～⑤轴交⑧～⑥轴：$V_2=[(3.30+0.25-0.20-0.10)\times(6.0-0.35+0.10)]\times0.08=1.495\text{m}^2$

第29页 共60页

工程量计算表

工程名称：　　　　　　　　　　　　　　　　　　　　　第 30 页　共 60 页

序号	定额编号	分项工程名称	单位	工程量	计算式
62	B1-27	20厚1:3水泥砂浆楼面找平层	m²	361.74	②~③交B~ⓒ轴：$V_3=(3.90-0.10\times2)\times(6.0-0.35-0.10)\times0.08=1.643m^3$ ③~⑤交B~ⓒ轴：$V_4=(7.20\times2-0.10\times2)\times(6.0+0.10-0.10)\times0.08=6.72m^3$ ①~⑤交ⓒ~Ⓓ轴：$V_5=[(21.95-0.20\times2)\times(2.10-0.10\times2)+(2.10+0.40+0.30-0.30\times2)\times(0.80\times2-0.30)]\times0.08=3.504m^3$　⑤轴台阶ⓒ~Ⓓ轴宽 ①~⑤交Ⓓ~Ⓔ轴：$V_6=[(3.30+0.25-0.20-0.10)\times(6.60+0.10-0.10)+(3.90+0.10-0.10)\times(6.60-0.10-0.35)]\times0.08=3.635m^3$ ③~⑤交Ⓓ~Ⓔ轴：$V_7=(7.20\times2-0.10\times2)\times(6.60+0.10-0.10)\times0.08=7.392m^3$ $V_{总}=V_1+V_2+V_3+V_4+V_5+V_6+V_7=5.697+1.495+1.643+6.72+3.504+3.635+7.392=30.09m^3$ 二层： ②~③交B~ⓒ轴：$S_1=(3.90-0.10\times2)\times(6.0-0.35-0.10)=20.535m^2$ ③~⑤交B~ⓒ轴：$S_2=(7.20\times2-0.10\times2)\times(6.0+0.10-0.10)=84m^2$ ①~⑤交ⓒ~Ⓓ轴：$S_3=(21.95-0.20\times2)\times(2.10-0.10\times2)=40.945m^2$ ①~⑤交Ⓓ~Ⓔ轴：$S_4=(3.30+0.25-0.20-0.10)\times(6.60+0.10-0.10)+(3.90+0.10-0.10)\times(6.60-0.10-0.35)=45.435m^2$ ③~⑤交Ⓓ~Ⓔ轴：$S_5=(7.20\times2-0.10\times2)\times(6.60-0.10+0.10)=92.4m^2$ $S_{二层}=20.535+84+40.945+45.435+92.40=283.324m^3$

工 程 量 计 算 表

工程名称：

序号	定额编号	分项工程名称	单位	工程量	计算式
63	B1-360	20厚1:3水泥砂浆台阶面	m²	1.14	三层： ②~③交⑧~©轴：S_6=20.535m² ③~③交©~⑩轴：S_7=(3.30+3.90+0.25+0.20−0.10−0.30×2)×(2.10−0.10×2)=12.445m² 同二层①~③交⑩~⑥轴 S_8=45.435m² $S_{三层}$=20.535+12.445+45.435=78.415m² $S_{总}$=$S_{二层}$+$S_{三层}$=283.324+78.415=361.74m² S=0.30×2×(2.10−0.10×2)=1.14m²
64	B1-83	花岗石楼地面	m²	739.49	一层： ①~⑤交Ⓐ~⑧轴：S_1=21.95×(3.30+0.20−0.10−0.20)+(3.30+3.90+0.25+0.20−0.10−0.30×2)×0.45−0.30×(3.30+3.90+0.20×2)−π×0.175²×1个−0.45×(0.45−0.20)=71.003m² 圆柱 楼梯 柱 ①交⑧轴 ①~②交⑧~©轴：S_2=[(3.30+0.25−0.20−0.10)×(6.0−0.35+0.10)]−0.30×1.575−(0.45−0.20)×(0.35−0.20)=18.178m² ⑧~©轴 ②~③交⑧~©轴：S_3=(3.90−0.10×2)×(6.0−0.35−0.10)=20.535m² ③~⑤交⑧~©轴：S_4=(7.20×2−0.10×2)×(6.0+0.10−0.10)−(0.225−0.10)×0.45×3处−(0.45−0.20)×0.35−0.20)×0.45：Ⓐ轴台阶 0.20)×0.45=83.719m³ ①~⑤交©~⑩轴：S_5=(21.95−0.20×2)×(2.10−0.10×2)+(2.10−0.10+0.40+0.30−0.30×2)×(0.80×2−0.30)=43.805m²

工程量计算表

第 32 页 共 60 页

工程名称：

序号	定额编号	分项工程名称	单位	工程量	计算式
					①～③交①轴 $S_6 = (3.30+0.25-0.20-0.10) \times (6.60-0.10+0.10) + (3.90+0.10-0.10) \times (6.60-0.10-0.35)$ ①～②轴 ②～③轴 柱①交①轴 $-(0.45-0.20)^2-(0.45-0.20) \times 0.45-(0.45-0.20) \times (0.225-0.10) = 45.229 \text{m}^2$ ③交①轴 ①～①轴 ③～⑤交①～①轴 $S_7 = (7.20 \times 2 - 0.10 \times 2 - 0.20) \times (6.60 - 0.10 + 0.10) - (0.225 - 0.10) \times 0.45 \times 3$ 处 $-(0.225-0.10)$ ⑤交①轴 ⑤交①轴 $\times (0.45-0.20) \times 3$ 处 $-(0.45-0.20) \times 0.45 = 91.963 \text{m}^3$ DTM_{1821} 门下增加部分：$S_8 = (3.00 + 1.00 + 1.20 \times 5$ 樘 $+ 1.80) \times 0.20 = 2.36 \text{m}^2$ $S_{一层} = S_1 + S_2 + S_3 + S_4 + S_5 + S_6 + S_7 + S_8 = 71.003 + 18.178 + 20.535 + 83.719 + 43.805 + 45.229 + 91.963 + 2.36$ $= 376.792 \text{m}^2$ 二层： ②～⑤交⑧～⑥轴 $S_9 = (3.90 - 0.10 \times 2) \times (6.0 - 0.35 - 0.10) = 20.535 \text{m}^2$ ③～⑤轴 ⑧～⑥轴 ③～⑤交⑧～⑥轴 $S_{10} = (7.20 \times 2 - 0.10 \times 2 - 0.20) \times (6.0 - 0.10 + 0.10) - (0.225 - 0.10) \times 0.45 \times 3$ 处 -0.25×0.45 柱 $= 83.719 \text{m}^2$ ①～⑤交⑥～①轴 $S_{11} = (21.95 - 0.20 \times 2) \times (2.10 - 0.10 \times 2) = 40.945 \text{m}^2$ 同一层 J_{1021} ①～⑤交①～①轴 $S_{12} = 45.229 \text{m}^2$ 同一层 ③ ③～⑤交①～①轴 $S_{13} = 91.963 \text{m}^2$ J_{1221} 门下增加部分：$S_{14} = (1.0 + 1.20 \times 5$ 樘$) \times 0.20 = 1.4 \text{m}^2$ $S_{二层} = S_9 + S_{10} + S_{11} + S_{12} + S_{13} + S_{14} = 20.535 + 83.719 + 40.945 + 45.229 + 91.963 + 1.40 = 283.791 \text{m}^2$

工程量计算表

工程名称：

序号	定额编号	分项工程名称	单位	工程量	计算式
					三层：
					②～③交Ⓑ～Ⓒ 同二层②～③交Ⓑ～Ⓒ $S_{15}=20.535m^2$
					①～③交Ⓒ～Ⓓ轴 台阶 Ⓒ～Ⓓ轴 $S_{16}=(3.30+3.90+0.25-0.20-0.10-0.30\times2)\times(2.10-0.10\times2)=12.445m^2$
					①～③交Ⓓ～Ⓔ轴 同一层①～③交Ⓓ～Ⓔ $S_{17}=45.229m^2$
					J_{1021} J_{1221} 门下增加部分：$S_{18}=(1.0+1.20\times2樘)\times0.20=0.68m^2$
					$S_{三层}=20.535+12.445+45.229+0.68=78.889m^2$
					$S_{总}=S_{一层}+S_{二层}+S_{三层}=376.792+283.791+78.889=739.47m^2$
					一层：
					Ⓐ轴交①～③轴 ①～③轴
65	B1-368	花岗石台阶面层	m^2	8.55	Ⓐ轴交①～③轴室内台阶：$S_1=(3.30+3.90+0.20\times2)\times(0.30\times2)-\pi\times0.175^2\times2个=4.368m^2$
					Ⓔ轴交①～③轴室外台阶：$S_2=(2.10+0.10\times2)\times(0.30\times2)=2.20m^2$
					Ⓒ～Ⓓ轴
					③轴交Ⓐ～Ⓑ轴 $S_3=(2.10-0.10\times2)\times(0.30\times2)=1.14m^2$
					③轴交Ⓐ～Ⓑ轴 $S_4=(1.20+0.10\times2)\times(0.30\times2)=0.84m^2$
					三层：
					$S_{总}=S_1+S_2+S_3+S_4=4.368+2.20+1.14+0.84=8.55m^2$
					柱 ③交Ⓔ、Ⓑ轴 ③交Ⓓ轴
66	B1-83	花岗石屋面面层	m^2	243.74	序42 $S=244.91-(0.45^2-0.20\times0.325)\times2处-(0.225-0.10)\times0.45-(1.20+0.10\times2)\times(0.30\times2)=243.74m^2$
					①～②轴 Ⓑ～Ⓒ轴
67	B1-27	27厚1:3水泥砂浆楼梯找平层	m^2	53.21	$S_{一层～二层}=(3.30+0.25-0.20-0.10)\times(6.0-0.35+0.10)=18.688m^2$

工程量计算表

工程名称：

序号	定额编号	分项工程名称	单位	工程量	计算式
68	B1-248	花岗石楼梯面层	m²	38.84	①～②轴　　　　　　　　　　　　　　　　　　　　　　　　　　　Ⓑ～Ⓒ轴 $S_{二层～三层}=(3.30+0.25-0.20-0.10)\times(6.0-0.10\times2)=20.15m^2$　定额规定乘系数 1.37　$S_{总}=38.84\times1.37=53.21m^2$ $S_{一层～二层}=18.688+20.15=38.84m^2$
69	B1-217	成品花岗石踢脚线（楼地面）	m	465.80	同序 67 $S=38.84m^2$ 一层： ①～②交Ⓑ～Ⓒ轴：$L_1=(3.30+0.25-0.20-0.10)+(6-0.35+0.10)\times2=14.75m$ ②～③交Ⓑ～Ⓒ轴：$L_2=[(3.90-0.10\times2)+(6.0-0.35-0.10)]\times2=18.50m$ ③～④、④～⑤交Ⓑ～Ⓒ轴：$L_3=[(7.20-0.10\times2)+(6.0-0.10+0.10)]\times2\times2=52m$ ①～⑤交Ⓒ～Ⓓ轴：$L_4=[(21.95-0.20\times2)+(2.10-0.10\times2)]\times2-(3.30+0.25-0.20-0.10)=43.65m$ ①～③交Ⓓ～Ⓔ轴：$L_5=[(3.30+3.90-0.10\times2)+(6.60-0.10+0.10)]\times2=27.5m$ ③～④、④～⑤交Ⓓ～Ⓔ轴：$L_6=[(7.20-0.10\times2)+(6.60+0.10-0.10)]\times2\times2=54.4m$ $L_{一层}=L_1+L_2+L_3+L_4+L_5+L_6=14.75+18.50+52+43.65+27.50+54.40=210.80m$ 二层： ②～③交Ⓑ～Ⓒ轴：同一层②～③交Ⓑ～Ⓒ轴 $L_7=18.50m$ ③～⑤交Ⓑ～Ⓒ轴：同一层③～⑤交Ⓑ～Ⓒ轴 $L_8=52.0m$ ①～⑤交Ⓒ～Ⓓ轴：同一层①～⑤交Ⓒ～Ⓓ轴 $L_9=43.65m$ ①～③交Ⓓ～Ⓔ轴：同一层①～③交Ⓓ～Ⓔ轴 $L_{10}=27.50m$

工 程 量 计 算 表

工程名称：

序号	定额编号	分项工程名称	单位	工程量	计算式
70	B1-217	成品花岗石踢脚线（楼梯）	m	38.20	③～⑤交⑩～⑥轴 同一层③～④交⑩～⑥轴 $L_{11} = 54.4$m $L_{二层} = 18.50 + 52.0 + 43.65 + 27.50 + 54.40 = 196.05$m 三层： ②～③交⑧～⑥轴 同一层②～③交⑧～⑥轴 $L_{12} = 18.50$m ①～③轴 ①～②轴 $L_{13} = (3.30 + 3.90 + 3.30 + 0.25 - 0.20) \times 2 + (2.10 - 0.10 \times 2) - (3.30 + 0.25 - 0.20 - 0.10) = 12.95$m ①～③交⑩～⑥轴 同一层①～③交⑩～⑥轴 $L_{14} = 27.50$m $L_{三层} = 18.50 + 12.95 + 27.50 = 58.95$m $L_{总} = L_{一层} + L_{二层} + L_{三层} = 210.80 + 196.05 + 58.95 = 465.80$m 踏步 PT ①～②轴 踏步 TB $L_1 = 3.60 + 1.95 + (1.80 - 0.35) \times 2 + (3.30 + 0.25 - 0.20 - 0.10) + 3.60 + 1.95 + (0.60 + 0.10) \times 2 = 18.65$m 二层～三层 PT ①～②轴 踏步 TB $L_2 = 3.60 + 1.95 + (1.80 + 0.10) \times 2 + (3.30 + 0.25 - 0.20 - 0.10) + 3.60 + 1.95 + (0.60 + 0.10) \times 2 = 19.55$m $L_{总} = L_1 + L_2 = 18.65 + 19.55 = 38.20$m
71	B2-19	混合砂浆抹内墙	m²	1596.03	一层： ①～②交⑧～⑥轴 DTM$_{9033}$ $S_1 = [(3.30 + 0.25 - 0.20 - 0.10) + (6.0 - 0.35 + 0.10) \times 2] \times 3.85 - 3 \times 3.30 = 46.888$m² ②～③轴 ⑧～⑥轴 板厚 J_{1021} C_{3331} $S_2 = [(3.9 - 0.10 \times 2) + (6.0 - 0.35 - 0.10)] \times 2 \times (3.85 - 0.11) - 1 \times 2.10 - 3.3 \times 3.15 = 57.64$m² ③～⑤交⑧～⑥轴 ⑧～⑥轴 J_{1221} C-1 $S_3 = [(7.20 - 0.10 \times 2) + (6.0 - 0.10 + 0.10)] \times 2 \times 2$ 间 $\times (3.85 - 0.11) - 1.2 \times 2.10 \times 2$ 樘 $- 12 \times 2.40$ $= 164.24$m²

工程量计算表

第 36 页 共 60 页

工程名称：

序号	定额编号	分项工程名称	单位	工程量	计算式
					①～⑤交ⓒ～ⓓ： $S_4 = [(21.95-0.20)\times 2 + 2.10\times 2] \times 2 - (3.30+0.25-0.20-0.10) \times 2$ ①～⑤轴 ⓒ～ⓓ轴 ①～②轴 J_{1021} $-[(3.85-0.10)\times 2] \times (3.85-0.10) - 1\times 2.10$ $-1.20\times 2.10 \times 5$樘$-1.80\times 2.10 = 145.208 m^2$ DTM_{1821} J_{1221}
					①～③交ⓓ～ⓔ： $S_5 = [(3.30+3.90+0.25-0.20-0.10) + (6.60+0.10-0.10)]\times 2 \times (3.85-0.11) - 1.20\times 2.10 - \pi \times$ ①～③轴 ⓓ～ⓔ轴 C_{1212} C_{1524} $\left(\dfrac{1.2}{2}\right)^2 - 1.50\times 2.40 = 95.599 m^2$
					③～④、④～⑤轴 ⓓ～ⓔ轴 J_{1221} $S_6 = [(7.20-0.10\times 2) + (6.60+0.10-0.10)]\times 2 \times 2 \times (3.85-0.11) - 1.2\times 2.1\times 2$樘$-1.20\times 2.40$ $= 169.616 m^2$ C_{1212} $S_{一层} = 46.888 + 57.64 + 164.24 + 145.208 + 95.599 + 169.616 = 679.191 m^2$
					二层：
					①～②交ⓑ～ⓒ轴： $S_7 = [(3.30+0.25-0.20-0.10) + (6.0+0.10\times 2)\times 2]\times 3.90 - \pi \times \left(\dfrac{1.20}{2}\right)^2 = 59.904 m^2$ ①～②轴 ⓑ～ⓒ轴 C_{3331}
					②～③交ⓑ～ⓒ轴： $S_8 = [(3.90-0.10\times 2) + (6.0-0.35-0.10)]\times 2 \times (3.90-0.11) - 1\times 2.10 - 3.30\times 3.15 = 57.62 m^2$ ②～③轴 ⓑ～ⓒ轴 J_{1021}
					③～④、④～⑤轴 ⓑ～ⓒ轴 J_{1221} $S_9 = [(7.20-0.10\times 2) + (6.0+0.10-0.10)]\times 2 \times (3.90-0.11)\times 2 - 1.20\times 2.10\times 2$樘
					①～⑤交ⓒ～ⓓ轴： $S_{10} = [(21.95-0.20)\times 2 + 2.10\times 2 - 0.10)\times 2 - (3.30+0.25-0.20-0.10)]\times (3.90-0.11)$ ①～⑤轴 ⓒ～ⓓ轴 $-1.0\times 2.10 - 1.20\times 2.10\times 5$樘$-1.80\times 2.40 = 146.85 m^2$ C_{1824}
					①～③交ⓓ～ⓔ轴： $S_{11} = [(3.30+3.90+0.25-0.20-0.10) + (6.60+0.10+0.10)]\times 2 \times (3.90-0.11) - 1.20\times 2.10$ ①～③轴 ⓓ～ⓔ轴 J_{1221} $-\pi \times (1.20/2)^2 - 1.50\times 2.40 = 96.974 m^2$ C_{1524}

工程量计算表

第37页 共60页

工程名称：

序号	定额编号	分项工程名称	单位	工程量	计算式
					③~⑤交⑩~⑥轴：$S_{12}=[(7.20-0.10\times2)+(6.60+0.10-0.10)]\times2\times(3.90-0.11)\times2-1.20\times2.10\times2-1.20\times2.40\times2=172.336m^2$ $\quad J_{1221} \quad C-1$
					$S_{二层}=59.904+57.62+163.24+146.85+96.974+172.336=696.924m^2$
					三层：
					①~②交⑧~⑥轴：$S_{13}=(3.30+3.90+0.25-0.20-0.10)\times(3.40-0.15)+(6.0+0.10\times2)\times2\times(3.40-0.11)-\pi\times\left(\frac{1.20}{2}\right)^2$ $=50.228m^2 \quad\quad\quad\quad\quad\quad\quad\quad\quad\quad\quad\quad\quad\quad\quad\quad\quad\quad\quad\quad\quad\quad\quad\quad C_{1212}$
					②~③交⑧~⑥轴：$S_{14}=[(3.90-0.10\times2)+(6.0-0.35-0.10)]\times2\times(3.40-0.11)-1.0\times2.10-3.3\times2.65$ $=50.02m^2 \quad\quad\quad\quad\quad\quad\quad\quad\quad\quad\quad\quad\quad\quad\quad\quad\quad\quad\quad\quad\quad\quad J_{1021} \quad C_{3326}$
					①~②交⑥~⑩轴：$S_{15}=[(3.30+3.90+0.25-0.20-0.10)\times(3.40-0.15)+(3.90+0.10-0.10)+(2.10-0.10\times2)]\times(3.40-0.11)-1.0\times2.10-1.20\times2.10\times2$ 樘$=41.717m^2$ $\quad\quad\quad\quad\quad\quad\quad\quad\quad\quad\quad\quad\quad\quad J_{1221}$
					②~③交⑥~⑥轴：$S_{16}=(3.30+0.25-0.20-0.10)\times(3.40-0.15)\times2+[(3.30+0.10-0.10)+(3.30+3.90+0.25-0.20-0.10)]\times(3.40-0.11)-1.20\times2.10-\pi\times\left(\frac{1.2}{2}\right)^2-3.3\times2.65=77.949m^2$ $\quad\quad\quad\quad\quad\quad\quad\quad\quad\quad\quad\quad\quad\quad\quad\quad\quad\quad\quad\quad J_{1221} \quad C_{1221} \quad\quad\quad\quad\quad\quad\quad\quad\quad\quad C_{3326}$
					①~③交⑥~⑥轴：$(6.60+0.10-0.10\times2)\times(3.40-0.11)\times2]=219.914m^2$
					$S_{三层}=50.228+50.02+41.717+77.949+219.914=219.914m^2$
					$S_{总}=S_{一层}+S_{二层}+三层=679.191+696.924+219.914=1596.03m^2$
					序71
					$S=1596.03m^2$
72	B5-296	内墙面乳胶漆	m^2	1596.03	

273

工程量计算表

工程名称：　　　　　　　　　　　　　　　　　　　　　　　　　　　　　　　　　第 38 页　共 60 页

序号	定额编号	分项工程名称	单位	工程量	计算式
73	B2-19	混合砂浆抹天棚	m²	741.33	一层： ②~③交⑧~©轴　　　②~③轴　　　　⑧~©轴 $S_1=(3.90-0.10\times2)\times(6.0-0.35-0.10)=20.535\text{m}^2$ ③~⑤交⑧~©轴 $S_2=[(7.20-0.10\times2)\times(6.0+0.10-0.10)+(6.0+0.10-0.10)\times(0.50-0.11)\times2\text{侧}]\times2$ 　　　　　　　　　　　　　　　　JZL1　　　　　　　　梁侧©~⑩轴　　　　KL₂ $=93.36\text{m}^2$ ①~⑤交©~⑩轴 $S_3=(21.95-0.20)\times(2.10-0.10\times2)\times[(0.50-0.10)\times2+(0.70-0.10)\times2\text{侧}]=50.445\text{m}^2$ 　　　KL3　　　　　　JZL3 ①~②交⑩~⑥轴 $S_4=(3.30+0.25-0.20-0.10)\times(6.60+0.10-0.10)+(3.90+0.10-0.10)\times(6.60-0.35-0.10)$ 　　JZL2　　　　　　JZL1 $+(0.50-0.10)\times2+(0.70-0.10)\times2+(0.50-0.10)\times2\text{侧}]=50.232\text{m}^2$ ③~⑤交⑩~⑥轴　　　　　　　　　　　　④、④~⑤轴 $S_5=[(7.20-0.10\times2)\times(6.60+0.10-0.10)+(6.60-0.10-0.10)\times(0.50-0.11)\times2\text{侧}]\times2$ 　　梁侧⑩~⑥轴　　　　　　　　　　　　　　　　　　　JZL2,3 $+(6.60-0.35-0.10)\times(0.50-0.11)\times2\text{侧}]=102.696\text{m}^2$ $S_{一层}=20.535+93.36+50.445+50.232+102.696=317.268\text{m}^2$ 二层： ②~③交⑧~©轴 $S_6=20.535\text{m}^2$ ③~⑤交⑧~©轴 $S_7=93.36\text{m}^2$ ①~⑤交©~⑩轴 $S_8=50.445\text{m}^2$ ①~③交⑩~⑥轴 $S_9=50.232\text{m}^2$

工程量计算表

工程名称：

序号	定额编号	分项工程名称	单位	工程量	计算式
					③~⑤交⑪~⑫轴 同一层③~⑤交⑪~⑫轴：$S_{10}=102.696m^2$ $S_{三层}=20.535+93.36+50.445+50.232+102.696=317.268m^2$
					三层： ①~②交⑧~⑫轴 $S_{11}=(3.30+0.25-0.20-0.10)\times(6.0+0.10\times2)=20.15m^2$ 同一层②~③交⑧~⑫轴：$S_{12}=20.535m^2$ ①~③交⑪~⑫轴 $S_{13}=(3.30+3.90+0.25-0.20-0.10)\times(6.60+0.10-0.10)+(3.90+0.10-0.10)\times(6.60-0.35-0.10)+(6.60-0.35-0.10)\times(0.55-0.11)\times2$ 侧=15.257m^2 ①~③交⑪~⑫轴 $S_{14}=(3.30+0.25-0.20-0.10)\times(2.10-0.10\times2)\times(0.55-0.11)\times2$ 梁侧⑪~⑫轴 $0.10)+(6.60-0.35-0.10)\times(0.55-0.11)\times2$ 侧=50.847m^2 $S_{三层}=20.15+20.535+15.257+50.847=106.789m^2$ $S_{总}=S_{-层}+S_{二层}+S_{三层}=317.268+317.268+106.789=741.33m^2$
74	B5-296	抹灰面乳胶漆（顶棚）	m^2	834.22	一层： ⑧~⑫轴 ①~⑤轴 ①~③轴 $S_1=[(6.0+2.10+6.60+0.10\times2)\times21.95-(3.30+3.90+0.25-0.225)\times0.45-(3.90-0.10-0.225)\times0.45]\times1.10$ =354.415m^2 二层：⑧~⑫轴 ①~⑤轴 ②~③轴 ⑪轴 系数 $S_2=[(6+2.10+6.60+0.10\times2)\times21.95-(3.30+3.90+0.25-0.225)\times0.45-(3.90-0.10-0.225)\times0.45]\times1.10=357.991m^2$ 三层：⑧~⑫轴 ①~③轴 系数 $S_3=[(14.70+0.10\times2)\times(3.30+3.90+0.25+0.10-3.90\times0.45)]\times1.10=121.814m^2$

第 39 页 共 60 页

工程量计算表

工程名称：

序号	定额编号	分项工程名称	单位	工程量	计算式
75	B3-7	混合砂浆抹顶棚（门廊）	m²	59.32	$S_{总}=S_1+S_2+S_3=354.415+357.991+121.814=834.22\text{m}^2$ ①～④轴　　　③轴　　　①～③轴　　　①轴 $S=(3.30+3.90+3.60\times2+0.10\times2)\times(3.30-0.10+0.10)+(3.30+3.90+0.10\times2)\times(0.45-0.20)+(0.45-0.10)$ 　　　　　　　　　Ⓑ轴　　　　　　　　　④轴　　　　Ⓐ～Ⓑ轴 $+(0.50-0.10)\times2侧+(0.45-0.10)\times2侧+(3.30-0.10)\times2侧+(0.45-0.10)\times2侧\times(3.30+0.10-$ $0.10)=59.32\text{m}^2$
76	B5-296	抹灰面乳胶漆（门廊天棚）	m²	55.03	①～④轴 $S=[(3.30+3.90+3.60\times2+0.10\times2)\times(3.30-0.10+0.10)+(3.30+3.90+0.10\times2)\times(0.45-0.20)]\times1.10$ $=55.03\text{m}^2$
77	B3-7	混合砂浆抹顶棚（楼梯底板）	m²	50.49	①～②轴　　　　Ⓑ～Ⓒ轴　　　　①～②轴　　　　Ⓑ～Ⓒ轴 $S=(3.30+3.90+0.25-0.20-0.10)\times(6.0-0.35-0.10)+(3.30-0.10+0.25-0.20-0.10)\times(6.0+0.10+2)=18.688+20.15$ 定额规定乘1.3系数：$38.84\times1.3=50.49\text{m}^2$
78	B5-296	抹灰面乳胶漆（楼梯底板）	m²	50.49	①～②轴　　　Ⓑ～Ⓒ轴 $S=[(3.30+0.25-0.20-0.10)\times(6.0+0.10\times2)]\times1.30$ 系数 $=50.49\text{m}^2$
79	B1-38	20厚1:2防水砂浆面层（雨蓬）	m²	4.04	二层⑤ $S=0.90\times(2.10+0.30+0.20)+(1.55+0.15)\times1.0=4.04\text{m}^2$
80	B3-7换	15厚1:0.3:3混合砂浆抹灰（雨蓬）	m²	4.04	序79 $S=4.04\text{m}^2$
81	B5-324	白灰浆抹面层（雨蓬）	m²	4.04	序79 $S=4.04\text{m}^2$
82	B3-7	混合砂浆抹灰（挑檐底）	m²	64.90	门廊上挑檐：$S_1=[(3.30-0.10+0.10)+(3.30+3.90+3.60\times2+0.60\times2)+(3.30-0.30+0.10)]\times(0.60-0.10)$ $=11\text{m}^2$

工 程 量 计 算 表

工程名称：

序号	定额编号	分项工程名称	单位	工程量	计算式
83	B5-296	抹灰面乳胶漆（挑檐底）	m^2	64.90	上人屋面挑檐：$S_2=[(3.90+0.10-0.225)\times(0.90+0.35-0.2)-0.20\times0.45+(3.60\times4+0.225)\times(0.90-0.10)]\times2+(14.70+0.90\times2)\times0.60=41.208m^2$ ②～③轴 ⑤交⑧～⑥轴 不上人屋面挑檐：$S_3=(3.90-0.10+0.10)\times(0.30+0.35-0.20)\times2+(14.70+0.30\times2)\times(0.70-0.10)=12.69m^2$ ②～③轴 $S_{总}=S_1+S_2+S_3=11.00+41.21+12.69=64.90m^2$ 序 82 $S=64.90$
84	B2-149	外墙面贴面砖（红色）	m^2	250.76	三层上人屋面女儿墙高 C_{1212} ⑤交①～②轴 $S_1=(3.30+0.25)\times(12+0.30-0.06)-\pi\times\left(\frac{1.2}{2}\right)^2\times3$ 个$-(1.40+0.15)\times0.20=39.749m^2$ C_{1212} ⑧交①～②轴 $S_2=(3.30+0.25)\times(12-3.90)-\pi\times\left(\frac{1.2}{2}\right)^2\times2$ 个$-(1.40+0.15)\times0.20=26.183m^2$ ⑧～⑥轴 ①交⑧～⑥轴 $S_3=(6.0+2.10+6.60+0.10+0.30)\times(12.0+0.30-0.06)=184.824m^2$ $S_{总}=S_1+S_2+S_3=39.749+26.183+184.824=250.76m^2$
85	B2-149 外墙面贴面砖（白色）		m^2	319.04	一层：①～⑤轴 ③交⑧轴 DTM_{3033} ⑧交①～②轴 C_{3331} 梁⑧交①、②、④轴 C_{3331} 梁$S_1=21.95\times3.90+0.45\times3.90-(3.0\times3.30+3.15\times3.30+3.90)\times0.10\times(3.30+3.90+3.60\times2+0.25+0.60-0.10)-[(0.45-0.10)\times3$ 个$+(0.50-0.10)\times2$ 个$]\times0.20+(3.90+3.60\times4+0.45\times2)\times(7.80-3.90-0.15)-(3.15\times3.30+2.40\times12)-0.70\times0.20+(3.90+0.225+0.10+0.45-0.20)\times(11.50-7.80-0.70-0.10)$ C-1 门廊屋面檐沟 三层 ②～③ ⑧交②、③轴 C_{3326} $-3.3\times2.65=74.003m^2$ 一、二层②～④轴 ⑥交⑧、③轴 C-1 门廊挑板 ②交⑧、③轴 $S_2=(3.90+3.60\times4+0.45\times2-0.10)\times(7.80-0.15-0.06)-(1.50\times2.40\times2$ 樘$+2.40\times12\times2$ 樘$)+$ C_{1524} C-1 三层②～③轴 ②交⑧轴 ③交⑧轴 C_{3326} $(3.90+0.225-0.10+0.45-0.20)\times(11.50-7.80-0.70-0.10)-3.30\times2.65=85.127m^2$

第41页 共60页

工程量计算表

工程名称：　　　　　　　　　　　　　　　　　　　　　　　　　　第 42 页　共 60 页

序号	定额编号	分项工程名称	单位	工程量	计算式
					⑤交B~E轴 一、二层B~E轴：$S_3=(6.0+2.10+6.60+0.30\times2)\times(7.80-0.15-0.06)-[(2.10+0.40+0.30\times3)\times(0.30-0.06)+$ 柱（侧面） 　　　　　　　　　　　　　　　　　　　　　　　　　DTM$_{1824}$　　　　C$_{1824}$　　　　　　　　　　　　　　　　　三层B~E $(2.10+0.40+0.30\times0.30]-(2.10+0.20+0.30)\times0.12-(1.80\times2.10+1.80\times2.40)+(14.70+0.10\times2+0.125\times4)\times$ 　　　　　　雨篷　　　　　　　　　　　　　J$_{1221}$　　　　　　台阶　　　　　　　　　屋面　　　　　　　　　　　　　挑檐栏板重叠部分 $(11.50-7.80-0.70-0.10)-1.20\times2.10-(1.20+0.10\times2)\times0.30\times2$阶 $+(14.70+0.30\times2)\times(12-11.20)-0.30\times$ 挑檐侧 0.20×2处 $+0.25\times0.40\times2$处 $=159.905$m² $S_\text{总}=S_1+S_2+S_3=74.003+85.127+159.905=319.04$m²
86	B2-223	外墙贴面砖（圆柱）	m²	12.37	$S=\pi\times0.35\times(3.85-0.1)\times3$ 个 $=12.37$m²
87	B1-274	护窗栏杆（不锈钢）	m	11.10	$L=(3.90-0.10\times2)\times3=11.10$m
88	B1-274	楼梯栏杆（不锈钢）	m	20.93	弯头　　　　　　　　　　　　　　　　　　　　斜长 $L=\sqrt{3.6^2+1.95^2}\times4+(0.20\times2+0.15\times2+0.10)+(0.20+0.13)+(1.525\times0.25-0.20+0.10+0.15)=20.93$m
89	B1-305	楼梯栏杆扶手	m	20.93	序 88 $L=20.93$m
90	B1-274	楼梯护栏栏杆（不锈钢）	m	6.50	$L=(3.30+0.25-0.20-0.10)\times2$ 个 $=6.50$m
91	B2-529	外墙贴铝塑板	m²	124.81	①交B轴①交A~B轴　　　　①~④轴 门廊挑檐外：$S_1=(0.60+3.30-0.30+0.60-0.30+3.90+7.20\times2+3.30\times0.60-0.30)\times(0.40+0.30+0.10)$ $=18.72$m² 　　　　　　　　②交B轴　　　　　　　　　　　⑤交A~B轴 上人屋面外侧：$S_2=[(0.90-0.30+0.10\times0.70)\times2+(14.70+0.30\times2)]\times(0.10+0.30+0.40)$ $=86.645$m² 不上人屋面外侧：$S_3=[(3.90+0.10+0.70)\times2+7.20\times2+0.10\times2+0.60)\times2+(14.70+0.90\times2)]\times(1.40+0.15)$ $=19.44$m² $S_\text{总}=S_1+S_2+S_3=18.72+86.645+19.44=124.81$m²

工程量计算表

第43页 共60页

工程名称：

序号	定额编号	分项工程名称	单位	工程量	计算式
92	A11-6	外墙双排脚手架	m²	868.44	室内外差 $h_1 = 12 + 0.3 = 12.3\text{m}$ ⒠轴与①到②轴 ①轴交⒝到⒠轴 $S_1 = (3.30 + 0.25 + 0.10 + 0.45 + 6.0 + 2.10 + 6.10 + 0.30 + 0.10) \times 12.30 = 236.16\text{m}^2$ $h_2 = 3.90 + 0.30 = 4.2\text{m}$ ⒝轴交①到②轴 $S_2 = (3.3 + 0.25 + 0.10) \times 4.20 = 15.33\text{m}^2$ $h_3 = 9.20 + 0.30 = 9.50\text{m}$ ①到②轴 $S_3 = [(3.90 + 7.20 \times 2 - 0.10 + 0.10 + 0.45) \times 2 + (14.70 + 0.30 \times 2)] \times 9.50 = 501.60\text{m}^2$ $h_4 = 12 - 3.90 = 8.10\text{m}$ ①到②轴 $S_4 = (3.30 + 0.25 + 0.10 + 0.45) \times 8.10 = 33.21\text{m}^2$ $h_5 = 11.50 - 7.80 = 3.70\text{m}$ $S_5 = [(3.90 + 0.10 - 0.10) \times 2 + (14.70 + 0.10 \times 2 - 0.25 \times 2)] \times 3.70 = 82.14\text{m}^2$ $S = S_1 + S_2 + S_3 + S_4 + S_5 = 868.44\text{m}^2$
93	A11-20	里脚手架	m²	471.65	一层： $h_1 = 3.85 - 0.50 = 3.35\text{m}$ ②轴交ⓒ到ⓔ轴 ⓒ交②到⑤轴 $S_1 = [(6.0 - 0.15 + 0.10) + (3.90 \times 7.20 \times 2 + 0.10 - 0.10)] \times 3.35 = 81.238\text{m}^2$ $h_2 = 3.85 - 0.65 = 3.2\text{m}$ ⒹⓍ①到⑤ 柱 ③到④交①ⒹⒺ轴 柱 $S_2 = [(21.95 - 0.45 \times 4) + (6.60 - 0.35 \times 2)] \times 3.20 = 83.36\text{m}^2$

工程量计算表

工程名称：

第 44 页 共 60 页

序号	定额编号	分项工程名称	单位	工程量	计算式
					$h_3 = 3.85 - 0.70 = 3.15\text{m}$
					③和④轴交ⓑ到ⓒ轴
					$S_3 = (6.0 - 0.35 + 0.10) \times 2 \times 3.15 = 36.225\text{m}^2$
					$S_{-层} = 81.238 + 83.36 + 36.225 = 200.823\text{m}^2$
					二层：
					$h_4 = 3.90 - 0.50 = 3.40\text{m}$
					②交ⓑ到ⓒ　　　ⓒ交②到⑤
					$S_4 = [(6.0 - 0.15 + 0.10) \times (3.90 \times 7.20 \times 2 + 0.10 - 0.10)] \times 3.40 = 82.45\text{m}^2$
					$h_5 = 3.90 - 0.65 = 3.25\text{m}$
					ⓓ交①到⑤轴　　③和④轴交ⓓ到ⓔ轴
					$S_5 = [(21.95 - 0.45 \times 4) + (6.60 - 0.35 \times 2) \times 2] \times 3.25 = 103.838\text{m}^2$
					$h_6 = 3.90 - 0.70 = 3.20\text{m}$
					③和④轴交ⓑ到ⓒ轴
					$S_6 = (6.0 - 0.35 + 0.10) \times 2 \times 3.20 = 36.80\text{m}^2$
					$S_{二层} = 82.45 + 103.838 + 36.80 = 223.088\text{m}^2$
					三层：
					$h_7 = 3.40 - 0.55 = 2.85\text{m}$
					②轴交ⓑ到ⓒ轴
					$S_7 = (6.0 - 0.15 + 0.10) \times 2.85 = 16.958\text{m}^2$
					$h_8 = 3.40 - 0.11 = 3.29\text{m}$
					ⓒ交②到③轴
					$S_8 = (3.90 + 0.10 - 0.10) \times 3.29 = 12.831\text{m}^2$

工程量计算表

工程名称: 第 45 页 共 60 页

序号	定额编号	分项工程名称	单位	工程量	计算式
					$h_9=3.40-0.75=2.65\mathrm{m}$
					①交①到③轴
					$S_9=(3.30+3.90+0.25-0.45-0.225)\times2.65=17.945\mathrm{m}^2$
					$S_{三层}=16.958+12.831+17.954=47.743\mathrm{m}^2$
					$S_{总}=S_{一层}+S_{二层}+S_{三层}=200.823+223.088+47.743=471.65\mathrm{m}^2$
94	A12-6	现浇独立基础垫层模板安拆	m²	13.52	4@J-1: $(2.30+0.10\times2)\times4\times0.10\times4$ 个 $=4.0\mathrm{m}^2$
					2@J-2: $(3.0+0.10\times2)\times4\times0.10\times2$ 个 $=2.56\mathrm{m}^2$
					5@J-3: $(1.90+0.10\times2)\times4\times0.10\times5$ 个 $=4.20\mathrm{m}^2$
					3@J-4: $(1.20+0.10\times2)\times4\times0.10\times3$ 个 $=1.68\mathrm{m}^2$
					1@J-7: $(2.50+0.10\times2)\times4\times0.10\times1$ 个 $=1.08\mathrm{m}^2$
					$S_{总}=4.0+2.56+4.20+1.68+1.08=13.52\mathrm{m}^2$
95	A12-6	现浇独立基础模板安拆	m²	63.00	4@J-1: $[2.30\times4\times0.30+(0.475\times2+0.45)\times4\times0.30]\times4$ 个 $=17.76\mathrm{m}^2$
					2@J-2: $[3\times4\times0.30+(0.425\times4+0.45)\times4\times0.30+(0.425\times2+0.425)\times4\times0.30]\times2$ 个 $=15.48\mathrm{m}^2$
					5@J-3: $[1.90\times4\times0.30+(0.375\times2+0.45)\times4\times0.30]\times5$ 个 $=18.60\mathrm{m}^2$
					3@J-4: $1.20\times4\times0.4\times3$ 个 $=5.76\mathrm{m}^2$
					1@J-7: $2.50\times4\times0.30+(0.525\times2+0.45)\times4\times0.40=5.40\mathrm{m}^2$
					$S_{总}=17.76+15.48+18.60+5.76+5.40=63.00\mathrm{m}^2$

工程量计算表

工程名称：

第 46 页 共 60 页

序号	定额编号	分项工程名称	单位	工程量	计算式
96	A12-2	现浇条基垫层模板安拆	m²	17.38	⑧交③~⑤轴　②交⑧轴　④交⑧轴　⑤交⑧轴 ③~⑤轴：$S_1=(7.20\times2-1.25-1.15\times2-1.075)\times0.25\times2$ 侧 $=4.888\text{m}^2$ ⓒ交③~⑤轴 $S_2=(7.20\times2-0.10\times2+0.50)\times0.25\times2$ 侧 $=7.35\text{m}^2$ Ⓔ交③~⑤轴 $S_3=(7.20\times2-1.15-0.95\times2-1.075)\times0.25\times2$ 侧 $=5.138\text{m}^2$ $S_总=S_1+S_2+S_3=4.888+7.35+5.138=17.38\text{m}^2$
97	A12-17	现浇框架柱模板安拆（矩形）	m²	200.02	室内地坪以下： 4@J-1　　2@J-2 5@J-3　　1@J-7 $S_1=0.45\times4\times0.9\times4$ 个 $-0.20\times0.50\times13$ 处 $+0.45\times4\times0.60\times2$ 个 $-0.20\times[0.50-(0.35+0.50-0.60)]$ $\times8$ 处 $+0.45\times4\times0.90\times5$ 个 $-0.20\times0.50\times12$ 处 $+0.45\times4\times0.80-0.20\times[0.50-(0.35+0.50-0.80)]\times4$ 处 $=13.12\text{m}^2$ 一层： 与地梁连接　　　与110厚板连接处　　与100厚板连接处　　与150厚板连接处 $S_2=0.45\times4\times3.85\times12$ 个 $-(0.45\times25$ 处 $+0.20\times2$ 处 $)\times0.11-(0.45\times25$ 处 $+0.20\times2$ 处 $)\times0.11-(0.45\times9$ 处 $+0.20)\times0.10-(0.45\times5$ 处 $+0.25\times$ 1处)$\times0.15-[(0.55-0.11)\times14$ 处 $+(0.65-0.11)\times10$ 处 $+(0.70-0.11)\times3$ 处 $+(0.60-0.10)\times2$ 处 $+(0.45-0.10)\times1$ 处 $+(0.50-0.10)\times2$ 处 $+(0.70-0.10)\times4$ 处 $+0.70\times1$ 处 $]\times0.20=77.383\text{m}^2$ 二层： 梁高　　　与110厚板连接处　　与100厚板连接处　　与150厚板连接处 $S_3=0.45\times4\times3.90\times12-(0.45\times25$ 处 $+0.20\times4$ 处 $)\times0.11-(0.45\times25$ 处 $+0.20\times4$ 处 $)\times0.10-(0.45\times11$ 处 $+0.25\times4$ 处 $)\times0.15-[(0.55-0.11)\times16$ 处 $+(0.65-0.11)\times10$ 处 $+(0.70-0.11)\times4$ 处 $+(0.70-0.11)\times3$ 处 $+(0.70-0.10)\times4$ 处 $+0.70$ $\times0.20=78.38\text{m}^2$

工程量计算表

工程名称：　　　　　　　　　　　　　　　　　　　　　　　　　　　　　　　　　　第 47 页　共 60 页

序号	定额编号	分项工程名称	单位	工程量	计算式
					三层： 连接 　　　　　与 110 厚板连接　　　　　　　与 150 厚板连接　　　　　　与 100 厚板 $S_4=0.45\times 4\times 3.40\times 6$ 个 $-(0.45\times 10$ 处 $+0.20\times 4$ 处 $)\times 0.11-(0.45\times 2$ 处 $+0.25\times 2$ 处 $)\times 0.15-(0.45\times 5$ 处 $+0.25\times 2$ 处 $+0.125\times 4$ 处 $)\times 0.11-[0.55-0.11)\times 4$ 处 $+(0.60-0.11)\times 4$ 处 $+(0.70-0.11)\times 4$ 处 $+(0.20-0.11)\times 4$ 处 $-(0.75-0.11)\times 2\times 0.25=31.141\mathrm{m}^2$ $S_{总}=S_1+S_2+S_3+S_4=13.12+77.383+78.38+31.141=200.02\mathrm{m}^2$
98	A12-18	现浇圆柱模板安拆	m²	14.75	室内地坪以下 3@J-4 上： $S=\pi\times 0.35\times 1.10\times 3$ 丁 $-0.20\times 0.50\times 7$ 处 $+\pi\times 0.35\times (3.85-0.10)\times 3-[(0.45-0.10)\times 1$ 处 $+(0.50-0.10)\times 6$ 处 $]\times 0.20=2.929+11.820=14.75\mathrm{m}^2$
99	A12-20	现浇地梁模板安拆	m²	144.77	一层： 　　　　　　　　　　　柱 ①轴线：$S_1=(18+0.10-0.45\times 3-0.175)\times 0.50\times 2$ 侧 $=16.575\mathrm{m}^2$ 　　　　　　　　　　J-2　　　　柱 ③轴线：$S_2=[(18.00+0.10-0.45\times 3-0.75)\times 0.50-0.425\times (0.35+0.50-0.60)\times 2$ 处 -0.525×0.85 $-0.80)\times 2$ 侧 $]\times 2$ 侧 $=16.045\mathrm{m}^2$ 　　　　　　　　　　J-2　　　　J-7 ④轴线：$S_3=[(18.00+0.10-0.45\times 3-0.175)\times 0.50-0.425\times (0.35+0.50-0.60)\times 2$ 侧 $=16.15\mathrm{m}^2$ 　　　　　　　　　　柱 ⑤轴线：$S_4=(8.10+6.60+0.10\times 2-0.45\times 3)\times 0.50\times 2$ 侧 $=13.55\mathrm{m}^2$ 　　　　　　　　　③~④轴挑耳 Ⓐ轴线：$S_5=(7.20\times 3+0.25+0.10-0.45\times 4)\times 0.50-0.425\times (0.35+0.50-0.60)\times 2$ 处 $)\times 0.10=14.385\mathrm{m}^2$ Ⓑ轴线：$S_6=[(7.20\times 2-0.175\times 4)\times 0.50\times 2$ 侧 $+(7.20-0.175\times 2)\times 0.10=14.385\mathrm{m}^2$ Ⓒ轴线：$S_7=(7.20+0.25-0.10-0.20)\times 0.50\times 2$ 侧 $=6.95\mathrm{m}^2$ Ⓓ轴线：$S_8=[(21.60+0.25+0.10-0.45\times 4)\times 0.50-0.425\times (0.35+0.50-0.60)\times 4$ 处 $]\times 2$ 侧 $=19.30\mathrm{m}^2$

工程量计算表

工程名称：

序号	定额编号	分项工程名称	单位	工程量	计算式
100	A12-2	现浇框架梁模板安拆	m²	474.83	⑤轴线：$S_9=(21.60+0.25+0.10-0.45\times4)\times0.50\times2$侧$\times0.45\times4)\times0.50\times2$侧$+[(0.30+0.15)\times2-0.45]\times0.15+[(3.30+0.25+0.10)\times0.45\times0.45-0.45\times0.20]=21.77$m² 挑板侧边 挑板底 $S_\text{总}=S_1+S_2+S_3+S_4+S_5+S_6+S_7+S_8+S_9=16.575+16.045+16.15+13.55+14.385+20.045+6.95+19.30+21.77=144.77$m² 一层： KL1 ⑧~©轴 ①轴线：$S_1=(6.0-0.35+0.10)\times(0.70\times2$侧$+0.20)+(2.10-0.10\times2)\times(0.70+0.70-0.10)+(6.60-0.35\times2)\times(0.55-0.11+0.20)-0.20\times0.50=18.971$m² JZL1⑧~©轴 板厚 ⑩~⑤ ②轴线：$S_2=(6.0-0.35-0.10)\times(0.50+0.50-0.11+0.20)+(2.10-0.10\times2)\times[(0.50-0.10)\times2+0.20]+(6.60-0.35-0.10)\times[(0.50-0.11)\times2+0.20]=13.977$m² KL2 ©~⑩轴 ③轴线：$S_3=(6.0-0.35+0.10)\times[(0.70-0.11)\times2+0.20]+(2.10-0.10\times2)\times[(0.70-0.10)\times2+0.20]+(6.60-0.35+0.10)\times[(0.70-0.11)\times2+0.20]$侧$=17.991$m² JZL2 ⑧~©轴 ©~⑩轴 ④轴线：$S_4=(6.0-0.10\times2)\times[(0.50-0.11)\times2+0.20]+(2.10-0.10\times2)\times[(0.50-0.10)\times2+0.20]+(6.60-0.10\times2)\times[(0.50-0.11)\times2+0.20]=13.856$m² KL3 ⑧~©轴 ©~⑩轴 ④轴线：$S_5=(6.0-0.35+0.10)\times[(0.70-0.11)\times2+0.20]+(2.10-0.10\times2)\times[(0.70-0.10)\times2+0.20]+(6.60-0.35\times2)\times[(0.65-0.11+0.20)-0.2\times(0.50-0.11)\times2]=17.991$m² JZL3，同 S_4 ⑩轴线：$S_6=13.856$m²

工程量计算表

工程名称：

序号	定额编号	分项工程名称	单位	工程量	计算式
					KL4 Ⓑ～ⒸØ轴　　　　　　　　　　Ⓒ～ⒹØ轴　　　　　　　　　　Ⓓ～ⒺØ轴 ⑤轴线：$S_7 = (6-0.35+0.10) \times (0.70 \times 2-0.11+0.20) + (2.10-0.10 \times 2) \times (0.70 \times 2-0.10+0.20) + (6.60 -0.35 \times 2) \times (0.55 \times 2-0.11+0.20) - 0.20 \times (0.50-0.11) = 18.361 \text{m}^2$
					KL6 ①～②轴　　　　　　　　　　②～③轴 Ⓑ轴线：$S_8 = (3.30-0.20-0.10) \times (0.60 \times 2-0.10+0.225) + (3.90+0.10-0.225) \times (0.60 \times 2-0.11-0.10+0.20)$ 　　　　　　　　　　③～④轴　　　　　　　　　　④～⑤轴 　　　　$+ (3.60 \times 2-0.225 \times 2) \times (0.55 \times 2-0.11-0.10+0.20) - (0.50-0.10) \times (0.55 \times 2-0.11-0.15) +$ JZL1　　　　　　　　JZL2　　　　　　　　JZL3 　　　　$0.20) - (0.55-0.11+0.45-0.10) \times 0.20 - (0.50-0.11+0.10+0.20) \times 0.20 = 22.406 \text{m}^2$
					JZL4 Ⓒ轴线：$S_9 = (3.90+3.60 \times 4-0.10 \times 2-0.20 \times 4) \times (0.50 \times 2-0.11+0.10+0.20) = 17.127 \text{m}^2$
					KL7 ①～⑤轴　　　　　　　柱　　　　　　JZL1, 2, 3 Ⓓ轴线：$S_{10} = (21.60+0.25+0.10-0.45 \times 4) \times (0.65 \times 2-0.11+0.20) - [(0.50-0.10) \times 3 \text{处} + (0.50-0.10) \times 3 \text{处} + (0.50-0.11) \times 3 \text{处}] \times 0.20 = 25.520 \text{m}^2$
					KL9 ①～②轴　　　　　　　　　　　②～③轴 Ⓔ轴线：$S_{11} = (3.30-0.20+0.10) \times (0.55 \times 2-0.15-0.11+0.20) + (3.90-0.10-0.225) \times (0.55 \times 2-0.11+0.20) -$ 　　　柱Ⓔ交③、④、⑤轴 　　$[(0.55-0.10) + (3.60 \times 4-0.225 \times 4-0.35) \times (0.55 \times 2-0.11+0.20) - (0.50-0.11) \times 0.20 \times 3 \text{处} = 21.258 \text{m}^2$
					$S_{一层} = 18.971+13.977+17.991+13.856+17.991+13.856+18.361+22.406+17.127+25.520+21.258 = 210.314 \text{m}^2$
					二层：
					KL1 Ⓑ～Ⓒ轴　　　　　　柱　　　　　Ⓒ～Ⓓ轴　　　　　　　　　　　Ⓓ～Ⓔ轴 ①轴线：$S_{12} = (6.0+0.10 \times 2-0.45) \times (0.70 \times 2+0.20) \times (0.70 \times 2-0.11+0.20) \times (0.70 \times 2-0.10+0.20) + (6.60+0.10 \times 2-0.45 \times 2) \times (0.55 \times 2-0.11+0.20) -0.20 \times 0.50 = 18.971 \text{m}^2$
					JZL1 Ⓑ～Ⓒ轴　　　　　　　　　　Ⓒ～Ⓓ轴　　　　　　　　　　Ⓓ～Ⓔ轴 ②轴线：$S_{13} = (6.0-0.35-0.10) \times (0.50 \times 2-0.11+0.20) + (2.10-0.10 \times 2) \times (0.50-0.10) \times 2+0.20] + (6.60 -0.35 \times 10) \times (0.55-0.11) \times 2+0.20] = 13.977 \text{m}^2$

第49页　共60页

工程量计算表

工程名称： 第 50 页　共 60 页

序号	定额编号	分项工程名称	单位	工程量	计算式
					KL2　Ⓑ～Ⓒ轴　　Ⓒ～Ⓓ轴　　Ⓓ～Ⓔ轴 ③轴线：$S_{14}=(6.0-0.35+0.10)\times[(0.70-0.11)\times2+0.20]+(2.10-0.10\times2)\times[(0.70-0.10)\times2+0.20]+(6.60-0.35-0.10)\times[(0.65-0.11)\times2+0.20]-(0.50-0.11)\times0.20\times2=18.311m^2$ JZL4
					TZL2　Ⓑ～Ⓒ轴 Ⓒ轴线：$S_{15}=(6.0-0.10\times2)\times[(0.50-0.11)\times2+0.20]-(0.50-0.11)\times2+0.20]+(6.60-0.10)\times[(0.65-0.11)\times2+0.20]=13.954m^2$
					WKL1　Ⓑ～Ⓒ轴　　Ⓒ～Ⓓ轴　　Ⓓ～Ⓔ轴 ④轴线：$S_{16}=(6-0.35+0.10)\times[(0.70-0.11)\times2+0.20]+(2.10-0.10\times2)\times[(0.70-0.10)\times2+0.20]+(6.60-0.35\times2)\times[(0.65-0.11)\times2+0.20]-(0.50-0.11)\times0.20\times2=17.991m^2$ JZL4
					JZL3 ④轴线：$S_{17}=13.954m^2$　同 S_{15}
					WKL2　Ⓑ～Ⓒ轴 ⑤轴线：$S_{18}=(6.0-0.35+0.10)\times(0.70\times2-0.15-0.11+0.20)+(2.10-0.10\times2)\times(0.70\times2-0.15-0.11+0.20)$ 　　　　Ⓓ～Ⓔ轴 $+(6.60-0.35\times2)\times(0.55\times2-0.15-0.11+0.20)-(0.50-0.11)\times0.20=16.309m^2$ JZL4
					KL4　①～②轴　　　　　　　　②～③轴 Ⓑ轴线：$S_{19}=(3.30+0.25-0.45+0.10)\times(0.55\times2-0.15+0.20)+(3.90-0.10-0.225)\times(0.55\times2-0.15-0.11+$ 　　　　③～⑤轴 　　　　　　　　　　　　　　　　　柱 $0.20)+(3.60\times4+0.225+0.10-0.45\times3)\times(0.55\times2-0.25-0.11+0.20)-(0.50-0.11)\times0.20=19.793m$ JZL1　　　JZL2
					JZL4　②～⑤ Ⓒ轴线：$S_{20}=(3.90\times3.60\times4+0.10\times2-0.20\times6)\times(0.50\times2-0.11-0.10+0.20)=17.127m^2$
					KJ5　①～⑤ 　　　　　　　柱 Ⓓ轴线：$S_{21}=(21.60+0.25+0.10-0.45\times4)\times(0.65\times2-0.15-0.11+0.20)$　JZL1，2，3 $-(0.50-0.10)\times0.20\times3处+(0.50-0.11)\times0.20\times3处]$
					KL7　①～⑤ 　　　　　　　柱 　　　　　　　　　　　　　　　　　　　　　　　　　　　　　　　　JZL1，2，3　　挑耳 Ⓔ轴线：$S_{22}=(21.60+0.25+0.10-0.45\times4)\times(0.55\times2-0.15-0.11+0.20)-(0.50-0.11)\times0.2\times3处-(7.20\times2-0.225-0.45-0.35)\times0.20=18.047m^2$

工程量计算表

序号	定额编号	分项工程名称	单位	工程量	计算式
					$S_{二层}=18.971+13.977+18.311+13.954+17.991+13.954+16.309+19.793+17.127+25.899+18.047=194.333m^2$
					三层:
					WKL1　Ⓑ~Ⓓ轴　　　　　　　　Ⓓ~Ⓔ轴
					①轴线: $S_{23}=(8.10-0.35-0.10)\times(0.70\times2-0.11+0.20)+(6.60-0.35\times2)\times(0.55\times2-0.11+0.20)=18.420m^2$
					L1　　Ⓑ~Ⓔ轴
					②轴线: $S_{24}=(14.70-0.35\times2-0.25)\times[(0.55-0.11)\times2+0.20]=14.85m^2$
					WKL2
					③轴线: $S_{25}=18.42m^2$ 同 S_{23}
					WKL3　①~③轴 　　　　　　　L1
					Ⓑ轴线: $S_{26}=(7.20+0.25-0.45-0.225)\times(0.60\times2-0.11+0.20)-0.20\times(0.55-0.11)=8.652m^2$
					WKL4　　　　　　　　　　　　　　　　　　　L1
					Ⓓ轴线: $S_{27}=(7.20+0.25-0.45-0.225)\times[(0.75-0.11)\times2+0.25]-0.20\times(0.55-0.11)\times2=10.190m^2$
					WKL5
					Ⓔ轴线: $S_{28}=8.652m^2$ 同 S_{26}
					$S_{三层}=18.420+14.85+18.42+8.652+10.19+8.652=79.184m^2$
					$S_{总}=S_{一层}+S_{二层}+S_{三层}=201.314+194.333+79.184=474.83m^2$
101	A12-32	现浇平板板模板安拆	m^2	630.85	一层:
					①~③交Ⓓ~Ⓔ轴: 　Ⓓ~Ⓔ轴　　　　①~③轴
					$S_1=(6.60-0.35-0.10)\times(3.30+3.90+0.25-0.20\times2-0.10)-0.25^2-(0.225-0.10)\times0.25=42.649m^2$
					③~⑤交Ⓓ~Ⓔ轴: 　Ⓓ~Ⓔ轴　　　　③~⑤轴
					$S_2=(6.60-0.10\times2)\times(3.60\times4-0.10\times2-0.20\times3)-0.25^2\times2-(0.225-0.10)\times0.25\times6$ 处 $=86.728m^2$
					①~⑤交Ⓒ~Ⓓ轴: 　Ⓒ~Ⓓ轴　　　　①~⑤轴
					$S_3=(2.10-0.10\times2)\times(21.60+0.25+0.10-0.20\times7)=39.045m^2$
					②~③交Ⓑ~Ⓒ轴: 　Ⓑ~Ⓒ轴　　　　②~③轴
					$S_4=(6.0-0.35-0.10)\times(3.90-0.10\times2)=20.535m^2$
					③~⑤交Ⓑ~Ⓒ轴: $S_5=(6.0-0.10\times2)\times(3.60\times4-0.10\times2-0.20\times3)-0.25^2\times3$ 处 $=78.724m^2$

工程量计算表

工程名称：

序号	定额编号	分项工程名称	单位	工程量	计算式
102	A12-21	现浇门廊框架矩形梁模板安拆	m²	15.18	$S_{一层} = S_1+S_2+S_3+S_4+S_5 = 42.649+86.128+39.045+20.535+78.724 = 267.681 \mathrm{m}^2$ 二层：$S_{二层}$ 同 $S_{一层} = 267.681\mathrm{m}^2$ 三层：①～③交⑧～⑥轴：$S_6=(7.20+0.25-0.20-0.10-0.20)\times(14.70-0.35\times2-0.25)-0.25\times0.20-(0.225-0.10)\times0.20=95.488\mathrm{m}^2$ $S_{总}=S_{一层}+S_{二层}+S_{三层}=267.681+267.681+95.488=630.85\mathrm{m}^2$ ①交④～⑧轴：$S_1=(3.30-0.10-0.175)\times(0.45\times2-0.10+0.20)=3.025\mathrm{m}^2$ ②交④～⑧轴：$S_2=(3.30+0.15-0.10)\times[(0.45-0.10)\times2+0.20]=3.015\mathrm{m}^2$ ③交④～⑧轴：$S_3=(3.30-0.10-0.175)\times[(0.50-0.10)\times2+0.20]=3.025\mathrm{m}^2$ ④交④～⑧轴：$S_4=(3.30-0.10\times2-0.175)\times[(0.45-0.10)\times2+0.20]=2.79\mathrm{m}^2$ ⑤交④～⑧轴：$S_5=(3.30-0.10-0.175)\times(0.50\times2-0.10+0.20)=3.328\mathrm{m}^2$ $S_{总}=S_1+S_2+S_3+S_4+S_5=3.025+3.015+3.025+2.79+3.328=15.18\mathrm{m}^2$
103	A12-32	现浇平板模板安拆（门廊）	m²	43.80	①～③交④～⑧轴：$S_1=(3.30+3.90-0.10\times2-0.20)\times(3.30+0.15-0.10)-0.25\times(0.225-0.10)-0.25\times0.45-0.35-0.10)=22.724\mathrm{m}^2$ ③～④交④～⑧轴：$S_2=(3.60\times2-0.10\times2-0.20)\times(3.30-0.10\times2)=21.08\mathrm{m}^2$ $S_{总}=S_1+S_2=22.724+21.08=43.80\mathrm{m}^2$
104	A12-23	现浇过梁模板安拆	m²	12.18	J1221 侧模 底模 一层：$S_1=[(1.20+0.25)\times0.18\times2+1.20\times0.20]\times5 \text{个}=3.81\mathrm{m}^2$

第 52 页 共 60 页

工程量计算表

第53页 共60页

工程名称：

序号	定额编号	分项工程名称	单位	工程量	计算式
105	A12-68	现浇雨篷模板安拆	m^2	3.02	雨篷 DTM_{1821} $S_2=(1.80+0.25+0.10)\times(0.18\times2-0.06)+1.80\times0.20=1.005m^2$ J_{1021} $S_3=(1+0.25)\times0.18\times2+1\times0.20=0.65m^2$ 二层： J_{1221}同S_1 $S_4=3.81m^2$ J_{1021}同S_3 $S_5=0.65m^2$ 三层：J_{1221} $S_6=(1.20+0.25\times2)\times(0.18\times4-0.06)+1.20\times0.20\times2=1.602m^2$ J_{1021}同S_3 $S_7=0.65m^2$ $S_总=S_1+S_2+S_3+S_4+S_5+S_6+S_7=3.81+1.005+0.65+3.81+0.65+1.602+0.65=12.18m^2$
106	A12-94	现浇整体楼梯模板安拆	m^2	42.74	一层 $S=(2.10+0.30+0.20)\times0.90+(1.55+0.15)\times0.40=3.02m^2$ 一层 ⑧~ⓒ轴 ①~②轴 $S_1=(6.60-0.10\times2)\times(3.30+0.25-0.20-0.10)=20.638m^2$ 二层 $S_2=(6.60+0.10\times2)\times(3.30+0.25-0.20-0.10)=22.10m^2$ $S_总=S_1+S_2=20.638+22.10=42.74m^2$
107	A12-70	现浇挑檐模板安拆	m^2	53.90	序82 $S=53.90m^2$
108	A12-70	现浇挑板模板安拆	m^2	15.06	柱 Ⓔ交①~②轴　　　　　　　Ⓑ交④~⑤轴 $S_{一层}=(3.30+0.25+0.10)\times0.45-0.35\times0.45+(3.60\times4+0.25+0.10)\times0.20+(3.60\times2+0.10-0.10)\times0.20=5.875m$ Ⓑ、Ⓔ交①~② ③~⑤ $S_{二层}=(3.30+0.25+0.10)\times0.45\times2处+(3.60\times4+0.25+0.10)\times0.20\times2处=9.185m^2$ $S_总=S_{一层}+S_{二层}=5.875+9.185=15.06m^2$

工程量计算表

工程名称：

序号	定额编号	分项工程名称	单位	工程量	计算式
109	A12-100	现浇台阶模板安拆	m^2	8.16	序26 $S=8.16m^2$
110	A12-17	现浇梯柱模板安拆	m^2	31.78	①轴线：$S_1=[(0.20+0.40)\times 2\times 2个-0.20]\times(0.35+7.75-0.70\times 2)=14.74m^2$ ②轴线：$S_2=(0.20+0.40)\times 2\times(0.35+7.75-0.50\times 2)\times 2个=17.04m^2$ $S_总=S_1+S_2=14.74+17.04=31.78m^2$
111	A12-101	现浇混凝土挡坎模板安拆	m^2	0.34	$S=(1.525+0.25-0.20+0.10)\times 0.10\times 2侧=0.34m^2$
112	A12-101	现浇零星构件模板	m^2	0.24	$S=(0.090+0.06+0.02)\times 1.20+0.10\times 2)=0.24m^2$
113	A12-103	现浇压顶模板安拆	m^2	19.426	ⓑ轴 门廊挑檐压顶：$S_1=[0.60-0.25-0.03-(0.20+0.05)\times\frac{1}{2}+3.30+0.60\times 2+3.30+0.60-0.10-0.20-(0.2+0.05)\times\frac{1}{2}]\times 2+$ Ⓐ交①~Ⓑ轴 ①交Ⓐ~Ⓑ轴 $3.30+3.90+3.60\times 2+(0.20+0.05)\times\frac{1}{2}\times 2+3.30+0.60-0.10-0.20-(0.20+0.05)\times\frac{1}{2}]\times(0.06\times 2侧+0.05)=3.802m^2$ ②轴 ②~③轴 屋面挑檐栏压顶：$S_2=\{[3.90-0.10+0.70-(0.20+0.05)\times\frac{1}{2}]\times 2+[14.70+0.30\times 2-(0.20+0.05)]\}\times(0.06\times 2侧+0.05)=4.046m^2$ Ⓑ~Ⓔ轴 ②轴 三层上人屋面女儿墙压顶：$S_3=\{[0.90-0.10-0.20-(0.20+0.04)\times\frac{1}{2}]\times 2+[3.90+7.20\times 2+0.10+0.10+0.60-(0.20+0.04)]\times 2+[14.70+0.90\times 2-(0.20+0.04)]\}\times(0.06\times 2侧+0.04)=8.867m^2$ ①~②轴 Ⓑ~Ⓔ轴 不上人屋面女儿墙压顶：$S_4=[3.30+0.25+0.10-(0.20+0.04)+4.70+0.30\times 2-(0.20+0.04)]\times 2\times(0.06\times 2侧+0.04)=2.711m^2$

第 54 页　共 60 页

工 程 量 计 算 表

工程名称： 第 55 页 共 60 页

序号	定额编号	分项工程名称	单位	工程量	计算式
114	A12-17	现浇构造柱模板安拆	m^2	98.50	$S_{总}=S_1+S_2+S_3+S_4=3.802+4.046+8.867+2.711=19.426m^2$ 序 30 项 $S=9.85÷0.02×2侧=98.50m^2$
115	A12-19	现浇柱模板支撑超高	m^2	5.31	一层超高 $h=3.85-3.60=0.25m$ 　　　　　　　　　　与 110 厚板交接处　　　　与 150 厚板交接处 矩形柱：$S_1=0.45×4×0.25×12个+(0.45×25处+0.20×2处)×0.11-(0.45×9处+0.25×$ 与梁相连　　　　　　　　　　　　　　　　　　　与 100 厚板交接处 $1处)×0.15-[(0.25-0.11)×27处+(0.25-0.10)×9处+0.25×1处]×0.20=2.263m^2$ 圆形柱：$S_2=π×0.35×(0.25-0.10)×3-(0.25-0.10)×7处×0.20=0.285m^2$ 二层超高 $h=3.90-3.60=0.30m$ 　　　　　　　　　　与 100 厚板连接　　　　与 100 厚板相交部分　　　与 150 厚板相交部分 矩形柱：$S_3=0.45×4×0.30×12个+(0.45×25处+0.20×4处)×0.11-(0.45×11处+$ $0.25×4处)×0.15-[(0.30-0.11)×29处+(0.30-0.10)×4处+0.30×1处]×0.20=2.76m^3$ $S_{总}=S_1+S_2+S_3=2.263+0.285+2.76=5.31m^2$

工程量计算表

工程名称：

序号	定额编号	分项工程名称	单位	工程量	计算式
116	A12-25	现浇梁模板支撑超高	m²	133.25	一层：超高 $h=3.85-3.6=0.25$ m ①轴线：$S_1=(3.30-0.10-0.175)\times(0.25\times2-0.1)+(6-0.35-0.1)\times(0.25\times2)-(0.25-0.1)\times0.2+(2.1-0.1\times2)\times(0.25\times2-0.1)+(6.6-0.35\times2)\times(0.25\times2-0.1)=7.175$m² Ⓐ轴~Ⓑ轴　　Ⓑ轴~Ⓒ轴　　Ⓒ轴~Ⓓ轴　　Ⓓ轴~Ⓔ轴 ②轴线：$S_2=(3.3-0.1+0.15)\times[(0.25-0.1)\times2]+(6.6-0.35-0.10)\times(0.25\times2-0.11)+(2.1-0.1\times2)\times(0.25-0.1)\times2+(6.60-0.10-0.35)\times(0.25\times2-0.1)\times2=5.819$m² Ⓐ轴~Ⓑ轴　　Ⓑ轴~Ⓒ轴　　Ⓒ轴~Ⓓ轴　　Ⓓ轴~Ⓔ轴 ③轴线：$S_3=(3.30+6.00+6.60-0.175-0.45-0.10-0.35\times2)\times(0.25-0.11)\times2+(2.10-0.10\times2)\times(0.25-0.1)\times2=4.623$m² Ⓐ轴~Ⓒ轴　　Ⓓ轴~Ⓔ轴　　Ⓒ轴~Ⓓ轴 ④轴线 $S_4=(3.30+6.00+6.60-0.175-0.45-0.1-0.35\times2)\times(0.25-0.11)\times2+(2.1-0.1\times2)\times(0.25-0.1)\times2=4.854$m² Ⓐ轴~Ⓒ轴　　Ⓓ轴~Ⓔ轴　　Ⓒ轴~Ⓓ轴 ④轴线 $S_5=(3.30+6.0+6.60-0.175-0.45-0.1-0.35\times2)\times(0.25-0.11)\times2+(2.1-0.1\times2)\times(0.25-0.1)\times2=4.623$m² Ⓑ轴~Ⓓ轴　　Ⓓ轴~Ⓔ轴　　Ⓒ轴~Ⓓ轴 ④轴线 $S_6=(6.0+6.60-0.35\times3-0.10)\times(0.25\times2-0.11)\times(0.25-0.1)\times2=3.986$m² Ⓑ轴~Ⓒ轴　　Ⓒ轴~Ⓓ轴 ⑤轴线：$S_7=(6.0+6.60-0.35\times3-0.10)\times(0.25\times2-0.11)+(2.10-0.10\times2)\times(0.25\times2-0.1)=5.226$m²

工程量计算表

第 57 页 共 60 页

工程名称：

序号	定额编号	分项工程名称	单位	工程量	计算式
					Ⓐ轴线：$S_8 = (3.30+3.90+3.60\times2-0.175\times4)\times(0.25\times2-0.1)-(0.25-0.1)\times0.2\times2$ ①轴~④轴 ②轴~Ⓐ轴Ⓑ轴~Ⓐ轴 处 $=5.42\text{m}^2$
					Ⓑ轴线：$S_9 = (3.30+0.25-0.20-0.10)\times(0.25\times2-0.10)+(3.90+3.60\times2-0.10-0.20-0.45-0.225)\times(0.25\times2-0.225-0.35)\times(0.25\times2-0.11)-(0.25-0.11)\times0.20=6.792\text{m}^2$ ①轴~②轴 ②轴~④轴 ④轴~⑤轴 $0.11-0.10)+(3.60\times2-0.225-0.35)\times(0.25\times2-0.11)\times0.20=6.792\text{m}^2$
					Ⓒ轴线：$S_{10} = (3.90+3.60\times4-0.10\times2-0.20\times4)\times(0.25\times2-0.11-0.10)=5.017\text{m}^2$ ②轴~⑤轴
					Ⓓ轴线：$S_{11} = (21.96-0.45\times4-0.20\times3)\times(0.25\times2-0.11-0.1)=5.672\text{m}^2$ ①轴~⑤轴
					Ⓔ轴线：$S_{12} = (21.96-0.45\times4)\times(0.25\times2-0.11)-(0.25-0.11)\times0.2\times3$ 处 $=7.778\text{m}^2$ ①轴~⑤轴
					$S_{一层} = 7.175+5.819+4.623+4.854+4.623+3.986+5.226+5.42+6.792+5.017+5.672+7.778=66.985\text{m}^2$
					二层：超高 $h=3.90-3.60=0.30\text{m}$
					①轴线：$S_{13} = (6.0+6.60-0.35\times3+0.1)\times(0.3\times2)+(2.1-0.1\times2)\times(0.3\times2-0.1)=7.88\text{m}^2$ Ⓑ轴~Ⓒ轴 Ⓓ轴~Ⓔ轴 Ⓒ轴~Ⓓ轴
					②轴线：$S_{14} = (6.0+6.60-0.35\times2-0.10\times2)\times(0.30-0.11)\times2+(2.10-0.10\times2)\times(0.30-0.10)=5.206\text{m}^2$ Ⓑ轴~Ⓒ轴 Ⓓ轴~Ⓔ轴 Ⓒ轴~Ⓓ轴
					③轴线：$S_{15} = (6.0+6.60-0.35\times3-0.10)\times(0.30-0.11)\times2+(2.10-0.10\times2)\times(0.30-0.10)\times2=5.111\text{m}^2$ Ⓒ轴~Ⓓ轴

工程量计算表

工程名称：

第 58 页 共 60 页

序号	定额编号	分项工程名称	单位	工程量	计算式
					⑬轴线：Ⓑ～Ⓒ轴 Ⓓ～Ⓔ轴 (6.0+6.60−0.10×4)×(0.30−0.11)×2+(2.10−0.10×2)×(0.30−0.10)×2=5.396m²
					④轴线：同③轴线=5.111m²
					⑭轴线：同④轴线=5.396m²
					⑤轴线：Ⓑ轴～Ⓒ轴　Ⓒ轴～Ⓔ轴 (6.0+6.60−0.35×3+0.10)×(0.30×2−0.11−0.15)+(2.10−0.10×2)×(0.3×2−0.10−0.15)×0.2=4.588m²
					⑤轴交Ⓒ轴 (6.10−0.10×2)×(0.3×2−0.11−0.15)−0.3×0.2×2处=6.603m²
					Ⓑ轴线：①轴～②轴　②轴～⑤轴 (3.30+0.10)×0.30+(3.90+3.60×4−0.1−0.45×2−0.35)×(0.3×2−0.11−0.10)=6.747m²
					Ⓒ轴线：②轴～⑤轴 (3.90+3.60×4−0.10×2−0.20×4)×(0.30×2−0.11−0.10)=7.628m²
					Ⓓ轴线：①轴～⑤轴 (21.96−0.45×4−0.20×3)×(0.30×2−0.11−0.10)=6.603m³
					Ⓔ轴线：同Ⓑ轴线=6.603m²
					$S_{二层}$=7.88+5.206+5.111+5.396+5.111+5.396+4.588+6.603+6.747+7.628+6.603=66.269m²
					$S_{总}$=66.985+66.269=133.25m²

工程量计算表

工程名称：　　　　　　　　　　　　　　　　　　　　　　　　　　　　　　　　　　　　　　第 59 页　共 60 页

序号	定额编号	分项工程名称	单位	工程量	计算式
117	A12-34	现浇平板模板支撑超高	m²	620.37	一层：$S_1=267.681+43.80=311.481\text{m}^2$ 二层：$S_2=267.681+41.208=308.889\text{m}^2$ $S=311.481+308.889=620.37\text{m}^2$
118	A13-7	垂直运输	m²	804.93	一层：$S_1=(3.30+3.90+0.25-0.25)\times(6.0+2.10+6.60-0.15+0.30)-(3.90-0.10-0.225)\times0.45+(7.20\times2+0.225+0.10)\times(6.0+2.10+6.60+0.30\times2)+[(3.30+3.90+7.20+0.25+0.60\times2)\times(3.30-0.30+0.60)-(3.90-0.10-0.225)\times\dfrac{1}{2}=360.309\text{m}^2$ 　　　　　　　　　　　　　　　　　　　　　　　　　　　　　Ⓔ交②~③轴　　　　　　　　　　　③~⑤轴 　　　　①~③轴　　　　　　　　Ⓑ~Ⓔ轴 二层：$S_2=(3.30+0.25+0.10)\times(6.0+2.10+6.60+0.30\times2)+(3.90-0.225-0.10)\times(6.0+2.10+6.60-0.15\times2)+(7.20\times2+0.225+0.10)\times(6.0+2.10+6.60+0.30\times2)=332.618\text{m}^2$ 　　　③~⑤轴　　　　　　　　①~④轴 　　　①~②轴　　　　　　　　Ⓑ~Ⓔ轴　　　　　　　②~③轴 三层：$S_3=(3.30+0.25+0.10)\times(6.0+2.10+6.60+0.30\times2)+(3.90-0.225-0.10)\times(6.0+2.10+6.60-0.15\times2)=112.005\text{m}^2$ 　　　①~②轴　　　　　　　　Ⓑ~Ⓔ轴　　　　　　　②~③轴　　　　　　　Ⓓ~Ⓔ轴 $S_总=S_1+S_2+S_3=360.309+332.618+112.005=804.93\text{m}^2$
119	A7-214	20厚1:2水泥砂浆防潮层	m²	29.12	①轴线：$S_1=(6.0+2.10+6.60-0.45-0.35\times2)\times0.2=3.702\text{m}^2$ 　　　　　　　　　①交Ⓓ轴　GZ　Ⓑ、Ⓔ轴 ②轴线：$S_2=(6.0-0.35-0.10+0.45-0.20\times2)\times0.20=1.16\text{m}^2$ 　　　　　　　　　②交Ⓔ轴　GZ ③轴线：$S_3=[6.0+6.6)-0.35\times3-0.10]\times0.20=2.29\text{m}^2$ 　　　　　　　　　③交Ⓒ轴　Ⓓ~Ⓔ轴 ④轴线：同S_3　$S_4=2.29\text{m}^2$ ⑤轴线：同S_1　$S_5=3.702\text{m}^2$

工程量计算表

工程名称：

第 60 页 共 60 页

序号	定额编号	分项工程名称	单位	工程量	计算式
120	A3-29	M5水泥砂浆砌挡墙（台阶处）	m³	0.39	③轴线：$S_6=[(6.0+6.60)-0.35\times3-0.10]\times0.20=2.29\text{m}^2$ ⑧~©轴 ①~⑥轴 ③交©轴 ④轴线：$S_7=(21.95-0.45-0.20\times3)\times0.20=4.18\text{m}^2$ ①~⑤轴 ©轴线：$S_8=(3.90+7.20\times2-0.10\times2-0.20\times2)\times0.20=3.54\text{m}^2$ ②~⑤轴 GZ Ⓓ轴线：$S_9=(21.95-0.45\times4)\times0.20=4.03\text{m}^2$ ①~⑤轴 柱 Ⓔ轴线：$S_{10}=(21.95-0.20\times4)\times0.20=4.23\text{m}^2$ ①~⑤轴 GZ $S_{\text{防潮层}}=3.702+1.16+2.29+3.702+4.18+3.54+4.03+4.23=29.12\text{m}^2$ $h=0.30-0.111=0.189\text{m}$ Ⓐ轴线：$V_1=\left(7.20+0.10-0.175-0.115\times\dfrac{1}{2}\right)\times0.20\times0.189=0.267\text{m}^3$ ⑤轴线：$V_2=\left(3.30+0.20-0.30-0.115\times\dfrac{1}{2}\right)\times0.20\times0.189=0.119\text{m}^3$ $V_{\text{总}}=V_1+V_2=0.267+0.119=0.39\text{m}^3$

19.3 办公楼钢筋工程量计算(部分)

办公楼工程钢筋工程量计算见表19-2。

办公楼钢筋工程量计算表　　　　　　　　　　　　　　　　　　　　　　表 19-2

第1页　共9页

序号	构件名称	部位	钢筋种类	计算式
1	基础1	见结施1	底板钢筋Φ12	X向钢筋单根长：$2.3-2\times0.04=2.22$m
				X向钢筋根数：$\dfrac{2.3-2\times0.13/2}{0.13}+1=18$ 根
				X向钢筋重量：$2.22\times18\times0.006165\times12^2=35.475$kg
				Y向钢筋重量同X向钢筋重量
				基础1钢筋总重量：$35.475\times2\times3=212.85$kg
	基础2	见结施1	底板钢筋Φ14	X向钢筋单根长：$3.0-2\times0.04=2.92$m(最靠边)
				根数：2根
				X向钢筋单根长：$3.0\times0.9=2.7$m(非靠边底)
				根数：$\dfrac{3.0-0.15}{0.15}+1-2=18$ 根
				X向钢筋重量：$(2.92\times2+2.7\times18)\times0.006165\times14^2=65.78$kg
				Y向钢筋重量同X向钢筋重量
				基础2钢筋总重量：$65.782\times2\times2=263.128$kg
	基础3	见结施1	底板钢筋Φ12	X向钢筋单根长：$1.9-2\times0.04=1.82$m
				X向钢筋根数：$\dfrac{1.9-0.075\times2}{0.18}+1=11$ 根
				X向钢筋重量：$1.82\times11\times0.006165\times12^2=17.773$kg
				Y向钢筋重量同X向钢筋重量
				基础3钢筋总重量：$17.773\times2\times5=177.77$kg
	基础4	见结施1	底板钢筋Φ12	X向钢筋单根长：$1.2-2\times0.04=1.12$m
				X向钢筋根数：$\dfrac{1.2-2\times0.075}{0.2}+1=7$ 根
				X向钢筋重量：$1.12\times7\times0.006165\times12^2=6.96$kg
				Y向钢筋重量同X向钢筋重量
				基础4钢筋总重量：$6.96\times2\times3=41.76$kg
	基础7	见结施1	底板钢筋Φ12	X向钢筋单根长：$2.5-2\times0.04=2.42$m(最靠边)
				根数：2根
				X向钢筋单根长：$2.5\times0.9=2.25$m(非靠边的)

办公楼钢筋工程量计算表

序号	构件名称	部位	钢筋种类	计算式
1	基础7	见结施1		根数:$\frac{2.5-0.13}{0.13}+1-2=18$ 根
				X 向钢筋重量:$(2.42\times2+2.25\times18)\times0.006165\times12^2=40.251$kg
				Y 向钢筋重量同 X 向钢筋重量
				基础7钢筋总重量:$40.251\times2=80.502$kg
	基础钢筋小计:		$\Phi14$:263.13kg	$\Phi12$:$212.85+177.73+41.76+80.502=507.842$kg
2	框架柱	①轴交Ⓔ轴	纵筋$\Phi20$	下柱比上柱多出的纵筋:$4\Phi20$
				$(7.75+1.5-0.04-2\times0.012+0.15-0.55+1.2\times42\times0.02)\times4\times0.006165\times20^2=96.608$kg
				基础底至标高11.15m范围内柱外侧纵向钢筋:$5\Phi20$
				$(11.15+1.5-0.04-2\times0.012+0.15-0.55+1.5\times37\times0.02)\times5\times0.006165\times20^2=163.940$kg
				基础底至标高11.15m范围内柱内侧纵向钢筋:$3\Phi20$
				$(11.15+1.5-0.04-2\times0.012+0.15-0.55+0.55-2\times0.025+12\times0.02)\times3\times0.006165\times20^2=95.627$kg
			箍筋:$\Phi8$	基础插筋箍筋根数:3 根
				单根长:$(0.45+0.45)\times2-8\times0.025-4\times0.008+2\times11.87\times0.008=1.758$
				重量:$1.758\times3\times0.006165\times8^2=2.081$kg
				基础顶至7.75m标高范围内柱箍筋:$\Phi8@100/200$
				单根长:$(0.45+0.45)\times2-8\times0.025-4\times0.008+2\times11.87\times0.008$ $+\left[(0.45-2\times0.025-0.008+\frac{0.45-2\times0.025-0.008-0.02}{3}+0.02+0.008)\times2+2\times11.87\times0.008\right]\times2=4.303$m
				加密区箍筋根数:
				$\frac{0.55\times2+(7.75-3.85-0.55)\div6\times2+(3.85+0.35-0.55)\div6+(3.85+0.35-0.55)\div3+0.9-0.05}{0.1}=52$ 根
				非加密区箍筋根数:
				$\frac{7.75+1.5-0.6-0.55\times2-(7.75-3.85-0.55)\div6\times2-(3.85+0.35-0.55)\div6-(3.85+0.35-0.55)\div3-0.9}{0.2}=18$ 根

办公楼钢筋工程量计算表

序号	构件名称	部位	钢筋种类	计算式
2	框架柱	①轴交Ⓔ轴		标高 7.75m 至 11.15m 标高范围内柱箍筋：
				单根长：$L=(0.45+0.45)\times2-8\times0.025-4\times0.008+11.87\times0.008\times2+\sqrt{\left(\dfrac{0.45-2\times0.025-0.008}{2}\right)^2+\left(\dfrac{0.45-2\times0.025-0.008}{2}\right)^2}\times4+11.87\times0.008\times2=3.057\text{m}$
				加密区箍筋根数：$\dfrac{0.6+0.5+0.5}{0.1}+1=17$ 根
				非加密区箍筋根数：$\dfrac{11.15-7.75-0.6-0.5-0.5}{0.2}=9$ 根
				柱箍筋总重量：$[(17+9)\times3.057+(18+52)\times4.303]\times0.006165\times8^2+2.081=155.682\text{kg}$
	框架柱钢筋小计：φ8：155.682　　Φ20：96.608+163.940+95.627=356.175kg			
3	楼层框架梁	⑤轴(标高3.85m)	上部通长筋 2Φ22	单根长：$[6.0+2.1+6.6-0.35-0.35+(0.45-0.025+15\times0.022)\times2]=15.51\text{m}$
				重量：$15.51\times2\times0.006165\times22^2=92.56\text{kg}$
			端支座负筋 1Φ14	长度：$\dfrac{6.0+2.1-0.35-0.1}{3}+(0.45-0.025+15\times0.014)=3.185\text{m}$
				重量：$3.185\times0.006165\times14^2=3.849\text{kg}$
			中部支座负筋 1Φ20	长度：$\dfrac{6.0+2.1-0.35-0.1}{3}\times2=5.1\text{m}$
				重量：$5.1\times0.006165\times20^2=12.577\text{kg}$
			梁下部钢筋：2Φ22Ⓑ~Ⓓ	长度：$[6.0+2.1-0.35-0.1+(0.45-0.025+15\times0.022)\times2]\times2=18.32\text{m}$
				重量：$18.32\times0.006165\times22^2=54.664\text{kg}$
			梁下部钢筋 1Φ20Ⓑ~Ⓓ	长度：$6.0+2.1-0.35-0.1+(0.45-0.025+15\times0.02)\times2=9.1\text{m}$
				重量：$9.1\times0.006165\times20^2=22.441\text{kg}$
			梁下部钢筋 2Φ22Ⓓ~Ⓔ	长度：$[6.6-0.35-0.35+(0.45-0.025+15\times0.022)+42\times0.022]\times2=15.158\text{m}$
				重量：$15.158\times0.006165\times22^2=45.2291\text{kg}$
			抗扭钢筋：4Φ10	长度：$[(6.0+2.1-0.35-0.1)+(0.45-0.025+15\times0.01)\times2+2\times6.25\times0.01]\times4=35.7\text{m}$
				重量：$35.7\times0.006165\times10^2=22.009\text{kg}$
			箍筋：φ8	Ⓑ~Ⓓ之间箍筋：
				单根长：$(0.2+0.7)\times2-8\times0.025-4\times0.008+2\times11.87\times0.008=1.758\text{m}$

办公楼钢筋工程量计算表

序号	构件名称	部位	钢筋种类	计算式
3	楼层框架梁	⑤轴(标高3.85m)		加密区箍筋根数：$\dfrac{2\times1.5\times0.7-2\times0.05}{0.1}+1=21$ 根
				非加密区箍筋根数：$\dfrac{6.0+2.1-0.35-0.1-1.5\times0.7\times2}{0.2}=28$ 根
				重量：$1.758\times(21+28)\times0.006165\times8^2=33.988$kg
				Ⓓ~Ⓔ之间箍筋：
				单根长：$(0.2+0.55)\times2-8\times0.025-4\times0.008+2\times11.87\times0.008=1.458$m
				加密区箍筋根数：$\dfrac{1.5\times0.55\times2-2\times0.05}{0.1}+1=17$ 根
				非加密区箍筋根数：$\dfrac{6.6-0.35-0.35-1.5\times0.55\times2}{0.2}=22$ 根
				重量：$1.458\times(17+22)\times0.006165\times8^2=22.435$kg
			附加箍筋φ8	长度：$(0.2+0.7)\times2-8\times0.025-4\times0.008+2\times11.87\times0.008=1.758$m
				根数：6 根
				重量：$1.758\times6\times0.006165\times8^2=4.162$kg
		楼层框架梁钢筋小计：		⏀22：92.56+54.664+45.229＝192.45kg
				⏀20：12.577+22.441＝35.018kg
				⏀14：3.849kg ⏀10：22.009kg
				φ8：33.988+22.435+4.162＝60.585kg
4	屋面框架梁	⑤轴(标高7.75m)	上部通长筋：2⏀20	长度：$[6.0+2.1+6.6-0.35-0.35+(0.45-0.025+0.7-0.025)+(0.45-0.025+0.55-0.025)]\times2=32.1$m
				重量：$32.1\times0.006165\times20^2=79.159$kg
			下部钢筋：3⏀20 Ⓑ~Ⓓ	长度：$[6.0+2.1-0.35-0.1+(0.45-0.025+15\times0.02)\times2]\times3=27.3$m
				重量：$27.3\times0.006165\times20^2=67.322$kg
			下部钢筋：2⏀18 Ⓑ~Ⓓ	长度：$[6.0+2.1-0.35-0.1+(0.45-0.025+15\times0.018)\times2]\times2=18.08$m
				重量：$18.08\times0.006165\times18^2=36.114$kg
			下部钢筋：2⏀20 Ⓓ~Ⓔ	长度：$[6.6-0.35-0.35+(0.45-0.025+15\times0.02)+42\times0.02]\times2=14.93$m

办公楼钢筋工程量计算表

序号	构件名称	部位	钢筋种类	计算式
4	屋面框架梁	⑤轴(标高7.75m)		重量：$14.93\times0.006165\times20^2=36.817$kg
			下部钢筋： 1⊕18 ⑩～⑪	长度 $[6.6-0.35-0.35+(0.45-0.025+15\times0.018)+42\times0.018]\times1=7.351$m
				重量：$7.351\times0.006165\times18^2=14.683$kg
			抗扭钢筋： 4⊕10	长度：$[6.0+2.1-0.35-0.1+(0.45-0.025+15\times0.01)\times2+6.25\times0.01\times2]\times4=35.7$m
				重量：$35.7\times0.006165\times10^2=22.009$kg
			中间支座负筋： ⊕20	第一排支座负筋长：$\dfrac{6.0+2.1-0.35-0.1}{3}\times2=5.1$m
				第二排支座负筋长：$\dfrac{6.0+2.1-0.35-0.1}{4}\times2\times2=7.65$m
				支座负筋重量：$(5.067+7.65)\times0.006165\times20^2=31.36$kg
			箍筋：φ8	⑧～⑩轴之间箍筋：
				长度：$(0.2+0.7)\times2-8\times0.025-4\times0.008+2\times11.87\times0.008=1.758$m
				加密区箍筋根数：$\dfrac{1.5\times0.7\times2-2\times0.05}{0.1}+1=21$根
				非加密区箍筋根数：$\dfrac{6.0+2.1-0.35-0.1-1.5\times0.7\times2}{0.15}=37$根
				重量：$1.758\times(21+37)\times0.006165\times8^2=40.231$kg
			附加箍筋：φ8	长度：1.758m
				根数：6根
				重量：$1.758\times6\times0.006165\times8^2=4.162$kg
				⑩～⑪轴之间箍筋：
				长度：$(0.2+0.55)\times2-8\times0.025-4\times0.008+2\times11.87\times0.008=1.458$m
				加密区箍筋根数$\dfrac{1.5\times0.55\times2-2\times0.05}{0.1}+1=17$根
				非加密区箍筋根数：$\dfrac{6.6-0.35-0.35-1.5\times0.55\times2}{0.15}=29$根
				重量：$1.458\times(17+29)\times0.006165\times8^2=26.462$kg
				重量：$1.458\times(17+29)\times0.006165\times8^2=26.462$kg
		屋面框架梁钢筋小计：		⊕20：$79.159+67.322+36.817+31.36=214.658$kg
				⊕18：$36.026+14.683=50.709$kg
				φ10：22.009kg
				φ8：$40.231+4.162+26.462=70.855$kg

办公楼钢筋工程量计算表

序号	构件名称	部位	钢筋种类	计算式
5	屋面板	见结施10	支座负筋：$\phi^{R}8$	Ⓔ轴，①～②轴之间
				单根长：$1.1+(0.11-2\times0.015)+0.35+0.3-0.1-0.015+(0.11-2\times0.015)=1.795\text{m}$
				根数：$\dfrac{3.3-0.1+0.25-0.2-\frac{1}{2}\times0.18\times2}{0.18}+1=19$ 根
				重量：$1.795\times19\times0.006165\times8^2=13.456\text{kg}$
				Ⓔ轴，②～③轴之间
				单根长：$1.2+(0.11-2\times0.015)+0.2-0.025-0.02+15\times0.008=1.555\text{m}$
				根数：$\dfrac{3.9-0.1-0.225-\frac{1}{2}\times0.14\times2}{0.14}+1=26$ 根
				重量：$1.555\times26\times0.006165\times8^2=15.952\text{kg}$
				Ⓔ轴，②～③轴
				单根长：$0.3+0.35-0.1-0.015+(0.11-0.015)+0.2-0.025-0.02+15\times0.008=0.89\text{m}$
				根数：$\dfrac{3.9-0.1-0.225-\frac{1}{2}\times0.2\times2}{0.2}+1=18$ 根
				重量：$0.89\times18\times0.006165\times8^2=6.321\text{kg}$
				Ⓓ轴，①～②
				单根长：$0.875\times2+(0.11-0.015\times2)\times2=1.91\text{m}$
				根数：$\dfrac{3.3-0.1+0.25-0.2-\frac{1}{2}\times0.18\times2}{0.18}+1=19$ 根
				重量：$1.91\times19\times0.006165\times8^2=14.319\text{kg}$
				Ⓓ轴，②～③轴
				单根长：$0.975\times2+(0.11-2\times0.015)\times2=2.11\text{m}$
				根数：$\dfrac{3.9-0.1-0.225-\frac{1}{2}\times0.14\times2}{0.14}+1=26$ 根
				重量：$2.11\times26\times0.006165\times8^2=21.646\text{kg}$
				Ⓑ轴，②～③轴
				单根长：$1.2+(0.11-2\times0.015)+0.2-0.025-0.02+15\times0.008=1.555\text{m}$
				根数：$\dfrac{3.9-0.1-0.225-\frac{1}{2}\times0.14\times2}{0.14}+1=26$ 根
				重量：$1.555\times26\times0.006165\times8^2=15.952\text{kg}$
				Ⓑ轴，②～③轴

办公楼钢筋工程量计算表

序号	构件名称	部位	钢筋种类	计算式
5	屋面板	见结施10		单根长：$0.3+0.35-0.1-0.015+(0.11-0.015\times2)+0.2-0.025-0.02+15\times0.008=0.89$m
				根数：$\dfrac{3.9-0.1-0.225-\frac{1}{2}\times0.2\times2}{0.2}+1=18$根
				重量：$0.89\times18\times0.006165\times8^2=6.321$kg
				Ⓑ轴：①~②轴
				单根长：$1.1+0.3+0.35-0.1-0.015+(0.11-2\times0.015)\times2=1.795$m
				根数：$\dfrac{3.3-0.1+0.25-0.2-\frac{1}{2}\times0.19\times2}{0.19}+1=18$根
				重量：$1.795\times18\times0.006165\times8^2=12.748$kg
				①轴，Ⓑ~Ⓓ轴
				单根长：$1.1+0.1-0.025-0.016+15\times0.008+0.11-2\times0.015=1.359$m
				根数：$\dfrac{8.1-0.1-0.35-\frac{1}{2}\times0.12\times2}{0.12}+1=64$根
				重量：$1.359\times64\times0.006165\times8^2=34.317$kg
				①轴，Ⓓ~Ⓔ轴
				单根长：1.359m
				根数：$\dfrac{6.6-0.35-0.35-\frac{1}{2}\times0.12\times2}{0.12}+1=45$根
				重量：$1.359\times45\times0.006165\times8^2=24.129$kg
				②轴，Ⓑ~Ⓓ轴 ϕ^R10
				单根长：$1.0\times2+(0.11-2\times0.015)\times2=2.16$m
				根数：$\dfrac{8.1-0.35-0.1-\frac{1}{2}\times0.14\times2}{0.14}+1=55$根
				重量：$2.16\times55\times0.006165\times10^2=73.240$kg
				②轴，Ⓓ~Ⓔ轴
				单根长：$1.0\times2+(0.11-2\times0.015)\times2=2.16$m
				根数：$\dfrac{6.6-0.35-0.35-\frac{1}{2}\times0.1\times2}{0.1}+1=59$根
				重量：$2.16\times59\times0.006165\times8^2=50.283$kg
				③轴，Ⓑ~Ⓓ轴 ϕ^R10
				单根长：$1.0+0.225-0.025-0.02+15\times0.01+0.11-2\times0.015=2.13$m

办公楼钢筋工程量计算表

序号	构件名称	部位	钢筋种类	计算式
5	屋面板	见结施10		根数：$\dfrac{8.1-0.35-0.1-\dfrac{1}{2}\times 0.14\times 2}{0.14}+1=55$ 根
				重量：$55\times 2.13\times 0.006165\times 10^2=72.223$ kg
				③轴，Ⓑ～Ⓓ轴
				单根长：$0.7+0.225-0.025-0.02+15\times 0.008+0.11-2\times 0.015-0.015=1.875$ m
				根数：$\dfrac{8.1-0.35-0.1-\dfrac{1}{2}\times 0.2\times 2}{0.2}+1=39$ 根
				重量：$1.875\times 39\times 0.006165\times 8^2=28.852$ kg
				③轴，Ⓓ～Ⓔ轴
				单根长：$1.0+0.225-0.025-0.02+15\times 0.008+0.11-2\times 0.015=2.13$ m
				根数：$\dfrac{6.6-0.35-0.35-\dfrac{1}{2}\times 0.1\times 2}{0.1}+1=59$ 根
				重量：$2.13\times 59\times 0.006165\times 8^2=49.584$ kg
				③轴，Ⓓ～Ⓔ轴
				单根长：$0.7+0.225-0.025-0.02+15\times 0.008-0.015+0.11-0.015\times 2=1.875$ m
				根数：$\dfrac{6.6-0.35-0.35-\dfrac{1}{2}\times 0.2\times 2}{0.2}+1=30$ 根
				重量：$1.875\times 30\times 0.006165\times 8^2=22.194$ kg
			板底受力筋：$\phi^{R}8$	①～②轴，Ⓑ～Ⓓ轴之间板块
				横向板底受力筋：
				单根长：$3.3+0.25-0.1-0.2-0.1-0.1=3.45$ m
				根数：$\dfrac{8.1-0.1-0.35-\dfrac{1}{2}\times 0.2\times 2}{0.2}+1=39$ 根
				重量：$3.45\times 39\times 0.006165\times 8^2=53.088$ kg
			纵向板底受力筋：$\phi^{R}6$	
				单根长：$8.1-0.35-0.1+\dfrac{1}{2}\times 0.2+\dfrac{1}{2}\times 0.25=7.875$ m
				根数：$\dfrac{3.3+0.25-0.2-0.1-\dfrac{1}{2}\times 0.14\times 2}{0.14}+1=24$ 根
				重量：$7.875\times 24\times 0.006165\times 6.5^2=49.229$ kg
				②～③轴，Ⓑ～Ⓓ轴板块
				横向板底受力筋：

办公楼钢筋工程量计算表

序号	构件名称	部位	钢筋种类	计算式
5	屋面板	见结施10		单根长：$3.9-0.1-0.1+\frac{1}{2}\times 0.2+\frac{1}{2}\times 0.2=3.9$m
				根数：$\frac{8.1-0.1-3.5-\frac{1}{2}\times 0.19\times 2}{0.19}+1=24$ 根
				重量：$3.9\times 41\times 0.006165\times 8^2=63.09$kg
				纵向板底受力筋：
				单根长：$8.1-0.1-0.35+\frac{1}{2}\times 0.25+\frac{1}{2}\times 0.2=7.875$m
				根数：$\frac{3.9-0.1-0.1-\frac{1}{2}\times 0.2\times 2}{0.2}+1=19$ 根
				重量：$7.875\times 19\times 0.006165\times 8^2=59.036$kg
				②～③轴，Ⓓ～Ⓔ轴板块
				单根长：$3.9-0.1-0.1+\frac{1}{2}\times 0.2+\frac{1}{2}\times 0.2=3.9$m
				根数：$\frac{6.6-0.35+0.1-0.25-\frac{1}{2}\times 0.2\times 2}{0.2}+1=31$ 根
				重量：$3.9\times 33\times 0.006165\times 8^2=50.78$kg
			板底受力筋：$\phi^R 6$	②～③轴，Ⓓ～Ⓔ轴板块
				单根长：$6.6-0.35+0.1-0.25+\frac{1}{2}\times 0.2+\frac{1}{2}\times 0.25=6.325$m
				根数：$\frac{3.9-0.1-0.1-\frac{1}{2}\times 0.14\times 2}{0.14}+1=27$ 根
				重量：$6.325\times 27\times 0.006165\times 6.5^2=44.482$kg
				①～②轴，Ⓓ～Ⓔ轴板块
				横向板底受力筋：
				单根长：$3.3+0.25-0.1-0.2+\frac{1}{2}\times 0.2+\frac{1}{2}\times 0.2=3.45$m
				根数：$\frac{6.6-0.35+0.1-0.25-\frac{1}{2}\times 0.14\times 2}{0.14}+1=44$ 根
				重量：$3.45\times 44\times 0.006165\times 6.5^2=39.54$kg
				纵向板底受力筋：
				单根长：$6.6-0.35+0.1-0.25+\frac{1}{2}\times 0.2+\frac{1}{2}\times 0.25=6.235$
				根数：$\frac{3.3+0.25-0.2-0.1-\frac{1}{2}\times 0.14\times 2}{0.14}+1=24$ 根
				重量：$6.325\times 24\times 0.006165\times 6.5^2=39.54$kg
		屋面板钢筋小计：$\phi^R 6=39.54+39.54+44.482+49.229=172.791$kg。$\phi^R 8=569.96$kg 钢筋分类合计：⚁20以外 0.192t；⚁20以内 1.431t；$\phi^R 10$以内 0.888t；$\phi 10$以内 0.331t		

20 直接费计算、工料分析及材料价差调整

20.1 直接费计算及工料分析

当一个单位工程的工程量计算完毕后,就要套用预算定额基价进行直接费的计算。本节只介绍直接工程费的计算方法,措施费的计算方法详见建筑工程费用计算。

计算直接工程费常采用两种方法,即单位估价法和实物金额法。

20.1.1 用单位估价法计算定额直接费

预算定额项目的基价构成,一般有以下两种形式:

第一种:基价中包含了全部人工费、材料费和机械使用费,这种方式称为完全定额基价,建筑工程预算定额常采用此种形式;

第二种:基价中包含了全部人工费、辅助材料费和机械使用费,不包括主要材料费,这种方式称为不完全定额基价,安装工程预算定额和装饰工程预算定额常采用此种形式。

凡是采用完全定额基价的预算定额计算工程费的方法称为单位估价法,计算出的工程费也称为定额直接费。

1. 单位估价法计算直接工程费的数学模型

单位工程定额直接工程费＝定额人工费＋定额材料费＋定额机械费

其中：　　　定额人工费＝Σ(分项工程费×定额人工费单价)

定额机械费＝Σ(分项工程量×定额机械费单价)

定额材料费＝Σ[(分项工程量×定额基价)－定额人工费－定额机械费]

2. 单位估价法计算定额直接工程费的方法与步骤

(1) 先根据施工图和预算定额计算分项工程量;

(2) 根据分项工程量的内容套用相对应的定额基价(包括人工费单价、机械费单价);

(3) 根据分项工程量和定额基价计算出分项工程定额直接工程费、定额人工费和定额机械费;

(4) 将各分项工程的各项费用汇总成单位工程定额直接工程费、单位工程定额人工费、单位工程定额机械费。

3. 单位估价法简例

【例 20-1】某工程有关工程量如下：C15 混凝土地面垫层 48.56m^3，M5 水泥砂浆砌砖基础 76.21m^3。根据这些工程量数据和表 20-1 中的预算定额，用单位估价法计算定额直接工程费、定额人工费、定额机械费，并进行工料分析。

【解】(1) 计算定额直接工程费、定额人工费、定额机械费

定额直接工程费、定额人工费、定额机械费的计算过程和计算结果见表 20-1。

定额直接费计算表（单位估价法）　　　　　　表 20-1

定额编号	项目名称	单位	工程数量	单价 基价	单价 其中 人工费	单价 其中 机械费	总价 合价	总价 其中 人工费	总价 其中 机械费
1	2	3	4	5	6	7	8=4×5	9=4×6	10=4×7
	一、砌筑工程								
定-1	M5 水泥砂浆砌砖基础	m³	76.21	111.57	14.92	0.76	8502.75	1137.05	57.92
	分部小计						8502.75	1137.05	57.92
	二、脚手架工程								
	分部小计								
	三、楼地面工程								
定-3	C15 混凝土	m³	48.56	167.40	25.8	3.10	8128.94	1256.25	150.54
	……								
	分部小计						8128.94	1256.25	150.54
	合计						16631.69	2393.30	208.46

（2）工料分析

人工（工日）及各种材料分析见表 20-2。

人工、材料分析表　　　　　　表 20-2

定额编号	项目名称	单位	工程量	人工（工日）	主要材料 标准砖（块）	主要材料 15 水泥砂浆（m³）	主要材料 水（m³）	主要材料 C15 混凝土（m³）
	一、砌筑工程							
定-1	M5 水泥砂浆砌砖基础	m³	76.21	1.243/94.73	523/39858	0.236/17.986	0.231/17.60	
	分部小计			94.73	39858	17.986	17.60	
	二、楼地面工程							
定-3	C15 混凝土地面垫层	m³	48.56	2.156/104.70			1.538/74.69	1.01/49.046
	分部小计			104.70			74.69	49.046
	合计			199.43	39.858	17.986	92.29	49.046

注：主要材料栏的分数中，分子表示定额用量，分母表示工程量乘以定额用量的结果。

20.1.2　用单位估价法计算定额直接费和材料分析

根据表 20-1 工程量数据和表 20-1、20-2 中的预算定额，用单位估价法将定额直接费和材料分析放在一张表上计算的方法见表 20-3。

表 20-3

分部分项工程(单价措施项目)费计算、工料分析表

工程名称：　　第 1 页　共 1 页

序号	定额编号	项目名称	单位	工程量	基价	合价	人工费 单价	人工费 小计	材料费 单价	材料费 小计	机械费 单价	机械费 小计	管理费、利润 费率(%)	管理费、利润 小计	主要材料用量 标准砖(块)	主要材料用量 M5水泥砂浆(m³)	主要材料用量 水(m³)	主要材料用量 C15混凝土(m³)
		一、砌筑工程																
1	定-1	M5水泥砂浆砌砖基础	m³	76.21	111.57	8502.75	14.92	1137.05	95.90	7308.54	0.76	57.92	33	394.34	$\frac{523}{39858}$	$\frac{0.236}{17.986}$	$\frac{0.231}{17.60}$	
		分部小计				8502.75		1137.05		7308.54		57.92		394.34	39858	17.986	17.60	
		三、楼地面工程																
2	定-3	C15混凝土地面垫层	m³	48.56	167.40	8128.94	25.87	1256.25	138.43	6722.16	3.10	150.54	33	464.24			$\frac{1.538}{74.69}$	$\frac{1.01}{49.046}$
		分部小计				8128.94		1256.25		6722.16		150.54		464.24				
		合计				16631.69		2393.30		14030.70		208.46		858.58	39858	17.986	92.29	49.046

注：管理费利润＝(定额人工费＋定额机械费)×33%

20.1.3 用实物金额法计算直接工程费

1. 实物金额法计算直接工程费的方法与步骤

凡是用分项工程量分别乘以预算定额子目中的实物消耗量标准(即人工工日、材料数量、机械台班数量)求出分项工程的人工、材料、机械台班消耗量,然后汇总成单位工程实物消耗量,再分别乘以工日单价、材料单价、机械台班单价求出单位工程人工费、材料费、机械使用费,最后汇总成单位工程直接工程费的方法,都称为实物金额法。

2. 实物金额法的数学模型

单位工程直接工程费=人工费+材料费+机械费

其中:人工费=∑(分项工程量×定额用工量×工日单价)

材料费=∑(分项工程量×定额材料用量×材料单价)

机械费=∑(分项工程量×定额机械台班用量×机械台班单价)

3. 实物金额法计算直接工程费简例

【例 20-2】某工程有关工程量为:M5 水泥砂浆砌砖基础 76.21m³;C15 混凝土地面垫层 48.56m³。根据上述数据和表 20-4 中的预算定额分析工料机消耗量,再根据表 20-5 中的单价计算直接工程费。

建筑工程预算定额(摘录) 表 20-4

定额编号			S-1	S-2
定额单位			10m³	10m³
项目		单位	M5 水泥砂浆砌砖基础	C15 混凝土地面垫层
人工	基本工 其他工 合计	工日 工日 工日	10.32 2.11 12.43	13.46 8.10 21.56
材料	标准砖 M5 水泥砂浆 C15 混凝土(0.5~4 砾石) 水 其他材料费	千块 m³ m³ m³ 元	5.23 2.36 2.31 	 10.10 15.38 1.23
机械	200L 砂浆搅拌机 400L 混凝土搅拌机	台班 台班	0.475 	 0.38

人工单价、材料单价、机械台班单价表 表 20-5

序号	名称	单位	单价(元)
一	人工单价	工日	25.00
二	材料单价		
1	标准砖	千块	127.00
2	M5 水泥砂浆	m³	124.32
3	C15 混凝土(0.5~4 砾石)	m³	136.02
4	水	m³	0.60
三	机械台班单价		
1	200L 砂浆搅拌机	台班	15.92
2	400L 混凝土搅拌机	台班	81.52

【解】（1）分析人工、材料、机械台班消耗量计算过程见表20-6

人工、材料、机械台班分析表　　　　　表20-6

定额编号	项目名称	单位	工程量	人工（工日）	标准砖（千块）	M5水泥砂浆（m^3）	C15混凝土（m^3）	水（m^3）	其他材料费（元）	200L砂浆搅拌机（台班）	400L混凝土搅拌机（台班）
	一、砌筑工程										
S-1	M15水泥砂浆砌砖基础	m^3	76.21	1.243/94.73	0.523/39.858	0.236/17.986		0.231/17.605		0.0475/3.620	
	二、楼地面工程										
S-2	C15混凝土地面垫层	m^3	48.56	2.156/104.70			1.01/49.046	1.538/74.685	0.123/5.973		0.038/1.845
	合计			199.43	39.858	17.986	49.046	92.29	5.973	3.620	1.845

注：分子为定额用量、分母为计算结果。

（2）计算直接工程费

直接工程费计算过程见表20-7。

直接工程费计算表（实物金额法）　　　　　表20-7

序号	名称	单位	数量	单价（元）	合价（元）	备注
1	人工	工日	199.43	25.00	4985.75	人工费：4985.75
2	标准砖	千块	39.858	17.00	5061.97	材料费：14030.57
3	M5水泥砂浆	m^3	17.986	124.32	2236.02	
4	C15混凝土（0.5~4砾石）	m^3	49.046	136.02	6671.24	
5	水	m^3	92.29	0.60	55.37	
6	其他材料费	元		5.97	5.97	
7	200L砂浆搅拌机	台班	3.620	15.92	57.63	机械费：208.03
8	400L混凝土搅拌机	台班	1.845	81.52	150.40	
	合计				19224.35	直接工程费：19224.35

20.2 材料价差调整

20.2.1 材料价差产生的原因

凡是使用完全定额基价的预算定额编制的施工图预算，一般需调整材料价差。

目前，预算定额基价中的材料费是根据编制定额所在地区的省会所在地的材料单价计算的。由于材料单价随着时间的变化而发生变化，其他地区使用该预算定额时材料单价也会发生变化。所以，用单位估价法计算定额直接工程费后，一般还要根据工程所在地区的材料单价调整材料价差。

20.2.2 材料价差调整方法

材料价差的调整有两种基本方法，即单项材料价差调整法和材料价差综合系数调整法。

1. 单项材料价差调整

当采用单位估价法计算定额直接工程费时，一般对影响工程造价较大的主要材料（如钢材、木材、水泥等）进行单项材料价差调整。

单项材料价差调整的计算公式为：

$$\text{单项材料价差调整} = \Sigma \left[\text{单位工程某种材料用量} \times \left(\text{现行材料预算价格} - \text{预算定额中材料单价} \right) \right]$$

【例 20-3】 根据某工程有关材料消耗量和现行材料单价，调整材料价差，有关数据如表 20-8。

材料单价表　　　　　　　　　　表 20-8

材料名称	单位	数量	现行材料单价	预算定额中材料单价
42.5 号水泥	kg	7345.10	0.35 元/kg	0.30 元/kg
Φ10 圆钢筋	kg	5618.25	2.65 元/kg	2.80 元/kg
花岗岩板	m²	816.40	350.00 元/m²	290.00 元/m²

【解】（1）直接计算

某工程单项材料价差 $= 7345.10 \times (0.35 - 0.30) + 5618.25 \times (2.65 - 2.80) + 816.40 \times (350 - 290)$

$= 7345.10 \times 0.05 - 5618.25 \times 0.15 + 816.40 \times 60$

$= 48508.52$ 元

（2）用"单项材料价差调整表"（表 20-9）计算。

单项材料价差调整表　　　　　　　　　　表 20-9

工程名称：××工程

序号	材料名称	数量	现行材料单价	预算定额中材料单价	价差（元）	调整金额（元）
1	525 号水泥	7345.10kg	0.35 元/kg	0.30 元/kg	0.05	367.26
2	Φ10 圆钢筋	5618.25kg	2.65 元/kg	2.80 元/kg	−0.15	−842.74
3	花岗岩板	816.40m²	350.00 元/m²	290.00 元/m²	60.00	48984.00
	合计					48508.52

2. 综合系数调整材料价差

采用单项材料价差的调整方法，其优点是准确性高，但计算过程较繁杂。因此，一些用量大、单价相对低的材料（如地方材料、辅助材料等）常采用综合系数的方法来调整单位工程材料价差。

采用综合系数调整材料价差的具体做法就是用单位工程定额材料费或定额直接工程费乘以综合调整系数,求出单位工程材料价差,其计算公式如下:

$$\text{单位工程采用综合系数调整材料价差} = \text{单位工程定额材料费} \begin{pmatrix} \text{定额直接工程费} \end{pmatrix} \times \text{材料价差综合调整系数}$$

【例 20-4】 某工程的定额材料费为 786457.35 元,按规定以定额材料费为基础乘以综合调整系数 1.38%,计算该工程地方材料价差。

【解】 某工程地方材料的材料价差 $= 786457.35 \times 1.38\% = 10853.11$ 元

思 考 题

1. 什么是直接工程费?
2. 什么是措施费?
3. 什么是直接费?直接费包括哪些内容?
4. 计算直接工程费的常用方法有哪几种?
5. 叙述用实物金额法计算直接工程费的过程。
6. 为什么要调整材料价差?
7. 如何调整材料价差?
8. 叙述用综合系数调整材料价差的过程。

21 分部分项工程、单价措施项目费及材料分析计算实例

21.1 办公楼工程单价换算

当按照图纸设计说明不能直接套用预算定额项目时，就要按照预算定额的规定进行工程单价换算。换算过程见表21-1。

21.2 办公楼工程分部分项工程、单价措施项目费计算

根据办公楼工程工程量（表19-1、表19-2）及相应的某地区预算定额，计算的办公楼工程分部分项工程、单价措施项目费见表21-2。

工程单价换算表

工程名称：办公楼工程

表 21-1
第 1 页 共 1 页

序号	分项工程名称	换算情况	定额编号	计算式	单位	金额（元）
1	M5 水泥砂浆砖基础 200厚（实心砖 200×190×53，−0.5～±0.000）	按图纸设计要求，将实心砖 200×190×53 换入，实心砖损耗量设定为 2%，砂浆损耗量设定为 2%	A3-1	换算后定额基价＝2918.52−5.236×380.00＋4.05×524.00−2.36×126.63＋2.04×126.63 ＝3010.52 元/10m³ 人工费＝772.80×1.20＝927.36 元/10m³ 机械费＝72.73×1.20＝87.28 元/10m³ 材料费＝2293.77−5.236×380.00＋4.05×524.00−2.36×126.63＋2.04×126.63＝2385.77 元/10m³ 其中：水泥 32.5　0.124×2.04＝0.253t/10m³ 中砂　　　　　1.603×2.04＝3.270t/10m³	10m³	3010.52
2	M5 混合砂浆砌台阶	按图纸设计要求，将 M5 混合砂浆换入	A3-33	换算后定额基价＝16143.10−6.25×122.31＋6.25×151.63 ＝16326.35 元/100m² 材料费＝9319.60−6.25×122.31＋6.25×151.63 ＝9502.85 元/100m² 其中：水泥 32.5　0.214×6.25＝1.338t/100m² 中砂　　　　　1.603×6.25＝10.019t/100m²	100m²	16326.35

21 分部分项工程、单价措施项目费及材料分析计算实例

分部分项工程、单价措施项目费及材料分析

表 21-2
第 1 页 共 8 页

工程名称：办公楼工程

序号	定额编号	项目名称	单位	工程量	基价	合价	人工费 单价	人工费 合计	材料费 单价	材料费 合计	机械费 单价	机械费 合计	管理费、利润 费率(%)	管理费、利润 小计	实心标砖(千匹) 定额	实心标砖(千匹) 合计	水泥32.5(t) 定额	水泥32.5(t) 合计	中砂(t) 定额	中砂(t) 合计
		一、土、石方工程																		
1	A1-27	人工挖地坑(三类土)	m³	164.66	28.68	4722.35	28.68	4722.35					33	1558.38						
2	A1-15	人工挖条基沟槽(三类土)	m³	38.8	24.35	944.81	24.35	944.81					33	311.79						
3	A1-15	人工挖地梁沟槽(三类土)	m³	36.37	24.35	885.63	24.35	885.63					33	292.26						
4	A1-39	平整场地	m²	560.8	1.43	801.27	1.43	801.27					33	264.42						
5	A1-41	基础回填土	m³	169.54	15.82	2682.90	13.32	2259.04			2.50	423.87	33	885.36						
6	A1-41	室内回填土	m³	70.44	15.82	1114.68	13.32	938.58			2.50	176.11	33	367.85						
7	A1-70	土方运输	m³	0.015	9.24	0.14	9.24	0.14					33	0.05						
		分部小计				11151.79		10551.82				599.97		3680.09						
		二、砌筑工程																		
8	A3-1	M5水泥砂浆砌基础(实心标砖，一1.25～-0.5)	m³	6.45	291.85	1882.45	58.44	376.94	229.38	1479.48	4.04	26.03	33	132.98	0.524	3.377	0.051	0.326	0.378	2.440
9	A3-1换	M5水泥砂浆砌基础200厚(实心砖200×190×53，一0.5～±0.000)	m³	12.64	301.05	3805.30	58.44	738.68	238.58	3015.61	4.04	51.00	33	260.60			0.044	0.552	0.327	4.133
10	A3-7换	M5混合砂浆砌多孔页岩砖墙200厚	m³	187.9	239.12	44931.02	73.38	13788.10	162.43	30520.97	3.31	621.95	33	4755.32	0.034	6.389	0.017	3.217	0.128	24.096
11	A3-2	M5混合砂浆砌女儿墙	m³	17.03	346.73	5904.73	98.52	1677.80	244.79	4168.79	3.41	58.14	33	572.86	0.566	9.641	0.041	0.700	0.308	5.242
12	A3-29	M5混合砂浆砌栏板	m³	5.04	369.91	2234.27	124.20	750.17	242.09	1462.24	3.62	21.87	33	254.77	0.551	3.330	0.045	0.273	0.338	2.043
13	A3-29	M5水泥砂浆砌挡墙	m³	0.39	369.91	144.27	124.20	48.44	242.09	94.42	3.62	1.41	33	16.45	0.551	0.215	0.045	0.018	0.338	0.132
14	A3-33换	M5水泥砂浆砌台阶	m²	1.98	163.26	323.26	66.71	132.08	95.03	188.16	1.53	3.02	33	44.58	0.162	0.320	0.013	0.026	0.10	0.198
		分部小计				59225.30		17512.21		40929.67		783.42		6037.56		23.272		5.112		38.284

分部分项工程、单价措施项目费及材料分析

工程名称：办公楼工程

第 2 页 共 8 页

序号	定额编号	项目名称	单位	工程量	基价	合价	人工费 单价	人工费 合计	材料费 单价	材料费 合计	机械费 单价	机械费 合计	管理费、利润 费率(%)	管理费、利润 小计	水泥32.5(t) 定额	水泥32.5(t) 合计	中砂(t) 定额	中砂(t) 合计	碎石(t) 定额	碎石(t) 合计
		三、混凝土及钢筋混凝土工程																		
15	A4-5	现浇C25混凝土独立基础	m³	29.97	284.32	8521.04	61.92	1855.74	202.98	6083.16	19.42	582.14	33	804.50	0.328	9.839	0.676	20.251	1.380	41.350
16	A4-16	现浇C25混凝土矩形框架柱	m³	25.13	342.38	8603.96	127.26	3198.04	203.72	5119.48	11.40	286.43	33	1149.88	0.336	8.434	0.701	17.611	1.339	33.642
17	A4-17	现浇C25混凝土圆形框架柱	m³	1.43	346.23	495.11	131.28	187.73	203.55	291.08	11.40	16.30	33	67.33	0.336	0.480	0.701	1.002	1.339	1.914
18	A4-18	现浇C25混凝土构造柱	m³	9.85	364.96	3594.88	149.94	1476.91	203.62	2005.70	11.40	112.27	33	524.43	0.336	3.306	0.701	6.903	1.339	13.186
19	A4-20	现浇C25混凝土地梁	m³	15.39	290.88	4476.61	77.34	1190.26	202.27	3112.89	11.27	173.46	33	450.03	0.325	5.002	0.669	10.296	1.366	21.023
20	A4-21	现浇C25混凝土矩形框架梁	m³	48.4	303.59	14693.85	90.06	4358.90	202.26	9789.43	11.27	545.52	33	1618.46	0.325	15.730	0.669	32.380	1.366	66.114
21	A4-21	现浇C25混凝土屋面矩形框架梁	m³	2.96	303.59	898.63	90.06	266.58	202.26	598.69	11.27	33.36	33	98.98	0.325	0.962	0.669	1.980	1.366	4.043
22	A4-24	现浇C25混凝土门廊梁	m³	1.024	370.62	379.51	151.56	155.20	207.79	212.78	11.27	11.54	33	55.02	0.325	0.333	0.669	0.685	1.366	1.399
23	A4-35	现浇C25混凝土过梁	m³	0.23	303.90	69.90	78.48	18.05	213.94	49.21	11.48	2.64	33	6.83	0.352	0.081	0.695	0.160	1.297	0.298
24	A4-35	现浇C25混凝土地梁楼板	m³	68.75	303.90	20893.33	78.48	5395.50	213.94	14708.31	11.48	789.53	33	2041.06	0.352	24.200	0.695	47.781	1.297	89.169
25	A4-35	现浇C25混凝土楼板	m³	1.35	303.90	410.27	78.48	105.95	213.94	288.82	11.48	15.50	33	40.08	0.352	0.475	0.695	0.938	1.297	1.751
26	A4-35	现浇C25混凝土门廊屋面板	m³	4.38	303.90	1331.10	78.48	343.74	213.94	937.05	11.48	50.30	33	130.03	0.352	1.542	0.695	3.044	1.297	5.681
27	A4-45	现浇C25混凝土雨篷	m³	0.23	372.93	85.77	136.44	31.38	219.76	50.54	16.73	3.85	33	11.63	0.352	0.081	0.695	0.160	1.297	0.298
28	A4-47	现浇C25混凝土楼梯	m³	11.87	389.52	4623.58	159.90	1898.01	211.26	2507.62	18.36	217.95	33	698.27	0.352	4.178	0.695	8.250	1.297	15.395
29	A4-50	现浇C25混凝土挑檐	m³	7.88	377.00	2970.77	134.70	1061.44	227.03	1788.96	15.28	120.37	33	390.00	0.352	2.774	0.695	5.477	1.297	10.220
30	A4-50	现浇C25混凝土门廊挑檐	m³	1.1	377.00	414.70	134.70	148.17	227.03	249.73	15.28	16.80	33	54.44	0.352	0.387	0.695	0.765	1.297	1.427
31	A4-50	现浇C25混凝土梁底板挑耳	m³	0.59	377.00	222.43	134.70	79.47	227.03	133.94	15.28	9.01	33	29.20	0.352	0.208	0.695	0.410	1.297	0.765
32	A4-53	现浇C25混凝土栏板	m³	0.69	391.24	269.95	155.04	106.98	220.74	152.31	15.46	10.67	33	38.82	0.356	0.245	0.702	0.484	1.310	0.904
33	A4-53	现浇C25混凝土女儿墙压顶	m³	1.32	391.24	516.43	155.04	204.65	220.74	291.38	15.46	20.40	33	74.27	0.356	0.469	0.702	0.927	1.310	1.729
34	A4-56	现浇C25混凝土挡坎（楼梯上）	m³	0.02	548.48	10.97	310.14	6.20	222.89	4.46	15.46	0.31	33	2.15	0.356	0.007	0.702	0.014	1.310	0.026

分部分项工程、单价措施项目费及材料分析

工程名称：办公楼工程

第 3 页 共 8 页

序号	定额编号	项目名称	单位	工程量	基价	合价	人工费 单价	人工费 合计	材料费 单价	材料费 合计	机械费 单价	机械费 合计	管理费、利润 费率(%)	管理费、利润 小计	主要材料用量 水泥32.5(t) 定额	水泥32.5(t) 合计	中砂(t) 定额	中砂(t) 合计	碎石(t) 定额	碎石(t) 合计
35	A4-56	现浇C25混凝土零星构件	m³	0.04	548.48	21.94	310.14	12.41	222.89	8.92	15.46	0.62	33	4.30	0.356	0.014	0.702	0.028	1.310	0.052
36	A4-61	现浇C25混凝土散水	m²	43.49	69.25	3011.64	34.45	1498.06	33.78	1469.06	1.02	44.53	33	509.05	0.022	0.972	0.067	2.914	0.096	4.165
37	A4-66	现浇C15混凝土台阶	m²	8.16	92.02	750.85	40.36	329.35	49.80	406.38	1.85	15.12	33	113.68	0.032	0.261	0.096	0.787	0.165	1.350
38	A4-330	钢筋构件(Φ10以内)	t	1.219	5299.97	6460.66	799.86	975.03	4444.39	5417.71	55.72	67.92	33	344.17	Φ10以内 1.020 1.243				Φ20以外 1.040	
39	A4-331	钢筋构件(Φ20以内)	t	1.431	5357.47	7666.54	483.60	692.03	4728.00	6765.77	145.87	208.74	33	297.25			1.488			
40	A4-332	钢筋构件(Φ20以上)	t	0.192	5109.22	980.97	331.98	63.74	4672.87	897.19	104.37	20.04	33	27.65					0.200	
		分部小计				92375.40		25659.53		63340.55		3375.32		9581.50	1.243	79.979	1.488	163.246	0.200	315.902
	四、屋面及防水工程														聚乙烯丙纶复合卷材 500g/m² (m²)		水泥32.5(t)		中砂(t)	
															定额	合计	定额	合计	定额	合计
41	A7-55	SBC丙纶屋面防水层	m²	385.39	37.51	14457.87	1.74	669.19	35.78	13788.68	0.33		33	220.83	1.195	460.464				
42	A7-55	SBC丙纶屋面檐沟防水层	m²	33.32	37.51	1250.00	1.74	57.86	35.78	1192.14	0.33		33	19.09	1.195	39.811				
43	A7-55	SBC丙纶屋面防水层(门廊屋面)	m²	49.45	37.51	1855.11	1.74	85.86	35.78	1769.25	0.33		33	28.34	1.195	59.083				
44	A7-55	SBC丙纶屋面防水层(门廊檐沟)	m²	28.59	37.51	1072.55	1.74	49.64	35.78	1022.91	0.33		33	16.38	1.195	34.159				
45	A7-55	SBC丙纶屋面附加层	m²	9.66	37.51	362.39	1.74	16.77	35.78	345.62	0.33		33	5.54	1.195	11.542				
46	A7-214	20厚1:2水泥砂浆防潮层	m²	29.12	16.20	471.66	8.12	236.40	7.75	225.63	0.33	9.64	33	81.19	0.014	0.406	0.037	1.073		
		分部小计				19469.58		1115.73		18344.22		9.64		371.37		605.059		0.406		1.073
	五、防腐、隔热、保温工程														珍珠岩粉(m³)		水泥32.5(t)			
															定额	合计	定额	合计		
47	A8-234换	水泥膨胀珍珠岩屋面保温层	m³	45.07	249.85	11260.87	33.18	1495.51	209.12	9424.86	7.56	340.50	33	605.88	1.279	57.654	0.149	6.703		
		分部小计				11260.87		1495.51		9424.86		340.50		605.88		57.654		6.703		

分部分项工程、单价措施项目费及材料分析

工程名称：办公楼工程　　　　　　　　　　　　　　　第 4 页　共 8 页

序号	定额编号	项目名称	单位	工程量	基价	合价	人工费 单价	人工费 合计	材料费 单价	材料费 合计	机械费 单价	机械费 合计	管理费、利润 费率(%)	管理费、利润 小计	主要材料用量
		六、脚手架工程													
48	A11-6	外墙双排脚手架	m²	868.44	17.40	15113.37	4.58	3975.72	12.02	10434.83	0.81	702.83	33	1543.92	
49	A11-20	里脚手架	m²	471.65	2.58	1215.82	2.00	942.36	0.48	228.56	0.10	44.90	33	325.80	
		分部小计				16329.19		4918.08		10663.39		747.73		1869.72	
		七、模板工程													
50	A12-2	现浇条基垫层模板安拆	m²	17.38	34.11	592.81	13.81	240.05	18.43	320.25	1.87	32.51	33	89.94	
51	A12-6	现浇独立基础垫层模板安拆	m²	13.52	42.19	570.39	13.42	181.38	27.00	365.07	1.77	23.93	33	67.76	
52	A12-6	现浇独立基础模板安拆	m²	63	42.19	2657.89	13.42	845.21	27.00	1701.15	1.77	111.53	33	315.72	
53	A12-17	现浇框架柱模板安拆	m²	200.02	44.02	8804.80	21.61	4322.83	20.12	4024.62	2.29	457.35	33	1577.46	
54	A12-17	现浇构造柱模板安拆	m²	98.5	44.02	4335.93	21.61	2128.78	20.12	1981.93	2.29	225.22	33	776.82	
55	A12-17	现浇梯柱模板安拆	m²	31.78	44.02	1398.94	21.61	686.83	20.12	639.45	2.29	72.66	33	250.63	
56	A12-18	现浇圆柱模板安拆	m²	14.75	53.36	787.10	32.33	476.84	18.75	276.54	2.29	33.73	33	168.49	
57	A12-19	现浇柱模板支撑起高	m²	5.31	2.77	14.73	1.82	9.69	0.85	4.51	0.10	0.53	33	3.37	
58	A12-20	现浇地梁模板安拆	m²	144.77	37.56	5437.16	17.21	2491.20	18.67	2702.93	1.68	243.03	33	902.30	
59	A12-21	现浇框架梁模板安拆	m²	474.83	53.98	25633.46	23.34	11082.53	28.02	13305.83	2.62	1245.10	33	4068.12	
60	A12-21	现浇门廊框架矩形梁模板安拆	m²	15.18	53.98	819.48	23.34	354.30	28.02	425.38	2.62	39.80	33	130.06	
61	A12-23	现浇过梁模板安拆(门廊)	m²	12.18	67.13	817.65	29.72	362.04	35.32	430.18	2.09	25.43	33	127.86	
62	A12-25	现浇梁模板支撑起高	m²	133.25	5.45	726.61	3.23	430.13	1.83	244.01	0.39	52.47	33	159.26	
63	A12-32	现浇平板模板安拆	m²	630.85	46.12	29097.33	15.62	9852.62	27.82	17550.63	2.69	1694.08	33	3810.41	

分部分项工程、单价措施项目费及材料分析

工程名称：办公楼工程　　第 5 页　共 8 页

序号	定额编号	项目名称	单位	工程量	基价	合价	人工费 单价	人工费 合计	材料费 单价	材料费 合计	机械费 单价	机械费 合计	管理费、利润 费率(%)	管理费、利润 小计	主要材料用量					
64	A12-32	现浇平板模板安拆(门廊)	m²	43.8	46.12	2020.23	15.62	684.07	27.82	1218.54	2.69	117.62	33	264.56						
65	A12-34	现浇平板模板支撑超高	m²	620.37	6.18	3836.06	3.32	2062.11	2.57	1591.37	0.29	182.57	33	740.75						
66	A12-68	现浇雨篷模板安拆	m²	3.02	54.85	165.64	15.47	46.71	35.23	106.40	4.15	12.53	33	19.55						
67	A12-70	现浇挑檐板模板安拆	m²	53.9	65.28	3518.58	33.57	1809.23	26.71	1439.53	5.01	269.82	33	686.09						
68	A12-70	现浇挑板板模板安拆	m²	15.06	65.28	983.11	33.57	505.51	26.71	402.21	5.01	75.39	33	191.70						
69	A12-94	现浇整体楼梯模板安拆	m²	42.74	70.90	3030.39	26.50	1132.41	42.47	1815.19	1.94	82.79	33	401.02						
70	A12-100	现浇台阶模板安拆	m²	8.16	63.72	519.98	26.16	213.47	36.49	297.73	1.08	8.79	33	73.34						
71	A12-101	现浇挡墙模板安拆	m²	0.34	50.67	17.23	26.79	9.11	22.59	7.68	1.29	0.44	33	3.15						
72	A12-101	现浇零星构件模板安拆	m²	0.24	50.67	12.16	26.79	6.43	22.59	5.42	1.29	0.31	33	2.22						
73	A12-103	现浇压顶模板安拆	m²	19.426	35.71	693.70	21.60	419.60	13.54	263.00	0.57	11.10	33	142.13						
		分部小计				96491.36		40353.08		51119.55		5018.73		14972.70						
		八、垂直运输工程																		
74	A13-7	垂直运输	m²	800.93	24.89	20037.36					24.89	20037.36	33	6612.33						
		分部小计				20037.36						20037.36		6612.33						
		九、楼地面工程													水泥32.5(t)		中砂(t)		碎石(t)	
															定额	合计	定额	合计	定额	合计
75	B1-24换	现浇C10混凝土独立基础垫层	m³	8.07	259.99	2098.12	92.74	748.41	158.53	1279.34	8.72	70.37	33	270.20	0.204	1.646	0.826	6.667	1.354	10.930

分部分项工程、单价措施项目费及材料分析

工程名称：办公楼工程

第 6 页 共 8 页

序号	定额编号	项目名称	单位	工程量	基价	合价	人工费 单价	人工费 合计	材料费 单价	材料费 合计	机械费 单价	机械费 合计	管理费率(%)	管理费、利润 小计	水泥32.5(t) 定额	水泥32.5(t) 合计	中砂(t) 定额	中砂(t) 合计	碎石(t)/花岗岩板(m²) 定额	碎石(t)/花岗岩板(m²) 合计
76	B1-24换	现浇C10混凝土地面垫层	m³	30.09	243.08	7314.37	77.28	2325.36	158.53	4770.16	7.27	218.84	33	839.59	0.204	6.138	0.826	24.860	1.354	40.754
77	B1-24换	现浇C10混凝土条基垫层	m³	5.43	259.99	1411.75	92.74	503.58	158.53	860.82	8.72	47.35	33	181.81	0.204	1.108	0.826	4.486	1.354	7.354
78	B1-27+B1-30	15厚1:3水泥砂浆抹找平层(屋面)	m²	349.5	7.48	2614.02	3.77	1316.92	3.51	1228.42	0.20	68.68	33	457.25	0.008	2.656	0.024	8.458		
79	B1-27+B1-30	25厚1:3水泥砂浆抹找平层(屋面)	m²	349.5	11.25	3933.59	5.42	1895.69	5.51	1925.81	0.32	112.08	33	662.56	0.012	4.096	0.041	14.176		
80	B1-27+B1-30	25厚1:3水泥砂浆抹找平层(檐沟)	m²	33.32	11.25	375.01	5.42	180.73	5.51	183.60	0.32	10.69	33	63.17	0.012	0.391	0.041	1.351		
81	B1-27+B1-30	25厚1:3水泥砂浆抹找平层(门廊屋面)	m²	45.56	11.25	512.77	5.42	247.12	5.51	251.04	0.32	14.61	33	86.37	0.012	0.534	0.041	1.848		
82	B1-27+B1-30	25厚1:3水泥砂浆抹找平层(门廊檐沟)	m²	28.59	11.25	321.78	5.42	155.07	5.51	157.54	0.32	9.17	33	54.20	0.012	0.335	0.041	1.160		
83	B1-27	20厚1:2.5水泥砂浆屋面保护层(不上人)	m²	244.91	9.37	2294.10	4.60	1125.61	4.51	1105.16	0.26	63.33	33	392.35	0.010	2.366	0.032	7.930		
84	B1-27	20厚1:3水泥砂浆楼面找平层	m²	361.74	9.37	3388.45	4.60	1662.56	4.51	1632.35	0.26	93.55	33	579.51	0.010	3.494	0.032	11.713		
85	B1-27	20厚1:3水泥砂浆楼梯找平层	m²	53.21	9.37	498.42	4.60	244.55	4.51	240.11	0.26	13.76	33	85.24	0.010	0.514	0.032	1.723		
86	B1-27	20厚1:2.5水泥砂浆门廊屋面保护层	m²	45.56	9.96	453.60	4.60	209.39	5.10	232.42	0.26	11.78	33	72.99	0.011	0.515	0.032	1.475		
87	B1-27换	20厚1:3水泥砂浆屋面保护层(门廊檐沟)	m²	104.59	9.96	1041.31	4.60	480.70	5.10	533.57	0.26	27.05	33	167.56	0.011	1.182	0.032	3.387		
88	B1-38换	20厚1:2防水砂浆面层(雨篷)	m²	4.04	14.33	57.88	8.30	33.55	5.76	23.29	0.26	1.04	33	11.42	0.013	0.051	0.029	0.119		
89	B1-83	花岗石楼地面	m²	739.49	131.51	97249.29	22.48	16626.69	107.77	79697.20	1.25	925.40	33	5792.19	0.011	7.898	0.049	35.917	1.020	754.280
90	B1-83	花岗石屋面面层	m²	243.74	131.51	32053.91	22.48	5480.25	107.77	26268.64	1.25	305.02	33	1909.14	0.011	2.603	0.049	11.838	1.020	248.615
91	B1-217	成品花岗岩踢脚线(楼地面)	m²	465.8	36.00	16770.43	5.55	2585.66	30.42	14170.33	0.03	14.44	33	858.03	0.002	0.955	0.003	1.169	1.020	475.116
92	B1-217换	成品花岗岩踢脚线(楼梯)	m	38.2	41.40	1581.63	6.38	243.86	34.98	1336.42	0.04	1.36	33	80.92	0.002	0.090	0.003	0.110		
93	B1-248	花岗岩铺楼梯面层	m²	38.84	213.37	8287.18	43.32	1682.67	166.11	6451.63	3.94	152.88	33	605.73	0.013	0.515	0.044	1.718	1.447	56.201
94	B1-274	护窗栏杆	m	11.1	208.84	2318.08	31.99	355.09	170.64	1894.08	6.21	68.91	33	139.92						
95	B1-274	楼梯栏杆	m	20.93	208.84	4370.94	31.99	669.55	170.64	3571.45	6.21	129.93	33	263.83						

分部分项工程、单价措施项目费及材料分析

工程名称：办公楼工程　　　　　　　　　　　　　　　　　　　　　　　　　　　　第 7 页　共 8 页

序号	定额编号	项目名称	单位	工程量	基价	合价	人工费 单价	人工费 合计	材料费 单价	材料费 合计	机械费 单价	机械费 合计	管理费、利润 费率(%)	管理费、利润 小计	水泥32.5(t) 定额	水泥32.5(t) 合计	中砂(t) 定额	中砂(t) 合计	碎石(t) 定额	碎石(t) 合计	花岗岩板(m²) 定额	花岗岩板(m²) 合计
96	B1-274	楼梯护窗栏杆	m	6.5	208.84	1357.43	31.99	207.94	170.64	1109.15	6.21	40.35	33	81.93								
97	B1-360	20厚1:3水泥砂浆台阶面	m²	1.14	27.59	31.45	18.53	21.13	8.62	9.83	0.43	0.50	33	7.14	0.018	0.021	0.049	0.056				
98	B1-305	楼梯栏杆扶手	m	20.93	81.37	1703.07	6.86	143.58	70.65	1478.70	3.86	80.79	33	74.04								
99	B1-368	花岗岩铺贴台阶面层	m²	8.55	225.61	1928.97	39.56	338.21	181.35	1550.52	4.71	40.24	33	124.89	0.016	0.135	0.072	0.614			1.569	13.41
		分部小计				193967.56		39483.84		151961.60		2522.12		13861.97		37.243		140.775		59.038		1547.62
		十、墙柱面工程													水泥32.5(t) 定额	水泥32.5(t) 合计	中砂(t) 定额	中砂(t) 合计	面砖(m²) 定额	面砖(m²) 合计	铝塑板(m²) 定额	铝塑板(m²) 合计
100	B2-9	20厚1:3水泥砂浆抹女儿墙内侧(上人屋面)	m²	72.76	17.41	1266.94	11.98	871.96	5.12	372.40	0.31	22.58	33	295.20	0.011	0.765	0.037	2.726				
101	B2-9	20厚1:3水泥砂浆抹女儿墙内侧(不上人屋面)	m²	26.86	17.41	467.70	11.98	321.89	5.12	137.47	0.31	8.34	33	108.98	0.011	0.282	0.037	1.006				
102	B2-19	混合砂浆抹内墙	m²	1596.03	17.34	27672.61	12.83	20478.66	4.16	6632.62	0.35	561.32	33	6943.19	0.006	9.401	0.037	59.787				
103	B2-19	混合砂浆抹天棚	m²	741.33	17.34	12853.48	12.83	9512.01	4.16	3080.75	0.35	260.73	33	3225.00	0.006	4.366	0.037	27.770				
104	B2-93	20厚1:2.5水泥砂浆泛水	m²	11.98	36.68	439.41	30.70	367.81	5.65	67.63	0.33	3.97	33	122.69	0.012	0.141	0.040	0.474				
105	B2-98	20厚1:2.5水泥砂浆屋面保护层(门廊檐沟)	m²	28.59	19.67	562.26	12.64	361.23	6.70	191.56	0.33	9.46	33	122.33	0.013	0.373	0.037	1.062				
106	B2-98	20厚1:2.5水泥砂浆面保护层(不上人檐沟)	m²	33.32	19.67	655.28	12.64	421.00	6.70	223.26	0.33	11.03	33	142.57	0.013	0.434	0.037	1.237				
107	B2-149	外墙面贴面砖(红色)	m²	250.76	84.09	21087.26	42.14	10567.03	41.11	10307.82	0.85	212.42	33	3557.22	0.016	3.985	0.038	9.446	0.765	191.73		
108	B2-149	外墙面贴面砖(白色)	m²	319.04	84.09	26829.16	42.14	13444.35	41.11	13114.55	0.85	270.26	33	4525.82	0.016	5.070	0.038	12.018	0.765	243.93		
109	B2-223	外墙贴面砖(圆柱)	m²	12.37	34.60	1046.51	39.98	494.52	43.69	540.49	0.93	11.51	33	166.99	0.013	0.155	0.032	0.402				
110	B2-529	外墙贴铝塑板	m²	124.81	32.39	11530.82	13.36	1667.84	79.02	9862.99			33	550.39							1.080	134.795
		分部小计				104411.43		58508.28		44531.54		1371.61		19760.36		24.971		115.928		435.669		134.795

321

工程名称：办公楼工程

分部分项工程、单价措施项目费及材料分析

第 8 页 共 8 页

序号	定额编号	项目名称	单位	工程量	基价	合价	人工费 单价	人工费 合计	材料费 单价	材料费 合计	机械费 单价	机械费 合计	管理费、利润 费率(%)	管理费、利润 小计	水泥32.5(t) 定额	水泥32.5(t) 合计	中砂(t) 定额	中砂(t) 合计
		十一、天棚工程																
111	B3-7	混合砂浆抹天棚(门廊)	m²	59.32	20.29	1203.41	12.21	724.18	7.85	465.57	0.23	13.66	33	243.49	0.005	0.288	0.023	1.363
112	B3-7	混合砂浆抹天棚(楼梯底板)	m²	50.49	20.29	1024.28	12.21	616.38	7.85	396.27	0.23	11.63	33	207.24	0.005	0.245	0.023	1.160
113	B3-7	混合砂浆抹天棚(挑檐底)	m²	64.9	20.29	1316.61	12.21	792.30	7.85	509.37	0.23	14.95	33	266.39	0.005	0.315	0.023	1.491
114	B3-7换	15厚1:0.3:3混合砂浆抹灰(雨篷)	m²	4.04	16.63	67.20	13.06	52.77	3.37	13.60	0.21	0.84	33	17.69	0.006	0.025	0.024	0.099
		分部小计				3611.51		2185.63		1384.81		41.07		734.81		0.874		4.114
		十二、门窗工程																
115	B4-130	成品金属门	m²	36.54	550.69	20122.15	21.41	782.25	527.87	19288.52	1.41	51.38	33	275.10				
116	B4-118	成品地弹门	m²	13.68	399.88	5470.33	28.39	388.40	369.70	5057.43	1.79	24.50	33	136.26				
117	B4-255	成品塑钢窗	m²	74.65	189.99	14182.40	22.34	1667.98	166.34	12417.08	1.30	97.34	33	582.55				
		分部小计				39774.87		2838.63		36763.03		173.21		993.91				
		十三、油漆、涂料、裱糊工程													乳胶漆(kg) 定额	乳胶漆(kg) 合计		
118	B5-296	内墙面乳胶漆	m²	1596.03	7.81	12461.80	5.61	8953.41	2.20	3508.39			33	2954.63	0.284	15.601		
119	B5-296	抹灰面乳胶漆(天棚)	m²	834.22	7.81	6513.59	5.61	4679.81	2.20	1833.78			33	1544.34	0.284	14.314		
120	B5-296	抹灰面乳胶漆(门廊天棚)	m²	55.03	7.81	429.67	5.61	308.71	2.20	120.97			33	101.87	0.284	1.145		
121	B5-296	抹灰面乳胶漆(楼梯底板)	m²	50.49	7.81	394.23	5.61	283.24	2.20	110.99			33	93.47	0.284	1.145		
122	B5-296	抹灰面乳胶漆(挑檐底)	m²	64.9	7.81	506.74	5.61	364.08	2.20	142.66			33	120.15	0.284	1.145		
123	B5-324	白灰浆面层(雨篷)	m²	4.04	1.20	4.86	1.17	4.72	0.03	0.14			33	1.56				
		分部小计				20310.89		14593.96		5716.93				4816.01		33.351		
		合计				688411.13		219216.30		434180.15		35020.68		143880.89				

21.3 办公楼工程直接费汇总及材料价差调整

根据表21-2汇总的分部工程直接费、人工费、机械费汇总见表21-3。

办公楼工程分部分项工程、单价措施项目费汇总表　　　　表21-3

序号	项目名称	定额直接费	人工费小计	材料费小计	机械费小计	管理费、利润小计
	一、分部分项工程					
1	土、石方工程	11151.79	10551.82		599.97	3680.09
2	砌筑工程	59225.30	17512.21	40929.67	783.42	6037.56
3	混凝土及钢筋混凝土工程	92375.40	25659.53	63340.55	3375.32	9581.50
4	屋面及防水工程	19469.58	1115.73	18344.22	9.64	371.37
5	防腐、隔热、保温工程	11260.87	1495.51	9424.86	340.50	605.89
6	楼地面工程	193967.56	39483.84	151961.60	2522.12	13861.97
7	墙柱面工程	104411.43	58508.28	44531.54	1371.61	19760.36
8	天棚工程	3611.51	2185.63	1384.81	41.07	734.81
9	门窗工程	39774.87	2838.63	36763.03	173.21	993.91
10	油漆、涂料、裱糊工程	20310.89	14593.96	5716.93		4816.01
	小　计	555559.20	173945.13	372397.20	9216.87	60443.46
	二、单价措施项目					
11	脚手架工程	16329.19	4918.08	10663.39	747.73	1869.72
12	模板工程	96491.36	40353.08	51119.55	5018.73	14972.70
13	垂直运输工程	20037.36			20037.36	6612.33
	小　计	132857.92	45271.15	61782.94	25803.82	23454.74
	合计	688417.12	219216.28	434180.14	35020.69	83898.20

21.4 办公楼工程材料汇总及价差调整

21.4.1 材料汇总

办公楼工程材料(部分)汇总见表21-4。

材料汇总表　　　　表21-4

工程名称：办公楼工程　　　　　　　　　　　　　　　　　　　　第1页　共1页

序号	材料名称	规格、型号	单位	数量	序号	材料名称	规格、型号	单位	数量
1	页岩实心标准砖	240×115×53	千匹	23.272	3	中砂		t	463.42
2	水泥	32.5	t	155.288	4	碎石		t	374.941

续表

序号	材料名称	规格、型号	单位	数量	序号	材料名称	规格、型号	单位	数量
5	聚乙烯丙纶复合卷材	500g/m²	m²	605.059	9	乳胶漆		kg	737.29
6	珍珠岩粉		m³	57.654	10	铝塑板		m²	13.36
7	花岗岩板		m²	1547.627	11	钢筋	Φ20以内(综合)	t	1.243
8	面砖		m²	435.6691	12	钢筋	Φ10以内(综合)	t	1.488
					13	钢筋	Φ20以外(综合)	t	0.200

21.4.2 办公楼工程材料价差调整

按某地区调整材料价差的规定，对表21-4中的下列材料进行了价差调整（见表21-5）。

材料及燃料动力费价差调整表 表21-5

工程名称：办公楼工程　　　　　　　　　　　　　　　　　　　第1页 共1页

序号	材料名称及规格	单位	数量	基价	调整价	单价差	复价差	备注
			1	2	3	4=3−2	5=1×4	6(注明调整价来源)
1	水泥 32.5	t	155.288	360.00	380.00	20.00	3105.76	信息价
2	中砂	t	463.42	30.00	35.00	5.00	2317.10	信息价
3	碎石	t	374.941	42.00	40.00	−2.00	−749.88	信息价
4	聚乙烯丙纶复合卷材 500g/m²	m²	605.059	21.00	23.00	2.00	1210.12	信息价
5	乳胶漆	kg	737.29	7.60	8.20	0.60	442.37	信息价
6	铝塑板	m²	13.36	67.00	80.00	13.00	173.68	信息价
7	钢筋 Φ10以下(综合)	t	1.243	4290.00	4300.00	10.00	12.43	信息价
8	钢筋 Φ20以下(综合)	t	1.488	4500.00	4500.00	0.00	0.00	信息价
9	钢筋 Φ20以上(综合)	t	0.200	4450.00	4500.00	50.00	10.00	信息价
	小计						6521.58	

22 建筑安装工程费用

22.1 建筑安装工程费用项目内容及构成

建筑安装工程费用亦称建筑安装工程造价，是指构成发承包工程造价的各项费用。

为了加强建设项目投资管理和适应建筑市场的发展、有利于合理确定和控制工程造价、提高建设投资效益，国家统一了建筑安装工程费用划分的口径。这一做法使得设计单位、业主、承包商、监理单位、造价咨询公司、招标代理公司、政府主管及监督部门各方，在编制设计概算、施工图预算、建设工程招标文件、编制招标控制价、编制投标报价、确定工程承包价、工程成本核算、工程结算等方面有了统一的标准。

根据《建筑安装工程费用项目组成》建标[2013]44号文件精神，按照费用不同划分方法，可以将建筑安装工程费用分为两类。

22.1.1 按照费用构成要素划分

建筑安装工程费按照费用构成要素划分由直接费、间接费、利润和税金组成。见表22-1。

1. 直接费

直接费由人工费、材料费、施工机械使用费组成。

（1）人工费

是指按工资总额构成规定，支付给从事工程施工的生产工人和附属生产单位的各项费用。内容包括：

① 计时工资或计件工资

是指按计时工资标准和工作时间或已做工作按计件单价支付给个人的劳动报酬。

② 津贴、补贴

是指为了补偿职工特殊或额外的劳动消耗和因其他特殊原因支付给个人的津贴，以及为了保证职工工资水平不受物价影响支付给个人的物价补贴。如流动施工津贴、高温作业临时津贴、高空津贴等。

③ 特殊情况下支付的工资

是指根据国家法律、法规和政策规定，因病、工伤、产假、计划生育假、婚丧假、事假、探亲假、定期休假、停工学习、执行国家或社会义务等原因按计时工资标准或计时工资标准的一定比例支付的工资。

（2）材料费

材料费是指施工过程中耗费的原材料、辅助材料、构配件、零件、半成品或成品的费用和周转使用材料的摊销（或租赁）费用。内容包括：

① 材料原价

是指材料的出厂价格或商家供应价格。

② 运杂费

是指材料自来源地运至工地仓库或指定堆放地点所发生的全部费用。

③ 运输损耗费

是指材料在运输装卸过程中不可避免的损耗。

④ 采购及保管费

是指为组织采购、供应、保管材料的过程中所需要的各项费用。包括采购费、仓储费、工地保管费、仓储损耗等。

(3) 施工机械使用费

是指施工作业所发生的机械使用费以及机械安拆费和场外运输费或其租赁费。由下列七项费用组成：

① 折旧费

指施工机械在规定的使用年限内，陆续收回其原值的费用及购置资金的时间价值。

② 大修理费

指施工机械按规定的大修理间隔台班进行必要的大修理，以恢复其正常功能所需的费用。

③ 经常修理费

指施工机械除大修理以外的各级保养和临时故障排除所需的费用。包括为保障机械正常运转所需替换设备与随机配备工具附具的摊销和维护费用，机械运转中日常保养所需润滑与擦拭的材料费用及机械停滞期间的维护和保养费用等。

④ 安拆费及场外运费

安拆费指施工机械(大型机械另计)在现场进行安装与拆卸所需的人工、材料、机械和试运转费用以及机械辅助设施的折旧、搭设、拆除等费用；场外运费指施工机械整体或分体自停放地点运至施工现场或由一施工地点运至另施工地点的运输、装卸、辅助材料及架线等费用。

⑤ 人工费

指机上司机和其他操作人员的人工费。

⑥ 燃料动力费

指施工机械在运转作业中所消耗的各种燃料及水、电等。

⑦ 税费

指施工机械按照国家规定应缴纳的车船使用税、保险费及年检费等。

2. 间接费

间接费由企业管理费和规费组成。

(1) 企业管理费

是指施工企业组织施工生产和经营管理所需的费用。内容包括：

① 管理人员工资

是指按规定支付给管理人员的计时工资、津贴补贴、加班加点工资及特殊情况下支付的工资等。

② 办公费

是指企业管理办公用的文具、纸张、账表、印刷、邮电、书报、办公软件、现场监控、会议、水电、烧水和集体取暖降温(包括现场临时宿舍取暖降温)等费用。

③ 差旅交通费

是指职工因公出差、调动工作的差旅费、住勤补助费,市内交通费和误餐补助费,职工探亲路费,劳动力招募费,职工退休、退职一次性路费,工伤人员就医路费,工地转移费以及管理部门使用的交通工具的油料、燃料等费用。

④ 固定资产使用费

是指管理和附属生产单位使用的属于固定资产的房屋、设备、仪器等的折旧、大修、维修或租赁费。

⑤ 工具用具使用费

是指企业管理使用的不属于固定资产的工具、器具、家具、交通工具、测绘、消防用具等的购置、维修和摊销费。

⑥ 劳动保险和职工福利费

是指由企业支付的职工退职金、按规定支付给离休干部的经费,集体福利费、冬季取暖补贴、上下班交通补贴等。

⑦ 劳动保护费

是企业按规定发放的劳动保护用品的支出。如工作服、手套、防暑降温饮料以及在有碍身体健康的环境中施工的保健费用等。

⑧ 检验试验费

是指施工企业按照有关标准规定,对建筑以及材料、构件和建筑安装物进行一般鉴定、检查所发生的费用,包括自设试验室进行试验所耗用的材料等费用。不包括新结构、新材料的试验费,对构件做破坏性试验及其他特殊要求检验试验的费用和建设单位委托检测机构进行检测的费用,对此类检测发生的费用,由建设单位在工程建设其他费用中列支。但对施工企业提供的具有合格证明的材料进行检测不合格的,该检测费用由施工企业支付。

⑨ 工会经费

是指企业按《工会法》规定的全部职工工资总额比例计提的工会经费。

⑩ 职工教育经费

是指按职工工资总额的规定比例计提,企业为职工进行专业技术和职业技能培训,专业技术人员继续教育、职工职业技能鉴定、职业资格认定以及根据需要对职工进行各类文化教育所发生的费用。

⑪ 财产保险费

是指施工管理用于财产、车辆等的保险费用。

⑫ 财务费

是指企业为施工生产筹集资金或提供预付款担保、履约担保、职工工资支付担保等所发生的各种费用。

⑬ 税金

是指企业按规定缴纳的房产税、非施工机械车船使用税、土地使用税、印花税等。

⑭ 其他

包括技术转让费、技术开发费、投标费、业务招待费、绿化费、广告费、公证费、法律顾问费、审计费、咨询费、保险费等。

(2) 规费

是指按国家法律、法规规定，由省级政府和省级有关权力部门规定必须缴纳或计取的费用。包括：

① 社会保险费

A. 养老保险费：是指企业按照规定标准为职工缴纳的基本养老保险费。

B. 失业保险费：是指企业按照规定标准为职工缴纳的失业保险费。

C. 医疗保险费：是指企业按照规定标准为职工缴纳的基本医疗保险费。

D. 生育保险费：是指企业按照规定标准为职工缴纳的生育保险费。

E. 工伤保险费：是指企业按照规定标准为职工缴纳的工伤保险费。

② 住房公积金：是指企业按规定标准为职工缴纳的住房公积金。

③ 工程排污费：是指按规定缴纳的施工现场工程排污费。

其他应列而未列入的规费，按实际发生计取。

3. 利润

是指施工企业完成所承包工程获得的盈利。

4. 税金

是指国家税法规定的应计入建筑安装工程造价的增值税。

22.1.2 建筑安装工程费按照工程造价形成划分

建筑安装工程费按照工程造价形成由分部分项工程费、措施项目费、其他项目费、规费、税金组成。

分部分项工程费、措施项目费、其他项目费均包含人工费、材料费、施工机具使用费、企业管理费和利润。见表22-2。

1. 分部分项工程费

是指各专业工程的分部分项工程应予列支的各项费用。

(1) 专业工程

是指按现行国家计量规范划分的房屋建筑与装饰工程、仿古建筑工程、通用安装工程、市政工程、园林绿化工程、矿山工程、构筑物工程、城市轨道交通工程、爆破工程等各类工程。

(2) 分部分项工程

指按现行国家计量规范对各专业工程划分的项目。如房屋建筑与装饰工程划分的土石方工程、地基处理与桩基工程、砌筑工程、钢筋及钢筋混凝土工程等。

各类专业工程的分部分项工程划分见现行国家或行业计量规范。

2. 措施项目费

是指为完成建设工程施工，发生于该工程施工前和施工过程中的技术、生活、安全、环境保护等方面的费用。内容包括：

(1) 安全文明施工费

① 环境保护费：是指施工现场为达到环保部门要求所需要的各项费用。

建筑安装工程费用项目组成表（营改增后） 表 22-1

（按费用构成要素划分）

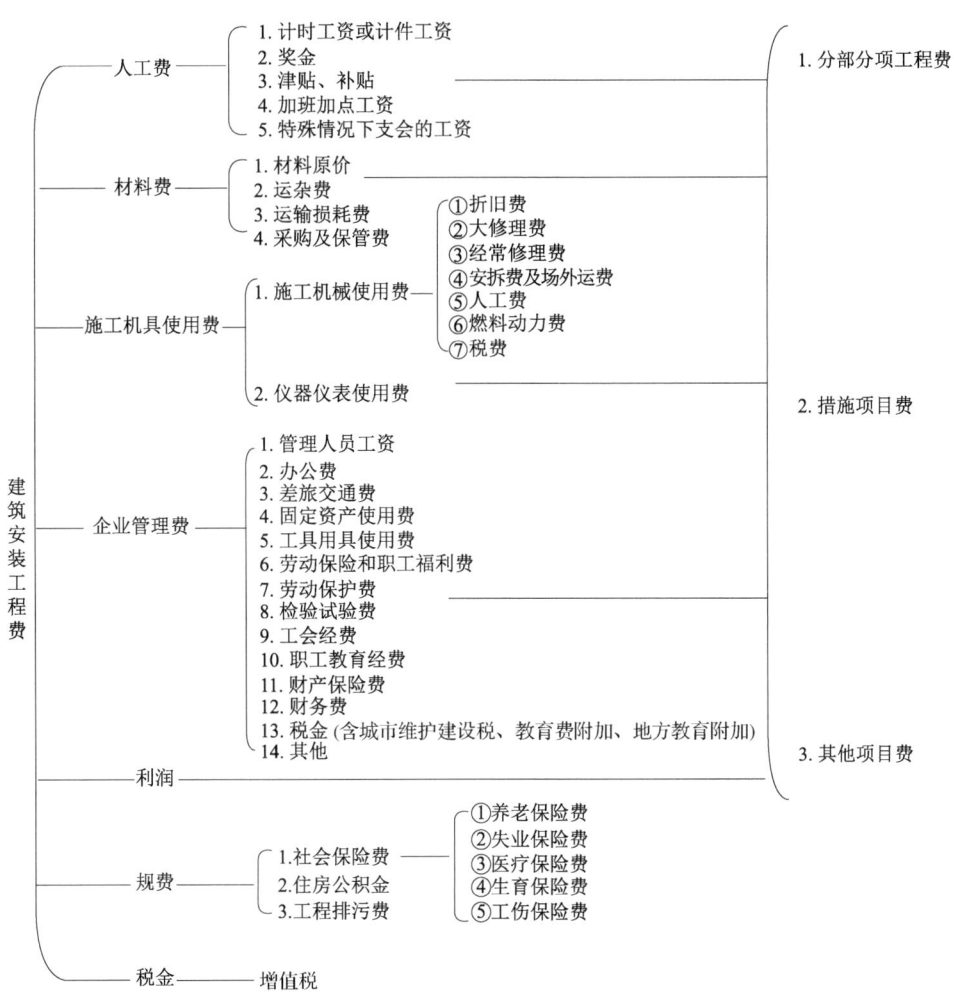

② 文明施工费：是指施工现场文明施工所需要的各项费用。

③ 安全施工费：是指施工现场安全施工所需要的各项费用。

④ 临时设施费：是指施工企业为进行建设工程施工所必须搭设的生活和生产用的临时建筑物、构筑物和其他临时设施费用。包括临时设施的搭设、维修、拆除、清理费或摊销费等。

（2）夜间施工增加费

是指因夜间施工所发生的夜班补助费、夜间施工降效、夜间施工照明设备摊销及照明用电等费用。

（3）二次搬运费

是指因施工场地条件限制而发生的材料、构配件、半成品等一次运输不能到达堆放地点，必须进行二次或多次搬运所发生的费用。

建筑安装工程费用项目组成表 表 22-2

（按造价形成划分）

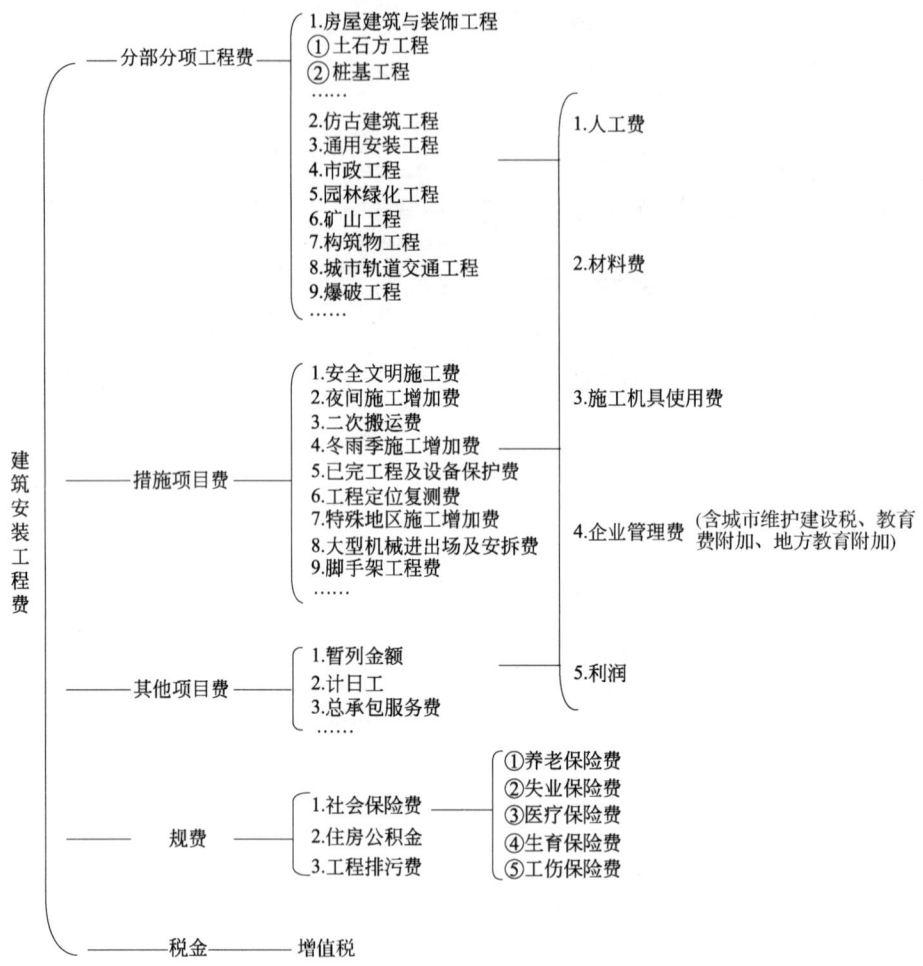

(4) 冬雨季施工增加费

是指在冬季或雨季施工需增加的临时设施、防滑、排除雨雪，人工及施工机械效率降低等费用。

(5) 已完工程及设备保护费

是指竣工验收前，对已完工程及设备采取的必要保护措施所发生的费用。

(6) 工程定位复测费

是指工程施工过程中进行全部施工测量放线和复测工作的费用。

(7) 特殊地区施工增加费

是指工程在沙漠或其边缘地区、高海拔、高寒、原始森林等特殊地区施工增加的费用。

(8) 大型机械设备进出场及安拆费

是指机械整体或分体自停放场地运至施工现场或由一个施工地点运至另一个施工地点，所发生的机械进出场运输及转移费用及机械在施工现场进行安装、拆卸所需的人工费、材料费、机械费、试运转费和安装所需的辅助设施的费用。

(9) 脚手架工程费

是指施工需要的各种脚手架搭、拆、运输费用以及脚手架购置费的摊销(或租赁)费用。

措施项目及其包含的内容详见各类专业工程的现行国家或行业计量规范。

3. 其他项目费

(1) 暂列金额

是指建设单位在工程量清单中暂定并包括在工程合同价款中的一笔款项。用于施工合同签订时尚未确定或者不可预见的所需材料、工程设备、服务的采购，施工中可能发生的工程变更、合同约定调整因素出现时的工程价款调整以及发生的索赔、现场签证确认等的费用。

(2) 计日工

是指在施工过程中，施工企业完成建设单位提出的施工图纸以外的零星项目或工作所需的费用。

(3) 总承包服务费

是指总承包人为配合、协调建设单位进行的专业工程发包，对建设单位自行采购的材料、工程设备等进行保管以及施工现场管理、竣工资料汇总整理等服务所需的费用。

4. 规费：定义同"费用构成要素划分"。

5. 税金：定义同"费用构成要素划分"。

建筑安装工程费按照工程造价形成划分见表22-2。

22.2 间接费、利润、税金计算方法及费率

22.2.1 间接费计算方法及费率

1. 企业管理费计算方法

企业管理费计算方法一般有三种。即以定额直接费为计算基础计算；以定额人工费为计算基础计算；以定额人工费加定额机械费为基础计算。

(1) 以直接费为计算基础

$$间接费 = \Sigma 分项工程项目定额直接费 \times 间接费费率(\%)$$

(2) 以定额人工费为计算基础

$$间接费 = \Sigma 分项工程项目定额人工费 \times 间接费费率(\%)$$

(3) 以定额人工费加定额机械费为计算基础

$$间接费 = \Sigma (分项工程项目定额人工费 + 定额机械费) \times 间接费费率(\%)$$

2. 规费计算方法

规费计算方法一般是以定额人工费为基础计算。即：

$$规费 = \Sigma 分项工程项目定额人工费 \times 对应的规费费率(\%)$$

3. 企业管理费费率

(1) 以分部分项工程费为计算基础

$$企业管理费费率(\%)=\frac{生产工人年平均管理费}{年有效施工天数\times人工单价}\times人工费占分部分项工程费比例(\%)$$

(2) 以人工费和机械费合计为计算基础

$$企业管理费费率(\%)=\frac{生产工人年平均管理费}{年有效施工天数\times(人工单价+每一工日机械使用费)}\times100\%$$

(3) 以人工费为计算基础

$$企业管理费费率(\%)=\frac{生产工人年平均管理费}{年有效施工天数\times人工单价}\times100\%$$

工程造价管理机构在确定计价定额中企业管理费时，应以定额人工费（定额人工费+定额机械费）作为计算基数，其费率根据历年工程造价积累的资料，辅以调查数据确定，列入分部分项工程和措施项目中。

4. 规费内容

(1) 社会保险费和住房公积金

社会保险费和住房公积金应以定额人工费为计算基础，根据工程所在地省、自治区、直辖市或行业建设主管部门规定费率计算。

社会保险费和住房公积金=Σ(工程定额人工费×社会保险费和住房公积金费率)

式中：社会保险费和住房公积金费率可以每万元发承包价的生产工人人工费和管理人员工资含量与工程所在地规定的缴纳标准综合分析取定。

(2) 工程排污费

工程排污费等其他应列而未列入的规费应按工程所在地环境保护等部门规定的标准缴纳，按实计取列入。

22.2.2 利润计算方法

1. 施工企业根据企业自身需求并结合建筑市场实际自主确定，列入报价中。

2. 工程造价管理机构在确定工程造价利润时，应以定额人工费（定额人工费+定额机械费）作为计算基数，其费率根据历年工程造价积累的资料，并结合建筑市场实际确定，以单位（单项）工程测算，利润在税前建筑安装工程费的比重，可按不低于5%且不高于7%的费率计算。

利润=Σ分项工程定额人工费(人工费+机械费)×利润率

22.2.3 税金计算方法与税率（营改增后）

税金计算公式：

税金=税前造价×11%（增值税税率）

22.3 建筑安装工程费用计算方法

22.3.1 建筑安装工程费用(造价)理论计算方法

建筑安装工程的理论计算程序见表22-3。

建筑安装工程费用(造价)理论计算方法 表 22-3

序号	费用名称	计算式	
(一)	直接费	定额直接工程费	Σ(分项工程量×定额基价)
		措施费	定额直接工程费×有关措施费费率 或：定额人工费×有关措施费费率 或：按规定标准计算
(二)	间接费	(一)×间接费费率 或：定额人工费×间接费费率	
(三)	利润	(一)×利润率 或：定额人工费×利润率	
(四)	增值税 税金	营业税=[(一)+(二)+(三)]×11%	
	工程造价	(一)+(二)+(三)+(四)	

22.3.2 建筑安装工程费用的计算原则

定额直接工程费根据预算定额基价算出，这具有很强的规范性。按照这一思路，对于措施费、规费、企业管理费等有关费用的计算也必须遵循其规范性，以保证建筑安装工程造价的社会必要劳动量的水平。为此，工程造价主管部门对各项费用的计算作了明确的规定：

(1) 建筑工程一般以定额直接工程费为基础计算各项费用；
(2) 安装工程一般以定额人工费为基础计算各项费用；
(3) 装饰工程一般以定额人工费为基础计算各项费用；
(4) 材料价差不能作为计算间接费等费用的基础。

为什么要规定上述计算基础呢？因为这是确定工程造价的客观需要。

首先，要保证计算出的措施费、间接费等各项费用的水平具有稳定性。

我们知道，措施费、间接费等费用是按一定的取费基础乘上规定的费率确定的。当费率确定后，要求计算基础必须相对稳定。因而，以定额直接工程费或定额人工费作为取费基础，具有相对稳定性，不管工程在定额执行范围内的什么地方施工，不管由哪个施工单位施工，都能保证计算出水平较一致的各项费用。

其次，以定额直接工程费作为取费基础，既考虑了人工消耗与管理费用的内在关系，又考虑了机械台班消耗量对施工企业提高机械化水平的推动作用。

再者，由于安装工程、建筑装饰工程的材料、设备设计的要求不同，使材料费产生较大幅度的变化，而定额人工费具有相对稳定性，再加上措施费、间接费等费用与人员的管理幅度有直接联系。所以，安装工程、装饰工程采用定额人工费为取费基础计算各项费用较合理。

22.3.3 建筑安装工程费用计算程序

建筑安装工程费用计算程序亦称建筑安装工程造价计算程序，是指计算建筑安装工程造价有规律的顺序。

建筑安装工程费用计算程序没有全国统一的格式，一般由省、市、自治区工程造价主管部门结合本地区具体情况确定。

1. 建筑安装工程费用计算程序的拟定

拟定建筑安装工程费用计算程序主要有两个方面的内容，一是拟定费用项目和计算顺序；二是拟定取费基础和各项费率。

（1）建筑安装工程费用项目及计算顺序的拟定

各地区参照国家主管部门规定的建筑安装工程费用项目和取费基础，结合本地区实际情况拟定费用项目和计算顺序，并颁布在本地区使用的建筑安装工程费用计算程序。

（2）费用计算基础和费率的拟定

在拟定建筑安装工程费用计算基础时，应遵照国家的有关规定和工程造价的客观经济规律，使工程造价的计算结果较准确地反映本行业的生产力水平。

当取费基础和费用项目确定之后，就可以根据有关资料测算出各项费用的费率，以满足计算工程造价的需要。

2. 建筑安装工程费用计算程序实例

某地区根据建标[2013]44号文件精神设计的建筑安装工程费用计算程序见表22-4。

某地区建筑安装工程费用计算程序　　　　　　　　　　表22-4

序号	费用名称		建筑工程	装饰、安装工程
			计算基数	计算基数
1	分部分项工程费（含单价措施项目费）	直接费	Σ分项工程费＋单价措施项目费	Σ分项工程费＋单价措施项目费
2		企业管理费	分项工程、单价措施项目定额人工费＋定额机械费	Σ分项工程、单价措施项目定额人工费＋定额机械费
3		利润		
4	总价措施费	安全文明施工费	Σ分项工程、单价措施项目人工费	Σ分项工程、单价措施项目人工费
5		夜间施工增加费		
6		冬雨季施工增加费	Σ分项工程费	Σ分部分项工程费
7		二次搬运费	Σ分部分项工程费＋单价措施项目费	Σ分项工程费＋单价措施项目费
8		提前竣工费	按经审定的赶工措施方案计算	按经审定的赶工措施方案计算
9	其他项目费	暂列金额	Σ分项工程费＋措施项目费	Σ分项工程费＋措施项目费
10		总承包服务费	分包工程造价	分包工程造价
11		计日工	按暂定工程量×单价	按暂定工程量×单价
12	规费	社会保险费	Σ分项工程、单价措施项目人工费	Σ分项工程、单价措施项目人工费
13		住房公积金		
14		工程排污费	Σ分项工程费	Σ分项工程费
15		增值税税金	序1～序14之和	序1～序14之和
	工程造价		序1～序15之和	序1～序15之和

说明：表中序1～序14各费用均以不包含增值税可抵扣进项税额的价格计算。

22.4 施工企业工程取费级别与费率

22.4.1 施工企业工程取费级别

每个施工企业都要由省级建设行政主管部门根据规定的条件核定规费的取费等级。某地区施工企业工程取费等级评审条件见表22-5。

某地区施工企业工程取费级别评审条件　　表 22-5

取费等级	评审条件
特级	1. 企业具有特级资质证书 2. 企业近五年来承担过两个以上一类工程 3. 企业参加了社会劳保统筹，退（离）休职工人数占在册职工人数30%以上
一级	1. 企业具有一级资质证书 2. 企业近五年来承担过两个以上二类及其以上工程 3. 企业参加了社会劳保统筹，退（离）休职工人数占在册职工人数20%以上
二级	1. 企业具有二级资质证书 2. 企业近五年来承担过两个三类及其以上工程 3. 企业参加了社会劳保统筹，退（离）休职工人数占在册职工人数10%以上
三级	1. 企业具有三级资质证书 2. 企业近五年来承担过两个四类及其以上工程 3. 企业参加了社会劳保统筹，退（离）休职工人数占在册职工人数10%以下

22.4.2 间接费、利润、税金费（税）率实例

间接费中不可竞争费率由省级或行业行政主管部门规定外其余费率可以由企业自主确定。

建标[2013]44号文件精神是，利润率由工程造价管理机构确定，利润在税前建筑安装工程费的比重，可按不低于5%且不高于7%的费率计算。

税率是国家税法规定的，当工程在市、县镇、其他的不同情况时综合税率分别按3.48%、3.41%、3.28%计取。

例如，某地区建筑安装工程费用标准见表22-6。

某地区建筑安装工程费用标准　　表 22-6

费用名称	建筑、装饰工程费率			安装工程费率（%）		
	取费基数	企业等级	费率（%）	取费基数	企业等级	费率（%）
企业管理费	∑分项工程、单价措施项目定额人工费＋定额机械费	一级	33	∑分部分项、单价措施项目定额人工费＋定额机械费	一级	38
		二级	25		二级	30
		三级	20		三级	26
安全文明施工费	∑分项工程、单价措施项目定额人工费	—	28	∑分部分项、单价措施项目定额人工费	—	28

续表

费用名称	建筑、装饰工程费率			安装工程费率(%)		
	取费基数	企业等级	费率(%)	取费基数	企业等级	费率(%)
夜间施工增加费	∑分项工程、单价措施项目定额人工费	—	2	∑分项工程、单价措施项目定额人工费	—	2
冬雨季施工增加费	∑分项工程费	—	0.5	∑分项工程费	—	0.5
二次搬运费	∑分项工程费＋单价措施项目费	—	1	∑分项工程费＋单价措施项目费	—	1
提前竣工费	按经审定的赶工措施方案计算			按经审定的赶工措施方案计算		
总承包服务费	分包工程造价	—	2	分包工程造价	—	2
社会保险费	∑分项工程、单价措施项目人工费	一级	18	∑分项工程、单价措施项目人工费	一级	18
		二级	15		二级	15
		三级	13		三级	13
住房公积金	∑分项工程、单价措施项目人工费	一级	6	∑分项工程、单价措施项目人工费	一级	6
		二级	5		二级	5
		三级	3		三级	3
工程排污费	∑分项工程费		0.6	∑分项工程费		0.6
利润	∑分项工程、单价措施项目定额人工费	一级	32	∑分项工程、单价措施项目定额人工费	一级	32
		二级	27		二级	27
		三级	24		三级	24
增值税税金	税前造价		11%	税前造价		11%

说明：税前造价均以不包含增值税可抵扣进项税额的价格计算。

22.4.3 建筑安装工程费用(造价)计算举例

某工程由二级施工企业施工，根据下列数据和某地区建筑安装工程费用标准（表22-6）计算该工程的建筑工程预算造价。

1. 工程在市区

2. 取费等级：二级企业

3. 分项工程定额直接费：317445.86元

其中：

　　定额人工费：84311.00元；

　　定额材料费：210402.63元；

　　定额机械费：22732.23元

4. 单价措施项目定额直接费：10343.54元

其中：

　　定额人工费：3183.25元

　　定额材料费：6665.35元

　　定额机械费：494.94元

5. 企业管理费、规费、税金按表22-6中的规定计算。

某工程建筑工程施工图预算造价计算见表22-7。

某工程建筑工程施工图预算造价计算表　　　　表22-7

序号	费用名称		计算基数	费率	金额(元)
1	分部分项工程费(含单价措施项目费)	直接费	∑分项工程费＋单价措施项目费(317445.86＋10343.54) 其中：定额人工费87494.25 定额机械费3227.17		327789.40
2		企业管理费	∑分项工程、单价措施项目定额人工费＋定额机械费(90721.42)	25	22680.36
3		利润		27	24494.78
4	总价措施费	安全文明施工费	∑分项工程、单价措施项目人工费(87494.25)	28	24498.39
5		夜间施工增加费		2	1749.89
6		冬雨季施工增加费	∑分项工程费(317445.86)	0.5	1587.23
7		二次搬运费	∑分部分项工程费＋单价措施项目费(327789.40)	1	3277.89
8		提前竣工费	按经审定的赶工措施方案计算		
9	其他项目费	暂列金额	∑分项工程费＋措施项目费		
10		总承包服务费	分包工程造价		
11		计日工	按暂定工程量×单价		
12	规费	社会保险费	∑分项工程、单价措施项目人工费(87494.25)	15	13124.14
13		住房公积金		5	4377.71
14		工程排污费	∑分项工程费(317445.86)	0.60	1904.68
15	增值税税金		税前造价(序1～序14之和)(425484.47)	11%	46803.29
	工程造价		序1～序15之和		472287.76

说明：税前造价均以不包含增值税可抵扣进项税额的价格计算。

思 考 题

1. 简述建筑安装工程费用的构成。
2. 间接费由哪些费用构成？
3. 什么是企业管理费？什么是规费？各自包括哪些内容？
4. 叙述建筑安装工程费用的理论计算方法。
5. 计算建筑安装工程费用应遵循哪些原则？
6. 简述建筑安装工程费用计算程序。

23 建筑安装工程费用计算实例

23.1 办公楼工程建筑安装工程费用(造价)计算条件

(1) 工程在市区
(2) 取费等级：一级
(3) 分项工程定额直接费：555559.20元
其中：
  定额人工费：173945.13元
  定额材料费：372397.20元
  定额机械费：9216.87元
(4) 单价措施项目定额直接费：132857.92元
其中：
  定额人工费：45271.15元
  定额材料费：61782.94元
  定额机械费：25803.82元
(5) 单项材料价差调整：6521.58元
(6) 按地区规定，人工费调增12%

23.2 办公楼工程建筑安装工程费用(造价)计算

办公楼工程建筑安装工程费用(造价)计算见表23-1。

建筑安装工程费用计算表　　　　　　　表23-1

工程名称：办公楼工程　　　　　　　　　第1页　共1页

序号	费用名称		计算式(基数)	费率(%)	金额(元)	合计(元)
1	分部分项工程费	人工费	∑工程量×定额基价(见计算表) (其中：定额人工、机械费) 173945.13+9216.87 =183162.00		555559.20	616002.66
		材料费				
		机械费				
		管理费	∑分部分项工程定额人工费 +机械费 1831162.00	33	60443.46	
		利润	∑分部分项工程定额人工费 +机械费 1831162.00			

续表

序号	费用名称		计算式(基数)	费率(%)	金额(元)	合计(元)
2	措施项目费	单价措施费	∑工程量×定额基价	见汇总表	132857.92	285809.25
			管理费、利润 （定额人工、机械费） 254236.98	33	83898.20	
		总价措施费	安全文明施工费	分部分项工程、单价措施项目定额人工费 173945.13 ＋ 45271.15 ＝219216.28	28	61380.56	
			夜间施工增加费		2	4384.33	
			二次搬运费		1	2192.16	
			冬雨季施工增加费		0.5	1096.08	
3	其他项目费	总承包服务费	招标人分包工程造价			
4	规费	社会保险费	分部分项工程定额人工费＋单价措施项目定额人工费 173945.13＋45271.15＝219216.28	18	39458.93	55945.27
		住房公积金		6	13152.98	
		工程排污费	按工程所在地规定计算 （分部分项工程定额直接费） 555559.20	0.6	3333.36	
5	人工价差调整		定额人工费×调整系数 219216.28×12%		26305.95	26305.95
6	材料价差调整		见材料价差计算表		6521.58	6521.58
7	增值税税金		（序1＋序2＋序3＋序4＋序5＋序6） 990584.71	11%	108964.32	108964.32
	预算造价		（序1＋序2＋序3＋序4＋序5＋序6＋序7）			1099549.03

注：表中序1～序6各费用均以不包含增值税可抵扣进项税额的价格计算。

24 营改增后施工图预算工程造价计算方法

中华人民共和国财政部与国家税务局2016年颁发了《关于全面推开营业税改征增值税试点的通知》财税〔2016〕36号文，建筑业从2016年5月1日起全面实施营业税该增值税。

24.1 概 述

24.1.1 增值税计算与营业税计算的异同

1. 建设工程增值税与营业税的计算基础不同

营业税是价内税，营业税是计算工程造价的基础，建筑安装材料（设备）等所含营业税也是计算工程造价的基础。

增值税是价外税，增值税的计算基础不含增值税，也不含建筑安装材料（设备）等的增值税。

2. 计算方法基本相同

含营业税或者增值税的投标报价，计算分部分项工程费、措施项目费、其他项目费、规费的方法完全相同。

3. "营改增"后投标价计算的主要区别

增值税的计算基础的人工费、材料费、机具费、企业管理费、措施项目费、其他项目费等不能含增值税。

将城市维护建设税、教育费附加、地方教育附加归并到了企业管理费，因此企业管理费的计算费率要提高。

24.1.2 什么是增值税

增值税是对纳税人生产经营活动的增值额征收的一种税，是流转税的一种。

增值额是纳税人生产经营活动实现的销售额与其从其他纳税人购入货物、劳务、服务之间的差额。

24.1.3 什么是"营改增"

我们通常所说的"营改增"是营业税改征增值税的简称，是指将建筑业、交通运输业和部分现代服务业等纳税人，从原来的按营业额缴纳营业税，转变为按增值额征税缴纳增值税，实行环环征收、道道抵扣。

增值税是对在我国境内销售货物、提供加工、修理修配劳务以及进口货物的单位和个人，就其取得的增值额为计算依据征收的一种税。

24.1.4 为什么要实施"营改增"

1. 避免了营业税重复征税、不能抵扣、不能退税的弊端、能有效降低企业税负。

2. 把营业税的"价内税"变成了增值税的"价外税"，形成了增值税进项和销项的抵扣关系，从深层次影响产业结构。

24.1.5 "营改增"范围

扩大了试点行业范围后将建筑业、金融业、房地产业、生活服务纳入营改增范围。将不动产纳入抵扣。

24.1.6 增值税税率

营改增政策实施后，增值税税率实行5级制（17%、13%、11%、6%、0），小规模纳税人，可选择简易计税方法征收3%的增值税，见表24-1。

营改增各行业所适用的增值税税率　　表24-1

行业	增值税率（%）	营业税率（%）
建筑业	11	3
房地产业	11	5
金融业	6	5
生活服务业	6	一般为5%，特定娱乐业适用3%~20%税率

注：销售企业增值税率为17%。

24.2 营改增后施工图预算工程造价计算方法

24.2.1 住建部有关增值税的规定

《住房和城乡建设部办公厅关于做好建筑业营改增建设工程计价依据调整准备工作的通知》建办标〔2016〕4号文要求，工程造价计算方法如下：

工程造价＝税前工程造价×（1＋11%）。其中，11%为建筑业拟征增值税税率，税前工程造价为人工费、材料费、施工机具使用费、企业管理费、利润和规费之和，各费用项目均以不包含增值税可抵扣进项税额的价格计算，相应计价依据按上述方法调整。

24.2.2 增值税计算有关规定与方法

1. 中华人民共和国增值税暂行条例规定

（1）应纳税额

纳税人销售货物或者提供应税劳务（以下简称销售货物或者应税劳务），应纳税额为当期销项税额抵扣当期进项税额后的余额。应纳税额计算公式：

$$应纳税额＝当期销项税额－当期进项税额$$

（2）销项税额

是指纳税人发生应税行为按照销售额和增值税税率计算并收取的增值税额。销项税额计算公式：

2. 增值税、销项税、进项税举例

B企业从A企业购进一批货物，货物价值为100元（销售额），则B企业应该支付给A企业117元（含税销售额）（销售额100元及增值税100×17%＝17），此时A实得100元，另17元交给了税务局。

然后B企业经过加工后以200元（销售额）卖给C企业，此时C企业应付给B企业234元（含税销售额）（销售额200加上增值税200×17%＝34）。

销项税额＝销售额×增值税率＝200×17％＝34 元

应纳税额＝当期销项税额－当期进项税额

B 企业应纳税额＝34 元－17 元（A 企业已交）＝17 元（B 企业在将货物卖给 C 后应交给税务局的增值税税额）

24.2.3 建设工程销售额与含税销售额

1. 建设工程销售额

销售额为纳税人销售货物或者应税劳务向购买方收取的全部价款和价外费用，但是不包括收取的销项税额。

建设工程销售额＝分部分项工程费＋措施项目费＋其他项目费＋规费

或者：销售额＝含税销售额÷（1＋增值税率）

2. 建设工程含税销售额

建筑工程含税销售额＝销售额×（1＋11％）（建筑业）

或：建筑工程除税价＝含税工程造价÷（1＋11％）

3. 工程材料（除税价）销售额

当工程材料（除税价）销售额包括材料含税价和运输含税价时，计算工程材料除税价的方法如下：

工程材料除税价＝材料含税价÷（1＋增值税率 17％）＋运输含税价÷（1＋增值税率 11％）。

增值税率折算率＝（工程材料含税价÷工程材料除税价）－1。

工程材料除税价＝工程材料含税价÷（增值税折算率＋1）

不含进项税调整系数＝不含税价格÷含税价格

某地区工程材料市场信息价及不含增值税价格计算，见表 24-2。

某地区工程材料市场信息价及不含增值税价格计算表　　　　　表 24-2

序号	材料名称	单位	含税价格（元）	增值税折算率（％）	不含税价格（元）	调整系数
1	M5 水泥砂浆	m³	160.00	16.30	137.57	0.8598
2	标准砖	块	0.40	15.38	0.35	0.8750
3	水泥 32.5	kg	0.30	15.38	0.26	0.8667
4	细砂	m³	45.00	16.19	38.73	0.8607
5	水	m³	2.00	16.96	1.71	0.8538
6	脚手架钢材	t	4500.00	16.93	3848.40	0.8552
7	锯材	m³	1200.00	16.88	1026.72	0.8556
8	连接件（门窗专用）	个	1.20	16.50	1.03	0.8583
9	铝合金推拉窗	m²	340.00	16.90	290.85	0.8554

4. 材料不含增值税价格计算举例

方法一，按比例计算：

已知工程材料价格中，含税材料价格占 98.4％、含税运输价格占 1.6％，计算下列工程材料不含税价格。

铝合金推拉窗工程材料含税价格中,含税材料价格为 334.56 元/m²(340×98.4%)、含税运输价格为 5.44 元/m²(340.00×1.6%),则铝合金推拉窗工程材料不含税价格为:

铝合金推拉窗不含税价格=334.56÷(1+17%)+5.44÷(1+11%)=290.85 元/m²

方法二,应用表 24-2 增值税折算率计算:

铝合金推拉窗不含税价格=340÷(1+16.9)=290.85 元/m²

方法三,应用表 24-2 调整系数计算:

铝合金推拉窗不含税价格=340×0.8554=290.84 元/m²

24.2.4 "营改增"后工程造价计算规定

建办标[2016]4 号文规定的工程造价计算方法

$$工程造价=税前工程造价×(1+11\%)$$

即: 工程造价=(分部分项工程费+措施项目费+其他项目费+规费)×(1+11%)

其中,11%为建筑业拟征增值税税率。税前工程造价为人工费、材料费、施工机具使用费、企业管理费、利润和规费之和;各费用项目均以不包含进项税额。

例如,某工程项目不含进项税的分部分项工程费 59087 元、措施项目费 399 元、其他项目费 218 元、规费 192 元,税前工程造价为 59896 元,含税工程造价为 59896×(1+0.11)=66484.56 元。

24.2.5 变通的工程造价计算规定

目前,计价定额这个主要计价依据中人工费、材料费、机具费、企业管理费等费用均含进项税,因此要将这些费用中将进项税分离出来,才能符合建办标[2016]4 号文规定的要求。因此,为了适应增值税的计算规定,各地工程造价主管部门颁发了分离进项税的各项费用调整的方法,来使用计价定额计算人工费、材料费、机械台班费、管理费、措施项目费等费用。

实行增值税计算后将原来税金中的城市建设维护费、教育费附加和地方教育附加归类到管理费中计算。

例如,某地区管理费、利润的(含城市建设维护费、教育费附加和地方教育附加)计算规定为:定额人工费×35%。

又如,某地区发布的"营改增"后执行计价定额计算不含增值税进项税的各项费用、费率调整按表 24-3、表 24-4、表 24-5 执行。

执行某地区计价定额以"元"为单位不含增值税的费用调整表　　表 24-3

调整项目	机械费	计价材料费	摊销材料费	调整方法
调整系数	92.8%	88%	87%	定额基价相应费用乘以对应系数

某地区不含增值税管理费、利润费用标准表　　表 24-4

序号	项目名称	工程类型	取费基础	费率（%）
1	管理费（含城市维护建设税、教育费附加、地方教育附加）	建筑工程	分部分项工程定额人工费	18
2	利润			15

某地区以"费率%"表现的不含增值税的费用标准表（工程在市区） 表 24-5

序号	项目名称	工程类型	取费基础	费率（%）
1	环境保护费	建筑工程	分部分项清单项目定额人工费＋单价措施项目定额人工费	0.2
2	文明施工费			12.0
3	安全施工费			16.0
4	临时设施费			3.5
5	夜间施工			2.0
6	二次搬运			1.0
7	冬雨季施工			0.5
8	社会保险费			13.0
9	住房公积金			3.0

24.3 营改增后施工图预算工程造价计算实例

1. 编制依据

某地区计价定额，见表 24-6。

某地区计价定额摘录 表 24-6

定额编号				AD0001	AS0018
项目		单位	单价	M5 水泥砂浆砌砖基础	里脚手架
				10m³	100m²
基价		元		3518.52	490.05
其中	人工费	元		1031.40	354.53
	材料费	元		2479.09	103.36
	机械费	元		8.03	32.16
材料	M5 水泥砂浆	m³	160.00	2.38	
	标准砖	块	0.40	5240	
	水	m³	2.00	1.144	
	脚手架钢材	kg	4.50		1.28
	锯材	m³	1200.00		0.008
	摊销材料费	元			88.00

2. 扣除进项税调整定额基价

根据表 24-2、表 24-3、表 24-5 扣除进项税的调整系数和表 24-6，调整定额计价后，见表 24-7。

扣除进项税后调整的某地区计价定额表　　　　　　　　　　表 24-7

工程内容：略

定额编号				AD0001	AS0018
项目		单位	单价	M5 水泥砂浆砌砖基础	里脚手架
				10m³	100m²
基 价		元		3202.23	474.07
其中	人工费	元		1031.40（不变）	354.53（不变）
	材料费	元		2163.38	89.70
	机械费	元		8.03×0.928=7.45	32.16×0.928=29.84
材料	M5 水泥砂浆	m³	160.00	2.38×160×0.8598 =2.38×137.57=327.42	
	标准砖	块	0.40	5240×0.40×0.8750 =5240×0.35=1834.00	
	水	m³	2.00	1.144×2.00×0.8538 =1.144×1.71=1.96	
	脚手架钢材	kg	4.50		1.28×4.5×0.8552 =1.28×3.85=4.93
	锯材	m³	1200.00		0.008×1200×0.8556 =0.008×1026.72=8.21
	摊销材料费	元			88.00×0.87=76.56

3. 计算定额直接费

某工程 M5 水泥砂浆砌砖基础的工程量为 24.00m³、里脚手架 55m²，然后根据表 24-7 定额数据计算该项目定额直接费，见表 24-8。

定额直接费计算表　　　　　　　　　　表 24-8

定额编号	项目名称	单位	数量	单价	其中			合价	其中		
					人工费	材料费	机械费		人工费	材料费	机械费
AD0001	M5 水泥砂浆砌砖基础	m³	24.00	320.22	103.14	216.34	0.74	7685.28	2475.36	5192.16	17.76
AS0018	里脚手架	m²	55.00	4.74	3.55	0.89	0.30	260.70	195.25	48.95	16.50
	小计							7945.98	2670.61	241.11	34.26

4. 计算工程造价

根据表 24-8、表 24-4、表 24-5、表 24-8 计算的预算工程造价，见表 24-9。

建筑工程预算造价费用计算表

表 24-9

工程名称：某工程　　　　　　　　　　　　　　　　　　　　　第 1 页　共 1 页

序号	费用名称			计算式(基数)	费率(％)	金额(元)	合计(元)
1	分部分项工程费		人工费	∑(工程量×定额基价)7685.28 元	见表 24-8	7685.28	8502.15
			材料费				
			机械费				
			管理费 利润	∑(分部分项工程定额人工费)×费率＝2475.36×(18％＋15％)＝2475.36×33％＝816.87 元	见表 24-4、表 24-8	816.87	
2	措施项目费		单价措施费	∑(工程量×定额基价)＝260.70 元	见表 24-8	260.70	842.24
				管理费、利润＝195.25×33％＝64.43 元	见表 24-4、表 24-8	64.43	
		总价措施费	安全文明施工费	分部分项工程、单价措施项目定额人工费：2670.61 元 各项费率见表 24-5	28.0	747.77	
			夜间施工增加费		2.0	53.41	
			二次搬运费		1.0	26.71	
			冬雨期施工增加费		0.5	13.35	
3	其他项目费		总承包服务费	招标人分包工程造价(本工程无此项)			(本工程无此项)
4	规费		社会保险费	分部分项工程定额人工费＋单价措施项目定额人工费＝2670.61 元	13.0	347.18	427.30
			住房公积金		3.0	80.12	
			工程排污费	按工程所在地规定计算(本工程无此项)			
5	人工价差调整			定额人工费×调整系数			本工程无
6	材料价差调整			见材料价差计算表			本工程无
7	增值税税金			(序1＋序2＋序3＋序4＋序5＋序6)＝8502.15＋841.24＋427.30＝9770.69 元	11.00	1074.78	1074.78
	预算造价			(序1＋序2＋序3＋序4＋序5＋序6＋序7)			10845.47

25 工 程 结 算

25.1 概 述

25.1.1 工程结算

工程结算亦称工程竣工结算,是指单位工程竣工后,施工单位根据施工实施过程中实际发生的变更情况,对原施工图预算工程造价或工程承包价进行调整、修正、重新确定工程造价的经济文件。

虽然承包商与业主签订了工程承包合同,按合同价支付工程价款,但是,施工过程中往往会发生地质条件的变化、设计变更、业主新的要求、施工情况发生了变化等等。这些变化通过工程索赔已确认,那么,工程竣工后就要在原承包合同价的基础上进行调整,重新确定工程造价。这一过程就是编制工程结算的主要过程。

25.1.2 工程结算与竣工决算的联系和区别

工程结算是由施工单位编制的,一般以单位工程为对象;竣工决算是由建设单位编制的,一般以一个建设项目或单项工程为对象。

工程结算如实反映了单位工程竣工后的工程造价;竣工决算综合反映了竣工项目的建设成果和财务情况。

竣工决算由若干个工程结算和费用概算汇总而成。

25.2 工程结算的内容

工程结算一般包括下列内容:

1. 封面

内容包括:工程名称、建设单位、建筑面积、结构类型、结算造价、编制日期等,并设有施工单位、审查单位以及编制人、复核人、审核人的签字盖章的位置。

2. 编制说明

内容包括:编制依据、结算范围、变更内容、双方协商处理的事项及其他必须说明的问题。

3. 工程结算直接费计算表

内容包括:定额编号、分项工程名称、单位、工程量、定额基价、合价、人工费、机械费等。

4. 工程结算费用计算表

内容包括:费用名称、费用计算基础、费率、计算式、费用金额等。

5. 附表

内容包括：工程量增减计算表、材料价差计算表、补充基价分析表等。

25.3 工程结算编制依据

编制工程结算除了应具备全套竣工图纸、预算定额、材料价格、人工单价、取费标准外，还应具备以下资料：
1. 工程施工合同；
2. 施工图预算书；
3. 设计变更通知单；
4. 施工技术核定单；
5. 隐蔽工程验收单；
6. 材料代用核定单；
7. 分包工程结算书；
8. 经业主、监理工程师同意确认的应列入工程结算的其他事项。

25.4 工程结算的编制程序和方法

单位工程竣工结算的编制，是在施工图预算的基础上，根据业主和监理工程师确认的设计变更资料、修改后的竣工图、其他有关工程索赔资料，先进行直接费的增减调整计算，再按取费标准计算各项费用，最后汇总为工程结算造价。其编制程序和方法概述为：
1. 收集、整理、熟悉有关原始资料；
2. 深入现场，对照观察竣工工程；
3. 认真检查复核有关原始资料；
4. 计算调整工程量；
5. 套定额基价，计算调整直接费；
6. 计算结算造价。

25.5 工程结算编制实例

营业用房工程已竣工，在工程施工过程中发生了一些变更情况，根据这些情况需要编制工程结算。

25.5.1 营业用房工程变更情况

营业用房基础平面图见图25-1，基础详图见图25-2。
1. 第⑪轴的①～④段，基础底标高由原设计标高－1.50m改为－1.80m(见表25-1)；
2. 第⑪轴的①～④段，砖基础放脚改为等高式，基础垫层宽改为1.100m，基础垫层厚度改为0.30m(见表25-1)；
3. C20混凝土地圈梁由原设计240mm×240mm断面，改为240mm×300mm断面，长度不变(见表25-2)。

25 工程结算

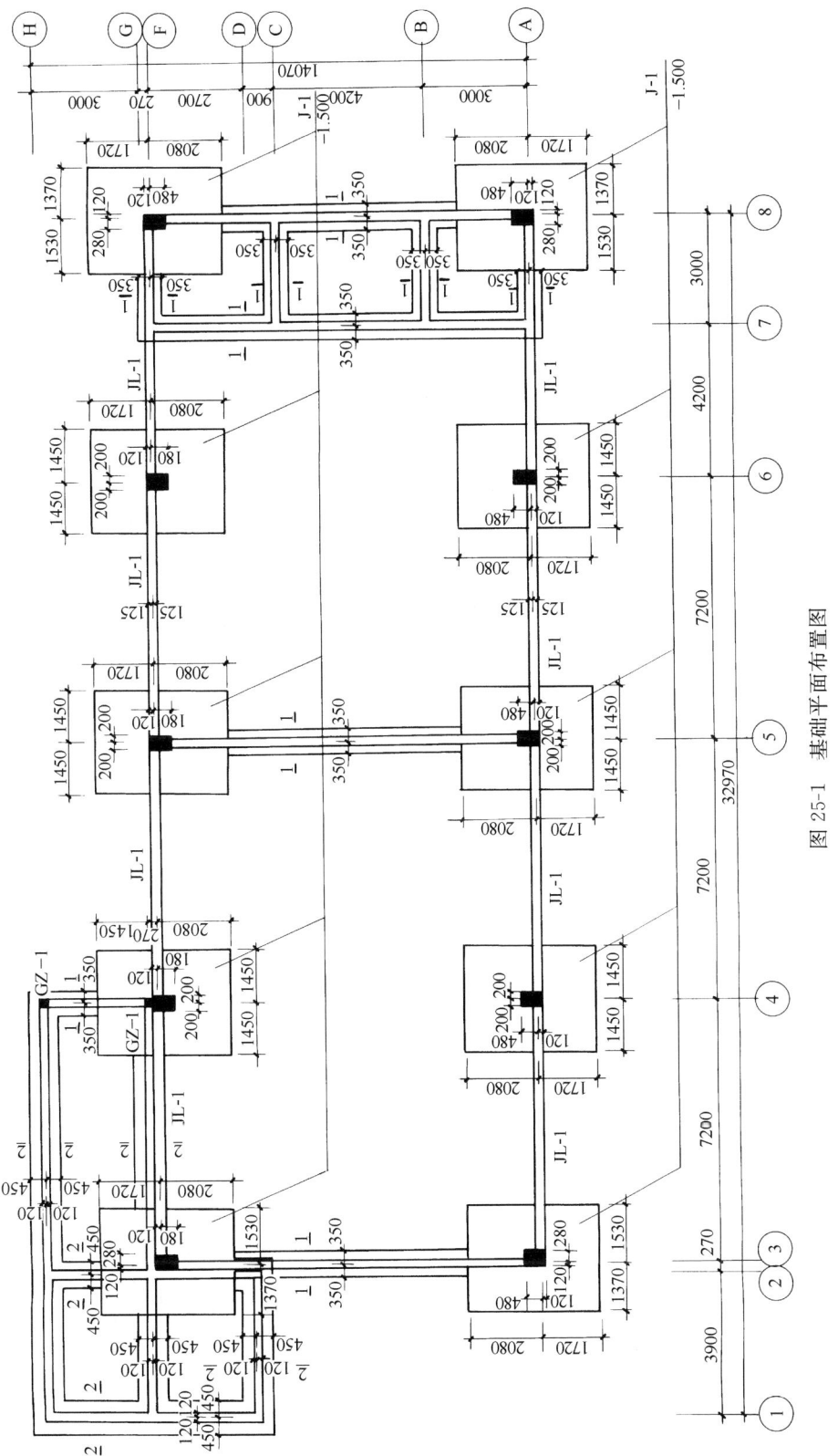

图 25-1 基础平面布置图

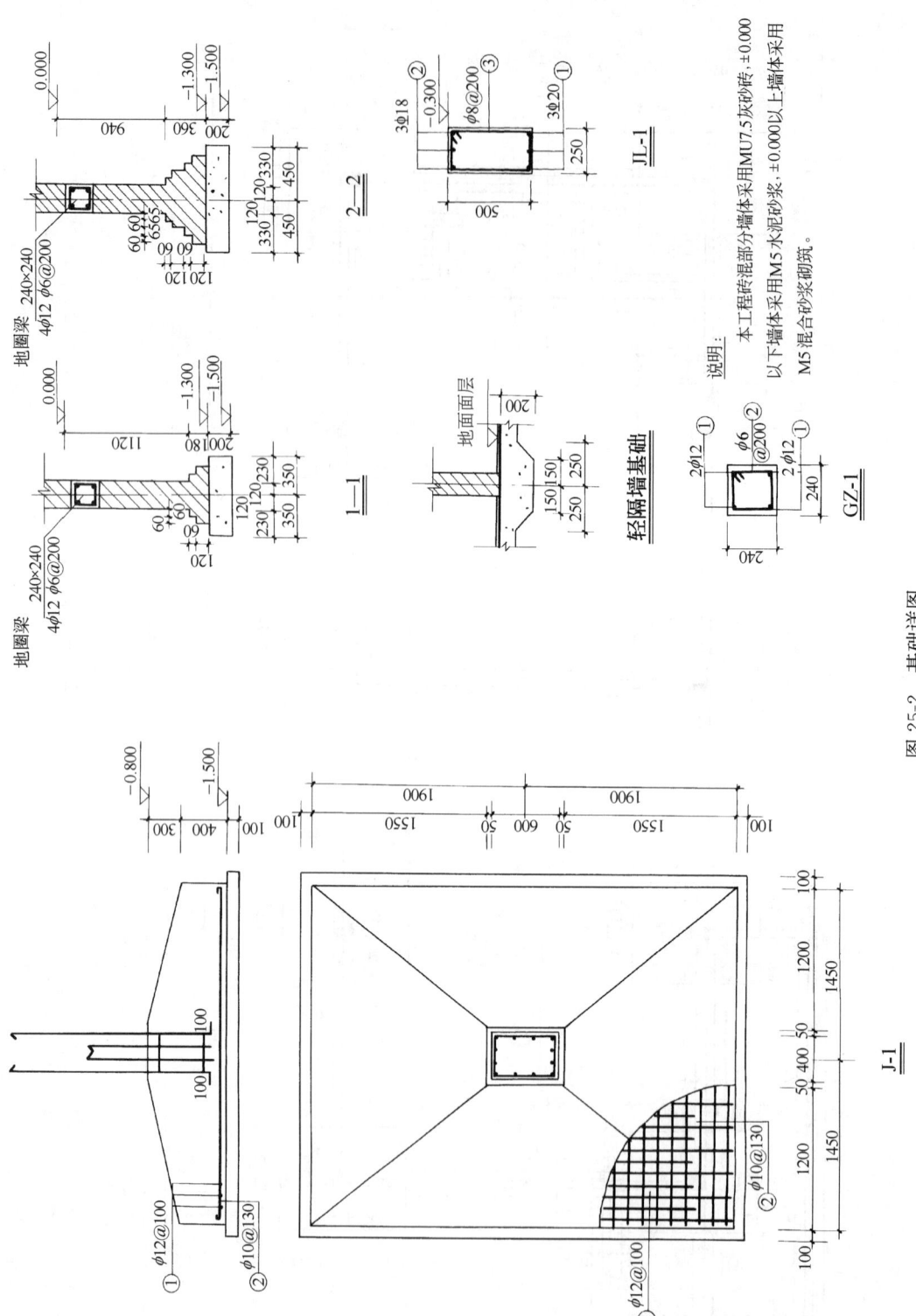

图 25-2 基础详图

25 工程结算

设计变更通知单   表 25-1

工 程 名 称	营 业 用 房
项 目 名 称	砖 基 础

⑭轴上①～④轴由于地槽开挖后地质情况有变化，故修改砖基础如下图：

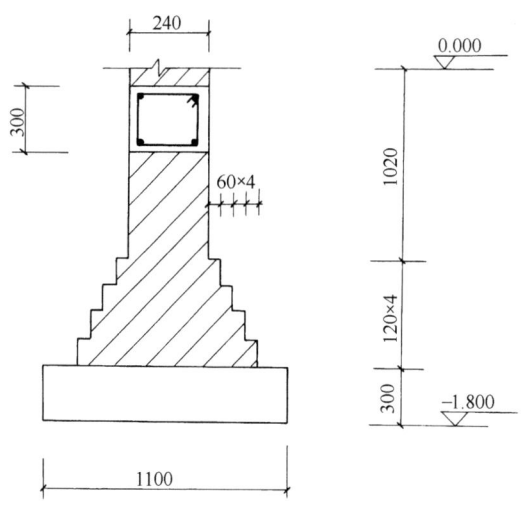

审查人	施工单位	张 亮	设 计 人	陈 功
	监理单位	胡 成	校 核	徐 义
编 号	G-003		2014 年 4 月 5 日	

施工技术核定单   表 25-2

工 程 名 称	营 业 用 房	提出单位	诚信建筑公司
图 纸 编 号	G-101	核定单位	××银行

核定内容	C20 混凝土地圈梁由原设计 240mm×240mm 断面，改为 240mm×300mm 断面，长度不变
建设单位意见	同 意 修 改 意 见
设计单位意见	同 意

监理单位意见	同　意		
提 出 单 位		核 定 单 位	监 理 单 位
技术负责人(签字) 张　亮 2014年8月5日		核定人(签字) 赵　润 2014年8月5日	现场代表(签字) 胡　成 2014年8月5日

4. 基础施工图2-2剖面有垫层砖基础计算结果有误，需更正(见表25-3)。

隐蔽工程验收单　　　　　　　　　　　表25-3

建设单位：××银行　　　　　　　　　　　　　　　　施工单位：

工 程 名 称	营 业 用 房	隐 蔽 日 期	2014年6月6日
项 目 名 称	砖 基 础	施 工 图 号	G-101

施工说明及简图

按照4月5日签发的设计变更通知单，Ⓑ轴上①～④轴的地槽、砖基础、混凝土垫层、施工后的验收情况如下图：

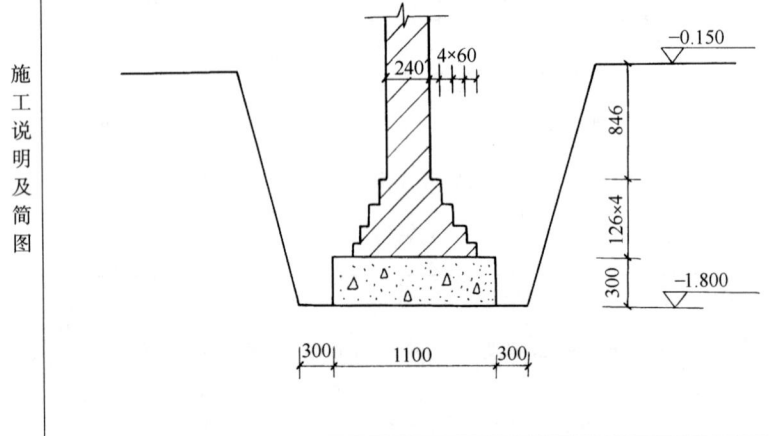

建设单位：××银行 主管负责人：赵润	监理单位：公正监理公司 现场代表：胡成	施工单位：诚信建筑公司 施工负责人：张亮 质检员：孙力

2014年6月6日

25.5.2　计算调整工程量

1. 原预算工程量

(1) 人工挖地槽

$$V = (3.90 + 0.27 + 7.20) \times (0.90 + 2 \times 0.30) \times 1.35$$

$$=11.37 \times 1.50 \times 1.35$$
$$=23.02 \mathrm{m}^3$$

(2) C10 混凝土基础垫层
$$V=11.37 \times 0.90 \times 0.20$$
$$=2.05 \mathrm{m}^3$$

(3) M5 水泥砂浆砌砖基础
$$V=11.37 \times [1.06 \times 0.24+0.007875 \times (12-4)]$$
$$=11.37 \times 0.3174$$
$$=3.61 \mathrm{m}^3$$

(4) C20 混凝土地圈梁
$$V=(12.10+39.18+8.75+32.35) \times 0.24 \times 0.24$$
$$=92.38 \times 0.24 \times 0.24$$
$$=5.32 \mathrm{m}^3$$

(5) 地槽回填土
$$V=23.02-2.05-3.61-(0.24-0.15) \times 0.24 \times 11.37$$
$$=23.02-2.05-3.61-0.25$$
$$=17.11 \mathrm{m}^3$$

2. 工程变更后工程量

(1) 人工挖地槽
$$V=11.37 \times [1.10+0.3 \times 2+(1.80-0.15) \overset{1.65 深}{\times} \overset{放坡系数}{0.30}] \times 1.65$$
$$=11.37 \times 2.195 \times 1.65$$
$$=41.18 \mathrm{m}^3$$

(2) C10 混凝土基础垫层
$$V=11.37 \times 1.10 \times 0.30$$
$$=3.75 \mathrm{m}^3$$

(3) M5 水泥砂浆砌砖基础
$$\text{砖基础深}=1.80-\overset{垫层}{0.30}-\overset{圈梁}{0.30}=1.20 \mathrm{m}$$
$$V=11.37 \times (1.20 \times 0.24+0.007875 \times 20)$$
$$=11.37 \times 0.4455$$
$$=5.07 \mathrm{m}^3$$

(4) C20 混凝土地圈梁
$$V=92.38 \times 0.24 \times 0.30$$
$$=6.65 \mathrm{m}^3$$

(5) 地槽回填土
$$V=41.18-3.75-5.07-6.65-(0.30-0.15) \times 0.24 \times 11.37$$
$$=25.71-0.41$$
$$=25.30 \mathrm{m}^3$$

3. Ⓗ轴①～④段工程变更后工程量调整
(1) 人工挖地槽
$$V=41.18-23.02=18.16\text{m}^3$$
(2) C10 混凝土基础垫层
$$V=3.75-2.05=1.70\text{m}^3$$
(3) M5 水泥砂浆砌砖基础
$$V=5.07-3.61=1.46\text{m}^3$$
(4) C20 混凝土地圈梁
$$V=6.65-5.32=1.33\text{m}^3$$
(5) 地槽回填土
$$V=25.30-17.11=8.19\text{m}^3$$

4. C20 混凝土圈梁变更后，砖基础工程量调整
(1) 需调整的砖基础长
$$L=92.38-11.37=81.01\text{m}$$
(2) 圈梁高度调整为 0.30m 后，砖基础减少
$$V=81.01\times(0.30-0.24)\times0.24$$
$$=81.01\times0.0144$$
$$=1.17\text{m}^3$$

5. 原预算砖基础工程量计算有误调整
(1) 原预算有垫层砖基础 2-2 剖面工程量
$$V=10.27\text{m}^3$$
(2) 2-2 剖面更正后工程量
$$V=32.35\times[1.06\times0.24+0.007875\times(20-4)]$$
$$=12.31\text{m}^3$$
(3) 砖基础工程量调增
$$V=12.31-10.27=2.04\text{m}^3$$
(4) 由砖基础增加引起地槽回填土减少
$$V=-2.04\text{m}^3$$
(5) 由砖基础增加引起人工运土增加
$$V=2.04\text{m}^3$$

25.5.3 调整项目工、料、机分析
见表 25-4。

25.5.4 调整项目直接工程费计算
调整项目直接工程费计算见表 25-5。

表 25-4 调整项目工、料、机分析表

工程名称：营业用房

序号	定额编号	项目名称	单位	工程数量	综合工日	机械台班 电动打夯机	机械台班 200L灰浆机	机械台班 平板振动器	机械台班 400L搅拌机	机械台班 插入式振动器	材料用量 M5水泥砂浆(m³)	材料用量 黏土砖(块)	材料用量 水(m³)	材料用量 C20混凝土(m³)	材料用量 草袋子(m³)	材料用量 C10混凝土(m³)
		一、调增项目														
	1-46	人工地槽回填土	m³	18.16	0.294/5.34	0.08/1.45										
	8-16	C10混凝土基础垫层	m³	1.70	1.225/2.08			0.079/0.13	0.101/0.17				0.50/0.85			1.01/1.72
	4-1	M5水泥砂浆砌砖基础	m³	1.46	1.218/1.78		0.039/0.06				0.236/0.345	524/765	0.105/0.15			
	5-408	C20混凝土地圈梁	m³	1.33	2.41/3.21				0.039/0.05	0.077/0.10			0.984/1.31	1.015/1.35	0.826/1.10	
	1-46	人工地槽回填土	m³	8.19	0.294/2.41	0.08/0.66										
	4-1	M5水泥砂浆砌砖基础	m³	2.04	1.218/2.48		0.039/0.08				0.236/0.48	524/1069	0.105/0.21			
	1-49	人工运土	m³	2.04	0.204/0.42											
		调增小计			17.22	2.11	0.14	0.13	0.22	0.10	0.83	1834	2.52	1.35	1.10	1.72
		二、调减项目														
	4-1	M5水泥砂浆砌砖基础	m³	1.17	1.218/1.43		0.039/0.05				0.236/0.28	524/613	0.105/0.12			
	1-46	人工回填土	m³	2.04	0.294/0.60	0.08/0.16										
		调减小计			2.03	0.16	0.05				0.28	613	0.12			
		合 计			15.69	1.95	0.09	0.13	0.22	0.10	0.55	1221	2.40	1.35	1.10	1.72

调整项目直接工程费计算表(不含进项税)　　　　表 25-5

工程名称：营业用房

序号	名称	单位	数量	单价（元）	金额（元）
一、	人 工	工日	15.69	25.00	392.25
二、	机 械				64.43
1.	电动打夯机	台班	1.95	20.24	39.47
2.	200L灰浆搅拌机	台班	0.09	15.92	1.43
3.	400L混凝土搅拌机	台班	0.22	94.59	20.81
4.	平板振动器	台班	0.13	12.77	1.66
5.	插入式振动器	台班	0.10	10.62	1.06
三、	材 料				696.00
1.	M5水泥砂浆	m³	0.55	124.32	68.38
2.	黏土砖	块	1221	0.15	183.15
3.	水	m³	2.40	1.20	2.88
4.	C20混凝土	m³	1.35	155.93	210.51
5.	草袋子	m²	1.10	1.50	1.65
6. C10混凝土		m³	1.72	133.39	229.43
	小　计：				1152.68

25.5.5　营业用房调整项目工程结算造价计算

营业用房调整项目工程结算造价计算的费用项目及费率完全同预算造价计算过程，见表25-6。

营业用房调整项目工程结算计算表　　　　　　　　　　表 25-6

工程名称：营业用房　　　　　　　　　　　　　　　　　　第1页　共1页

序号	费用名称			计算式(基数)	费率(%)	金额(元)	合计(元)
1	分部分项工程费		人工费	∑(工程量×定额基价)1152.68元	见表25-5	1152.68	1282.12
			材料费				
			机械费				
			管理费 利润	∑(分部分项工程定额人工费)×费率＝392.25×(18%＋15%)＝392.25×33%＝129.44元	见表25-4、表25-5	129.44	
2	措施项目费		单价措施费	无			123.56
				无			
		总价措施费	安全文明施工费	分部分项工程、单价措施项目定额人工费：392.25元 各项费率见表25-5	28.0	109.83	
			夜间施工增加费		2.0	7.85	
			二次搬运费		1.0	3.92	
			冬雨季施工增加费		0.5	1.96	
3	其他项目费		总承包服务费	招标人分包工程造价(本工程无此项)			(本工程无此项)
4	规费		社会保险费	分部分项工程定额人工费＋单价措施项目定额人工费＝392.25元	13.0	50.99	62.76
			住房公积金		3.0	11.77	
			工程排污费	按工程所在地规定计算(本工程无此项)			
5			人工价差调整	定额人工费×调整系数			本工程无
6			材料价差调整	见材料价差计算表			本工程无
7			增值税税金	(序1＋序2＋序3＋序4＋序5＋序6)1282.12＋123.56＋62.76＝1468.44元	11.00	161.53	161.53
			工程结算造价	(序1＋序2＋序3＋序4＋序5＋序6＋序7)			1629.97

25.5.6 营业用房工程结算造价

1. 营业用房原工程预算造价

预算造价＝590861.22元

2. 营业用房调整后增加的工程造价

调增造价＝1629.97元　（见表25-6）

3. 营业用房工程结算造价

工程结算造价＝590861.22＋1629.97
　　　　　　＝592491.19元

思 考 题

1. 什么是工程结算？
2. 工程结算包括哪些内容？
3. 简述工程结算的编制依据。
4. 工程结算一定比工程预算造价高吗？为什么？